# Heymann · Allgemeinbildung und Mathematik

Studien zur Schulpädagogik und Didaktik

Herausgegeben in Verbindung mit der Kommission Schulpädagogik/Didaktik in der Deutschen Gesellschaft für Erziehungswissenschaft (DGfE) von Wolfgang Klafki, Will Lütgert, Gunter Otto, Theodor Schulze, zusammen mit Fritz Bohnsack, Elisabeth Fuhrmann, Ariane Garlichs, Doris Knab, Rudolf Messner, Meinert A. Meyer, Klaus Riedel, Horst Rumpf, Klaus-Jürgen Tillmann.

Band 13

Hans Werner Heymann

# Allgemeinbildung und Mathematik

Beltz Verlag · Weinheim und Basel

*Hans Werner Heymann*, Jg. 1946, Dr. disc.pol., studierte Mathematik, Physik und Erziehungswissenschaft, unterrichtete als ausgebildeter Lehrer an verschiedenen Schultypen und ist Privatdozent am Institut für Didaktik der Mathematik der Universität Bielefeld. Er habilitierte sich 1995 mit der Schrift »Allgemeinbildung und Mathematik« an der Fakultät für Pädagogik der Universität Bielefeld.



Druck nach Typoskript

Lektorat: Peter E. Kalb


Herstellung: Lore Amann
Druck: Druck Partner Rübelmann GmbH, Hemsbach
Umschlaggestaltung: Atelier Warminski, Büdingen
Printed in Germany

ISBN 3-407-34099-0

# Inhaltsverzeichnis

# 1. Einleitung

*Anfälligkeit für Esoterik ist das charakteristische Übel, welches den Nutzen der Mathematik in der allgemeinen Bildung zunichte machen kann. Macht sich der Mathematikunterricht nicht von solcher Esoterik frei, so müssen wir uns eben damit abfinden, daß kultivierte Menschen im allgemeinen es nur zu einem miserabel geringen Maß an mathematischer Einsicht bringen werden.*[1]

Alfred N. Whitehead, 1913

*Mathematik war für mich eher eine Last, die es so schnell wie möglich loszuwerden galt. Was mich an der Mathematik immer abschreckte, war diese oft abstrakte Materie, diese Formeln und Zahlen bzw. Buchstaben, deren Sinn und Zusammenhang ich nicht durchschauen konnte.*[2]

Eine Lehrerstudentin, 1988

Weltweit wird Mathematik an allgemeinbildenden Schulen als Kern- und Pflichtfach unterrichtet. International und kulturübergreifend, unabhängig auch vom politischen System, herrscht anscheinend Übereinstimmung, daß allen Heranwachsenden durch die Schule eine Grundausrüstung an mathematischen Fertigkeiten und Denkweisen vermittelt werden sollte.

Diese zentrale, nur selten grundsätzlich in Zweifel gezogene Stellung der Mathematik im schulischen Fächerkanon steht nun aber in scharfem Kontrast zu einer Reihe von Problemen. Auf den ersten Blick stellen sie sich etwa wie folgt dar:

Sehr viele Kinder, Jugendliche und Erwachsene haben mit der Mathematik enorme Schwierigkeiten, die für die Betroffenen mit den Besonderheiten dieses Faches zusammenhängen. Die Mathematik, die sie sich in der Schule anzueignen haben, gewinnt für sie vielfach nur den Status von Prüfungswissen, das oberflächlich gelernt und entsprechend schnell wieder vergessen wird. Insbesondere die "Abstraktheit" der Mathematik wird als Handicap erlebt: Für viele Schülerinnen und Schüler[3] dominiert der Eindruck, daß sie es mit einem undurchschaubaren, unverstehbaren Begriffsgefüge und Regelwerk zu tun haben. Und obgleich auf kein Fach, abgesehen von der Muttersprache, mehr Unterrichtszeit verwendet wird, bleiben selbst Kenntnisse und Fertigkeiten defizitär, die sich auf elementare mathematische Sachverhalte beziehen.[4]

Dem korrespondiert oft eine sehr negative Einstellung zum Fach, das dann als Ganzes abgewertet wird. Nicht selten kokettieren gerade Akademiker damit, "von Mathematik keine Ahnung" zu haben (vgl. etwa Fölsch 1975, S. 155f).

Entsprechend gering sind die oft beschworenen Bildungswirkungen des Mathematikunterrichts bei der Mehrzahl der Heranwachsenden einzuschätzen. Mit der Institutionalisierung des Mathematikunterrichts war und ist stets die Hoffnung verknüpft, daß in ihm mehr zu lernen sei als nur der anstehende mathematische Stoff: Schon vor der Einführung eines allgemeinbildenden Schulsystems wurde die Mathematik – von Platon, Humboldt und vielen anderen – als ausgezeichnetes Mittel zur Schulung des Geistes gepriesen, jenseits aller Nützlichkeitserwägungen. Der reale Mathematikunterricht scheint derartige Bildungswirkungen weitgehend zu verfehlen; zumindest lassen sie sich kaum empirisch nachweisen. Nur bei einer Minderheit scheinen Fähigkeiten wie systematisches und kritisches Denken, Problemlösen, Mathematisieren und rationales Argumentieren durch den Mathematikunterricht gefördert zu werden.

Hinzu kommt: Die Kluft zwischen der üblichen Schulmathematik und den mathematischen Anwendungen, die unsere von Technik und Automatisierung geprägte Lebenswelt ermöglicht haben, läßt sich immer schwerer überbrücken. Objektive und subjektive Bedeutsamkeit der Mathematik klaffen mehr und mehr auseinander: Einerseits wird unsere Umwelt immer umfassender von Entwicklungen beherrscht und von Produkten durchsetzt, die ohne differenziertes mathematisches Wissen und Können einer relativ kleinen Gruppe anspruchsvoll ausgebildeter Fachleute nicht denkbar wären. Andererseits tendiert die Mathematik dazu, hinter ihren Anwendungen zu verschwinden. Diejenige Mathematik, auf der unser Lebensstandard beruht, ist in die Technik, die wir nutzen, sozusagen unsichtbar eingebaut. Sie macht sich selbst, aus der Sicht des Techniknutzers, überflüssig: Die Bedienung einer Computerkasse im Supermarkt setzt weniger "mathematisches" Können voraus als die Berechnung des Kaufpreises mit Papier und Bleistift. Daß das in der Schule erworbene mathematische Wissen ihnen für ihr Leben nützlich sei, abgesehen von einigen sehr elementaren Fertigkeiten, können Schüler oder Erwachsene, sofern sie keinen mathematiknahen Beruf ausüben, kaum noch erfahren.

Angesichts der genannten Probleme muß sehr ernst genommen werden, was ich, provokativ zugespitzt, als Ausgangsthese formuliere: *Der herkömmliche Mathematikunterricht an allgemeinbildenden Schulen wird weder absehbaren gesellschaftlichen Anforderungen noch den individuellen Bedürfnissen und Qualifikationsinteressen einer Mehrzahl der Heranwachsenden gerecht.*

Die Entscheidung, alle Kinder und Jugendlichen von Staats wegen während ihrer gesamten Schulzeit zum Mathematiklernen zu nötigen, bedarf vor dem skizzierten Hintergrund stichhaltiger Begründungen – es sei denn, man gäbe sich mit der unbestreitbaren Funktionalität des Mathematikunterrichts als Selektionsfach sowie als Mittel zur Nachwuchsrekrutierung für mathematische und mathematiknahe Berufe zufrieden. Die gängigen Argumente, die immer wieder zugunsten eines allgemein verpflichtenden Mathematikunterrichts vorgebracht werden, finden sich – zeitgeistkonform variiert – in den Präambeln alter wie neuer Lehrpläne und Richtlinien. Ihre Berechtigung jedoch muß in Anbetracht der oben genannten Probleme höchst zweifelhaft erscheinen. Besonders verbreitet ist z. B. der Hinweis auf die objektive Bedeutung der Mathematik, sowohl in praktischer wie auch geistesgeschichtlicher Hinsicht: daß die Mathematik die Entfaltung unserer neuzeitlichen Zivilisation, vermittelt vor allem durch die Naturwissenschaften und die Technik, erst ermöglicht hat und weiterhin ermöglicht; und daß sie schon für sich, ungeachtet ihrer praktischen Anwendungen, eine Kulturschöpfung ersten Ranges darstellt. Doch aus dem einen wie aus dem anderen Sachverhalt folgt in keiner Weise, wieviel und welche Mathematik alle Heranwachsenden zu ihrem eigenen und der Gesellschaft Nutzen lernen sollten. Die Unbezweifelbarkeit der Prämisse wird in der gängigen Betrachtungsweise anscheinend mit der Stichhaltigkeit des gesamten Arguments verwechselt.

Auf den Punkt gebracht: Es wird nicht hinreichend zwischen *Wert und Bedeutung der Mathematik als solcher* und der *Notwendigkeit eines für alle verbindlichen Unterrichts in Mathematik* unterschieden. Dazu bedürfte es eines klar begründeten Standpunkts außerhalb des Faches: Denn weder aus der mathematischen Disziplin selbst noch aus einer Analyse der objektiven Verwendung der Mathematik in unserer Gesellschaft allein lassen sich Maßstäbe gewinnen, die bezüglich der Frage, welche und wieviel Mathematik alle Heranwachsenden in unserer Gesellschaft auf welche Weise lernen sollten, ein klares Urteil erlauben.

Im vorliegendenen Buch wird der Versuch zu einer solchen Klärung auf der Basis eines zeitgemäßen Konzepts von Allgemeinbildung unternommen. Der gesuchte "außerfachliche" Standpunkt ist somit ein bildungstheoretischer. Gleichzeitig versteht sich diese Arbeit damit ausdrücklich als ein fachspezifisch konkretisierter Beitrag zur neueren Diskussion um Bildung und Allgemeinbildung in Deutschland, wie sie sich seit etwa 1977 in der pädagogisch interessierten Öffentlichkeit und mit gewisser zeitlicher Verzögerung innerhalb der Erziehungswissenschaft entwickelt hat.

Allgemeinbildungskonzepte dienen dazu, die Idee der Allgemeinbildung als einer grundlegenden Bildung für alle Mitglieder einer Gesellschaft zu verdeutlichen und im Blick auf die Schulpraxis zu konkretisieren. Trotz einer Vielzahl konkurrierender Allgemeinbildungskonzepte aus den letzten anderthalb Jahrzehnten, die sehr unterschiedliche Akzente setzen, ist nach wie vor in unserer Gesellschaft eine bestürzende Orientierungsunsicherheit zu verzeichnen, wenn es um Fragen der allgemeinen Schulbildung geht. Deshalb entwickle und begründe ich das eigene, in diesem Buch zugrundegelegte Ausgangskonzept ausführlich. Es bildet den pädagogischen Kern der Arbeit.

Mit dem ausgearbeiteten Allgemeinbildungskonzept steht dann ein "Maßstab" zur Verfügung, der für eine Beurteilung und Kritik vorfindlichen Mathematikunterrichts herangezogen werden kann. Anhand dieses Maßstabs lassen sich planmäßig Merkmale eines alternativen Mathematikunterrichts bestimmen, der an einer konkretisierten Vorstellung von Allgemeinbildung ausgerichtet ist und deshalb das Prädikat "allgemeinbildend" beanspruchen kann.

Das Hauptziel der vorliegenden Arbeit ist somit, von einem bildungstheoretisch begründeten Standpunkt systematisch zu einem besseren Verständnis der eingangs skizzierten Defizite vorzustoßen und perspektivisch Umrisse eines "allgemeinbildenden Mathematikunterrichts" zu entwerfen. Von vielen anderen, alten und neuen Versuchen, die Probleme des Mathematikunterrichts genauer zu bestimmen und für sie nach Lösungen zu suchen, unterscheidet sich das vorliegende Buch dadurch, daß sich alle Überlegungen konsequent auf ein ausgearbeitetes zeitgemäßes Allgemeinbildungskonzept stützen. Und von vielen anderen, alten und neuen Versuchen, schulische Allgemeinbildung im Ganzen zu konturieren, unterscheidet sich das Buch dadurch, daß die Konsequenzen der allgemeineren Überlegungen für ein Fach, den Mathematikunterricht, sorgfältig durchdacht werden. Denn daß Unterricht an allgemeinbildenden Schulen überwiegend Fachunterricht ist, gehört wohl zu den kaum verrückbaren Rahmenbedingungen institutionalisierter allgemeiner Bildung: Wenn Allgemeinbildung gelingen soll, muß sie – in verschiedenen Fächern, versteht sich – *im* Fachunterricht und *durch* ihn gelingen.

Von gelegentlichen Ausblicken und Verweisen auf korrespondierende ausländische Bemühungen abgesehen, beschränke ich mich auf eine Auseinandersetzung mit der aktuellen deutschsprachigen Diskussion. Eine *systematische* Berücksichtigung einschlägiger ausländischer Ansätze[5] hätte den Rahmen des Buches gesprengt und die Kapazität eines einzelnen Autors überfordert. Gleichwohl sind das hier entwickelte Allgemeinbildungskonzept und die Folgerungen, die daraus für den schulischen Mathematikunterricht gezogen weren, nicht exklusiv auf deutsche Verhältnisse zugeschnitten. Die vorgelegte Argumentation bietet durchaus Anknüpfungspunkte für das Überdenken des Mathematikunterrichts in Ländern anderer Nationalität, aber vergleichbarer Gesellschaftsstruktur.

Die vorliegende Arbeit sieht sich einer sozialwissenschaftlich aufgeklärten Hermeneutik verpflichtet und stellt sich methodologisch – im weitesten Sinne – in die Traditionslinie der geisteswissenschaftlichen Pädagogik. Die Forderung Wilhelm Flitners (1966, S. 18), Pädagogik als "réflexion engagée" zu betreiben, sie als Wissenschaft an die Probleme der Praxis rückzubinden, halte ich auch heute noch, möglicherweise gegen die Hauptströmung der Disziplin, für inspirierend, für richtungweisend und notwendig: Nach wie vor scheint es mir eine zentrale Aufgabe der Pädagogik als Human- und Handlungswissenschaft, für ihren Gegenstandsbereich sachliche und sprachliche Klärungen vorzunehmen, damit rationaler und mit Nutzen für alle Beteiligten über die gemeinsamen Angelegenheiten (die "res publicae") nachgedacht und verhandelt werden kann. Öffentliche Erziehung und Bildung, speziell "Allgemeinbildung" im Rahmen der allgemeinen Schulpflicht, ist eine "res publica" par excellence. Das trifft dann auf den Mathematikunterricht als intendierten Bestandteil von Allgemeinbildung ebenfalls zu.

Die hier vorgelegte Argumentation trägt damit über weite Strecken den Charakter einer systematischen "Suche". Gesucht werden vernünftige Ziele für begrenzte Bereiche gesellschaftlichen Handelns: für schulisches Lehren und Lernen insgesamt, wie im besonderen für schulisches Lehren und Lernen von Mathematik. Die Vorschläge, die ich in diesem Buch zur Diskussion stelle, erwachsen daraus, daß ich den begrenzten Bereich schulisch institutionalisierten Lernens von Mathematik im Lichte von Zielen betrachte, die in unserer Gesellschaft generell für schulisches Lernen und Handeln für vernünftig gehalten werden können. Die folgende Überlegung gilt auch für andere Schulfächer und Lernbereiche: Wenn es in unserer Gesellschaft explizierbare und konsensfähige Vorstellungen davon gibt, was mit der Institution Schule bei der nachwachsenden Generation bewirkt werden soll, so wäre es unvernünftig, den Teilbereich mathematischen Lernens nach gänzlich anderen Kriterien zu gestalten und von den allgemeineren, im großen und ganzen für richtig gehaltenen Zielen abzuspalten.

Zwar zeigt sich die Angemessenheit globaler und abstrakter Zielsetzungen häufig erst daran, wie sie sich im Detail auswirken: Führen sie in der Praxis alltäglichen Handelns zu unerwünschten oder untragbaren Ergebnissen, so sind sie zu revidieren oder außer Kraft zu setzen. Aber um eine solche Unangemessenheit nachweisen zu können, müssen sie zunächst bis in ihre praktischen Konsequenzen hinein ausgeleuchtet werden. Immer wieder besteht die Neigung, das Nachdenken über das Fach Mathematik weitgehend unabhängig vom Nachdenken über Schule in ihren gesellschaftlichen und fachübergreifenden Bezügen zu betreiben. Die unkommunikative Arbeitsteilung zwischen Fachdidaktikern und allgemeinen Erziehungswissenschaftlern, die sich auf diese Weise etabliert hat, bis hin zur wechselseitigen Ignoranz, verhindert wichtige Lernprozesse auf beiden Seiten:[6]

- Die Erziehungswissenschaftler bringen sich um die Möglichkeit, ihre globaleren Überlegungen einer fachspezifischen Bewährungsprobe auszusetzen und möglicherweise einer Revision zu unterziehen.
- Die Fachdidaktiker können sich, unbehelligt von allgemeineren Reflexionen über den Sinn und Auftrag von Schule, fachspezifischen, wenn nicht fachspezialistischen Detailüberlegungen widmen, bis hin zur Blindheit gegenüber allen Überlegungen, die über das Fach hinausweisen.

Mit diesem Buch versuche ich, zwischen den getrennten Positionen eine Brücke zu schlagen und die wechselseitige Sichtbarkeit beider Welten füreinander zu erhöhen. Indem der übergreifende pädagogische Auftrag der Schule in Gestalt eines Allgemeinbildungskonzepts expliziert wird, wird ein Maßstab zur Verfügung gestellt, an dem auch Mathematikunterricht zu messen ist. Und indem Mathematikunterricht im Detail befragt wird, was er zur Allgemeinbildung beitragen kann, werden auch die Grenzen deutlich, die einer Determination des Spezielleren durch das Allgemeinere gesetzt sind; es wird deutlich, daß kein Allgemeinbildungskonzept einen guten Mathematikunterricht hervorzaubern kann, wenn es nicht durch fachliche Kompetenz und fachbezogene Phantasie ergänzt wird. Das Speziellere, das Schulfach also, gewinnt im Lichte der allgemeineren Idee Sinn und Kontur, gewinnt ein Korrektiv gegen das Sich-Verlieren ins Spezialistische. Und das Allgemeinere gewinnt in der Beleuchtung des Spezielleren konkrete Bedeutung und Handlungsrelevanz.

Die leitende These meines Buches und zugleich eine seiner wichtigsten Botschaften ist: Die Idee der Allgemeinbildung läßt sich, wenn sie hinreichend konkret und gegenwartsbezogen ausgearbeitet ist, in kritischer, klärender und orientierender Funktion und durchaus folgenreich auf die Probleme schulischen Fachunterrichts (hier: Mathematikunterrichts) beziehen. Jenseits seiner im engeren Sinne wissenschaftlichen Intentionen ist das praktische Anliegen dieses Buches, in dem viele traditionsreiche pädagogische Ideen neu betrachtet und befragt werden, ein eher konservatives – allerdings nicht im Sinne der üblichen politischen Polarisierung: Es zielt weder auf eine grundsätzliche Revolutionierung der Vorstellungen von Allgemeinbildung noch auf eine radikale Umgestaltung des Mathematikunterrichts oder der Schule insgesamt; sondern es sucht Anstöße zur Veränderung unbefriedigender Praxis durch Verbindung von üblicherweise Getrenntem zu geben, durch Erinnerung an vernachlässigte und vergessene Zusammenhänge, durch Integration und dialektische Zusammenschau.[7]

*Zum Aufbau des Buches im einzelnen*

Zunächst werden gesellschaftliche Hintergründe und bestimmende Merkmale der neueren Bildungsdiskussion skizziert sowie einige Folgerungen aus ihrem bisherigen Verlauf gezogen; auf dieser Basis können dann die Termini "Bildung" und "Allgemeinbildung" begriffskritisch untersucht und die mit ihnen bezeichneten pädagogischen und gesellschaftlichen Probleme präziser bestimmt werden (Kapitel 2). Anschließend werden sieben unterscheidbare, miteinander verschränkte Aufgaben des allgemeinbildenden Schulsystems ausformuliert und im Detail begründet; durch diese sieben Aufgaben wird das eigene Allgemeinbildungskonzept expliziert und im Blick auf die angestrebte pädagogische Kritik des Mathematikunterrichts als "Maßstab" handhabbar gemacht (Kapitel 3). Die Aufgaben werden dann systematisch dazu herangezogen, Defizite des gegenwärtig verbreiteten Mathematikunterrichts zu kennzeichnen und zu untersuchen, durch welche Innovationen auf verschiedenen Ebenen – curricular und die Unterrichtsgestaltung betreffend – er dem Anspruch der Allgemeinbildung besser gerecht werden könnte; dabei werden vorliegende fachdidaktische Konzepte unter der Idee der Allgemeinbildung neu bewertet und aufeinander bezogen (Kapitel 4). Eine Bündelung der wichtigsten Ergebnisse bildet den Abschluß (Kapitel 5): Welche Akzente müßten gesetzt werden, um einen im Wortsinne "allgemeinbildenden Mathematikunterricht" zu verwirklichen?

*Danksagung*

Mehr Personen, als ich hier einzeln nennen kann, haben zu diesem Buch beigetragen: durch erhellende Gespräche, durch Zustimmung und Widerspruch, durch kritische Rückmeldungen zu vorläufigen Fassungen sowie durch Erfahrungsmitteilung und Literaturhinweise. Von denen, deren Namen sich nicht im Haupttext finden, seien zumindest Rainer Opitz und Erwin Steinhoff erwähnt. Ihnen und allen anderen – Kolleginnen und Kollegen aus Schule und Hochschule, Freunden und Familienangehörigen – danke ich herzlich. Ich widme das Buch meiner Frau Karin.

# 2. Bildung und Allgemeinbildung

*Was macht das Wesen der Bildung aus, wie sie in der allgemeinen Rede umgeht? ... Wenn ich mein Sprachgefühl ganz gewissenhaft erforsche, so finde ich dieses: gebildet ist, wer nicht mit der Hand arbeitet, sich richtig anzuziehen und zu benehmen weiß, und von allen Dingen, von denen in der Gesellschaft die Rede ist, mitreden kann.*[8]

Friedrich Paulsen, 1903

*Es sei hier einmal die mit Gewißheit Anstoß erregende Hypothese vertreten, daß der 'Bildungsbegriff' vielleicht grundsätzlich ungeeignet ist, auf ihm eine praktikable Didaktik aufzubauen. ... Er stellt nun einmal seiner Herkunft nach eine von Anfang an ideologisch aufgeladene Begriffsbildung dar und hat deshalb im Verlauf seiner Geschichte eine nicht mehr zu beseitigende Unschärfe und Vieldeutigkeit erlangt.*[9]

Paul Heimann, 1962

*Eine zentrale Kategorie wie der Bildungsbegriff oder ein Äquivalent dazu ist unbedingt notwendig, wenn die pädagogischen Bemühungen um die nachwachsende Generation nicht in ein unverbundenes Nebeneinander oder gar Gegeneinander von zahllosen Einzelaktivitäten auseinanderfallen sollen.*[10]

Wolfgang Klafki, 1985

In den sechziger Jahren, vor allem in ihrer zweiten Hälfte, geriet der Bildungsbegriff als wissenschaftlich-pädagogische Leitkategorie ins Abseits. Fast paradox mutet an, daß dies ausgerechnet zu einer Zeit geschah, in der die Forderung nach mehr "Bildung" in aller Munde war und Bildungs*politik* höchste Wertschätzung und Priorität genoß; und daß umgekehrt in einer Zeit, die von Bildungsresignation geprägt war, in der das öffentliche Interesse an praktischen Bildungsfragen auf einem Tiefpunkt angelangt schien, nämlich Ende der siebziger, Anfang der achtziger Jahre, die Erziehungswissenschaft ihr Diktum über das Ableben der Bildungstheorie zu revidieren begann. Paradoxien dieser Art verweisen häufig auf eine zu oberflächliche Betrachtungsweise. Vergegenwärtigen wir uns also etwas genauer die erziehungswissenschaftlichen und gesellschaftspolitischen Hintergründe der Kursschwankungen des Bildungsbegriffs, um beurteilen zu können, weshalb das Pendel zunächst so deutlich in die eine, dann in die andere Richtung geschlagen sein könnte.

Warum war im Laufe der sechziger Jahre die Wertschätzung der ehemals zentralen pädagogischen Begriffe "Bildung" und "Allgemeinbildung" in der wissenschaftlichen Diskussion mehr und mehr gesunken? Führende Erziehungswissenschaftler engagierten sich seinerzeit für eine Transformation ihrer weitgehend hermeneutisch und philosophisch orientierten, normreflektierenden und praxisauslegenden Disziplin, die sich noch immer vorwiegend in der Tradition der "geisteswissenschaftlichen" Pädagogik Diltheyscher Prägung bewegte, in eine moderne, empirisch oder gesellschaftskritisch ausgerichtete Sozialwissenschaft. Im Rahmen eines solchen Bemühens ließen sich für eine Verabschiedung des Bildungsbegriffs aus dem Kernbestand pädagogischer Termini gute Gründe nennen. Die Kritik am überlieferten Bildungsbegriff entzündete sich vornehmlich an folgenden Punkten (vgl. überblicksartig dazu Nipkow 1977, S. 205; Klafki 1985a, S. 12f):

- an der philosophischen Abgehobenheit, wenn nicht Esoterik vieler bildungstheoretischer Entwürfe, ihrer Ferne von dem und Folgenlosigkeit für das, was sich in alltäglichen Lernsituationen, in und außerhalb der Schule, real ereignete;
- an der Vagheit und mangelnden Präzisierbarkeit des Bildungsbegriffs, die ihn als Bezugspunkt für empirische Theoriebildung ungeeignet erscheinen ließen;
- an der Beschränktheit seines Gebrauchs auf den deutschen Sprachraum, für die das Fehlen eines korrespondierenden Begriffs in den meisten anderen europäischen Sprachen ein Indiz war – schmerzlich vor allem im Blick auf das Englische, das für den internationalen Austausch zunehmend an Bedeutung gewann;
- an seiner einseitigen Indienststellung für eine spezifisch bürgerliche Ideologie, die im Verlauf des 19. Jahrhunderts immer deutlicher hervorgetreten war (Bildungsbürgertum) und die dem Erziehungsverständnis eines modernen demokratischen Staatswesens nicht mehr angemessen schien;
- an der damit zusammenhängenden impliziten Abwertung der Berufsbildung;
- schließlich an seiner Belastetheit durch die Erfahrungen der Brüchigkeit einer herkömmlichen gymnasialen "Bildung", die sich im menschlichen und moralischen Versagen so vieler "gebildeter" Mitbürger während der nationalsozialistischen Ära manifestiert hatte.

Eine Palette von Ersatzbegriffen, die während der bildungspolitischen Reformphase ins Feld geführt wurde, versprach auf den ersten Blick objektivere, wertfreiere und für die Theoriebildung fruchtbarere Zugriffe auf die Erziehungswirklichkeit, etwa Sozialisation, Enkulturation, Qualifikation, Kompetenz, Lernen und Emanzipation. In diesen Begriffen, schien es, konnten wichtige Teilaspekte des für überwunden erklärten Bildungsbegriffs schärfer gefaßt und neu akzentuiert werden.[11]

## *2.1 Zum Wiederaufleben der Bildungsdiskussion*

In den achtziger Jahren rückten die Begriffe "Bildung" und "Allgemeinbildung" erneut in das Zentrum einer zunächst in der pädagogisch interessierten Öffentlichkeit, dann zunehmend auch innerhalb der Erziehungswissenschaft geführten Diskussion. Die Renaissance bildungstheoretischer Überlegungen, speziell die neue Auseinandersetzung um eine zeitgemäße Allgemeinbildung, läßt sich als Reaktion auf mindestens drei unterschiedliche Problemkomplexe deuten, oder genauer: als Ausdruck der durch diese Problemkomplexe ausgelösten gesellschaftlichen und innerwissenschaftlichen Lernprozesse. Der erste dieser Problemkomplexe ergibt sich aus der jüngeren Entwicklung des Bildungssystems selbst: Es geht um die Verarbeitung der Erfahrungen mit der – gemessen an den ursprünglichen Erwartungen – wenig erfolgreichen oder gar "mißratenen" (Flitner 1977) Bildungs- und Curriculumreform (vgl. Klemm/Rolff/Tillmann 1985). Der zweite und dritte Problemkomplex lassen sich jeweils als Bündel realer Veränderungen in der Gesellschaft (Stichwort: Neue Technologien) bzw. in den allgemeinen Lebensbedingungen der Menschheit (Stichworte: Globale Probleme, Bedrohung der Biosphäre) beschreiben, deren Tragweite erst in den siebziger Jahren ins öffentliche Bewußtsein zu rücken begann.

### 2.1.1 Bildungsreform: Enttäuschte Erwartungen

Betrachtet man den bildungsreformerischen Aufbruch in der Bundesrepublik der sechziger und frühen siebziger Jahre im Rückblick, wird darin ein komplexes Zusammenspiel zweier gegensätzlicher geistiger Grundströmungen erkennbar.[12]

Die erste dieser Grundströmungen läßt sich dadurch kennzeichnen, daß sie auf eine zweckrationale Durchstrukturierung des gesamten Bildungssystems zielte, die letztlich an ökonomischen Erfolgskriterien ausgerichtet war. Sie sei als "ökonomistische" Grundströmung bezeichnet.[13] Die "Bildungskatastrophe" (Picht 1964) wurde ja vornehmlich ausgerufen, weil maßgebliche Kreise aufgrund quantitativer Vergleiche des eigenen Bildungssystems mit denen anderer Industriestaaten einen technologischen und wirtschaftlichen Rückstand der Bundesrepublik befürchteten. Steigerung des Bildungs-"outputs", d. h. Vermehrung der Abiturientenzahlen, Ausschöpfung der Begabungsreserven, Effektivierung und – damit verbunden – Verwissenschaftlichung des schulischen und außerschulischen Lernens auf allen Ebenen schienen das Gebot der Stunde. Mit Robinsohns Konzept einer grundlegenden Curriculum-Revision (1973 [Erstveröff. 1967 bzw. 1969]) erreichte die von dieser Grundströmung getragene Entwicklung einen Kulminationspunkt, in dem – zumindest der Idee nach – erstmals auch die gesamte Lehrplan-Arbeit konsequent dem übergreifenden Gesichtspunkt der Zweckrationalität unterworfen wurde.

Daß die "einheimischen" Begriffe, Theorien und Methoden der traditionellen Pädagogik für die Bewältigung eines solch ehrgeizigen Gesamtunternehmens nicht mehr viel beitragen konnten, lag auf der Hand. Aber in der Pädagogik als Wissenschaft hatte ja längst ein korrespondierender Modernisierungprozeß eingesetzt.

Bereits die von Roth (1962) proklamierte "empirische Wendung" spiegelte die sich verändernde Selbsteinschätzung der wissenschaftlichen Pädagogik als "Erziehungswissenschaft" wider. Das Begriffs- und Methodenarsenal der empirisch-analytisch arbeitenden Sozialwissenschaften, wie es sich vor allem in den USA herausgebildet hatte, wurde als Reservoir betrachtet, aus dem die Modernisierung der Disziplin sich würde speisen lassen, mit dessen Hilfe auch die im Rahmen der Bildungsreform anfallenden Probleme wissenschaftlich angemessen bearbeitbar schienen. Die Begründung, Reflexion und Auslegung von Normen, Zielen und Sinnhorizonten für erzieherisches Handeln, ehemals zentrale Anliegen der Pädagogik, mußten im Rahmen des neuen disziplinären Selbstverständnisses als eher randständige, wenn nicht gänzlich außerhalb der Wissenschaft liegende Aktivitäten gelten (vgl. Brezinka 1971). Einer Bildungs- und Curriculumreform, die auf eine zweckrationale Durchstrukturierung des gesamten Bildungswesens zielte, schienen damit auf seiten der Wissenschaft die geeigneten Werkzeuge zur Verfügung zu stehen.

Charakteristisch für die hier an erster Stelle betrachtete ökonomistische Grundströmung der Bildungsreformphase war die Konzentration auf die *Rationalität der Mittel* – von makrostrukturellen bildungsorganisatorischen Maßnahmen bis hin zur Strukturierung der Lernschritte des einzelnen Schülers im Unterricht. Und selbst dort, wo die Auswahl von Zielen des schulischen Lernens ins Zentrum der Aufmerksamkeit rückte – bei der Curriculumreform, der als Ganzem ebenfalls der logische Status eines "Mittels" zuzusprechen ist –, selbst dort richtete sich das Interesse weniger auf die inhaltliche Entfaltung und Begründung von Zielperspektiven als auf "Verfahren": Verfahren der Ermittlung und Ableitung von Lernzielen, Verfahren ihrer demokratischen Legitimierung, Verfahren ihrer Implementation.

Die zweite Grundströmung – sie sei vereinfachend als die "emanzipative" bezeichnet – gewann erst wesentlich später an Einfluß und erhielt ihre vitalsten Impulse durch den gesellschaftlichen Aufbruch, der in der Studentenrevolte von 1968 seinen Ausdruck fand. Das Credo der ökonomistischen Grundströmung, eine bessere schulische und berufliche Bildung als Vehikel für den Fortbestand und das reibungslosere Funktionieren der kapitalistisch-marktwirtschaftlichen und parlamentarisch-demokratischen Gesellschaftsformation zu nutzen, stieß nun auf erbitterten Widerstand. Freiheit und Gleichheit als Grundbedingungen einer humanen neuzeitlichen Gesellschaft wurden neu interpretiert und auf das Bildungssystem hin ausgelegt. Befreiung des Menschen aus gesellschaftlich vorgegebenen Herrschaftsverhältnissen und Abhängigkeiten, Emanzipation also, sollte an Stelle einer nichtdurchschauten Unterwerfung unter scheinbare ökonomische Sachzwänge und persönliche Bevormundung zum Leitziel aller Erziehung werden. Die Verwirklichung von Chancengleichheit galt nun nicht mehr nur als Mittel für begrenzte Zwecke, wie etwa die Erschließung von Begabungsreserven, sondern als zentrales Kriterium auf dem Weg zu einer angestrebten gerechteren Gesellschaftsordnung.

Die korrespondierende Aufarbeitung und Aneignung der Kritischen Theorie der Frankfurter Schule und verschiedener marxistisch inspirierter Denkansätze durch jüngere Erziehungswissenschaftler leitete die "kritische" oder "emanzipative Wendung" (Thiersch 1978) der Pädagogik ein. Zugleich bekam die – was öffentliches Interesse und politische Finanzierungsbereitschaft anbelangt – ihrem Höhepunkt zusteuernde Bildungsreform einen gesellschaftsreformerischen Schub. Nicht mehr die Erneuerung des Bildungswesens als Optimierung eines gesellschaftlichen Subsystems in Anpassung an gesamtgesellschaftliche Modernisierungsprozesse wurde gefordert, sondern viel umfassender: Erneuerung der Gesellschaft durch eine von Grund auf neu zu gestaltende öffentliche und private Erziehung. "Antiautoritäre Erziehung", Hinterfragung von Normen und Konventionen, Erziehung zu Kritik, Widerstand und "Ungehorsam" – die öffentliche Auseinandersetzung um derartige Positionen, der mit Leidenschaft ausgetragene Streit, ob und inwieweit schulische Erziehung ihnen Rechnung tragen solle oder dürfe, begleiteten die Spätphase der Bildungsreform. Der Konsens, der ihr In-Gang-Kommen, über Partei- und Ländergrenzen hinweg, ermöglicht hatte, verflüchtigte sich. In die wechselseitigen Unterstellungen ideologischer Blindheit, in die Austragung parteipolitischer Grabenkämpfe auf bildungspolitischem Terrain mischten sich schließlich zunehmend resignative Untertöne, in denen sich das Erlahmen des Reformeifers ankündigte: Zur aufreibenden Auseinandersetzung mit dem bildungspolitischen Gegner kam, je weiter die Reform praktisch vorangeschritten war, die Erfahrung der Widerständigkeit des pädagogischen Alltags, die bei Praktikern wie bei Theoretikern manche Illusion ob der Machbarkeit und des Sinns der intendierten Veränderungen zerstörte.

Bei allen Gegensätzlichkeiten zwischen den beiden rekonstruierten Grundströmungen der Bildungsreformphase gab es eine Gemeinsamkeit, die erst im geschichtlichen Rückblick deutlich sichtbar wird und der Erneuerung des Bildungsdenkens ein wichtiges Motiv geliefert hat: In beiden Strömungen läßt sich eine Indienststellung des Bildungssystems für Ziele erkennen, die vornehmlich auf eine intendierte Gestalt der Gesamtgesellschaft bezogen, also explizit oder implizit politischer Natur waren. Das führte im Gegenzug zur Ausklammerung, Zurücksetzung und relativen Abwertung einer für die traditionelle Pädagogik charakteristischen Sichtweise: daß Erziehung und Bildung auch oder gerade dem Einzelnen verpflichtet seien, als Bedingung der Möglichkeit seiner Personwerdung. Gerade die vermittelnde Stellung von Bildung zwischen der Gesellschaft und ihrer Kultur einerseits, den individuellen Bedürfnissen und Entfaltungsmöglichkeiten andererseits war aber für den klassischen Bildungsbegriff in seinen wichtigsten Ausprägungen charakteristisch gewesen. Doch die Überlebtheit der überlieferten Vorstellungen von Bildung als einer pädagogischen Leitkategorie – darin stimmten die meisten maßgeblichen Vertreter beider Strömungen überein – wurde ja zu jener Zeit kaum angezweifelt.

Mit der zunehmenden Unzufriedenheit über den tatsächlichen Verlauf der Bildungsreform wuchs die Bereitschaft, die zwischenzeitlich vernachlässigte bildungstheoretische Sichtweise wieder ernst zu nehmen. Seit Mitte der siebziger Jahre wurde immer häufiger die mangelnde bildungstheoretische Reflexion, das Fehlen einer übergreifenden pädagogischen Zielperspektive beklagt und – neben der Vernachlässigung des pädagogischen Alltags der Betroffenen – als Mitursache für den vielfach unbefriedigenden Verlauf der Reform gedeutet. Schon relativ früh spricht Rülcker (1976, S. 201), der stellvertretend zitiert sei,[14] auf der Suche nach Gründen für die Misere der westdeutschen Bildungs- und Curriculumreform beide Aspekte an: "Die Praktiker nehmen den Wissenschaftlern nicht mehr ab, daß sie über theoretische – oft in esoterischer Sprache geführte – Diskussionen hinaus etwas zur Lösung konkreter Probleme beitragen können. ... Die Eltern sind alarmiert über das, was aus den ohne ihr Wissen betriebenen Arbeiten heraus und auf ihre Kinder zukommt. Was die Schüler denken, fragt man erst gar nicht." Und weiter: "Die Fragen, wer was wann lernen soll, sind so ungeklärt wie zuvor. Ihre Beantwortung setzt freilich voraus, daß die bildungstheoretische Abstinenz der Curriculumforschung aufgegeben wird." (S. 202)

### 2.1.2 Neue Technologien

In den sechziger Jahren begannen sich umrißhaft die weitreichenden und einschneidenden Veränderungen abzuzeichnen, die mit dem Eindringen des Computers und computergestützter Techniken in die Arbeitswelt und den Freizeitbereich verbunden sein würden. Vom Bildungssystem, speziell von der Erziehungswissenschaft, wurden sie weitgehend ignoriert – wenn man einmal von der kurzfristigen Faszination durch "Programmierten Unterricht" und "kybernetische Pädagogik" (Frank 1962, v. Cube 1968) absieht. Selbst als Ende der siebziger Jahre die ersten Kleincomputer an Schulen auftauchten – meist auf die private Initiative computerbegeisterter Fachlehrer aus dem mathematisch-naturwissenschaftlichen Bereich hin –, hielten sich Vertreter der Schuladministration, der Erziehungswissenschaft und der einschlägigen Fachdidaktiken noch mit Stellungnahmen oder gar Empfehlungen zurück. In der Computerindustrie hingegen wuchs das Interesse, ihre Produkte auch an Schulen zu verbreiten: Schüler als potentielle zukünftige Abnehmer sollten sich mit den neuen Geräten, die durch Miniaturisierung und Massenproduktion inzwischen für breite Käuferschichten erschwinglich geworden waren, möglichst frühzeitig vertraut machen können. Eltern begannen sich um die Berufschancen ihrer Kinder in einer zunehmend computerisierten Arbeitswelt zu sorgen – viele Väter und Mütter bekamen ja an ihren eigenen Arbeitsplätzen die Auswirkungen der neuen Techniken direkt oder mittelbar zu spüren.

So nimmt es nicht wunder, daß radikale Forderungen zur Umgestaltung des Schul- und Bildungssystems auf eine vom Computer geprägte neue Gesellschaft hin (z. B. Haefner 1982, Papert 1982) ein vielfältiges Echo hervorriefen. Der Informatiker Haefner beispielsweise beschwor eine "neue Bildungskrise": Er definierte als Hauptleistung des traditionellen Bildungssystems die Einübung der Schüler in Techniken der "Informationsverarbeitung"; da Informationen aber durch den Computer schneller, effektiver und – volkswirtschaftlich gesehen – kostengünstiger verarbeitet würden als durch menschliche Gehirne, sei das heutige Schulsystem nicht mehr funktional: die Lehrpläne müßten von Grund auf neu geschrieben werden.

Derartige Provokationen trugen dazu bei, daß auch die Pädagogen aus ihrem Dornröschenschlaf erwachten und in die Diskussion eingriffen.[15] Was konnten sie zur Klärung der Situation beitragen? Zunächst einmal versuchten sie – den neuen Medien gegenüber in der Mehrzahl skeptisch eingestellt – Position zu beziehen zu den damals vehement diskutierten kulturkritischen Fragen, etwa: Führt der Computer zu einer Exteriorisierung menschlichen Denkens, gegen die im Interesse der Menschen Widerstand geleistet werden muß? Kann mediatisierte Kommunikation die zwischenmenschliche gefährden oder gar verdrängen? Werden Literalität und Wortkultur durch Textverarbeitung und die zunehmende Dominanz einer Bildkultur entwertet? Und schließlich: Wie aussichtsreich sind Versuche, sich derartigen Tendenzen entgegenzustemmen?

Was die mögliche Rolle der Schule gegenüber den neuen Technologien betraf, zeichnete sich schon in den ersten Stellungnahmen der Computer-Bildungs-Debatte eine Kontroverse ab, die im Grunde ein altes Dilemma betraf. Schlaglichtartig scheint dieses Dilemma in der Gegenüberstellung der beiden folgenden Thesen auf:

- *Funktionalitätsthese*: Die allgemeinbildende Schule hat sich mit ihrem Lehrangebot an den jeweils aktuellsten Stand der gesellschaftlichen, wissenschaftlichen und technischen Entwicklung anzugleichen.
- *Autonomiethese*:[16] Pädagogischerseits können und müssen Kriterien benannt werden, anhand derer vernünftig beurteilt werden kann, wo, wann, unter welchen Umständen und in welchem Maße sich die Schule auf aktuelle Entwicklungen in der Gesellschaft einlassen, sich für sie öffnen, sie zum Gegenstand unterrichtlicher Bemühungen machen sollte.

Wird in der Funktionalitätsthese eine mögliche Instrumentalisierung von Schule, eine Indienststellung der Schule für von außen vorgegebene Zwecke nicht nur in Kauf genommen, sondern geradezu gefordert, so wird ihr in der Autonomiethese entschiedener Widerstand entgegengesetzt. Und zugleich wird deutlich, daß die pädagogische Aufarbeitung des Problemkomplexes "Neue Technologien" fast zwangsläufig eine Neubesinnung über die traditionellen pädagogischen Leitbegriffe "Bildung" und "Allgemeinbildung" nach sich ziehen mußte: Die wieder hoffähig gewordene bildungstheoretische Reflexion ist über weite Strecken nichts anderes als die Suche nach den in der Autonomiethese angepeilten pädagogischen Kriterien.

### 2.1.3 Globale Probleme

Derjenige Problemkomplex, der hier als dritter Auslöser für das Wiederaufleben der Bildungsdiskussion vergegenwärtigt werden soll, hängt ebenfalls innig mit den Folgen der fortschreitenden Technisierung zusammen. Im Vordergrund stehen diesmal aber diejenigen ihrer Wirkungen und – meist ungewollten – Nebenwirkungen, die sich, aus globaler Perspektive betrachtet, im Laufe der letzten Jahrzehnte zu den zentralen Weltproblemen der Gegenwart überhaupt aufsummiert haben. Carl Friedrich von Weizsäcker (1986) bündelte einprägsam in drei positiven Zielformulierungen, wovon das Überleben der Menschheit abhängen wird:

- von der "Bewahrung der Natur", deren ökologisches Gleichgewicht durch eine beunruhigende Vielfalt störender und zerstörerischer menschlicher Eingriffe akut gefährdet, wo nicht schon unwiederbringlich verlorengegangen ist;
- von der Erhaltung bzw. Herstellung "politischen Friedens", eng verbunden mit dem Abbau der militärischen Hochrüstung (insbesondere der atomaren Waffenpotentiale);[17]
- von der weltweiten Verwirklichung "sozialer Gerechtigkeit", vor allem im Hinblick auf den sich verschärfenden Nord-Süd-Konflikt.

Das Bedrohungspotential, auf das diese Punkte verweisen, muß an dieser Stelle nicht ausgebreitet und diskutiert werden. Über die Ernsthaftigkeit der Bedrohung, die erstmals in der Geschichte der Menschheit ihr Überleben als Gattung gefährdet, besteht unter den meisten informierten und denkenden Zeitgenossen Konsens.

Die Frage, wie sich die Schule auf diese globalen Probleme einzustellen habe, welche Gestalt schulische Allgemeinbildung annehmen müsse, um Kinder und Jugendliche zu befähigen, mit den empfundenen Bedrohungen konstruktiv umzugehen, angesichts solcher Verdüsterung ihrer Zukunft überhaupt leben zu können, wurde zu einem dritten Anstoß und blieb bis heute ein wichtiger Kristallisationskern der neuen Bildungsdiskussion. Während aber in der Debatte um die Allgemeinbildungs-Relevanz der "Neuen Technologien" seitens der Pädagogik insgesamt eher konservative, skeptische und warnende Positionen vorgetragen wurden, vertrat eine ganze Reihe von Erziehungswissenschaftlern vehement die These, daß der Auseinandersetzung mit den neuen Weltproblemen absolute Priorität zukomme, das Lernen an Schulen also um diese Probleme neu zentriert und arrangiert werden müsse und daß es in dieser Frage auch keine weltanschauliche Neutralität oder Distanz geben dürfe. "Friedenspädagogik", "Allgemeinbildung im Atomzeitalter", "Ökologische Pädagogik" und "Bildung für Überleben" bezeichnen Konzepte, in denen für eine entsprechende Umorientierung argumentiert und geworben wird.[18]

Eine kritische Frage, die an entschiedene Verfechter derartiger Konzepte zu richten ist, lautet: Werden nicht schlicht die ungelösten Probleme der Erwachsenen aus dem Gefühl der Ohnmacht und einem kollektiven schlechten Gewissen heraus an die Schule delegiert, wenn man die Überlebensprobleme der Menschheit zum zentralen Angelpunkt der Allgemeinbildung erklärt? Oder weniger polemisch formuliert: Läuft man nicht Gefahr, diejenigen Probleme, die – wenn überhaupt – nur durch entschlossenes und weltweit solidarisches, von gemeinsamer Einsicht in Notwendigkeiten getragenes *politisches* Handeln gelöst werden können, durch ihre Pädagogisierung zu verharmlosen, weil man sie als Gegenstand institutionalisierten Lernens ja auch typischen Verschleißerscheinungen aussetzt, denen schulisch thematisiertes Wissen, ungeachtet der intendierten Lebensnähe, immer wieder zu erliegen scheint? Die Fragen sind keineswegs nur rhetorisch gemeint, in ihnen wird vielmehr noch einmal deutlich, daß zu einem tragfähigen zeitgemäßen Allgemeinbildungskonzept mehr gehört als das Einschwören auf eine möglichst umgehende Anpassung schulischer Lehrinhalte und Unterrichtsformen an aktuelle Entwicklungen, so zukunftsrelevant und (über-)lebenswichtig diese auch sein mögen. Nicht nur die Gefahr einer Instrumentalisierung von Schule, sondern auch die Gefahr, die realen Möglichkeiten von Schule zu überschätzen, ist dabei im Auge zu behalten.[19]

Ein Zwischenfazit: Die drei betrachteten Problemkomplexe haben die neue Diskussion über Bildung und Allgemeinbildung mit ausgelöst, weil die Herausforderung, die sie für pädagogisches Handeln darstellen, ohne pädagogische Leitvorstellungen nicht zu bewältigen ist. Ein grundlegender Zug der neuen Bildungsdiskussion ist die Suche nach Kriterien für Entscheidungen, in welchem Ausmaß aktuellen gesellschaftlichen Forderungen an die Schule Rechnung getragen werden sollte.

## 2.2 *Bestimmende Merkmale der neuen Bildungsdiskussion*

Empirisches Korrelat der neueren Bildungsdiskussion ist eine seit 1977 noch immer wachsende Menge deutschsprachiger Publikationen und Veranstaltungen, die Bildung und/oder Allgemeinbildung als mögliche zentrale pädagogische Kategorie oder Leitidee teils zustimmend, teils kritisch thematisieren.[20]

Über die Herausarbeitung dreier bestimmender Merkmale sei nun eine komprimierte Deutung der Diskussion versucht. Kurz gesagt interpretiere ich die neuere (oder einfach: "neue") Bildungsdiskussion als einen *öffentlichen Diskurs*, in dem ein spezifisches *gesellschaftliches Bedürfnis* nach einer bestimmten Qualität von Lösungen eines grundlegenden *gesellschaftlichen Problems* artikuliert wird. Ich erläutere die drei genannten Konstitutiva in der umgekehrten Reihenfolge.

### 2.2.1 Die neue Bildungsdiskussion als Antwort auf ein gesellschaftliches Problem

Das grundlegende praktische Problem, um das die neue Bildungsdiskussion kreist, ist so alt wie die neuzeitlichen Gesellschaften und läßt sich im Kern durch die Frage umreißen: *Was sollen Kinder und Jugendliche an öffentlichen Schulen lernen?* Von der Schule aus gesehen entspricht dem die Frage: *Was und wie soll an öffentlichen Schulen unterrichtet werden?* Weitere, differenzierende Fragen schließen sich an: Mit welchem Wissen und welchen Fertigkeiten, mit welchen Kompetenzen, Haltungen und Leitbildern soll die nachwachsende Generation durch die öffentlichen Schulen ausgestattet oder in Berührung gebracht werden? Was davon soll für alle verpflichtend sein, was Angebotscharakter haben? Und wie soll schulisches Lehren und Lernen methodisch und sozial gestaltet werden? – Es ist charakteristisch für alle reflektierteren Auseinandersetzungen mit diesem Problem, daß zunächst einmal nach geeigneten *Kriterien* für mögliche Lösungen gefragt wird.

Wenngleich das so umrissene Problem – es soll im folgenden als "schulpädagogisches Grundproblem" bezeichnet werden – zu Recht als pädagogisches Problem wahrgenommen wird, ist es doch zunächst einmal ein *gesellschaftliches* und *politisches*, das unabhängig davon besteht, ob (auch) in pädagogischen Termini darüber nachgedacht wird. Und überdies ist es primär ein *praktisches* Problem, das (immer wieder) praktisch gelöst werden muß, unabhängig davon, ob sich die jeweiligen Lösungen bzw. die zur Lösungsfindung herangezogenen Kriterien theoretisch befriedigend begründen lassen oder nicht (vgl. dazu Kemper 1990, S. 282).

Grundsätzlich gehe ich davon aus, daß eine moderne Gesellschaft auf ein öffentliches Pflichtschulsystem nicht verzichten kann.[21] Angesichts des permanenten gesellschaftlichen Wandels muß dann aber über das schulpädagogische Grundproblem – also im erläuterten Sinne über das, was die heranwachsende Generation an den öffentlichen Schulen lernen soll – immer wieder neu nachgedacht und entschieden werden. In einer demokratisch verfaßten Gesellschaft haben sich derartige

Entscheidungen im Prinzip auf einen Konsens zu stützen, der auf der Basis der geltenden Verfassung immer wieder neu hergestellt werden muß. Der Prozeß der Konsensfindung (ersatzweise: Kompromiß-Aushandlung) findet sowohl in institutionalisierter (z. B. als Arbeit von Lehrplankommissionen) wie auch in nichtinstitutionalisierter Form statt (öffentliche und private Diskussionen über schulische Fragen). Dabei ist festzuhalten, daß die Auseinandersetzungen über Fortschreibungen, Weiterentwicklungen und Korrekturen des öffentlichen Schulsystems und des in seinem Rahmen veranstalteten Unterrichts von sehr unterschiedlichen und meist nur zum geringeren Teil von pädagogischen Interessen bestimmt werden. Erich Wenigers Formulierung vom "Kampf der gesellschaftlichen Mächte" um Einflußnahme auf die Lehrpläne beschreibt diesen Sachverhalt nach wie vor treffend.

Öffentliche Aufmerksamkeit wird dem schulpädagogischen Grundproblem insbesondere in Zeiten geschenkt, in denen der gesellschaftliche Wandel – sei es als Änderung äußerer Lebensbedingungen, sei es als Wert- und Bewußtseinswandel – so prägnant in Erscheinung tritt, daß eine schlichte Fortschreibung der bis dahin praktizierten Problemlösungen fragwürdig wird. Wie wir gesehen haben, war eine solche Situation in der Bundesrepublik Deutschland zu Beginn der Bildungsreform-Ära in den sechziger Jahren gegeben wie auch gegen Ende der siebziger Jahre, als sich die neue Bildungsdiskussion zu entwickeln begann.[22]

Vor dem Hintergrund dieser grundsätzlichen *Problemkontinuität*, die die neue Bildungsdiskussion mit anders gelagerten gesellschaftlichen Bewältigungsversuchen des schulpädagogischen Grundproblems verbindet und die wegen ihrer Selbstverständlichkeit häufig übersehen wird, lassen sich die beiden anderen Merkmale um so klarer bestimmen.

### 2.2.2 Die neue Bildungsdiskussion als Ausdruck eines gesellschaftlichen Bedürfnisses

In dem Moment, in dem sich Auseinandersetzungen um das schulpädagogische Grundproblem auf den Bildungs- oder Allgemeinbildungsbegriff berufen, wird zumindest implizit ein pädagogischer Anspruch angemeldet. Um in dem von Erich Weniger gebrauchten Bild zu bleiben, besagt dieser Anspruch, den "Kampf der gesellschaftlichen Mächte" nicht der Beliebigkeit temporärer Machtkonstellationen zu überlassen, sondern ihm mit dem Bildungs- oder Allgemeinbildungsbegriff ein pädagogisches Kriterium an die Seite zu stellen, das zwischen gesellschaftlichen Zwängen und Notwendigkeiten und den individuellen Interessen und Bedürfnissen der Heranwachsenden vermittelt, ein Kriterium, in dem das Recht des Einzelnen auf seine personale Selbstentfaltung im Rahmen seiner Sozialisation und Enkulturation bewahrt ist. Damit ist abstrakt der Kern der neuzeitlichen Bildungsidee umrissen, wie sie in der deutschsprachigen Pädagogik so mannigfach variiert worden ist.

In der wohl meistbeachteten Einzelpublikation der neuen Bildungsdiskussion argumentiert Klafki (1985a, S. 13) mit etwas anderer Akzentsetzung, aber durchaus kompatibel zu den vorangehenden Überlegungen: "Eine zentrale Kategorie wie der Bildungsbegriff ... ist unbedingt notwendig, wenn die pädagogischen Bemühungen um die nachwachsende Generation ... nicht in ein unverbundenes Nebeneinander oder gar Gegeneinander von zahllosen Einzelaktivitäten auseinanderfallen sollen, wenn vielmehr pädagogisch gemeinte Hilfen, Maßnahmen, Handlungen und individuelle Lernbemühungen *begründbar* und *verantwortbar* bleiben oder werden sollen". Man muß klar sehen, daß die von Klafki beschworene Notwendigkeit eine teleologische, keine kausale ist: Die Notwendigkeit der gewünschten zentralen Kategorie wird begründet mit dem Verweis auf die andernfalls eintretende Orientierungslosigkeit. Es spricht also vieles dafür, das Wiederaufleben der öffentlichen und erziehungswissenschaftlichen Diskussion über Bildung und Allgemeinbildung als Indiz für ein tiefgreifendes, zeitweise jedoch vernachlässigtes oder nicht ernstgenommenes gesellschaftliches Bedürfnis zu deuten: für das Bedürfnis nach einem übergreifenden pädagogischen Kriterium, das in dem notwendigerweise immer wieder neu entflammenden Streit um adäquate zeitgemäße Lösungen des schulpädagogischen Grundproblems eine orientierende Funktion übernehmen kann.

Nun garantiert die Existenz eines Bedürfnisses nicht die Existenz dessen, wonach Bedarf besteht. Das Bedürfnis, durch eine Rückbesinnung auf "Bildung" oder "Allgemeinbildung" wieder über einen übergreifenden pädagogischen Maßstab zu verfügen, mit dessen Hilfe sich der subjektive und gesellschaftliche Sinn schulischen Lernens verdeutlichen lassen könnte, läßt als solches noch nicht erkennen, ob es nicht – da unerfüllbar – in die Irre leitet. Und so fehlt es auch nicht an skeptischen Stimmen, die unterstellen, daß sich Erzieher, Bildungspolitiker und Wissenschaftler, die sich von der neuen Diskussion über Bildung und Allgemeinbildung ein Mehr an Konsens über die übergreifenden Ziele schulischer Bemühungen versprechen, auf die Jagd nach einem Phantom begeben, die sich bei nüchterner Betrachtung als naiv und illusionär erweisen könnte. So meint etwa Wolfgang Fischer (1986, S. 897): "Allgemeinbildung kann heute nichts mehr bedeuten; ihre Zeit ist definitiv abgelaufen"; in der philosophisch anspruchsvollen Begründung seiner negativen Einschätzung geht er davon aus, daß die "Idee einer maßgebenden Allgemeinheit" ein "Problem ohne alle Auflösung" sei und bleibe.[23] Und Künzli (1986, S. 56) deutet in seiner skeptisch-spöttischen Analyse die neue Rede von der allgemeinen Bildung als lediglich "bedürfnisbekundende Rede", in der sich ein Bedürfnis nach *Gemeinsamkeit* kundtue; die Vorstellung, es könne eine Allgemeinbildung geben, die solche Gemeinsamkeit institutionell produziere, rückt für ihn in die Nähe eines Mythos; sie erfülle gesellschaftlich auch eine vergleichbare Funktion.

Meiner Einschätzung nach kommt in diesen und vergleichbaren Einwänden gegen die neue Suche nach einem zeitgemäßen Bildungsbegriff ein Mißverhältnis zum Ausdruck, das für die deutsche Pädagogik typisch ist und ihre Chancen, brauchbare Beiträge zur praktischen Lösung pädagogischer Probleme zu leisten, häufig konterkariert. Dieses Mißverhältnis zeigt sich in der Neigung, praktische Fragen nicht als solche ernst zu nehmen, sondern sie aus ihrem praktischen Kontext herauszulösen und in sehr abstrakte Fragen von vorwiegend theoretischem Interesse zu transformieren. Aus der Unmöglichkeit, eine verbindliche und theoretisch befriedigende Antwort auf solche Fragen zu finden, wird dann häufig auch das zugehörige praktische Problem für unlösbar oder wissenschaftlich irrelevant erklärt.[24]

Ob aber das unzweifelhaft vorhandene gesellschaftliche Bedürfnis nach einem übergeordneten Kriterium, an dem sich die Bemühungen um die heranwachsende Generation orientieren könnten, in einem prinzipiellen Sinne erfüllbar ist oder nicht, scheint mir als abstrakte Frage – ohne Bezug auf konkrete Versuche, ein solches Kriterium zu explizieren – uninteressant und im Hinblick auf die realen Probleme mit unserem Schulsystem wenig fruchtbar. Wichtiger wäre es, praxisbezogene Auslegungen der Bildungs- und Allgemeinbildungsidee auf ihre Tragfähigkeit, vor allem ihre Integrations- und Orientierungskraft in einer pluralistischen, von einander widerstreitenden Wertvorstellungen geprägten Gesellschaft wie der deutschen Gegenwartsgesellschaft zu prüfen.

Wenn also gegenwärtig eine Besinnung auf die Idee der Bildung oder Allgemeinbildung gefordert wird, wenn, in hundert Variationen, "Bildung" und "Allgemeinbildung" auf die gegenwärtige Situation von Schule in unserer Gesellschaft ausgelegt werden, so zeigt sich darin ein gesellschaftliches (d. h. von vielen Mitgliedern dieser Gesellschaft geteiltes) Bedürfnis nach einem übergreifenden curricularen Gesamtkonzept. Damit verbindet sich die Hoffnung, daß ein solches Konzept im "Kampf der gesellschaftlichen Mächte" um Einfluß, angesichts widerstreitender Vorstellungen gesellschaftlicher Teilgruppen, wie das schulpädagogische Grundproblem zu lösen sei, eine vermittelnde, die Interessen der Heranwachsenden vertretende und in Zweifelsfällen orientierende Funktion übernehmen könne.

### 2.2.3 Die neue Bildungsdiskussion als öffentlicher Diskurs

Daß es sich bei der neuen Bildungsdiskussion nicht nur um einen erziehungswissenschaftlichen, sondern gesellschaftlichen Diskurs handelt, ist daraus zu ersehen, daß sich sehr unterschiedliche gesellschaftliche Gruppen und Organisationen intensiv an ihr beteiligen: So nehmen u. a. Lehrer- und Elternverbände, Wirtschaftsorganisationen, Gewerkschaften, politische Parteien, Kirchen, neue soziale Bewegungen, aber auch viele Journalisten, Politiker, Wissenschaftler, die als betroffene und engagierte Bürger ihre Meinung äußern, Stellung zu Fragen wie: Was bedeutet Bildung, wie kann sie heutzutage ausgelegt werden? Wie müßte eine zeitgemäße Allgemeinbildung konzipiert werden? Und vielfach werden die Fragen auf das schulpädagogische Grundproblem hin konkretisiert: Welche praktischen bildungspolitischen, schulentwickelnden, curricularen und didaktischen Maßnahmen müßten eingeleitet werden, um eine neu konzipierte Bildung bzw. Allgemeinbildung zu verwirklichen? Eine Fülle solcherart programmatischer und konzepterörternder Beiträge wird flankiert von stärker theoretisch ausgerichteten Publikationen, etwa historischen Untersuchungen zum Bildungsbegriff, von systematischen Analysen zu verschiedenen Problemfeldern bis hin zu wissenschaftstheoretisch akzentuierten Abhandlungen und Versuchen, durch einen Rekurs auf Theorien und Befunde anderer Sozialwissenschaften die neueren Bemühungen um eine Wiederbelebung der Bildungstheorie entweder zu rechtfertigen oder zu kritisieren.[25]

Insgesamt gesehen handelt es sich bei der neuen Bildungsdiskussion also nicht in erster Linie um einen wissenschaftlichen Diskurs, sondern um einen wissenschaftlich begleiteten öffentlichen Diskurs, einen auf das Bildungssystem gerichteten Prozeß gesellschaftlicher Selbstreflexion, der weniger auf die diskursive Versicherung wissenschaftlicher "Wahrheiten" als auf die Klärung dessen gerichtet ist, was gesellschaftlich von der Institution Schule erwartet wird. Es geht weniger um "wahr" oder "falsch" als um "gemeinsam gewollt" oder "nicht gewollt". Der Erziehungswissenschaft kommt dann aber in diesem Diskurs weder die Rolle des wichtigsten Ideenlieferanten noch der obersten Entscheidungsinstanz zu. Wissenschaftliches Denken ist vielmehr als Korrektiv zu begreifen, das

- die Rationalität des Diskurses einklagt, Scheinargumentationen und demagogische Positionen als solche entlarvt, die vorgetragenen Standpunkte kritisch hinterfragt, sie auf ihre innere Stimmigkeit und Verträglichkeit mit den eigenen Voraussetzungen überprüft;
- die Bedingungen klärt – nicht zuletzt empirisch – und die Grenzen aufzeigt, die der Verwirklichung vorgetragener Konzepte durch die realen Verhältnisse, soweit sie sich wissenschaftlich erkennen und beschreiben lassen, gesetzt sind.

Gemäß der Logik eines solchen Diskurses sind dann aber auch wissenschaftlich begründete Positionen und Stellungnahmen selbst als Diskurspositionen aufzufassen: Wissenschaftliches Denken verhält sich dabei selbstreflexiv. Der Diskurs ist somit prinzipiell unabgeschlossen, und das Prinzip der kritischen Prüfung verhindert, daß eine wie auch immer geartete Lösung des schulpädagogischen Grundproblems, eine wie auch immer begründete Auslegung von "Bildung" oder "Allgemeinbildung" zum definitiven "Ergebnis" des Diskurses und in einem normativen Sinne für verbindlich erklärt werden kann. – Das eigene in diesem Buch zur Diskussion gestellte Allgemeinbildungskonzept beziehe ich in diese Überlegungen ausdrücklich mit ein.

An diesem Punkt stellt sich die Frage: Inwieweit sind die drei genannten Merkmale tatsächlich für die neue Bildungsdiskussion spezifisch? Wiederholt sich hier unter einem neuen Etikett nicht lediglich ein gesellschaftliches Spiel, das einige Jahre zuvor schon einmal unter dem Etikett "Curriculumdiskussion" gespielt worden ist? Im folgenden Abschnitt versuche ich eine Antwort zu geben.

### 2.2.4 Curriculumdiskussion und neue Bildungsdiskussion

Die oben herausgearbeiteten Merkmale lassen sich noch schärfer erkennen, wenn man die neue Bildungsdiskussion kontrastierend der Curriculumdiskussion gegenüberstellt, wie sie sich Ende der sechziger bis etwa Mitte der siebziger Jahre in der Bundesrepublik Deutschland entwickelt hatte. Weil die Auseinandersetzung in beiden Fällen um das schulpädagogische Grundproblem geführt wird, ist der Vergleich sinnvoll und lehrreich. Welches sind also die hervorstechendsten Unterschiede? Ich liste sie thesenartig auf:

- Während die Curriculumdiskussion mit dem Versprechen, zumindest aber der Hoffnung verknüpft war, über ein Mehr an "technischer Rationalität" brauchbare zeitgemäße Lösungen des schulpädagogischen Grundproblems zu erzeugen, ist die neue Bildungsdiskussion eher darauf gerichtet, in einem Prozeß gesellschaftlicher Kommunikation und Selbstreflexion eine Vergewisserung über die generellen Ziele und den übergreifenden Sinn von Schule herbeizuführen.
- Wenngleich dem schulpädagogischen Grundproblem auch während der Curriculum-Ära viel öffentliches Interesse entgegengebracht wurde, wurde seine Lösung doch gleichsam an die zuständigen Wissenschaften delegiert. Im Rahmen der neuen Bildungsdiskussion hingegen beteiligen sich unterschiedlichste gesellschaftliche Gruppen an der Meinungsbildung und Lösungssuche.
- Im Unterschied zur neuen Bildungsdiskussion handelte es sich bei der Curriculumdiskussion also weit mehr um einen innerwissenschaftlichen als einen öffentlichen Diskurs. Diese Differenz spiegelt sich nicht zuletzt in den zentralen Begriffen: Während "Bildung" und "Allgemeinbildung" Worte der (gehobenen) Alltagssprache sind, ist der Schlüsselbegriff "Curriculum" trotz vieler Popularisierungsversuche ein erziehungswissenschaftlicher Fachterminus geblieben.
- Die Curriculumdiskussion entwickelte sich in einem Umfeld weitreichender schulpolitischer Reformbereitschaft, versuchte gewissermaßen die vorweg getroffenen politischen Entscheidungen, *daß* Reformen sein sollten, im nachhinein zu instrumentieren. Die neue Bildungsdiskussion hingegen kam in einem Klima bemerkenswerter Reformmüdigkeit in Gang, artikulierte dann aber zunehmend, nach dem Durchlaufen einer eher restaurativen Anfangsphase, einen neuen Willen auch zu äußeren Reformen.

Die aufgelisteten Einzelfeststellungen lassen sich im Hinblick auf den *Bedürfnischarakter* und die *Diskursgestalt* der beiden betrachteten Bewegungen synthetisieren, wenn man einerseits die von Mittelstraß (1982) herausgearbeitete Unterscheidung von "Orientierungswissen" und "Verfügungswissen" zugrundelegt,[26] andererseits diejenige von Experten und Laien, deren Fähigkeit, miteinander zu kommunizieren, zunehmend als Bedingung der Möglichkeit von Demokratie und Überleben in der Risikogesellschaft (Beck 1986; 1988, S. 293) erkannt wird:

(1) *Zum unterschiedlichen Bedürfnischarakter.* Die Curriculumdiskussion, die das schulpädagogische Grundproblem vorwiegend auf seine Funktion für den projektierten ökonomischen und wissenschaftlichen Fortschritt hin auslegte, war vor allem an der Produktion von *Verfügungswissen* interessiert. Die neue Bildungsdiskussion zielt dagegen, vor dem Hintergrund gewachsener Fortschrittsskepsis, auf die Rekonstruktion von *Orientierungswissen*; das gesellschaftliche Bedürfnis, das in dem Bemühen um die Wiedereinsetzung von "Bildung" als

pädagogischer Leitkategorie zum Ausdruck kommt, ist letztlich Teil eines gewachsenen gesellschaftlichen Bedürfnisses nach Orientierungswissen, das auch in anderen gesellschaftlichen Bereichen zu verzeichnen ist.

(2) *Zur unterschiedlichen Diskursgestalt.* Die Curriculumdiskussion stellte im wesentlichen einen Diskurs unter wissenschaftlichen *Experten* dar: Mit dem gesellschaftlichen Einverständnis, das schulpädagogische Grundproblem als wissenschaftlich zu lösendes Problem zu definieren, war die Delegation dieses Problems an für einschlägig erachtete Experten gleichsam legitimiert. Im Rahmen der neuen Bildungsdiskussion hingegen melden die betroffenen Laien – und im weiteren Sinne ist das in einer Gesellschaft mit allgemeiner Schulpflicht jedes Gesellschaftsmitglied – ihr Mitspracherecht an. So ist die neue Bildungsdiskussion in viel höherem Maße als ein öffentlicher Diskurs zwischen Experten und Laien zu verstehen. Das Vertrauen der Laien in den wissenschaftlichen Sachverstand und die Problemlösekapazität der Experten weicht – parallel zur Entwicklung in anderen gesellschaftlichen Bereichen – auch im Bildungsbereich tendenziell einer neuen Praxis des Anzweifelns und Infragestellens, die auf die Experten einen bis dato nicht gekannten Druck zur Rechtfertigung und zur allgemeinverständlichen Darlegung der eigenen Standpunkte ausübt.

Daß das beschriebene Bedürfnis nach Orientierungswissen die Gefahr in sich birgt, traditionalistisch ausgelegt zu werden, d. h. die Lösung aller gesellschaftlichen Probleme einschließlich des schulpädagogischen Grundproblems in der Rückwendung zu traditionellen Werten zu sehen, sei nicht verschwiegen. Vor allem zu Beginn der neueren Bildungsdiskussion tendierten politisch konservativ eingestellte Bildungspolitiker und Erziehungswissenschaftler dazu, dieses Thema in ihrem Sinne ideologisch zu besetzen. Ein konstatierter Mangel an "Bildung" oder "Allgemeinbildung" ließ sich dann schnell ummünzen in Forderungen nach der Wiederherstellung des durch die Bildungsreform angeknabberten Kanons der "humanistischen Allgemeinbildung", nach der strikten Aufrechterhaltung des dreigliedrigen Schulsystems und nach einer bewußten Ausrichtung schulischer Erziehungsmaßnahmen an althergebrachten Tugenden bürgerlichen Wohlverhaltens.[27] Vermutlich hat aber gerade die beschriebene Diskursgestalt der neuen Bildungsdiskussion verhindert, daß das Thema zur politischen Waffe in der schulpolitischen Auseinandersetzung verkam.

## *2.3 Einige Folgerungen aus der neuen Bildungsdiskussion*

### 2.3.1 Gibt es einen "Stand der Diskussion"?

Der Versuch, ein vorläufiges Fazit der neuen Bildungsdiskussion zu ziehen und ihre konsensfähigen Erträge zu bestimmen, ist verlockend: Ließe sich doch so gewährleisten, mit allen weiteren Überlegungen an einen definierten "Stand der Diskussion" anzuknüpfen. Nun kann "Stand der Diskussion" zweierlei bedeuten: Er kann sich auf inhaltliche Ergebnisse beziehen, auf Einsichten und Standpunkte, die von allen oder doch den meisten Diskursteilnehmern geteilt werden. Er kann sich aber auch auf geteilte *Problemsichten* beziehen, auf eine Identifizierung von Problembereichen, deren Berücksichtigung notwendig erscheint, ohne daß schon eine Einigung absehbar wäre, wie die betreffenden Probleme inhaltlich zu lösen sind. Meiner Einschätzung nach ist eine Bestimmung des Diskussionsstandes nur als Problemvergewisserung sinnvoll zu leisten:

Jeder Versuch, die neue Bildungsdiskussion ergebnisbezogen zu bilanzieren, stößt auf einige prinzipielle Schwierigkeiten. Vieles ist nicht integrierbar. Griffige Synthesen verbieten sich angesichts der Heterogenität der theoretischen Ansätze,[28] der unterschiedlichen Abstraktionsniveaus, auf denen argumentiert wird, und nicht zuletzt wegen der Differenzen in den politischen Prämissen.[29] Erschwerend hinzu tritt ein gewisser Mangel an prägnanten Erkenntnisfortschritten. Koring (1988, S. 274) hat nicht ganz unrecht, wenn er als Ergebnis einer Sichtung der neuen Bildungsdiskussion lapidar konstatiert: "Die Diskussion um Bildung in Erziehungswissenschaft und Öffentlichkeit bringt keine prinzipiell neuen Perspektiven hervor. Bestände pädagogischer Reflexion werden (mehr oder weniger angemessen) mit Gegenwartsproblemen, 'Bewegungen' und Zukunftstrends verknüpft."

Dennoch erscheint mir der defätistische Unterton, der in dieser Feststellung mitschwingt, der Sachlage nicht angemessen. Denn akzeptiert man die Deutung der neuen Bildungsdiskussion als öffentlichen Diskurs, der auf die Reflexion der übergreifenden Aufgaben des öffentlichen Schulsystems angelegt ist, so ist realistischerweise nicht viel anderes zu erwarten: In der von Koring angesprochenen "Verknüpfung" (und, wie zu ergänzen wäre: Konfrontation) traditionellen pädagogischen Gedankenguts mit gegenwärtigen und zukünftigen Anforderungen liegt, sofern sie hinreichend vielperspektivisch, facetten- und variantenreich erfolgt, die spezifische Leistung dieses Diskurses. Weniger die Hervorbringung "prinzipiell neuer" als das diskursive Abwägen, Prüfen, Bewerten, Kategorisieren und Variieren vorhandener Perspektiven kennzeichnen die Produktivität dieser Art auf Schule bezogener gesellschaftlicher Selbstreflexion und Selbstvergewisserung.

Der folgende Abschnitt ist als Versuch zu lesen, den "Stand der Diskussion" im zweiten Sinne, nämlich *problembezogen* zu bestimmen. Gefragt wird: Was sind wesentliche Problembereiche schulischer Allgemeinbildung, und welche Anforderungen an zeitgemäße Allgemeinbildungskonzepte ergeben sich daraus?

### 2.3.2 Problembereiche für neue Allgemeinbildungskonzepte [30]

*Allgemeinbildung und individuelle Bildung*

Zwischen "Bildung" und "Allgemeinbildung" wird in der neueren Literatur kaum systematisch unterschieden.[31] Selten nur finden sich explizite Begründungen, weshalb der eine oder der andere Terminus zur Kennzeichnung des pädagogischen

Leitbegriffs herangezogen wird, und bisweilen werden beide ohne deutliche Unterscheidung nebeneinander gebraucht.[32] Dem korrespondiert eine fast synonyme Verwendung in der Umgangssprache.[33]

Dennoch sprechen problem- und begriffsgeschichtliche Gründe dafür, die Begriffe zu unterscheiden und den Allgemeinbildungsbegriff gegenüber dem Bildungsbegriff zu bevorzugen, wenn es um das schulpädagogische Grundproblem geht. Nur vor dem Hintergrund einer solchen Unterscheidung läßt sich klären, in welchem Verhältnis "Bildung" als Gestaltung einer individuellen Biographie zum institutionell vermittelten Angebot einer schulischen "Allgemeinbildung" steht (vgl. Schulze 1990b, S. 97ff).

Die Aufhellung des Verhältnisses von "Bildung" und "Allgemeinbildung" wird im Zentrum der begriffskritischen Überlegungen des Unterkapitels 2.4 stehen.

*Allgemeinbildung und Schulfächer*

Historische Erfahrungen sprechen dafür, daß eine über "Fächer" repräsentierte Ordnung des von der Schule zu vermittelnden Wissens zu den nur schwer veränderbaren Rahmenbedingungen schulischen Lernens gehört. Welche Fächer aber für die Allgemeinbildung unverzichtbar sind, in welchen Punkten der traditionelle Fächerkanon der allgemeinbildenden Schulen reduzierbar, ergänzungs- oder revisionsbedürftig ist, diese Frage ist immer wieder neu zu stellen – unabhängig von der Tatsache, daß der reale Gestaltungsspielraum schon wegen der fächerorientierten Lehrerausbildung eher als gering einzuschätzen ist. Ganz in der Nähe dieser Frage ist die nach dem Verhältnis zwischen den Schulfächern und den (mehr oder weniger eindeutig) korrespondierenden Fachwissenschaften anzusiedeln: Ging unter dem Banner der Wissenschaftsorientierung die Tendenz dahin, die Schulfächer, zumindest im höheren Sekundarbereich, als wissenschaftliche Propädeutik zu betreiben, wird heute eine so enge Zuordnung unter einem umfassenderen Allgemeinbildungsanspruch wieder zunehmend in Zweifel gezogen.

In dem Maße, in dem die Leitfunktion der Fachwissenschaften für die Strukturierung schulischen Fachunterrichts ihre Legitimationskraft verliert, ist um so dringlicher die Frage nach fachübergreifenden Kriterien zu stellen, die eine solche Orientierungsfunktion übernehmen können. Die Tragfähigkeit eines neuen Allgemeinbildungskonzepts wird nicht zuletzt danach zu beurteilen sein, inwieweit es Kriterien für die inhaltliche und methodische Gestaltung des Unterrichts in den einzelnen Fächern bereitstellt. Diese Forderung verweist auf einen blinden Fleck in den meisten neueren Allgemeinbildungskonzepten, da Schulpädagogen und Allgemeindidaktiker – entsprechend der eingespielten Arbeitsteilung zwischen Erziehungswissenschaft und Fachdidaktik – zumeist davor zurückscheuen, sich auf die curriculare Binnenstruktur einzelner Schulfächer einzulassen.[34] Doch gegen überzogene fachliche Ansprüche – für die man Beispiele in den Curricula aller Schulformen findet – lassen sich Forderungen nach Begrenzungen unter dem Leitgesichtspunkt der Allgemeinbildung nur dann erfolgversprechend ins Spiel bringen, wenn es gelingt, die fachliche und fachdidaktische Argumentation inhaltlich mit der allgemeinpädagogischen und bildungstheoretischen zu verknüpfen.

*Allgemeinbildung und Selektion*

Ein realistisches Allgemeinbildungskonzept muß sich der Selektionsfunktion der öffentlichen Schule stellen und erkennen lassen, wie vernünftigerweise damit umgegangen werden kann. Es hilft nichts, diese Selektionsfunktion zu beklagen oder ihre Berechtigung zu leugnen: Die Hoffnung auf ihre ersatzlose Beseitigung muß wohl zu den unerfüllbaren pädagogischen Träumen gerechnet werden.

Wird der in der Allgemeinbildungsidee enthaltene Anspruch ernstgenommen, daß die Schule Bildung *für alle* zu bieten habe, ist sorgfältig darüber nachzudenken, welches Wissen, welche Fertigkeiten und Haltungen wirklich (fast) allen Schülerinnen und Schülern als zukünftigen Bürgerinnen und Bürgern eines modernen, pluralistischen, demokratischen Staates zu vermitteln oder zumindest anzutragen sind, wie also eine unabdingbar notwendige Grundbildung auszusehen hätte. Weiter wäre darüber nachzudenken, wie zu gewährleisten ist, daß diese Grundbildung tatsächlich den Möglichkeiten aller Heranwachsenden gerecht wird, ungeachtet ihrer sozialen Herkunft und intellektuellen Fähigkeiten. Vermutlich sind die gegenwärtigen Vorstellungen, was Umfang und Qualität einer solchen Grundbildung angeht, eher unrealistisch und überzogen. Nur durch eine realistische Begrenzung wird aber der Gefahr vorzubeugen sein, daß auch die einer Grundbildung zuzurechnenden Inhalte als Selektionsinstrumente mißbraucht werden.

Schule kann sich selbstverständlich nicht auf eine elementare Grundbildung beschränken: Allgemeinbildung steht nicht nur für die "soziale" Allgemeinheit (d. h. sie richtet sich nicht nur "an alle"), sondern auch für die "personale", die auf das "Insgesamt der menschlichen Möglichkeiten" gerichtet ist (vgl. Klafki 1985a, S. 18; Schulze 1990b, S. 100). Unter dem Anspruch der Allgemeinbildung kann und muß die Schule deshalb Schülern mit unterschiedlichen Voraussetzungen unterschiedliche Lernmöglichkeiten und Wege bieten. Allgemeinbildungskonzepte sollten offenlegen, wie die Grenzlinien zwischen elementarer und einer "erweiterten" (nicht mehr für alle verbindlichen) Allgemeinbildung zu ziehen sind, und unter welchen Umständen und in welchen Zeitabschnitten den gemeinsamen bzw. den potentiell selektierenden Inhalten Priorität eingeräumt werden sollte. Schließlich wäre zu überlegen, wie soziale Diskriminierungen, die nach wie vor mit schulischer Selektion verknüpft sind, so weit wie möglich reduziert werden können.

*Allgemeinbildung und Spezialisierung*

In den Überlegungen zum Verhältnis von Allgemeinbildung und Selektion klang bereits ein weiterer Problembereich an: Die geforderte "personale" Allgemeinheit der Bildung, die die ganze Person des Lernenden einbezieht, ließe sich angesichts ungleicher Voraussetzungen bei den Heranwachsenden nicht realisieren, würde man strikt auf "inhaltlicher" Allgemeinheit bestehen, d. h. auf einem Kanon von Inhalten, die für alle gleich zu sein hätten, weil sie als allgemein im Sinne von "für alle gleich bedeutsam" eingeschätzt würden. So wichtig die Schaffung eines gemeinsamen Grundstocks an Wissen, Anschauungen, Arbeits- und Umgangsformen einzuschätzen ist, so wichtig ist es andererseits zu sehen, daß damit allein eine universale Basis für die gesellschaftlich so notwendige Verständigung und Kooperation nicht geschaffen werden kann: Da spätestens im Berufsleben eine tiefgreifende Spezialisierung einsetzt, ist zu fragen, ob es nicht entscheidender ist, daß sich die Heranwachsenden schon in der Schule daran gewöhnen, solche Verständigung und Kooperation trotz unterschiedlicher Spezialisierungen zu realisieren. Kurz: Ein derartiges, gewissermaßen dynamisches Problemverständnis schließt Spezialisierung im Rahmen von Allgemeinbildung nicht aus. Unabdingbar hingegen ist dafür Sorge zu tragen, daß sich die Spezialisierung in der Schule nicht verselbständigt, ins nur "Spezialistische" abgleitet. Dem Allgemeinbildungsanspruch würde die Schule Rechnung tragen, wenn sie zum Aufbau eines Reflexionshorizonts beitrüge, der dem Einzelnen eine Einordnung seiner speziellen Interessen, seines speziellen Könnens in einen gesellschaftlich und kulturell allgemeineren Rahmen gestatten würde.

Eine vernünftige Balance zwischen der Verpflichtung auf gemeinsame Inhalte und der Eröffnung von Möglichkeiten auch frühzeitiger Spezialisierung ist nicht leicht herzustellen. Vieles spricht dafür, die Spielräume für stärkere Spezialisierung erst im Laufe der Sekundarstufe weiter auszudehnen. Allgemeinbildungskonzepte sollten ausweisen, welchen Stellenwert sie der Spezialisierung zubilligen und wie sie sie in den Anspruch der inhaltlichen Allgemeinheit rückbinden.

*Literale und nicht-literale Bildung*

Einer der wesentlichen Gründe für die Einrichtung eines öffentlichen Pflichtschulwesens war der Bedarf nach einer umfassenden Alphabetisierung. Bis heute steht die Entwicklung kognitiver Fähigkeiten, die im weitesten Sinne über den Umgang mit Schrift und Zahl, also "literal" erfolgt, im Zentrum schulischen Unterrichts.

Nun ist der Raum, den die Schule im Leben der Heranwachsenden rein zeitlich beansprucht, sowohl durch die generelle Verlängerung der Schulzeit wie auch durch die zurückgehende Einbindung der Schüler in Bereiche außerschulischer Praxis, tendenziell stets gewachsen – sinnliche Erfahrungen, auch körperliche Anstrengungen sind heutzutage für die meisten Schüler, wenn überhaupt, mit Freizeitaktivitäten verbunden, kaum aber mit notwendigem, eventuell auch selbstverantwortlichem Tun in anderen Bereichen gesellschaftlicher Praxis. Um so dringlicher stellt sich die Frage, wie sich die angesprochene kognitive und literale Einseitigkeit des schulischen Unterrichts zumindest partiell aufheben ließe.

Schon frühe Allgemeinbildungskonzepte forderten die Bildung von "Kopf, Herz und Hand" (Pestalozzi), strebten eine vielseitige Bildung des ganzen Menschen an. Daß sich solche Konzepte in der Praxis nicht konsequent haben durchsetzen lassen, ist weder allein mit fehlendem politischen Willen noch mit historischen Zufälligkeiten zu erklären, sondern verweist auf grundlegende strukturelle Prämissen des in den Industrieländern etablierten Schulsystems. Soweit neue Allgemeinbildungskonzepte eine radikale Umgewichtung zwischen den literalen und nicht-literalen Anteilen schulischer Allgemeinbildung anstreben, ist mitzubedenken, wieweit solche Vorschläge den realen Möglichkeiten von Schule gerecht werden und mit welchen Nebenwirkungen bei einer Umsetzung solcher Konzepte gerechnet werden müßte.

*Allgemeinbildung und Zukunftsprobleme*

Obwohl die bis hierher erörterten Problembereiche im Rahmen der jüngeren Auseinandersetzung um das schulpädagogische Grundproblem teilweise aus bislang vernachlässigten Blickwinkeln diskutiert wurden, handelte es sich doch im Prinzip um *bekannte* Problemstellungen, die der traditionellen pädagogischen Diskussion um Schule und Bildung nicht fremd waren. Die Fokussierung der Allgemeinbildungsdiskussion auf die Zukunftsprobleme ist hingegen qualitativ neu, wie wir bei der Vergegenwärtigung ihrer Hintergründe gesehen haben (Abschnitt 2.1.3): Natürlich war pädagogisches Denken schon immer auf die – möglichst bessere – Zukunft gerichtet, aber diese Zukunft stellte sich im Grunde bis in die sechziger Jahre hinein als ein *Horizont offener Möglichkeiten* dar, deren Gestaltung der heranwachsenden Generation gleichsam als lohnende Aufgabe an die Hand gegeben werden konnte. Selbst die Zweifel, die den pädagogischen Optimismus nach der Erfahrung zweier Weltkriege, angesichts so erschreckender Ereignisse wie "Auschwitz" und "Hiroshima" bedrängten und weithin ablösten, änderten nichts an der prinzipiellen Denkbarkeit einer offenen Zukunft, in der, bei hinreichend gutem Willen und moderater Anstrengung aller, ein Mehr an Glück, Freiheit und äußerem Wohlstand möglich sein würde. Die weltweiten, überwiegend ungewollten Folgen und Nebenfolgen einer ungehemmten Industrialisierung und die damit verbundene potentielle Freisetzung global zerstörerischer Kräfte, sowie die gesellschaftlichen Rückwirkungen dieser Prozesse, die Beck (1986, 1988) als Transformation der Industriegesellschaft in eine "Risikogesellschaft" interpretiert, haben inzwischen ein Umdenken in Gang gesetzt, das – paradox formuliert – den letzten Hoffnungsschimmer für die zukünftige Entwicklung in einer Relativierung des "Prinzips Hoffnung" (Bloch) zugunsten des "Prinzips Verantwortung" (Jonas 1979) sieht.

Daß die öffentliche Schule herausgefordert ist, auf diese neue Gesamtlage zu reagieren, ist ebenso sicher, wie es verfehlt wäre, von ihr den entscheidenden Beitrag zur Korrektur dieser beängstigenden Entwicklungen zu verlangen: Wie ich bereits ausgeführt habe (Abschnitt 2.1.3), kommt es darauf an, für den schulischen Umgang mit den Welt- und Zukunftsproblemen Wege zu finden, die den realen Möglichkeiten der Schule entsprechen, die weder durch überzogene Pädagogisierung Überdruß statt Betroffenheit erzeugen, noch durch vordergründige Politisierung an der falschen Stelle Veränderungshoffnungen wecken, deren voraussehbare Enttäuschung letztlich den Rückzug ins Private vorprogrammiert. Neue Allgemeinbildungskonzepte sollten Kriterien bereitstellen, die sich auf der Suche nach Wegen zwischen notwendigem Engagement und heilsamer Distanz als hilfreich erweisen.

## *2.4 Bildung und Allgemeinbildung: Begriffliche Klärungen*

Im vorliegenden Unterkapitel geht es zum einen darum, begriffskritisch die Verwendung des Bildungs- bzw. Allgemeinbildungsbegriffs als pädagogisches Leitkriterium zu klären, und zwar vor dem Hintergrund und ohne Außerkraftsetzung des alltagssprachlichen Bedeutungsspektrums. Zum anderen wird begründet – in Erweiterung der Überlegungen zu Beginn von 2.3.2 –, weshalb "Allgemeinbildung" gegenüber "Bildung" als Leitkriterium für die Zwecke dieser Studie vorgezogen wird.

### 2.4.1 Bemerkung zum Verhältnis von Wissenschafts- und Alltagssprache

In den Human- und Sozialwissenschaften sind die Grenzen zwischen Wissenschafts- und (gehobener) Alltagssprache oft fließend. Das wird an Begriffen wie "Bildung" und "Allgemeinbildung" besonders deutlich: Sie fungieren als Kernbegriffe spezieller pädagogischer Theorien, stehen im Zentrum eines gesellschaftlichen Diskurses und gehören darüber hinaus zu unserem alltäglichen Wortschatz. Beteiligt man sich als Wissenschaftler an der Klärung solcher Begriffe, gerät man in ein Dilemma. Für die Verwendung in wissenschaftlichen Argumentationszusammenhängen wäre eine möglichst präzise Definition des Begriffs innerhalb eines entfalteten theoretischen Kontexts anzustreben. Doch derartige Definitionen setzen den alltäglichen Verwendungszusammenhang nicht außer Kraft, sie normieren nicht den Gebrauch von Worten, die (auch) Bestandteil der Alltagssprache sind. Eine Definition, die keinerlei Überlappungen mit dem Alltagssprachgebrauch aufweist, mag wissenschaftsintern unter der Voraussetzung hilfreich sein, daß sie von der *scientific community* akzeptiert wird; sie ist es nicht für einen öffentlichen Diskurs, weil sie aller Voraussicht nach die terminologische Verwirrung nur vergrößert.[35]

Da die hier vorzunehmenden begrifflichen Klärungen auch für den öffentlichen Diskurs über Bildung und Allgemeinbildung hilfreich sein sollten, verdichte ich die vorangehenden Überlegungen zu einer wissenschaftsdidaktischen Faustregel: Wissenschaftliche Formulierungen, in welche die begrifflich geklärten Termini Eingang finden, sollten auch dann, wenn sie "naiv", d. h. vom alltagssprachlichen Bedeutungsspektrum ausgehend gelesen werden, einen Sinn ergeben, der tendenziell in Richtung des wissenschaftlich Gemeinten weist. Eine solche Forderung aber läßt sich durch vermeintlich präzise Vorab-Definitionen kaum erfüllen, sie verlangt – vor allem bei so komplexen, randlosen und kontextsensiblen Begriffen wie Bildung und Allgemeinbildung – nach einer differenzierten Betrachtung der korrespondierenden Problem- und Verwendungskontexte. Die Vergewisserung des alltäglichen Sprachgebrauchs hat das Fortschreiten der wissenschaftlichen Argumentation zu ergänzen und zu begleiten. Die Alltagssprache wird – reflektiert gebraucht – der Ambiguität der "Sachen" oft erstaunlich gut gerecht. Eine wissenschaftliche Terminologie, die diese Ambiguität auszumerzen versucht, statt sie auszuloten und damit die Alltagssprache zu schärfen, zu vertiefen, auf eine rationalere Basis zu stellen, wird spätestens dann, wenn sie aus dem wissenschaftsinternen Diskurs hinaustritt und sich in öffentliche Auseinandersetzungen hineinbegibt, von den verdrängten alltagssprachlichen Bedeutungen wieder eingeholt. Die Gefahr ist dann, daß die mit ihrer Hilfe getroffenen Aussagen unbemerkten Uminterpretationen erliegen und statt zur Klärung der betrachteten Phänomene zu ihrer Vernebelung beitragen.[36]

In diesem Sinne ist es das Ziel der folgenden begriffskritischen Überlegungen, den Gebrauch des Terminus "Allgemeinbildung" in der vorliegenden Studie – unter Beachtung des alltagssprachlichen Bedeutungsspektrums – zu klären und die Möglichkeit von Mißverständnissen zu verkleinern: Pfade zu suchen durch das Gestrüpp des im naiven Sprachgebrauch unterschwellig Mitgemeinten.

### 2.4.2 Bildung bzw. Allgemeinbildung als pädagogisches Kriterium

Vorweg ein Hinweis: Die folgenden Überlegungen in den Abschnitten 2.4.2 und 2.4.3 sind – unabhängig von und noch vor allen inhaltlichen Präzisierungen – sowohl für den Bildungs- als auch für den Allgemeinbildungsbegriff einschlägig. Bis zur systematischen Abgrenzung zwischen "Bildung" und "Allgemeinbildung" in Abschnitt 2.4.4 möchte ich den doppelten Bezug ausdrücklich durchhalten. Da aber die Lesbarkeit leiden würde, wenn in jeder einschlägigen Aussage von "Bildung bzw. Allgemeinbildung" die Rede wäre, formuliere ich derartige Aussagen in den folgenden Passagen häufig nur für "Bildung", "gebildet" etc. Solange nichts anderes vermerkt ist, gilt dann sinngemäß das gleiche auch für "Allgemeinbildung", "allgemeingebildet" etc.

Eine Explikation von Bildung als *pädagogisches Kriterium* oder, wie bisweilen auch gesagt wurde, als *pädagogischer Maßstab*, zielt auf eine Begriffsverwendung, die dem alltäglichen Sprachgebrauch zwar nicht ganz fremd, aber auch nicht selbstverständlich ist. Generell gilt: Ein *Kriterium* hilft, begründete Urteile zu fällen, begründet *Kritik* zu üben, indem es die Unterschiede, auf die es in dem betrachteten Sachzusammenhang ankommen soll, genau bezeichnet. Was ist aber der Sachzusammenhang oder Gegenstandsbereich, auf den es hier ankommt, auf den sich also Bildung oder Allgemeinbildung als *pädagogisches Leitkriterium* beziehen sollte?

Nach den bisherigen Überlegungen kann die allgemeine Antwort nur lauten: Dieser Gegenstandsbereich umfaßt *Unterricht* sowie alle Arten *curricularer Vorgaben für Unterricht*. Er umfaßt damit Ziele, Inhalte und Methoden von Unterricht, und er umfaßt Unterricht auf allen Abstraktionsebenen, von der Lehrplanebene bis hin zur konkreten Realisierung im Schulalltag. In Abschnitt 2.2.1 war das Problem, um das es in der neuen Diskussion zu Bildung und Allgemeinbildung zentral geht, durch die Frage charakterisiert worden: *Was und wie sollte an öffentlichen Schulen unterrichtet werden? ("schulpädagogisches Grundproblem").* Als übergreifendes pädagogisches Leitkriterium muß dann Bildung bzw. Allgemeinbildung so expliziert werden, daß sich Vorschläge, die sich auf die Lösung dieses Problems beziehen (z. B. Lehrpläne, Curricula, Unterrichtskonzepte), sowie unterrichtliche Realisationen solcher Vorschläge im Hinblick auf ihre (allgemein-)bildende Qualität beurteilen lassen. Mit anderen Worten: Bildung bzw. Allgemeinbildung steht für einen *Qualitätsanspruch* an Unterricht und curriculare Vorgaben für Unterricht.

Die damit in einem ersten Anlauf beschriebene Funktion des Bildungsbegriffs als Kriterium deckt sich auf der Lehrplanebene weitgehend mit seiner Funktion im Rahmen der geisteswissenschaftlichen Lehrplantheorie Erich Wenigers (1960), wie sie, deutlicher als von Weniger selbst, mehrfach von Blankertz (1968, S. 105f; 1969, S. 41; 1982, S. 269f) in interpretierendem Nachvollzug herausgearbeitet wurde. Die pädagogischen Ansprüche an mögliche Lösungen des obigen Grundproblems kristallisieren sich gleichsam im Bildungsbegriff: Blankertz (1969, S. 41) formuliert als zentrale Einsicht Wenigers, daß "die Pädagogik nicht als Vollzugsorgan der objektiven Mächte gesehen wird, andererseits aber auch selbst keine Inhalte hervorbringt, sondern als Anwalt der Jugend allen inhaltlichen Ansprüchen als Vermittlungsinstanz gegenübersteht. Diese Funktion fordert als erstes, daß ein Gegenstand der Vermittlung vorgegeben sei – das sind die inhaltlichen Erziehungsansprüche –, und als zweites, daß der Anwalt ein Kriterium besitzt, mit dem beliebige inhaltliche Ansprüche erzieherisch zu beurteilen sind – das leistet der Bildungsbegriff." Die so beschriebene Funktion des Bildungsbegriffs als Kriterium ist als theoretischer Ertrag der traditionellen Pädagogik zu werten, auf den sich heutige Explikationen noch stützen können, hinter den sie jedenfalls nicht zurückfallen sollten.[37]

Die Entscheidung, Bildung als Kriterium zu explizieren, legt für sich noch keineswegs fest, auf welche Bedeutungsdimensionen des Bildungsbegriffs dabei zurückzugreifen ist. Die drei wichtigsten Bedeutungsdimensionen, die sowohl in der Alltags- wie auch Fachsprache verbreitet sind, sollen deshalb näher betrachtet werden. Sie lassen sich grob kennzeichnen durch *Bildung als Idee*, *Bildung als Produkt oder Zustand* sowie *Bildung als Prozeß*. Nicht nur in der Alltagssprache, sondern auch in wissenschaftlichen Texten entscheidet in der Regel der Kontext darüber, was davon im aktuellen Fall gemeint ist. Ich gebe eine Kurzcharakteristik aller drei Bedeutungsdimensionen und ihres Verhältnisses zueinander.

### 2.4.3 Drei Bedeutungsdimensionen: Bildung bzw. Allgemeinbildung als Idee, Produkt, Prozeß

*Bildung (bzw. Allgemeinbildung) als Idee*

In bildungstheoretischen Texten hat Bildung seit der Zeit der deutschen Klassik häufig den Rang einer Idee, eines "regulativen Prinzips" im Sinne Kants. Explizit kommt das zum Ausdruck, wenn in solchen Texten von der "Idee der Bildung" oder vom "Geist der Bildungsidee" die Rede ist. Wie auch bei anderen Ideen vom Status regulativer Prinzipien, etwa Wahrheit, Gerechtigkeit, Frieden, Freiheit, entspricht dem Bildungsbegriff, wenn er in dieser Bedeutungsdimension verwendet wird, kein empirisch faßbarer Sachverhalt: Wir können uns in unserem praktischen Handeln von einer Idee leiten lassen, können versuchen, "im Geiste" einer solchen Idee zu handeln – z. B. als Lehrer: im Geiste der Bildungsidee zu unterrichten –, doch ob unsere Handlungen dann tatsächlich der Idee gerecht werden, läßt sich empirisch kaum erhärten. Deshalb lassen sich Begriffe vom Abstraktionsgrad eines regulativen Prinzips leicht demagogisch umdeuten – das gilt für Bildung ebenso wie für Wahrheit, Gerechtigkeit, Frieden und Freiheit.

Wenngleich regulative Ideen nicht mit einem empirisch faßbaren Sachverhalt identifiziert werden können, schweben sie nicht völlig beziehungslos über unserem praktischen Handeln. Ihre praktische Orientierungskraft vermittelt sich über stets neue aktuelle Auslegungen, über situationsbezogene Konkretisierungen. Eine gegebene Konkretisierung repräsentiert dabei nie "das Ganze" der betreffenden Idee, und Ideen werden in unterschiedlichen praktischen Kontexten in unterschiedlichem Maße deutlich: Was beispielsweise Frieden für eine kriegführende Nation bedeutet oder Freiheit für jemanden, der im Gefängnis sitzt, ist offensichtlich und läßt sich viel leichter beurteilen als etwa die Frage, ob eine Nation Friedenspolitik betreibt (d. h. Politik "im Geiste der Idee des Friedens"), oder ob die nicht in einem Gefängnis einsitzenden Bürger eines Staates tatsächlich frei sind (im Sinne der "Idee der Freiheit"). All diese Probleme haften auch der Bildungsidee an, deren Konkretisierungen, die im alltäglichen und wissenschaftlichen Sprachgebrauch kursieren, eher ein noch verwirrenderes Spektrum darbieten.

Wenden wir uns nun der verbreitetsten und in gewissem Sinne konkretesten Bedeutungsdimension des Bildungsbegriffs zu, die aber gerade wegen dieser Konkretheit der Gefahr ausgesetzt ist, die Intentionen der Bildungsidee zu verfehlen.

### *Bildung (bzw. Allgemeinbildung) als Produkt oder Zustand*

"X ist gebildet" wird im Alltagssprachgebrauch vorwiegend im Sinn von "X verfügt über Bildung", "X hat Bildung", "X besitzt Bildung" verwendet. Bildung steht dabei in erster Linie für ein spezifisches Wissen, das gegenüber anderem Wissen als *Bildungswissen* ausgezeichnet ist. Diesem Bildungswissen, das inhaltlich noch immer in hohem Maße über den gymnasialen Kanon repräsentiert wird, wird damit unterstellt, daß es sich, wie andere "Produkte", erwerben und besitzen läßt.[38] Bisweilen verweist "X ist gebildet" lediglich auf einen entsprechenden *Bildungsabschluß* (Abitur, Doktortitel etc.), der dann gleichsam stellvertretend für das erworbene Produkt in Gestalt von Bildungswissen steht.

Im weiteren Sinne liegt aber auch dann eine Produktauffassung von Bildung vor, wenn damit ein Zustand im Sinne eines Vermögens, einer Fähigkeit oder einer Handlungsdisposition gemeint ist. Wer sagt, "X ist gebildet", kann je nach der konkreten Situation beispielsweise darauf hinweisen wollen, daß X seine Umwelt auf intelligente Weise wahrnimmt, daß X über gepflegte Umgangsformen verfügt oder daß X an kulturellen Veranstaltungen interessiert ist.[39]

Damit läßt sich die Produkt-/Zustandsauffassung von Bildung – ungeachtet ihrer inhaltlichen Ausfüllung – wie folgt charakterisieren: Bildung wird manifest als ein Ensemble von Wissen und/oder Fähigkeiten (Handlungsdispositionen), über das eine Person verfügt und das sie im Laufe ihres bisherigen Lebens erworben hat. Im Prinzip läßt sich im Rahmen dieses Bildungsverständnisses empirisch überprüfen, ob bzw. in welchem Ausmaß eine Person gebildet ist, wenn dieses Wissen bzw. diese Fähigkeiten inhaltlich hinreichend genau bestimmt sind (vgl. K. Beck 1987).

*Bildung (bzw. Allgemeinbildung) als Prozeß*

Bezogen auf den Alltagssprachgebrauch, ist die prozessuale Seite des Bildungsbegriffs vor allem im Verb "bilden" aufgehoben: "Ich bilde mich", oder, fast gleichbedeutend, "ich tu etwas für meine Bildung" sagen wir etwa, um das Lesen eines Buches oder die Besichtigung einer Stadt, den Besuch eines Konzerts, einer Kunstausstellung oder eines (heute durchaus denkbar!) Industriebetriebs zu charakterisieren. Die betreffende Aktivität hat dann in der Regel keinen unmittelbaren Nutzeffekt für uns. Der Unterschied zur Produktauffassung von Bildung ist dadurch gegeben, daß die Begegnung, die gefühlsmäßige und intellektuelle Auseinandersetzung mit den betreffenden Gegenständen ("Kulturgütern" im weitesten Sinne) als Selbstzweck und Wert in sich gedeutet wird. Nicht erst ein bestimmtes Ergebnis (Produkt) dieser Auseinandersetzung definiert ihren Wert für uns, sondern sie selbst erfahren wir als Bereicherung unserer Person, als Gewahrwerden menschlicher Möglichkeiten, die über unseren Alltag hinausreichen. – Die Subsumierung derartiger Aktivitäten unter Bildung als Prozeß ist meist nur unter "Gebildeten" üblich.

Die angegebenen Beispiele für eine Prozeßauffassung von Bildung lassen sich nur schwer mit der Vorstellung verbinden, daß sie in einem vernünftigen Sinne institutionalisiert werden könnte: Institutionalisierung drängt auf Verfügbarmachung, auf Anrechnung und Materialisierung. Bildung als offener Prozeß der individuellen Lebensgestaltung in Auseinandersetzung mit einer gegebenen Kultur steht ersichtlich in starker Spannung zu den Vereinheitlichungs- und Regulierungszwängen, die etwa mit der Durchsetzung einer allgemeinen Schulpflicht einhergehen. Dennoch muß im Blick behalten werden, daß auch schulischer Unterricht, ungeachtet seiner meist sehr ausgeprägten Produktorientiertheit, zunächst einmal als Prozeß verläuft und als Prozeß gestaltbar ist.

*Zwischenfazit*

Ein plausibler Zusammenhang zwischen den drei betrachteten Bedeutungsdimensionen von Bildung läßt sich wie folgt herstellen: Bildung ist ein *Prozeß* der Auseinandersetzung mit Welt und Aneignung von Welt; dieser Prozeß kann Bildung als *Produkt* oder *Zustand* für den Einzelnen hervorbringen, wenn er im Geiste der Bildungs*idee* verläuft. Das "Verlaufen im Geiste der Bildungsidee" bezeichnet eine *Qualität des Prozesses*, und zwar diejenige, die in dem gesuchten Leitkriterium konkretisiert werden muß. Bezogen auf Unterricht: Unterricht kann im Geiste der Bildungsidee verlaufen, dann darf er zu Recht (allgemein-)bildend genannt werden. Er kann diese Qualität aber auch verfehlen. Für curriculare Vorgaben von Unterricht gilt: Sie können die (allgemein-)bildende Qualität des Unterrichtsprozesses positiv oder negativ beeinflussen, können sie mehr oder weniger wahrscheinlich machen. Insofern läßt sich auch ein Lehrplan auf seine (allgemein-)bildende Qualität hin beurteilen, also daraufhin befragen, ob bzw. in welchem Maße er der Idee der Bildung gerecht wird oder sie verfehlt.

Die inhaltliche Explikation von Bildung bzw. Allgemeinbildung als Kriterium muß also so erfolgen, daß begründete Aussagen über die (allgemein-)bildende Qualität von Unterricht als Prozeß sowie curricularer Vorgaben für diesen Prozeß möglich sind. Die logische Struktur der angestrebten Urteile wäre diese: Unterricht an Schulen wird der Idee der Bildung gerecht, wenn ... erfüllt ist. Die inhaltliche Explikation muß darin bestehen, die drei Pünktchen durch einen nachvollziehbaren und praktisch handhabbaren Kriterienkatalog zu ersetzen. Es gilt, Bildung als Idee für die Gestaltung von Bildung als Prozeß fruchtbar zu machen.

### 2.4.4 "Bildung" oder "Allgemeinbildung" als pädagogisches Leitkriterium?

Als nächstes soll untersucht werden, wie sich das bislang noch in Kauf genommene, aber auf die Dauer unbefriedigende Nebeneinander von "Bildung" und "Allgemeinbildung" durch eine begründete Unterscheidung ablösen läßt.

Von der sprachlichen Konstruktion her gesehen ist "Bildung" ein Oberbegriff von "Allgemeinbildung", diese also etwas "Spezielleres" als Bildung. Die formalsprachliche Betrachtungsweise hat da ihre Berechtigung, wo etwa "Berufsbildung" oder "Spezialbildung" der Allgemeinbildung ausdrücklich als Gegenbegriffe zugeordnet werden: In diesem Falle treten Allgemein- und Berufs- (bzw. Spezial-)bildung als unterschiedliche Versionen der für sich umfassender gedachten Bildung auf. Eine derart klare hierarchische Beziehung zwischen Bildung und Allgemeinbildung ist jedoch beim heutigen Sprachgebrauch die Ausnahme: Schon im Gegensatzpaar "Bildung – Ausbildung" entspricht die Bedeutung von "Bildung" fast derjenigen von "Allgemeinbildung" im Gegensatzpaar "Allgemeinbildung – Berufsbildung". Deshalb empfiehlt sich, Bildung und Allgemeinbildung nicht in ihrer formalsprachlichen Beziehung von Oberbegriff zu Unterbegriff zu betrachten, sondern als eigenständige, eng miteinander verwandte Begriffe mit sehr ähnlichem Bedeutungsspektrum, aber einer Reihe eher verdeckter konnotativer Unterschiede.

Das heutige Bedeutungsspektrum der Termini "Bildung" und "Allgemeinbildung" sowie ihr im Laufe der Zeit gewandeltes Verhältnis zueinander lassen sich besser verstehen, wenn man entscheidende Stationen ihrer Begriffsgeschichte auf die Ausgestaltung des öffentlichen Schulwesens in Deutschland während der letzten zweihundert Jahre rückbezieht. Das soll in aller Kürze geschehen.

*Anmerkungen zur Begriffsgeschichte*

Das Aufkommen des Bildungsbegriffs im ausgehenden 18. Jahrhundert verweist auf ein verändertes Selbstverständnis des abendländischen Menschen[40] zu Beginn des industriellen Zeitalters, etwa ab 1750.[41] In seinem zunehmenden Gebrauch spiegelt sich eine gegenüber dem Zeitalter der Renaissance nochmals gesteigerte Betonung des Individualitätsbewußtseins: Der einzelne Mensch erhält eine in der Geschichte nie zuvor gekannte Wertigkeit. Und gleichermaßen kommt darin der Glaube an die Möglichkeit und Verpflichtung des Einzelnen zum Ausdruck, sein eigenes Schicksal zu gestalten.

Für die neuhumanistische Bildungstheorie, wie sie vor allem von Wilhelm von Humboldt formuliert wurde, ist Bildung per se "allgemeine Bildung", oder noch deutlicher: "allgemeine Menschenbildung". Allgemein ist sie deshalb, weil das hinter ihr stehende anthropologische Modell Allgemeingültigkeit beansprucht: das Modell des "Menschen als Werk seiner selbst" (Fichte), dessen Daseinsaufgabe es ist, "soviel Welt, als möglich zu ergreifen, und so eng, als er nur kann, mit sich zu verbinden. Die letzte Aufgabe unseres Daseyns: dem Begriff der Menschheit in unsrer Person sowohl während der Zeit unsres Lebens, als auch noch über dasselbe hinaus, durch die Spuren des lebendigen Wirkens, die wir zurücklassen, einen so grossen Inhalt als möglich zu erschaffen ... durch die Verknüpfung unsres Ichs mit der Welt" (Humboldt 1986, S. 33f [Orig. ca. 1790]). Humboldt beschreibt ein Ideal der Persönlichkeitsentwicklung, von dem er annimmt, daß es dem Menschen schlechthin und somit auch jedem einzelnen Menschen gerecht werde. Obwohl im Brennpunkt dieses Bildungsbegriffs und des durch ihn repräsentierten Bildungsideals die *individuelle* Entwicklung des Einzelnen steht, ist die *soziale Allgemeinheit* des neuhumanistischen Bildungsbegriffs doch eine theoretisch zwingende Folge: Was dem Wesen des Menschen gemäß ist, darf rechtens keinem Menschen vorenthalten bleiben. Das ist – aus heutiger Sicht formuliert – der emanzipatorische Gehalt des Humboldtschen Begriffs von (allgemeiner) Bildung.

Durch die *inhaltliche Allgemeinheit* der höheren schulischen Bildung, die Humboldt durch die Konzentration auf Sprache (vor allem Latein und Griechisch) sowie Mathematik gewährleistet schien,[42] sollte den in der Aufklärungspädagogik des ausgehenden 18. Jahrhunderts vielfach sichtbaren Tendenzen einer bloßen Abrichtung der Heranwachsenden für praktische und berufliche Belange ein Riegel vorgeschoben werden. Deshalb wurde sie von Humboldt und seinen Parteigängern so eindringlich gefordert. Doch die in diesem historischen Kontext partiell vernünftige Forderung nach inhaltlicher Allgemeinheit wurde in der Folgezeit mehr und mehr absolut gesetzt, und so verkam "Allgemeinbildung" zu einem Kampfbegriff, mit dessen Hilfe lebensnützlichen oder berufsbezogenen Inhalten jede Dignität im Zusammenhang mit "eigentlicher" Bildung abgesprochen werden konnte. Bildung büßte den von den Bildungstheoretikern der deutschen Klassik noch mitgedachten Anspruch auf *soziale Allgemeinheit* weitestgehend ein (vgl. Klafki 1986). Die Quintessenz dieser Entwicklung war, daß gegen Ende des 19. Jahrhunderts dasjenige, was mit "Allgemeinbildung" bezeichnet wurde, lediglich einer gesellschaftlichen Elite der Heranwachsenden vorbehalten blieb und damit faktisch mit "höherer", nämlich gymnasialer Schulbildung gleichgesetzt wurde. Hand in Hand mit der ideologischen Indienststellung des Bildungsbegriffs durch das sozial aufsteigende Bürgertum verfiel seine Substanz. Wer über "Allgemeinbildung" verfügte, der verfügte im ungünstigen Fall lediglich über ein Arsenal schulisch normierten und von Vorgängen in Politik und Wirtschaft gänzlich abgespaltenen Allgemeinwissens. In ihrer vulgarisierten Form war Bildung dann nur noch Standesausweis, behaftet mit Standesdünkel gegenüber den "Ungebildeten", also das, was weitsichtige Zeitgenossen schon vor der letzten Jahrhundertwende als "Halbbildung" geißelten (z. B. Nietzsche; vgl. auch Paulsen 1903, S. 669).

Die Gleichsetzung von Allgemeinbildung mit höherer Schulbildung ist auch im gegenwärtigen Sprachgebrauch bisweilen noch anzutreffen, doch läßt sie sich inzwischen als Ausnahme charakterisieren. Die Bedeutungsverschiebung, die sich darin zeigt, daß heute wieder in einem demokratischen und nicht-elitären Sinne von Allgemeinbildung gesprochen wird, hängt in doppelter Hinsicht mit der weiteren Entwicklung des öffentlichen Schulwesens im 20. Jahrhundert zusammen:

- Zum einen verlor, schon seit Ende des 19. Jahrhunderts, die "humanistische" Gymnasialbildung ihre exklusive Funktion als einziger Zugang zu einem Universitätsstudium. Die allmähliche Durchsetzung des Gedankens, daß auch die schwerpunktmäßige Beschäftigung mit lebenden Sprachen und sogenannten realistischen (etwa naturwissenschaftlichen) Fächern die Studierfähigkeit gewährleisten könne, gipfelte in der Reform der gymnasialen Oberstufe in den 1970er Jahren, die auf der Annahme der prinzipiellen Gleichwertigkeit aller wissenschaftspropädeutisch unterrichtbaren Fächer beruhte. Diese Entwicklung gab der (Re-)Demokratisierung der Allgemeinbildungsidee – im Sinne der Rückgewinnung der sozialen und inhaltlichen Allgemeinheit "höherer" Schulbildung – entscheidende Impulse.
- Als noch wichtiger für die Abkehr von der Vorstellung, Allgemeinbildung sei nichts anderes als gymnasiale Bildung, ist vermutlich die Durchsetzung des Terminus "allgemeinbildende Schule(n)" als Bezeichnung für die Gesamtheit der öffentlichen, nicht unmittelbar berufbezogenen Schulen anzusehen. Diese, zunächst aus dem Motiv einer pragmatischen Abgrenzung der "normalen" gegen die beruflichen Schulen vorgenommene Benennung wirkte auf den Gebrauch des Terminus "Allgemeinbildung" zurück: Es lag nahe, unter Allgemeinbildung die Gesamtheit dessen zu verstehen, was an allgemeinbildenden Schulen, von der Grundschule bis hin zum Gymnasium, an Wissen, Einstellungen und Fertigkeiten vermittelt werden sollte.

Insofern läßt sich sagen, daß die Institution Schule – in ihrer Faktizität wie auch in ihrer Intentionalität, d. h. mit den auf sie bezogenen individuellen und gesellschaftlichen Erwartungen – den heutigen Alltagssprachgebrauch von "Allgemeinbildung" auf spezifische Weise färbt: Die Einbürgerung des Terminus "allgemeinbildendes Schulwesen" für die Gesamtheit des nicht-berufsbezogenen öffentlichen Schulwesens hat auf den Allgemeinbildungsbegriff zurückgewirkt und ihm seinen zwischenzeitlich elitären Charakter wieder genommen.

Die am Terminus "Allgemeinbildung" bzw. "allgemeine Bildung" nachskizzierte Entwicklung von einem Gut, auf das alle Menschen einen Anspruch haben, über ein soziales Ausgrenzungskriterium, das an spezifische schulische Bildungsgänge gekoppelt ist, zurück zu einem Kriterium, das als genereller Anspruch an alle schulischen Bemühungen der Gesellschaft um die heranwachsende Generation heranzutragen ist, gilt für den Terminus "Bildung" in ähnlicher Weise, wenn auch abgeschwächt. Der elitäre Anstrich des Bildungsbegriffs, der besonders deutlich in der Unterscheidung von "gebildet" und "ungebildet" als sozialem Kriterium zum Ausdruck kommt (und zwar deutlicher als in der Unterscheidung von "allgemeingebildet" und "nicht allgemeingebildet"), ist zwar im Schwinden begriffen, doch dem gegenwärtigen Sprachempfinden immer noch nicht ganz fremd. So wird zwar manchmal bereits gefordert, auch die Hauptschule müsse Bildung (und nicht etwa nur Kenntnisse und Fertigkeiten) vermitteln. Dennoch: Die Orientierung auf "höhere" (akademische) Berufe sowie die idealistische und sozial wertende Komponente ist im Bildungsbegriff auch heute noch stärker ausgeprägt als im Allgemeinbildungsbegriff; letzterer wird in vergleichbaren Zusammenhängen ("auch die Hauptschule muß Allgemeinbildung vermitteln") nüchterner und pragmatischer verwendet.

Damit wäre ein erstes Unterscheidungsmerkmal gewonnen: Zwar verweisen sowohl "Bildung" wie auch "Allgemeinbildung", wenn sie die übergreifenden Ziele der Schule charakterisieren sollen, auf einen *Überschuß* gegenüber bloßen Kenntnissen und Fertigkeiten, der *im Prinzip allen* Heranwachsenden zuteil werden soll. Aber dieser Überschuß wird durch "Allgemeinbildung" auf weniger emphatische, auf nüchternere und pragmatischere Weise angedeutet.[43] In "Bildung" schwingt noch heute, stärker als in "Allgemeinbildung", der bürgerliche Bildungsmythos mit, jene idealistische Überhöhung, die – angesichts der realen Verfaßtheit unseres öffentlichen Schulwesens – so häufig den Eindruck gestützt hat, daß die Kluft zwischen Soll und Ist, zwischen Ideal und Wirklichkeit unüberbrückbar sein könnte.

### *Bildung und Allgemeinbildung, Individuum und Kultur*

Sowohl im Bildungs- wie auch im Allgemeinbildungsbegriff ist implizit mitgedacht die Begegnung und Auseinandersetzung des einzelnen Individuums mit der Kultur der Gesellschaft, in der es aufwächst und sein Leben zu gestalten hat. Doch im Allgemeinbildungsbegriff erhält diese Auseinandersetzung einen anderen Akzent als im Bildungsbegriff. Adorno (1978, S. 90) hat den Zusammenhang zwischen Bildung und Kultur auf die einprägsame Formel gebracht, Bildung sei "Kultur nach der Seite ihrer subjektiven Zueignung". Diese Formel läßt sich wie folgt paraphrasieren, um die hier ins Auge gefaßte Unterscheidung sinnfällig zu machen: *Allgemeinbildung ist Kultur nach der Seite ihrer sozialen Universalisierung.* Die Bildungstheoretiker der deutschen Klassik sehen Bildung in erster Linie als *individuelle* Bildung, als Gestaltung einer individuellen Lebensgeschichte (vgl Schulze 1990b, S. 97). Diese Gestaltung verwirklicht sich über die aktive Auseinandersetzung mit der Kultur und durch ihre persönliche Aneignung. Der Beitrag, den die Schule zu dieser individuellen Bildung leisten kann, bleibt im Rahmen einer solchen Betrachtungsweise sekundär. Doch in dem Momemt, in dem eine Gesellschaft Grundzüge ihrer Kultur an alle ihre Mitglieder systematisch heranträgt, in dem sie das Wesentliche ihrer Kultur öffentlich zugänglich und verfügbar zu machen sucht, wird die Institutionalisierung dieser Kulturvermittlung unvermeidbar. Die notwendige *soziale Universalisierung* von Kulturelementen wird dann zur Aufgabe der Institution Schule, die sich an alle richtet. Im modernen Gebrauch des Terminus "Allgemeinbildung" ist dieser Sinnzusammenhang tendenziell aufgehoben – und zwar in deutlicher Differenz zur Humboldtschen "allgemeinen Menschenbildung".

Als zweites Unterscheidungsmerkmal zwischen Bildung und Allgemeinbildung hätten wir also: Im Prozeß der begegnenden Aneignung zwischen dem Individuum und der Kultur, in der es heranwächst, betont der Allgemeinbildungsbegriff stärker die Seite der Gesellschaft, der Bildungsbegriff stärker die des Individuums. Die Institutionalisierung von Lern- und Erziehungsprozessen in Form eines öffentlichen Schulwesens, auf das die Gesellschaft angewiesen ist, wenn sie ihr kulturelles Erbe und das für ihren Fortbestand lebensnotwendige Wissen an die nachwachsenden Generationen übermitteln will, ist im Allgemeinbildungsbegriff, wie er heutzutage verwendet wird, im Unterschied zum Bildungsbegriff von vornherein mitgedacht.

*Bildung und Allgemeinbildung als Antworten auf zwei unterschiedliche Probleme*

Den bis zu dieser Stelle herausgearbeiteten Unterscheidungsmerkmalen zwischen Bildung und Allgemeinbildung läßt sich auf eine konsequente Weise Rechnung tragen, wenn man die beiden Begriffe in der Tendenz zwei unterschiedlichen Problemen zuordnet. Der Vorschlag zu einer begrifflichen und terminologischen Klärung, den ich damit unterbreiten möchte, ist aus dem Alltagssprachgebrauch nicht zwingend ableitbar, sondern stellt eine theoretische Vertiefung der vorfindlichen Konnotationsunterschiede zwischen Bildung und Allgemeinbildung dar.

Im Zentrum neuzeitlicher pädagogischer und insbesondere bildungstheoretischer Reflexion stehen zwei grundlegende Probleme, deren idealtypische Gegenüberstellung im vorliegenden Zusammenhang sehr hilfreich ist. In ihrer allgemeinsten Form lassen sie sich durch die folgenden Fragen umreißen:

*Problem A: Was macht das Menschsein des Menschen aus?* Oder, um die prozessuale Seite des Problems zu betonen: *Wie wird der Mensch zum Menschen?*

*Problem B: Was sollen Kinder und Jugendliche an öffentlichen Schulen lernen?* Oder, mit den Schulen im Blickpunkt: *Was und wie soll an öffentlichen Schulen unterrichtet werden?* ("Schulpädagogisches Grundproblem" aus Abschnitt 2.2.1)

Selbstverständlich werden beide Probleme zu Recht als pädagogische wahrgenommen. Aber davon abgesehen handelt es sich bei Problem A in hohem Maße um ein philosophisches und anthropologisches, vorwiegend theoretisches Problem. Zur Erleichterung der Verständigung bezeichne ich es als "anthropologisches Grundproblem". – Im Unterschied dazu stellt sich Problem B, das "schulpädagogische Grundproblem", über seine pädagogische Dimension hinaus als gesellschaftliches und politisches, auf jeden Fall aber eminent praktisches Problem dar. Es markiert zudem die Schnittstelle zwischen Bildungstheorie, Curriculumtheorie, Schultheorie, Schulpädagogik und Allgemeiner Didaktik.

Der unterschiedliche praktische Stellenwert der beiden Probleme zeigt sich nicht zuletzt daran: Während man sich darüber streiten mag, ob das "anthropologische Grundproblem" überhaupt lösbar ist, und wenn, mit welchem Geltungsanspruch, möglicherweise sogar, wie sinnvoll es ist, sich überhaupt mit ihm zu beschäftigen (vgl. Ballauff 1986), geht an immer wieder neuen praktischen (Teil-)Lösungen des "schulpädagogischen Grundproblems" kein Weg vorbei.

Damit kann nun der zentrale Gedanke des vorliegenden Unterkapitels formuliert werden: *Nach allen bislang angestellten Überlegungen zur Begriffsgeschichte und zum gegenwärtigen Sprachgebrauch liegt es nahe, Bildung als Leitidee und Kriterium dem anthropologischen, Allgemeinbildung hingegen dem schulpädagogischen Grundproblem zuzuordnen.* Etwas vereinfachend, dafür prägnant, läßt sich das auch so ausdrücken: "Bildung" ist eine neuzeitliche Antwort auf die Frage, was den Menschen zum Menschen macht; "Allgemeinbildung" antwortet auf die Frage, was den Heranwachsenden durch die öffentlichen Schulen vermittelt werden sollte.

Gleichzeitig ist damit eine weitere Frage geklärt: Im Argumentationszusammenhang der vorliegenden Studie ist – aus problemgeschichtlichen wie systematischen Gründen – nicht "Bildung", sondern "Allgemeinbildung" der angemessenere Terminus für das gesuchte Leitkriterium.

Einem möglichen Mißverständnis sei allerdings vorgebeugt: Ich möchte nicht etwa dafür plädieren, das Wort Allgemeinbildung nur noch im Zusammenhang mit Schule zu verwenden. Mit einer solchen Beschränkung würde ich der von mir selbst aufgestellten Forderung zuwiderhandeln, dem Alltagssprachgebrauch bei begrifflichen Klärungen Rechnung zu tragen (vgl. Abschnitt 2.4.1). Nein, in vielen nichtschulischen Kontexten ist es durchaus vernünftig, von Allgemeinbildung zu sprechen. Um meine persönliche Allgemeinbildung kann ich mich beispielsweise auch vor, neben oder nach der Schule bemühen. Allgemeinbildung läßt sich dann als derjenige Teil meiner individuellen Bildung betrachten, der mir Gemeinsamkeit mit anderen erschließt, der meine persönlichen Zugänge zur "öffentlichen" Kultur stärkt und ausweitet. Oder, als weiteres Beispiel: Eltern können im familiären Umgang die Allgemeinbildung ihrer Kinder fördern. – Worauf es mir bei der Verklammerung von Schule und Allgemeinbildung ankommt, ist vielmehr die Einsicht: Allgemeinbildung, die wesentliche Grundzüge unserer Kultur repräsentiert, stellt eine entscheidende Voraussetzung für individuelle Bildung dar: für individuelle Aneignung von Kultur, letztlich für Menschwerdung innerhalb unserer Kultur. Indem Schule sich um Allgemeinbildung als Angebot an alle bemüht, hat sie für ihre Schülerinnen und Schüler die *Möglichkeit* von Bildung (Menschwerdung) zu eröffnen. Bewirken, produzieren oder gar erzwingen kann sie Bildung nicht.

### *Bildung, Allgemeinbildung und Bildungsideale*

In den meisten traditionellen bildungstheoretischen Ansätzen werden Lösungen für das schulpädagogische Grundproblem in Abhängigkeit von (vermeintlichen) Lösungen für das anthropologische Grundproblem gesucht: Ziele für Unterricht an öffentlichen Schulen, Inhalte für Allgemeinbildung versucht man an einem Menschenbild auszurichten, das man zuvor über anthropologische Analysen oder eine philosophisch oder religiös orientierte Wesensschau des Menschen zu bestimmen versucht. Interessanterweise hält sogar eine moderne Darstellung wie die von Sühl-Strohmenger, der im Rahmen der neuen Bildungsdiskussion eine der gründlichsten Studien zu Bildung und Allgemeinbildung vorgelegt hat, an dem engen Konnex zwischen anthropologischem und schulpädagogischem Grundproblem fest. Sühl-Strohmenger unterscheidet zwischen *Bildung im weiteren Sinne*, repräsentiert durch ein bestimmtes Menschen- und Gesellschaftsbild und ein daraus abgeleitetes *Bildungsideal*, und *Bildung im engeren Sinne*, repräsentiert durch die an diesem Bildungsideal orientierte, an Schulen zu vermittelnde *Allgemeinbildung* (a. a. O., 1984, S. 79ff). Damit schließt er sich der Vorgehensweise vieler traditioneller Bildungstheorien an, das Ziel der Bildung in Gestalt eines Bildungsideals zu beschreiben – wobei ein Bildungsideal, in Sprangers (1909, S. 6f) Formulierung, verstanden werden kann als "Phantasievorstellung von einem Menschen, in dem die allgemein menschlichen Merkmale so verwirklicht sind, daß nicht nur das Normale, sondern auch das teleologisch Wertvolle desselben in der höchsten Form ausgeprägt ist".

Als Argument für die Überlebtheit des Bildungsbegriffs sowie des bildungstheoretischen Denkens überhaupt ist oft angeführt worden, daß es in einer pluralistischen Gesellschaft wie der heutigen Gegenwartsgesellschaft kein einheitliches und für alle verbindliches Bildungsideal mehr geben könne. Bildungstheoretisch läßt sich diesem berechtigten Einwand auf zweierlei Weise Rechnung tragen:

- Entweder faßt man den Bildungsbegriff sehr formal und verzichtet auf jegliche inhaltliche Konkretisierung in Gestalt eines daraus abgeleiteten Bildungsideals – das war, im großen und ganzen gesehen, der Lösungsweg, der im Rahmen der geisteswissenschaftlichen Pädagogik eingeschlagen wurde.
- Oder aber man reserviert den Begriff des Bildungsideals, unter Verzicht auf alle Ansprüche nach Vereinheitlichung und in Übereinstimmumg mit der Auffassung von Bildung als individueller Bildung, für die Kennzeichnung subjektiver Vorstellungen zur Lebensgestaltung und läßt damit von vornherein eine Vielfalt individueller, auch konkurrierender Bildungsideale zu.

Meines Erachtens lassen sich diese beiden Lösungen in einer brauchbaren Synthese zusammenführen.

Streng genommen hat es ein einheitliches, von den über Bildung nachdenkenden Zeitgenossen allgemein akzeptiertes Bildungsideal auch während der Epoche der deutschen Klassik nie gegeben. Unterschiedliche Auffassungen beispielsweise darüber, ob Bildung letztlich auf die Kultivierung der individuellen Anlagen durch Vervollkommnung und Verinnerlichung (Herder, Humboldt) oder aber auf Selbstverwirklichung durch Selbstentäußerung und Hingabe an objektive Aufgaben (Goethe, Hegel) zielen solle, sind so alt wie der pädagogische Gebrauch des Bildungsbegriffs selbst. Erst recht läßt sich ein einheitliches und verpflichtendes Bildungsideal in einer Gesellschaft nicht aufrecht erhalten, die ihrem Selbstverständnis nach pluralistisch ist und sehr unterschiedliche Vorstellungen von Selbstverwirklichung und individueller Lebensgestaltung toleriert, solange die verfassungsmäßig garantierten Rechte der Mitbürger und das Gemeinwohl nicht beeinträchtigt werden.

Der Rückzug auf eine formale Interpretation der Bildungsidee scheint deshalb durchaus konsequent. Wie bereits mehrfach herausgestellt, steht Bildung in ihrer formalen Auffassung dann – in heutiger Sprechweise – für eine Balance zwischen subjektiven Interessen des Einzelnen und seinem Recht auf persönliche Entfaltung auf der einen Seite sowie gesellschaftlichen Notwendigkeiten und kulturellen Vorgegebenheiten auf der anderen. Das dieser Bildungsauffassung zugrundeliegende Menschenbild – wenn man es als solches bezeichnen will – ist damit ebenfalls ein relativ formales. Es repräsentiert aber den in unserer und vergleichbaren demokratisch verfaßten Gesellschaften möglichen Konsens: In seinen Grundzügen ist es dasjenige Menschenbild, auf dem die Formulierung der Grundrechte im Grundgesetz der Bundesrepublik Deutschland beruht und, im weltweiten Rahmen, auch die "Allgemeine Erklärung der Menschenrechte" der Vereinten Nationen.[44]

Eine Schwäche der formalen Auffassung des Bildungsbegriffs, wie sie in der Bildungstheorie der Geisteswissenschaftlichen Pädagogik vertreten wird, ist darin zu sehen, daß Bildung als Kriterium für die inhaltlichen Entscheidungen, auf welche je aktuelle Lösungen des schulpädagogischen Grundproblems angewiesen sind, wenig hergibt. Auf diese Schwäche hat schon Blankertz (1969, S. 134ff) in seiner Gegenüberstellung von geisteswissenschaftlicher Lehrplantheorie und Robinsohns Curriculumtheorie hingewiesen. Doch um diese Schwäche zu therapieren, braucht man weder den Bildungsbegriff gänzlich preiszugeben, noch seine formale Auffassung wieder rückgängig zu machen – wodurch man sich ja nur die oben beschriebenen Probleme, die zu dieser formalen Auffassung hingeführt und sie so plausibel gemacht haben, wieder neu einhandeln würde. Zu einer theoretisch annehmbaren Lösung kommt man m. E., wenn man die formale Deutung des Bildungsbegriffs auf der Linie Wenigers und Blankertz' (in gewisser Hinsicht auch Klafkis) fortschreibt und vor dem Hintergrund der oben von mir vorgeschlagenen Unterscheidung zwischen Bildung und Allgemeinbildung neu interpretiert.

### *Versuch einer systematischen Neubestimmung des Verhältnisses von Bildung und Allgemeinbildung*

Die bislang angeführten Überlegungen und Argumente sollen nun zu einer zusammenhängenden Interpretation verdichtet werden.

Auf die Frage, was den Menschen zum Menschen macht, kann es in einer pluralen, demokratisch verfaßten Gesellschaft keine verbindliche, für alle Mitglieder dieser Gesellschaft gültige *inhaltliche* Antwort mehr geben. Bildung als ein Weg zur individuellen Lebensgestaltung kann sich an unterschiedlichen Bildungs- und Persönlichkeitsidealen orientieren, von unterschiedlichen Weltanschauungen, Philosophien, Religionen und den darin zum Ausdruck kommenden Menschenbildern ausgehen. Jedes Mitglied der Gesellschaft hat das Recht auf freie Entscheidung, auf welche persönlichen Ziele hin es sich verwirklichen will, an welche Traditionen es in seiner Lebensführung anknüpft und mit welchen es bricht. Es hat lediglich die entsprechenden Rechte seiner Mitmenschen zu respektieren und die Verfolgung seiner persönlichen Interessen in einer Balance zu den gesellschaftlichen und mitmenschlichen Notwendigkeiten zu halten, deren Geltung im Diskurs mit den anderen Gesellschaftsmitgliedern immer wieder neu zu bestimmen ist.

Die Frage, was und wie Heranwachsende an öffentlichen Schulen lernen sollten, läßt sich hingegen schon aus pragmatischen Gründen nicht in gleichem Maße offenhalten und subjektiven Entscheidungen überantworten: Offensichtlich setzt die Einrichtung einer öffentlichen Pflichtschule für alle die Festlegung verbindlicher Curricula (selbst wenn es sich um "offene" Curricula handelt) und damit einen inhaltlichen Minimalkonsens über das gemeinsam Gewollte voraus. In Bündelung der bisherigen Überlegungen läßt sich sagen: Allgemeinbildung ist so zu konzipieren, daß sie individuelle Bildung in großer Vielfalt möglich macht. Allgemeinbildung muß Raum lassen für eine Fülle unterschiedlicher, eventuell auch konkurrierender individueller Bildungsideale. Schulische *Allgemeinbildung* wird so zur *Bedingung der Möglichkeit von Bildung*: Allgemeinbildung ist für den Einzelnen Voraussetzung vernünftiger Selbstverwirklichung; sie eröffnet ihm Zugänge zu allem Besonderen, auf das er sich einlassen, für das er sich einsetzen sollte, um ganz Mensch zu sein.

Abschließend stelle ich die wichtigsten unterscheidenden Merkmale von Bildung und Allgemeinbildung pointiert einander gegenüber:

- *Bildung* setzt eine Vorstellung vom Menschen, ein Menschenbild, ein Bildungs- oder Persönlichkeitsideal voraus: Wie ist der Mensch von Natur aus, oder wie sollte er sein?
  *Allgemeinbildung* ist offen für eine Vielzahl von Bildungs- oder Persönlichkeitsidealen, sie ist lediglich einem humanitären Minimalkonsens verpflichtet, wie er beispielsweise in den grundlegenden Menschenrechten beschrieben wird.
- *Bildung* bezeichnet ein (allgemeinverbindlich nicht lösbares) anthropologisches und philosophisches Problem innerhalb unserer Kultur;
  *Allgemeinbildung* bezeichnet ein politisches und gesellschaftliches Problem, das praktisch gelöst werden muß.
- *Bildung* ist "Kultur nach der Seite ihrer subjektiven Zueignung" (Adorno);
  *Allgemeinbildung* ist Kultur nach der Seite ihrer sozialen Universalisierung.
- *Bildung* ist eine Aufgabe für den Einzelnen, beinhaltet einen Appell zur Selbstverwirklichung, zur individuellen Gestaltung des eigenen Lebensweges;
  *Allgemeinbildung* ist eine Aufgabe der Gesellschaft, die sie zu weiten Teilen an die Institution der Pflichtschule "delegiert".
- *Bildung* ist eine emphatische Kategorie;
  *Allgemeinbildung* eine (vergleichsweise) pragmatische.

### 2.4.5 Zur Relation von Allgemeinbildungsidee, Allgemeinbildungskonzepten und allgemeinbildender Schule

Der "Idee" der Allgemeinbildung steht die "Wirklichkeit" der allgemeinbildenden Schule gegenüber. Konkretisierungen der Allgemeinbildungsidee, die auf eine Beurteilung der Wirklichkeit der allgemeinbildenden Schule, ihres Unterrichts, ihrer Curricula im Lichte der Allgemeinbildungsidee angelegt sind, werden in der Literatur zum Thema häufig als "Allgemeinbildungskonzepte" bezeichnet (z. B. Klafki 1985a): Ein Allgemeinbildungskonzept schlägt gewissermaßen die Brücke zwischen der Allgemeinbildungs*idee* und der, wenn man so will, *Wirklichkeit der Allgemeinbildung*. Es legt die Idee der Allgemeinbildung auf die vorfindliche Praxis hin aus, gibt ihr eine auf die gegenwärtige historische Situation bezogene Deutung. Ein Allgemeinbildungskonzept nimmt einen denkbaren gesellschaftlichen Konsens zu den übergreifenden pädagogischen Zielen von Schule aus der Sicht eines einzelnen Autors oder einer Gruppe von Autoren hypothetisch vorweg. Miteinander konkurrierende Explikationen von Allgemeinbildung in Gestalt unterschiedlicher Allgemeinbildungskonzepte sind letztlich Voraussetzungen für einen rational geführten gesellschaftlichen Diskurs, der die Konsensfindung über neue Lehrpläne, Richtlinien, schulorganisatorische Maßnahmen usw. zum Ziel hat.

Damit ist auch der systematische Ort des eigenen Allgemeinbildungskonzepts beschrieben. Um dem folgenden ein Minimum an Anschaulichkeit zu geben, gehe ich – der systematischen Argumentation vorgreifend – kurz auf seine inhaltliche Struktur ein. Im Zentrum stehen sieben *Aufgaben der allgemeinbildenden Schule*:

- Lebensvorbereitung
- Stiftung kultureller Kohärenz
- Weltorientierung
- Anleitung zum kritischen Vernunftgebrauch
- Entfaltung von Verantwortungsbereitschaft
- Einübung in Verständigung und Kooperation
- Stärkung des Schüler-Ichs

Die Entscheidung, Allgemeinbildung über *Aufgaben* der Schule zu explizieren, konkretisiert die Allgemeinbildungsidee wie angepeilt zu einem handhabbaren Kriterium: Anhand dieser Aufgaben ist es möglich, Lösungen des schulpädagogischen Grundproblems pädagogisch zu bewerten: sowohl curriculare Vorgaben für Unterricht als auch konkreten Unterricht auf ihre allgemeinbildende Qualität hin zu beurteilen. Daß das nicht durch ein mechanisches und additives Abarbeiten der genannten Aufgaben, sondern nur mittels rationaler Argumentation möglich ist, für die diese Aufgaben einen Orientierungsrahmen darstellen, das wird im folgenden Kapitel deutlich werden. Hier nur soviel dazu: Die in den einzelnen Aufgaben benannten Begriffe haben ja großenteils selbst den Status regulativer Ideen (z. B. "kritischer Vernunftgebrauch"), so daß schon deshalb der Versuch unsinnig wäre, sie als "Operationalisierungen" der Allgemeinbildungsidee gemäß den Standards empirischer Sozialforschung zu verwenden.

Die Konkretisierung der Allgemeinbildungsidee wird im eigenen Allgemeinbildungskonzept also über eine "Reflexion auf die Aufgaben des Bildungssystems" (Fetscher 1986, S. 23) in Angriff genommen. Diese Strategie erlaubt es, an die bildungstheoretische Tradition im deutschsprachigen Raum anzuknüpfen, zugleich aber auch eine gewisse Distanz zu ihr zu wahren: Reflexion auf die Aufgaben des Bildungssystems, speziell des allgemeinbildenden Schulsystems, wäre auch dann immer noch eine gesellschaftliche Notwendigkeit, wenn die Bündelung dieser Aufgaben unter dem Wort "Allgemeinbildung" als integrierender pädagogischer Leitvorstellung nicht von allen geteilt würde. Sogar jemand, der den Terminus "Allgemeinbildung" für wissenschaftlich unbrauchbar hält, könnte sich auf eine inhaltliche Diskussion dieser Aufgaben einlassen, ohne sich etwas zu vergeben. Und schließlich dürfte es auch für die internationale Diskussion Vorteile bringen, wenn gegenüber ausländischen Gesprächspartnern und Lesern auf *Aufgaben* des Schulsystems Bezug genommen werden kann und nicht ausschließlich auf das richtige Verständnis der schwer übersetzbaren deutschen Begriffe Bildung und Allgemeinbildung vertraut werden muß. Die Konsensfindung in der Sache, auf die es letztlich ankommt, setzt weder den Konsens in der Bezeichnung noch den in der Bewertung der bildungstheoretischen Tradition voraus. Ein Konsens in der Bezeichnung erleichtert lediglich die Verständigung.

### 2.4.6 Aufgaben, Funktionen und Effekte des allgemeinbildenden Schulsystems

Zum Abschluß dieser begriffskritischen Überlegungen sei ausdrücklich vor zwei möglichen Mißverständnissen gewarnt: Die "Aufgaben" der Schule, auf die sich das hier vertretene Allgemeinbildungskonzept stützt, dürfen weder mit "Funktionen" noch mit empirisch beschreibbaren "Effekten" der Schule verwechselt werden.

*Zur Unterscheidung von Aufgaben und Funktionen der Schule*

Zentraler Gegenstand vor allem soziologisch inspirierter schultheoretischer Ansätze sind unterschiedliche *Funktionen* der Schule innerhalb der Gesellschaft.[45] Das Schulsystem wird dabei als ein gesellschaftliches Subsystem beschrieben. Die Rede etwa von der Reproduktionsfunktion oder der Selektionsfunktion der Schule ist in Deutschland spätestens seit den einschlägigen Veröffentlichungen Parsons' (1968) und Fends (z. B. 1974, 1980) pädagogisches Allgemeingut geworden. Die Vermittlung des in Lehrplänen festgeschriebenen Wissens gerät in einer solchen Sichtweise zu einer Funktion unter anderen, möglicherweise nicht einmal zu der für die Gesellschaft bedeutsamsten. Beispielsweise rechnet Ballauff (1984) von insgesamt 31 historisch-systematisch herausgearbeiteten Einzelfunktionen lediglich sechs zu den "paideutischen", d. h. den im engeren Sinne "bildenden".

Die Arbeiten zu den Funktionen der Schule haben den Blick für die Gefahr geschärft, pädagogische Intentionen und offizielle Zielsetzungen für die Institution Schule mit dem zu verwechseln, was diese Institution tatsächlich bewirkt. Es geht dabei nicht nur um die Differenz zwischen angestrebten Zielen und "schmuddeligem" (Hentig), aber doch immerhin in seiner Schmuddeligkeit offen zutage liegendem Unterrichtsalltag, sondern vor allem um die eher verdeckten Wirkungen, wie sie unter dem Stichwort des "heimlichen Lehrplans" von der pädagogischen Diskussion aufgenommen wurden. Die wissenschaftliche Thematisierung von Funktionen der Schule (und im mikrosoziologischen Bereich: von sozialisierenden Funktionen der Unterrichtskommunikation) macht aber die Reflexion und den Diskurs über die Aufgaben der Schule keineswegs überflüssig. Ganz im Gegenteil: Das vermehrte Wissen um die gesellschaftlichen Funktionen der Schule hilft, auf Schule gerichtete pädagogische Intentionen so zu formulieren, daß sie den realen Möglichkeiten der Schule entsprechen und aus gesellschaftlicher Perspektive nicht naiv sind. Nichtintendierten Nebenwirkungen schulischen Unterrichts und gesellschaftlichen Zwängen, die die Schule qua Institution ausübt, kann nur durch Aufgabenbestimmungen begegnet werden, die in Kenntnis solcher einschränkenden Bedingungen erfolgen. Die Berücksichtigung des systemischen Charakters von Schule und ihres Eingebundenseins in übergreifende gesellschaftliche Prozesse und Strukturen bewahrt bildungstheoretische Reflexionen vor idealistischer Abgehobenheit.

Die "Spannung" zwischen Allgemeinbildung als Idee und der allgemeinbildenden Schule als empirisch gegebener (und politisch gestaltbarer) Institution ist aus prinzipiellen Gründen nicht aufzulösen. Diese Spannung kennzeichnet – auf einer etwas anderen Ebene – auch das Verhältnis von "Aufgaben" und "Funktionen" der Schule: Die Unterscheidung von Funktionen stellt ein theoretisches Mittel zur Beschreibung von Schule dar, wie sie *ist*; die Unterscheidung von Aufgaben dient der gesellschaftlichen Verständigung über das, was Schule sein *soll*.

### *Allgemeinbildung als Aufgabe versus Allgemeinbildung als Effekt der Schule*

Auch für diese Unterscheidung ist die Beachtung der Differenz zwischen *Ist* und *Soll* wesentlich. Natürlich macht es in manchen Zusammenhängen Sinn, von der Allgemeinbildung zu sprechen, die Schule effektiv bei ihren Absolventen hervorbringt. Beschränkt man sich strikt auf eine Produktauffassung von Allgemeinbildung, kann man sogar versuchen, sie zu operationalisieren und mit empirischen Methoden zu bestimmen.[46] Curriculumtheoretische Ansätze, die nur operationalisierbare Lernziele für rational vertretbar halten, lassen sich als Versuche deuten, Aufgabenbestimmungen von Schule an eine Produktauffassung von Allgemeinbildung anzubinden, um empirische Soll-Ist-Vergleiche durchführen zu können. Der Preis, der dafür gezahlt wird, ist allerdings hoch: Er besteht in der vollständigen Abkoppelung einer solchen Aufgabenbestimmung der Schule von Allgemeinbildung als regulativer Idee. Die so wichtige Spannung zwischen *Ist* und *Soll* würde auf ein sozialtechnisch anzugehendes Problem reduziert.

# 3. Entwurf eines Allgemeinbildungskonzepts als Orientierungsrahmen

*Wenig von allem. Da man nicht umfassend sein und nicht alles von allem wissen kann, muß man von allem etwas wissen.*[47]

Blaise Pascal, um 1660

*Narrenpossen sind eure allgemeine Bildung und alle Anstalten dazu. Daß ein Mensch etwas ganz entschieden verstehe, vorzüglich leiste, wie nicht leicht ein anderer in der nächsten Umgebung, darauf kommt es an.*[48]

Johann Wolfgang v. Goethe, um 1820

*Eines der großen Dinge, die Bildung vermitteln kann und vermitteln sollte, ist die Fähigkeit, im Besonderen das Allgemeine zu sehen, die Fähigkeit, zu merken, daß dies, wenngleich es mir widerfährt, dem sehr ähnlich ist, was anderen widerfährt.*[49]

Bertrand Russell, 1961

Mit den sieben Aufgaben der allgemeinbildenden Schule, die ich im folgenden beschreibe und argumentativ begründe, greife ich wichtige Stränge und Gesichtspunkte der bildungs- und schultheoretischen Tradition einerseits und der neuen Bildungsdiskussion andererseits auf, ohne einem dieser Gesichtspunkte Vorrang vor allen anderen zu geben. Keine der erläuterten Aufgaben ist für sich genommen originell. Zu jeder von ihnen lassen sich Theoretiker angeben, die genau diese Aufgabe ins Zentrum ihrer Bildungstheorie gestellt haben, von der aus sich andere Aspekte entweder vernachlässigen oder aber ableiten ließen. Derartige Ableitungsversuche scheinen mir fragwürdig. Wichtiger erscheint es mir, über die in diesen Aufgaben enthaltenen spezifischen Sichtweisen hinaus die Zusammenhänge zwischen ihnen herauszuarbeiten, ihr dialektisches Aufeinanderverwiesensein, ihre wechselseitige Ergänzungsbedürftigkeit. Wichtig ist mir zu zeigen, wie sich diese Aufgaben wechselseitig akzentuieren, aber auch begrenzen: wie die Verabsolutierung praktisch jeder dieser Aufgaben zu unerwünschten Auswüchsen, Nebenwirkungen oder Ausblendungen führen muß, die schulpraktisch und politisch nicht hinnehmbar sind, wenn man die Idee der Allgemeinbildung ernst nimmt. Nur durch die Nachzeichnung dieser Zusammenhänge läßt sich der Anspruch wahren, mit dem Insgesamt dieser Aufgaben ein zeitgemäßes und schulpraktisch tragfähiges Allgemeinbildungskonzept zu präsentieren – sonst wäre es sinnvoller gewesen, sieben vorliegende Bildungs- oder Curriculumtheorien, stellvertretend jeweils für eine dieser Aufgaben, ausführlich zu referieren und mit dem Verweis auf die Perspektivität jedes dieser Ansätze nebeneinander zu stellen.[50]

Selbstverständlich ist die hier getroffene Auswahl von Aufgaben allgemeinbildender Schulen angreifbar: Warum sind es gerade diese sieben, warum nicht andere, warum nicht mehr oder weniger? Eine im strengen Sinne theoretisch stichhaltige Rechtfertigung für die getroffene Auswahl gibt es nicht. Es gibt aber eine pragmatische Rechtfertigung, die nicht zu unterschätzen ist: Meines Erachtens lassen sich fast alle wichtigen Gesichtspunkte, die in der neueren Diskussion über schulische Allgemeinbildung eine Rolle spielen, anhand dieser Aufgaben diskutieren; sie spiegeln sich in ihnen wider und lassen sich mit ihrer Hilfe systematisch bündeln.

Die hier angeführten Aufgaben sind weder überschneidungsfrei noch von gleichem theoretischen Abstraktionsniveau. Und unvermeidbar ist, daß in ein solches Konzept subjektive Erfahrungen und Wertungen des Autors einfließen. Ich hoffe diese Einflüsse hinreichend offenzulegen.

## *3.1 Lebensvorbereitung*

Kaum eine andere allgemeine Aufgabenbestimmung dürfte so weitgehend öffentliche Zustimmung finden wie diese: daß die allgemeinbildende Schule die Heranwachsenden auf ihr Leben als Erwachsene vorbereiten müsse. Aus der Sicht der Schülerinnen und Schüler sowie ihrer Eltern, als den unmittelbar betroffenen "Abnehmern" von schulischem Unterricht, entspricht der Forderung nach Lebensvorbereitung der Anspruch auf die persönliche Verwertbarkeit des zu Lernenden, auf seine lebenspraktische Nützlichkeit. Aus der Sicht der Gesellschaft wiederum sichert die Schule dadurch, daß sie sich der Lebensvorbereitung annimmt, den Fortbestand der Gesellschaft: Strukturelles Korrelat der Lebensvorbereitungsaufgabe ist die Reproduktionsfunktion der Schule.

Doch wie tragfähig ist eine solche Forderung als Kriterium für Entscheidungen, was und wie an Schulen tatsächlich unterrichtet werden sollte? Historische Erfahrungen, letztens noch die Erfahrungen mit den curricularen Reformbemühungen der sechziger und siebziger Jahre in der Bundesrepublik Deutschland, haben gezeigt, daß der vordergründige Konsens schnell zu zerbrechen droht, wenn mögliche Konkretisierungen in Angriff genommen werden: Die Forderung nach Lebensvorbereitung läßt sich halt von den verschiedensten bildungspolitischen und gesellschaftstheoretischen Positionen her in Beschlag nehmen. – Die Überlegungen dieses Abschnitts dienen einem doppelten Ziel:

- Es soll deutlich werden, daß die Lebensvorbereitung durch die öffentlichen Schulen in ihrem rationalen Kern als unverzichtbares Element eines zeitgemäßen Allgemeinbildungskonzepts zu betrachten ist.
- Andererseits führe ich aber auch die Grenzen vor Augen, an die diese Aufgabe als Allgemeinbildungskriterium stößt. Seine Ergänzungsbedürftigkeit durch weitere Kriterien begründe ich, indem ich die Verengungen aufzeige, die mit einer Überstrapazierung des Prinzips der Lebensvorbereitung einhergehen.

Gerade das zweite Ziel läßt sich sehr gut über eine Auseinandersetzung mit einigen problematischen Aspekten der Curriculumtheorie Saul B. Robinsohns angehen, in der die Lebensvorbereitung erstmals zum zentralen und systematischen Ausgangspunkt für eine Curriculum-Revision erklärt wurde. Eine kurze Diskussion der aktuell umstrittenen Schlüsselqualifikationen liefert zusätzliche Gesichtspunkte, welche die anschließende Präzisierung der Lebensvorbereitungs-Aufgabe erleichtern.

### 3.1.1 Lebensvorbereitung als Ausgangspunkt für eine Curriculum-Konstruktion unter zweckrationalem Anspruch: Saul B. Robinsohn

Robinsohns erziehungswissenschaftlich einflußreicher und schulpraktisch folgenarmer Ansatz ist zu Recht viel rezipiert und oft kritisiert worden. Vielfach aber ist er zu Unrecht – in Verkennung von Robinsohns Intentionen – als Musterbeispiel einer technokratischen Verirrung gescholten worden. Hier soll nicht ein weiteres Mal allgemeine Kritik geübt werden: Die Auseinandersetzung mit Robinsohns Modell hilft vielmehr, genauer einzugrenzen, was die Aufgabe der Lebensvorbereitung für das hier auszuarbeitende Allgemeinbildungskonzept bedeutet.

Robinsohn zeigt sich mit der deutschen bildungstheoretischen Tradition bestens vertraut und kritisiert sie sehr reflektiert (1973 [1967], S. 13ff). Die Schwächen etwa der Lehrplantheorie Erich Wenigers im Hinblick auf eine konstruktive Gestaltung von Lehrplänen sieht er ganz ähnlich wie Blankertz, dessen Kritik er sich ausdrücklich anschließt (a. a. O., S. 25). Viele seiner Äußerungen zum Problem der Bildung lassen sich als Versuch einer Versöhnung zwischen deutscher Bildungstheorie und angelsächsischem Pragmatismus deuten: "Bildung als Vorgang, in subjektiver Bedeutung, ist Ausstattung zum Verhalten in der Welt. Daß der Bildungsprozeß sich am Bestand einer Kultur orientiert, daß die Interpretation der Wirklichkeit sich mit Hilfe tradierter Formen und Gehalte vollzieht, widerspricht dieser Aufgabenbestimmung nicht, sondern ist in ihr impliziert." (a. a. O., S. 13) Wenn er dann als "das allgemeine Erziehungsziel" bestimmt, "den Einzelnen zur Bewältigung von Lebenssituationen auszustatten" (S. 79), so ist das keineswegs nur im Sinne einer technischen Verfügung über solche Situationen gemeint, oder im Sinne einer unmittelbaren pragmatischen Ausstattung: Robinsohn betont, man müsse "Qualitäten wie Kooperationsfähigkeit, Empathie, Selbstvertrauen, Phantasie steigende Beachtung zuwenden", (a. a. O., S. XX), es gehe um "Fähigkeiten wie z. B. psychische Elastizität, Problembewußtsein, größere Sensitivität" (S. XIX). Die Lebensvorbereitung, die Robinsohn als Kernaufgabe aller schulischen Bildung bestimmt, ist also zunächst einmal *Lebensvorbereitung im weitesten Sinne*.

Doch in dem Bestreben, die Konstruktion von Curricula von diesem Ausgangspunkt aus so rational wie möglich zu gestalten, stellt sich dann in Robinsohns Entwurf eine eigentümliche Verengung ein. Diese Verengung ergibt sich aus der auf den ersten Blick so bestechend erscheinenden Verknüpfung von Lebenssituationen, Qualifikationen und Curriculumelementen. Wenn Robinsohn der Curriculumforschung die Aufgabe zuweist, "Methoden zu finden und anzuwenden, durch welche diese Situationen und die in ihnen geforderten Funktionen, die zu ihrer Bewältigung notwendigen *Qualifikationen* und die *Bildungsinhalte* und *Gegenstände*, durch welche diese Qualifizierung bewirkt werden soll, in optimaler Objektivierung identifiziert werden können" (a. a. O., S. 45), so setzt er unter der Hand seine weite Definition von Lebensvorbereitung außer Kraft. Um das zeigen zu können, konzentriere ich mich auf drei Punkte:

- die Verwendung des Qualifikationsbegriffs;
- die Problematik offener Lebenssituationen;
- Implikationen des Anspruchs auf Zweckrationalität.

*Zum Qualifikationsbegriff*

Der Qualifikationsbegriff stammt ursprünglich aus der Berufsforschung. Qualifikation kann definiert werden als das "Arbeitsvermögen, als die Gesamtheit der je subjektiv-individuellen Fähigkeiten, Kenntnisse und Fertigkeiten, die es dem einzelnen erlauben, eine bestimmte Arbeitsfunktion zu erfüllen" (Baethge 1974, S. 479). Für eine zweckrational konzipierte Berufsausbildung ergibt sich daraus als übergreifendes Ziel, möglichst effektiv die erforderlichen Qualifikationen zu vermitteln.

Gegen Ende der sechziger Jahre wird der Qualifikationsbegriff zunehmend auf den Bereich außerberuflichen Handelns ausgeweitet. Teilweise geschieht das ausdrücklich mit der Intention, den klassischen Bildungsbegriff abzulösen. Insofern ist Robinsohns Schritt konsequent: Wie mich die Qualifikation für einen Beruf befähigt, die für diesen Beruf charakteristischen Situationen zu meistern, so könnte es entsprechend auch für außerberufliche Lebenssituationen passende Qualifikationen geben, die mich in den Stand versetzen, eben diese Situationen zu bewältigen.

Nun ist der Qualifikationsbegriff, anders als der Bildungsbegriff, in ein konsequentes Zweck-Mittel-Denken eingebunden: Die Qualifikation ist das *Mittel*, das mir hilft, den *Zweck*, die Meisterung einer entsprechenden Situation, zu erreichen. Kade (1983) hebt in seiner Gegenüberstellung von Bildungs- und Qualifikationsbegriff hervor, daß Qualifikation mit Verwertung, Anwendung und Anpassung assoziiert ist. Und er weist zu Recht darauf hin, daß schon in der Alltagssprache die Verknüpfung mancher Handlungsfelder mit "Qualifikation" kaum gelingt, daß es z. B. "unverträglich erscheint, wenn jemand davon spricht, er würde sich für die Liebe oder für eine künstlerische Tätigkeit qualifizieren" (a. a. O., S. 860). Die Auffassung von Qualifikationen als Mittel für einen gesetzten Zweck (sei es vom Arbeitgeber, von der Gesellschaft, vom Handelnden selbst) steht in merklichem Kontrast zu der Vorstellung, die meist mit Bildung verknüpft wird: daß sie ihren Zweck in sich selbst finden könne. Darüber hinaus gibt es noch eine zweite Eigentümlichkeit des Qualifikationsbegriffs, die die Beschränktheit seiner möglichen Anwendungen markiert: Qualifikation muß operationalisierbar sein, präzise beschreibbar und herstellbar. Das Denkmodell des Zweckrationalismus ist auf Machbarkeit ausgerichtet. Als Elemente von Qualifikationen kommen damit aber bevorzugt Fähigkeiten, Fertigkeiten, Kenntnisse und Verhaltensweisen in Frage, die hinreichend atomisierbar, analytisch voneinander abgrenzbar und normierbar sind. Es hat Versuche gegeben, den Qualifikationsbegriff inhaltlich auszuweiten, um ihm diese Enge zu nehmen (Lenhardt 1974, S. 36f); auch Robinsohn selbst scheint ja in manchen seiner Überlegungen von einem sehr weitgefaßten Qualifikationsbegriff auszugehen. Die Frage ist nur, ob damit die begriffliche Präzision, die einer seiner Vorzüge gegenüber dem Bildungsbegriff sein sollte, nicht so verwässert wird, daß man auch ganz auf ihn verzichten kann. Festzuhalten ist jedenfalls, daß Robinsohn auf die herausgestellten Eigenschaften des Qualifikationsbegriffs im engeren Sinne – seinen Mittelstatus im Zweck-Mittel-Schema, seine Operationalisierbarkeit und Atomisierbarkeit – für die Verwirklichung seines Curriculum-Konzepts angewiesen ist.

*Zur Problematik offener Lebenssituationen*

Eine Zuordnung von Qualifikationen und Anwendungsituationen ist in vielen Arbeitsfeldern und Berufen ansatzweise möglich, vor allem im Bereich handwerklicher und industrieller Tätigkeiten. Berufliche Situationen sind häufig so geartet, daß sie selbst als eingebunden in das Zweck-Mittel-Schema interpretiert werden können: wenn etwa ein bestimmtes Produkt hergestellt, eine bestimmte Dienstleistung erbracht werden soll. Die Zuordnung wirft jedoch erhebliche Probleme auf, wenn sie auf die Gesamtheit der Lebenssituationen im menschlichen Dasein übertragen werden soll. Viele Situationen sind offene Situationen ohne ein kodifizierbares Anforderungsprofil, wie wir sie etwa im Umfeld von Liebe, künstlerischer Tätigkeit, Kontaktaufnahme, Hilfeleistung in Notsituationen usw. antreffen. In solchen und vielen anderen Situationen kommt es stärker auf das Sicheinlassen auf eine andere Person oder eine bestimmte Sache an als auf die Anwendung angeeigneter Wissens- und Könnensbestände (vgl. Kade 1983, S. 867). Der allgemeine Situationsbegriff umfaßt einerseits Fälle, die außerhalb vorweggenommener Klassifizierungen liegen – es gibt Situationen, mit denen wir zunächst "nichts anfangen können", mit denen wir "nie gerechnet hätten" –, und andererseits tragen viele Situationen nicht von vornherein einen Zweck in sich, so daß sie durch quasi vorprogrammiertes Handeln zu bewältigen wären. Sie sind offen für unvorhergesehene Entwicklungen und verlangen nach einer entsprechend offenen Haltung bei den beteiligten Menschen.

Das Problem bei Robinsohn liegt darin, daß er, vermutlich ohne Absicht, durch die Verknüpfung von Qualifikationen und Lebenssituationen einen Großteil der denkbaren Lebenssituationen von vornherein ausklammert – alle offenen, nicht normierten, nicht durch zweckrationales Handeln zu bewältigenden. Der allgemeine Situationsbegriff hat einen so großen Geltungsbereich, daß er nur schwerlich auf der gleichen Abstraktionsebene wie der (vergleichsweise enge) Qualifikationsbegriff verwendet werden kann. Ignoriert man diese Verschiedenartigkeit, so handelt man sich eine Verarmung des Situationsbegriffs ein. Der Qualifikationsbegriff ist ein Kind des Zweck-Mittel-Denkens, der Situationsbegriff, in seiner allgemeinen Fassung, geht weit darüber hinaus.

Eine zusätzliche Schwierigkeit tut sich in Robinsohns Konzept mit dem Zukunftsbezug der zu identifizierenden Lebenssituationen auf. Wenn die Schule nicht einfach nur für die Bewältigung der Gegenwart qualifizieren, sondern die späteren Erwachsenen handlungsfähig machen will, müssen ja auch zukünftige Lebenssituationen möglichst treffsicher vorhergesehen werden. Doch welche sozialen und politischen, wirtschaftlichen und ökologischen Prognosen sollten der Identifikation zukünftiger Lebenssituationen zugrundegelegt werden? Eine wie ferne Zukunft interessiert dabei? Gibt es unter den vorstellbaren Zukünften wünschbarere und weniger wünschbare, wer entscheidet darüber, und wieweit hängt die Zukunft von den heute vermittelten Qualifikationen – gewollt oder nicht gewollt – mit ab?[51]

*Implikationen des Anspruchs auf Zweckrationalität*

Nach Robinsohns Auffassung sind also Qualifikationen als Mittel anzusehen. Als Mittel sind sie auf den allgemeinen Zweck bezogen, diejenigen Situationen zu meistern, mit denen der Einzelne durch sein Leben in der betreffenden Gesellschaft nolens volens konfrontiert wird. Qualifikationen verkörpern deshalb keinen eigenen Wert, im Unterschied zu Bildung im klassischen Verständnis. Alle Werte sind, wenn überhaupt, in den Situationen enthalten, auf die sich die Qualifikationen richten. Der Akt der curricularen Konstruktion kann sich deshalb als ein Prozeß der wertfreien Optimierung verstehen oder, wenn man so will, sich lediglich dem Prinzip der Zweckrationalität als oberstem Wert verpflichtet sehen.

Das Zweck-Mittel-Schema kommt natürlich auch in der bislang noch nicht betrachteten Konstellation "Curriculumelemente – Qualifikationen" zum Tragen: Denn die Elemente des Curriculums sind nach Robinsohns Konzept wiederum Mittel zur Hervorbringung der gewünschten Qualifikationen. Der Zwang, zwischen diesen drei Ebenen Zuordnungen vornehmen zu müssen, begünstigt auf allen drei Ebenen die Tendenz zur Atomisierung und zur Ausblendung komplexerer Zusammenhänge. Eine Fähigkeit ohne klar nachweisbaren Situationsbezug muß aus dieser Sicht suspekt, ihre schulische Förderung mithin irrational erscheinen; und umgekehrt entziehen sich komplexere und offene Situationen, deren Strukturen und Abläufe schwer vorhersehbar sind, der verlangten Aufdröselung in Einzelqualifikationen. Damit besteht aber die Gefahr, daß im Prozeß der Curriculum-Konstruktion von vornherein ein Großteil der denkmöglichen Situationskomplexe, der menschlichen Fähigkeiten und der potentiellen Bildungsinhalte ausgeklammert wird. Für jede der drei Ebenen sei ein Beispiel gegeben, das sich einer Operationalisierung im erläuterten Sinne widersetzt und deshalb aus dem Robinsohnschen Zweck-Mittel-Raster herausfällt: Die Werbung um einen Liebespartner stellt sicher eine Lebenssituation dar, die sich nicht ohne weiteres auf einfache Elemente reduzieren läßt; musikalisch-schöpferische Kreativität (etwa komponieren können) läßt sich als Fähigkeit bei entsprechender Begabung sicher fördern, aber nicht als ein Bündel genau definierter Einzelqualifikationen gezielt vermitteln; ein literarisch anspruchsvoller Roman schließlich kann als facettenreicher, in vielfältige Sinnzusammenhänge einbettbarer Bildungsinhalt betrachtet werden, aber welche Qualifikationen zur Bewältigung welcher Lebenssituationen durch eine Auseinandersetzung mit ihm hervorgebracht werden, wird sich nur schwer präzisieren lassen.

Diejenigen Elemente auf allen drei Ebenen, die so weit operationalisierbar sind, daß sie durch die methodische Rationalität des von Robinsohn vorgeschlagenen Verfahrens eingefangen und mit empirisch-analytischen Mitteln identifiziert werden können, umreißen letztlich nur einen auf pragmatische Nützlichkeit ausgerichteten Begriff von Lebensvorbereitung. Oder konstruktiv ausgedrückt: Teile eines allgemeinbildenden Curriculums lassen sich nach Robinsohns Konzept eventuell durchaus vernünftig gestalten; soweit Lebensvorbereitung im utilitären Sinne angestrebt wird, ist sein Verfahren erfolgversprechender als die noch immer verbreitete, mittels Ad-hoc-Überlegungen modifizierte Fortschreibung traditioneller Lehrpläne. Für die Bestimmung von Elementen einer Allgemeinbildung, die den Nützlichkeitsstandpunkt transzendieren, scheint sein Konzept unzureichend.

Bevor ich versuche, den rationalen Kern des Robinsohn-Entwurfs für die Präzisierung der Lebensvorbereitungs-Aufgabe im eigenen Allgemeinbildungskonzept fruchtbar zu machen, gestatte ich mir noch einen Exkurs in die berufliche Bildung: Anhand einer kritischen Betrachtung des Konzepts der *Schlüsselqualifikationen* läßt sich einerseits der Gedanke vertiefen, daß das Modell einer zweckrationalen Curriculumkonstruktion nur begrenzt tragfähig ist. Andererseits lassen sich Hinweise gewinnen, welche inhaltlichen Akzente an allgemeinbildenden Schulen zu setzen wären, wenn sie eine zeitgemäße Lebensvorbereitung zu ihrem Anliegen machen.

### 3.1.2 Lebensvorbereitung und Schlüsselqualifikationen

Die Erörterung sogenannter Schlüsselqualifikationen blieb zunächst im wesentlichen auf die berufliche und, noch enger, betriebliche Bildung beschränkt. Mittlerweile ist der Terminus "Schlüsselqualifikation" allerdings zu einem bildungspolitischen Schlagwort geworden. Wie häufig in solchen Fällen ging die politische Vereinnahmung des Begriffs mit einer Begriffsausweitung und -verwässerung einher. Die Diskussion um die Schlüsselqualifikationen hat sich zeitlich in etwa parallel zur neuen Allgemeinbildungsdiskussion entwickelt, mit einem deutlichen Schwerpunkt Ende der achtziger, Anfang der neunziger Jahre. Bemerkenswert ist, daß diejenigen, die sich in diesem Zeitraum zum Allgemeinbildungsthema bzw. zum Problem der Schlüsselqualifikationen zu Wort meldeten, sich kaum einmal auf den jeweils anderen Diskussionsstrang bezogen. Dabei gibt es durchaus Berührungspunkte. – Was hat das zunehmende Interesse an Schlüsselqualifikationen hervorgerufen?

Seit geraumer Zeit zeichnen sich in den Qualifikationsprofilen einer großen Zahl von Berufen tiefgreifende Änderungen ab. Sie sind Ausdruck des immer schnelleren gesellschaftlichen und technischen Wandels, und insbesondere in den letzten beiden Jahrzehnten, seit dem Eindringen des Computers und neuer Informationstechniken in fast alle gesellschaftlichen Bereiche, hat diese Entwicklung noch einmal unübersehbar an Dynamik und Brisanz gewonnen. Viele Berufsbilder mit teils jahrhundertealter Tradition (z. B. Setzer, Drucker, Technischer Zeichner) haben binnen weniger Jahre radikal umgestaltet werden müssen. Unter den berufsübergreifenden Merkmalen dieses Wandels stechen insbesondere die folgenden hervor:

- Das in der beruflichen Erstausbildung angeeignete Wissen und Können veraltet immer schneller. Immer mehr Berufstätige wechseln im Laufe ihres Arbeitslebens den ausgeübten Beruf, und auch innerhalb ein und desselben Berufs ändern sich die Tätigkeitsprofile oft im Verlauf weniger Jahre tiefgreifend. "Lebenslanges Lernen" scheint unumgänglich. Über den beruflichen Erfolg entscheidet häufig die Fähigkeit, schnell umzulernen und sich flexibel auf neue berufliche Anforderungen einzustellen.
- Eng spezialisierte, funktionell exakt eingebundene Tätigkeiten (etwa Fließbandarbeit) verschwinden zugunsten freierer und flexiblerer Arbeit im Team, die neben fachlichem Wissen und Können auch soziale Kompetenzen erfordert.
- Im Bereich der industriellen Produktion werden im engen Sinne ausführende Tätigkeiten zunehmend von "intelligenten" technischen Systemen übernommen und deshalb tendenziell überflüssig. Infolgedessen steigt der Bedarf an überwachenden und wartenden Tätigkeiten, die ein höheres Maß an Selbständigkeit, Eigenverantwortung und kreativer Problemlösefähigkeit voraussetzen als herkömmliche Jobs. Vergleichbare Entwicklungen gibt es im Dienstleistungssektor.

Anzumerken ist, daß Merkmale, die früher eher für leitende Positionen charakteristisch waren, in ein breites Tätigkeitsspektrum hineinzudiffundieren beginnen.

Auf Tendenzen der genannten Art beziehen sich nun die Verfechter des Schlüsselqualifikationskonzepts. Sie gehen von der Hypothese aus, daß sich angesichts der skizzierten Veränderungen zwischen der herkömmlichen beruflichen Ausbildung und dem tatsächlichen Bedarf eine Qualifikationslücke auftue, die eben durch die Vermittlung von "Schlüsselqualifikationen" zu schließen sei. Insbesondere die berufliche Flexibilität und die Mobilität der Erwerbstätigen könne auf diese Weise gesteigert werden.

Der Terminus "Schlüsselqualifikation" wurde von Mertens (1974) als Kernbegriff eines Konzepts "zur Schulung für eine moderne Gesellschaft" vorgeschlagen. Er bezeichnet damit Qualifikationen, durch die "ein reiches Spektrum von praktischen Aufgaben durch direkten und raschen Anwendungstransfer erschlossen werden" (a. a. O., S. 40). Mertens beansprucht nicht, die geeigneten Schlüsselqualifikationen bereits definitv zu kennen. Er konstatiert lediglich den Bedarf, skizziert die Denkrichtung und gibt Beispiele, deren Stichhaltigkeit seiner Meinung nach zu evaluieren sei.

Mertens Überlegungen stießen mit zeitlicher Verzögerung, nämlich in den achtziger Jahren, auf erhebliche Resonanz – und zwar sowohl in der wissenschaftlichen Berufspädagogik als auch bei Planern betrieblicher Erstausbildung und Weiterbildung.[52] Eine Reihe von Autoren veröffentlichte Kataloge möglicher Schlüsselqualifikationen. Ein solcher Katalog, derjenige der "Projektgruppe Schlüsselqualifikationen in der beruflichen Bildung" (1992), sei hier stellvertretend angeführt:

1. "Problemlösungsfähigkeit und Kreativität
2. Lern- und Denkfähigkeit
3. Begründungs- und Bewertungsfähigkeit
4. Kooperations- und Kommunikationsfähigkeit
5. Verantwortungsfähigkeit
6. Selbständigkeit und Leistungsfähigkeit" (a. a. O., S. 22).

Über den ursprünglichen Entwurf von Mertens, der vor allem auf eine intellektuelle Schulung abzielt, geht dieser Katalog insofern hinaus, als er auch wertgebundene Einstellungen und Haltungen nennt, die das persönliche Arbeits- und Sozialverhalten betreffen (Stichworte: "Humankompetenz" und "Sozialkompetenz").

*Kritik und Folgerungen*

Der Schlüsselqualifikations-Ansatz ist von verschiedenen Seiten heftig kritisiert worden, aus erziehungswissenschaftlicher Sicht fundiert beispielsweise von Zabeck (1989) und Tillmann (1994). Zabeck bemängelt die fehlende psychologische Fundierung des Konzepts, hält den erhofften Transfer der allgemein gehaltenen Qualifikationen für eine Illusion und macht überdies eine bedenkliche Tendenz zur Abspaltung von der beruflichen Praxis aus. Leitmotiv seiner Kritik ist der Verdacht, "bei den Schlüsselqualifikationen könne es sich um eine 'Schimäre' handeln" (a. a. O., S. 77). Von gewerkschaftlicher Seite war des öfteren geargwöhnt worden, das Schlüsselqualifikationskonzept stelle nur einen weiteren, in diesem Falle besonders subtilen Versuch dar, die Ausbildung von Arbeitskräften den Verwertungsinteressen von Wirtschaftsunternehmen anzupassen. Tillmann (1994) belegt, daß dieser Vorwurf durchaus nicht aus der Luft gegriffen ist, und er nennt gute Gründe, weshalb es zumindest naiv wäre, von einer wunderbaren Konvergenz moderner ökonomischer Erfordernisse und emanzipationsorientierter pädagogischer Ziele auszugehen.

Unabhängig davon, wieweit das Schüsselqualifikations-Konzept in der beruflichen Ausbildung realisierbar ist und welchen politischen Interessen es dient, scheint mir bemerkenswert, daß mit diesem Konzept der Gedanke der unmittelbaren Qualifizierung für genau beschreibbare berufliche Verwertungssituationen stark relativiert wird. Vergegenwärtigt man sich die Überlegungen zum Qualifikationsbegriff im vorangehenden Abschnitt, muß man feststellen: Die meisten der geforderten Schlüsselqualifikationen stellen gar keine Qualifikationen im engeren Sinn dar – sie sind keine Mittel zur Erreichung genau definierter Zwecke. Um es pointiert zu sagen: Das Schlüsselqualifikations-Konzept als Ganzes erweist sich als beruflich verzwecktes Allgemeinbildungskonzept. Das zweckrationale Qualifikationsmodell transzendiert sich damit selber.

Selbst wenn man mit Zabeck der Meinung ist, daß das Schlüsselqualifikations-Konzept eher auf ein Problem aufmerksam macht als daß es eine Lösung für dieses Problem anbietet, läßt sich aus der einschlägigen Diskussion der Schluß ziehen: Auch in der beruflichen Aus- und Weiterbildung erweist es sich als unzureichend, für klar umschreibbare Zwecke (nämlich die Bewältigung voraussehbarer Situationen am zukünftigen Arbeitsplatz) passende Qualifikationen bereitzustellen. Und das ist gar keine Frage des pädagogischen Anspruchs, sondern eine Folge gesellschaftlicher und ökonomischer Umbrüche: Offenbar zwingt die Struktur der modernen Arbeitswelt mit ihren enormen Wandlungsschüben und der daraus folgenden Prognoseunsicherheit, mit ihren Ansprüchen an Flexibilität und Mobilität dazu, das einfache Modell einer unmittelbaren Qualifizierung für beschreibbare Anwendungssituationen wenn schon nicht zu verabschieden, so doch erheblich zu relativieren. Die Zweckrationalität technischen, ökonomischen und wissenschaftlichen Handelns läßt sich nicht bruchlos auf die Ausbildung für eben dieses Handeln übertragen. Im Rekurs auf Merkmale wie Verantwortung, Selbständigkeit, Kreativität usw. – Merkmale also, die eher mit klassischen Vorstellungen individueller zweckfreier Bildung assoziiert sind – zeigt sich m. E. unübersehbar, daß der Verzwekkung des Einzelnen durch die fortgeschrittene Komplexität der technischen und wirtschaftlichen Entwicklung systemimmanente Grenzen gesetzt sind: Schiere Anpassung der in Arbeitsprozesse Eingebundenen an äußere Vorgaben birgt das Risiko in sich, daß die Berufstätigen ihren Aufgaben nicht mehr gewachsen sind und Wirtschaftsunternehmen, die sie beschäftigen, ihre Konkurrenzfähigkeit verlieren.

Wenn aber sogar die berufliche Ausbildung von einer im engen Sinne zweckrational konstruierten Beziehung zwischen Ausbildung und Berufsausübung Abstand nehmen muß, um wieviel mehr trifft das dann auf die allgemeine Bildung zu, die das Spektrum der Berufswahlmöglichkeiten für jeden einzelnen Schüler möglichst groß und möglichst lange offenhalten soll. Mit anderen Worten: Das schulpädagogische Grundproblem, die Frage, was und wie an öffentlichen Schulen unterrichtet werden sollte, läßt sich nicht streng zweckrational lösen. Lebensvorbereitung, die sich nur pragmatisch versteht, greift zu kurz.

Nun sollte das Ergebnis dieser Analyse nicht dahingehend mißverstanden werden, daß der im Robinsohnschen Konzept postulierte Zusammenhang zwischen Lebenssituationen und darauf zugeschnittener Qualifizierung gänzlich irrelevant wäre. Das hieße das Kind mit dem Bade ausschütten. Das Scheitern der im Robinsohn-Konzept angelegten Generalisierungsansprüche verweist lediglich darauf, daß die allgemeinbildende Schule sich nicht auf die Vermittlung von Qualifikationen beschränken kann, deren Nützlichkeit oder gar Notwendigkeit unmittelbar einsichtig ist, und zwar aufgrund ihrer nachgewiesenen Verwendbarkeit in zukünftigen Lebenssituationen. Andersherum kann Robinsohns scharfsinnige Interpretation des Problems der Lebensvorbereitung Anstöße geben, viel genauer, als es bei einer überwiegend traditionsverhafteten Fortschreibung der schulischen Curricula möglich wäre, zu untersuchen, wo die Schule den Nachwachsenden ohne Not nützliches, brauchbares, lebensrelevantes Wissen und Können vorenthält.

### 3.1.3 Präzisierung der Lebensvorbereitungsaufgabe für das eigene Allgemeinbildungskonzept

Die Auseinandersetzung mit Robinsohns Curriculum-Konzept und dem Konzept der Schlüsselqualifikationen hat bereits zu einer Fülle allgemeiner Überlegungen und Einsichten geführt, die es jetzt konstruktiv zu bündeln gilt: Was ist der rationale Kern der Lebensvorbereitungs-Aufgabe, in welcher Form kann Lebensvorbereitung als legitime Aufgabe der allgemeinbildenden Schule, und damit, für das hier auszuarbeitende Allgemeinbildungskonzept, als wichtiges und handhabbares Kriterium für eine zeitgemäße Allgemeinbildung zur Geltung gebracht werden?

Zunächst einmal ist zu unterscheiden zwischen Lebensvorbereitung *im engeren* und *im weiteren Sinne*. Genau betrachtet geht der Streit über Schwerpunktsetzungen in der schulischen Bildung gar nicht um die Frage, ob Lebensvorbereitung sein soll oder nicht sein soll: Niemand kann ernstlich zur Lebensuntüchtigkeit erziehen wollen. Die gegensätzlichen Positionen lassen sich vielmehr idealtypisch als unterschiedliche Auffassungen von Lebensvorbereitung rekonstruieren, von denen die erste enger und die zweite weiter gefaßt ist, etwa wie folgt:

(a) *Lebensvorbereitung im engeren Sinne:* Die Schule hat die Heranwachsenden auf ihr Leben vorzubereiten, indem sie sich auf konkret benennbare, eingrenzbare Situationen bezieht, in denen das den Menschen abverlangte Handeln auf klar zu beschreibenden Kenntnissen, Fertigkeiten und Fähigkeiten beruht. Diese Qualifikationen sind im Unterricht gezielt zu vermitteln und zu trainieren.

(b) *Lebensvorbereitung im weiteren Sinne:* Den Heranwachsenden ist Gelegenheit zu geben, in der Auseinandersetzung mit geistig herausfordernden Stoffen und Themen ihre individuellen Fähigkeiten und Kräfte soweit wie möglich zu entfalten. Sie werden dann auch auf die praktischen Anforderungen des privaten und beruflichen Lebensalltags hinreichend vorbereitet sein.

Zur Einordnung: Nicht von der Intention her, aber de facto, durch die vorgenommenen Operationalisierungen, korrespondiert Auffassung (a) dem Konzept Robinsohns. Das Schlüsselqualifikations-Konzept läßt sich als Versuch deuten, die traditionelle berufliche Bildung durch Elemente von Auffassung (b) anzureichern.

Lebensvorbereitung im engeren Sinne zielt auf Nützlichkeit, auf unmittelbare Verwertbarkeit des zu Lernenden. Beschränkt sich die Schule auf diese Art von Lebensvorbereitung, so setzt sie sich zu Recht dem Vorwurf einer utilitaristischen Verkürzung aus.

Lebensvorbereitung im weiteren Sinne vermag sich unter anderem über "zweckfreie Bildung" zu verwirklichen. Wird die Zweckfreiheit schulischer Bildung allerdings zum übergeordneten Prinzip erhoben, gemäß dem alles "Nützliche" von vornherein ausgeklammert werden müsse, setzt sich diese Auffassung von Lebensvorbereitung zu Recht dem Vorwurf der Weltfremdheit aus.

Für das hier auszuarbeitende Allgemeinbildungskonzept lassen sich aus der getroffenen Unterscheidung folgende Konsequenzen ziehen. Die Schule dient auch durch die übrigen, noch zu erläuternden Aufgaben der Lebensvorbereitung im weiteren Sinne: durch Stiftung kultureller Kohärenz wie durch Weltorientierung, durch Anleitung zum kritischen Vernunftgebrauch wie durch Entfaltung von Verantwortungsbereitschaft, durch Einübung in Verständigung und Kooperation wie durch Stärkung des Schüler-Ichs. Wenn also hier die Lebensvorbereitung als unterscheidbare (nicht unbedingt: überschneidungsfrei definierbare) Aufgabe der öffentlichen Schule neben anderen aufgeführt wird, so wird damit ein Akzent auf die *Lebensvorbereitung im engeren Sinne* gesetzt: Vorbereitung auf all das, was Heranwachsende jetzt oder später für ihre Lebensführung in der Gesellschaft, in der sie aufwachsen, mit großer Wahrscheinlichkeit notwendig und unverzichtbar brauchen; und was sie – dieser Zusatz ist wichtig – ohne Schule großenteils nicht lernen würden.

Der affirmative Charakter einer solchen Lebensvorbereitung im engeren Sinne, die Anpassung an "Gegebenes", die sich damit verbindet, ist nicht abzustreiten. Ein Problem im Hinblick auf den emanzipatorischen Anspruch von Bildung würde erst dann daraus erwachsen, wenn versucht würde, die Ausrichtung auf eine nur pragmatisch verstandene Lebensnützlichkeit zur alleinigen Richtschnur zu machen. Lebensvorbereitung als Allgemeinbildungsprinzip ist also ergänzungsbedürftig: Allgemeinbildung als Idee bliebe bei einer Gleichsetzung mit Lebensvorbereitung im engeren Sinne bedenklich unterdeterminiert.

Offenbar gibt es jedoch eine große Anzahl weit verbreiteter Situationstypen, mit denen fast jedes Mitglied der Gesellschaft, innerhalb wie außerhalb seiner speziellen Berufstätigkeit, häufig konfrontiert wird. Situationen dieser Art, von unterschiedlichem Allgemeinheitsgrad, sind beispielsweise: Situationen, in denen man lesen, schreiben, elementare Rechnungen durchführen muß; in denen man sich selbständig Informationen beschaffen muß; in denen man mit anderen eine Arbeit abstimmen muß, usw. Für viele dieser Situationstypen gibt es darüber hinaus klar benennbare Qualifikationen, die sich über institutionalisierten Unterricht einigermaßen zuverlässig vermitteln lassen – so etwa zu den drei erstgenannten Situationstypen die "Kulturtechniken" des Lesens, Schreibens und Rechnens.

Die Bestimmung von *Lebensvorbereitung im engeren Sinne* als Bestandteil einer zeitgemäßen Allgemeinbildung ist damit als Plädoyer zu verstehen, derartige Zusammenhänge zwischen Lebenssituationen und passenden Qualifikationen, wo sie nachweisbar oder sogar offensichtlich sind, in Curricula für allgemeinbildende Schulen viel konsequenter zu berücksichtigen als in der Vergangenheit. Das Robinsohnsche Denkmodell kann dazu dienen, diese unverzichtbare Lebensvorbereitung im engeren Sinne genauer zu beschreiben – wenn nur der Anspruch fallengelassen wird, das Insgesamt schulischer Bildung auf Qualifikationsvermittlung zu reduzieren. Mit anderen Worten: Das hinter dem Robinsohn-Konzept stehende Zweck-Mittel-Denken, das utilitäre Prinzip, wird nicht zum obersten Grundsatz für die Konstruktion von Curricula erhoben, sondern als legitimes Gestaltungsmittel für einen Teilbereich anerkannt: für den Teil nämlich, in dem die Voraussetzungen für sein Funktionieren gegeben sind. Der vollständige oder weitgehende Verzicht auf dieses Prinzip wäre seinerseits pädagogisch nicht zu verantworten: Wenn wir wissen, in welchen Situationen sich (fast) alle Schülerinnen und Schüler werden bewähren müssen, und wenn zweitens bekannt ist, was sie wissen und können müssen, um sich darin zu bewähren, und wenn es drittens Wege gibt, dieses Wissen und Können schulisch zu vermitteln, so wäre es zynisch, das nicht zu tun.

Auf der Basis dieser Überlegungen (wenn auch nicht aus ihnen deduzierbar) läßt sich nun ein Kriterienkatalog formulieren.

Allgemeinbildende Schulen sollten Qualifikationen vermitteln, die zur Meisterung realer und auf absehbare Zeit in unserer Gesellschaft verbreiteter Lebenssituationen beitragen, sofern die folgenden Bedingungen zutreffen:
(1) Die Qualifikationen sollten notwendig sein in dem Sinne, daß beim Nichtverfügen über sie eine "normale" Lebensführung merklich eingeschränkt wäre;
(2) sie sollten in der Regel nicht beiläufig und ohne systematischen Unterricht von jedem Heranwachsenden erworben werden, etwa durch Vermittlung von Familienangehörigen oder Gleichaltrigen;
(3) sie sollten sich nicht ohne weiteres im Rahmen zeitlich begrenzter Spezialkurse erwerben lassen;
(4) sie sollten von ihrer Struktur her für eine Vermittlung über systematischen öffentlichen Unterricht geeignet sein.

Elementare Kulturtechniken wie Lesen, Schreiben, Rechnen, aber auch Fähigkeiten wie Sich-differenziert-artikulieren-können sowie viele Lern- und Arbeitstechniken werden offensichtlich allen vier Kriterien gerecht. Um vor Augen zu führen, daß die genannten vier Punkte als Kriterien brauchbar sind, erläutere ich sie nun noch einmal im einzelnen, unter Betrachtung einiger Beispiele und Gegenbeispiele.

*Zu (1).* Es gibt kaum einen Situationstyp, dem man, wenn man ihn isoliert betrachtet, nicht aus dem Weg gehen könnte. Die Analphabeten, die es ja nach wie vor in unserer Gesellschaft gibt, beweisen das: Obwohl Situationen, in denen man lesen und/oder schreiben können müßte, ein Musterbeispiel für reale und allgegenwärtige Standardsituationen abgeben, können Analphabeten in unserer Gesellschaft durchaus überleben. Sie zahlen dafür allerdings einen hohen Preis: Sie müssen sich dauernd in beschämende Abhängigkeiten begeben, sind zum Versteckspielen gezwungen, müssen sich als Angehörige einer unterprivilegierten Randgruppe fühlen (vgl. Kazis 1991). Insofern macht es durchaus Sinn, die Lebensnotwendigkeit von Qualifikationen nicht in ihrer strengsten Bedeutung, sondern im Hinblick auf eine gesellschaftlich akzeptierte "durchschnittliche" Lebensführung auszulegen. Damit würden dann etwa auch Qualifikationen wie "Autofahren", "Telefonieren" oder "Tanzen können" von Kriterium (1) abgedeckt werden; hingegen sicher nicht "Programmieren können". Streiten könnte man sich, was die Zukunft angeht, sicher über die Qualifikation "mit einem Textverarbeitungssystem umgehen können".

*Zu (2).* Viele von den lebensnützlichen und lebensnotwendigen Qualifikationen, die Kriterium (1) gerecht werden, lernen Kinder und Jugendliche "einfach so", nebenher, beiläufig oder durch bewußte, aber nicht systematische Bemühungen von Eltern, Freunden, Geschwistern usw.: Der alltägliche Gebrauch der Muttersprache, halbwegs gesittete Umgangsregeln, Fahrradfahren, Spielregeln einhalten, Telefonieren, mit der Fernseh-Programm-Zeitschrift umgehen und vieles andere. All das braucht Schule im Prinzip nicht "beizubringen". Allerdings sollten sozialschichtspezifische Unterschiede im Blick behalten werden: Manches, was dem Ober- und Mittelschichtkind selbstverständlich ist, bliebe für Unterschichtkinder ein Defizit, wenn es in der Schule nicht aufgegriffen würde (und umgekehrt).

*Zu (3).* Durch (3) lassen sich etwa "Autofahren" und "Tanzen" ausscheiden, also Qualifikationen, die eine begrenzte Fertigkeit repräsentieren. Das bedeutet natürlich nicht, daß an Schulen nicht getanzt werden sollte, oder daß entsprechende Kurse nicht über die Schule angeboten werden dürften. Aber die Vermittlung derartiger Qualifikationen hat keinen Raum im allgemeinbildenden Pflichtkanon.

*Zu (4).* Es gibt verbreitete Situationen komplexer Struktur, in denen Qualifikationen nützlich sein könnten, auf die alle vorangehenden Kriterien zutreffen, deren Vermittlung aber dennoch unter den Rahmenbedingungen öffentlichen Schulunterrichts nur schwer vorstellbar ist. Nehmen wir z. B. den liebevollen Umgang mit der Partnerin bzw. dem Partner in der sexuellen Liebe. Man kann im Unterricht "darüber" reden, auf wichtige Aspekte aufmerksam machen, aber nicht die entsprechende "Qualifikationen" vermitteln. Liebe gehört sicher zu den "Lebensfächern", aber nicht zu den "Schulfächern". Der moderne Hang zum Pädagogisieren aller Themen und Lebensbereiche verführt dazu, die realen Möglichkeiten der Schule zu überschätzen. Kriterium (4) hält diese Gefahr im Bewußtsein.

### 3.1.4 Skizze einiger Tendenzen: Was ist heute lebensnotwendig?

Abschließend sei gefragt: Gibt es deutliche Tendenzen oder Trends, gemäß derer sich die heute notwendige Lebensvorbereitung von derjenigen unterscheiden müßte, die vor ein oder zwei Generationen als angemessen galt? Die vier Kriterien des vorausgegangenen Abschnitts sind ja selbst inhaltlich unspezifisch, sie setzen lediglich eine arbeitsteilige Industrie- und Dienstleistungsgesellschaft mit allgemeiner Schulpflicht voraus. Insofern wäre es auch vor dreißig, sechzig oder hundert Jahren nicht unvernünftig gewesen, sich auf diese oder ähnliche Kriterien zu beziehen.

Kriterium (1) fordert implizit dazu auf, dem gesellschaftlichen Wandel bei der Konstruktion schulischer Curricula Rechnung zu tragen. Im Zusammenhang mit den Schlüsselqualifikationen waren bereits einige Tendenzen zur Sprache gekommen, die eine langfristige Änderung beruflicher Situationen widerspiegeln. Die Qualifikationen, die ich unten aufliste, sind an diesen Tendenzen ausgerichtet und an parallelen Trends im privaten Bereich. Die Liste ist nicht das Ergebnis einer genaueren Analyse und kann eine solche keinesfalls ersetzen; es handelt sich um eine vorläufige Einschätzung mit durchaus spekulativen Elementen. Ich bin darauf bedacht, tatsächlich Qualifikationen im engen Sinne zu nennen, also Fähigkeiten, Fertigkeiten und Kenntnisse, die als Mittel zur Meisterung von Lebenssituationen verwendbar sind. Ich verzichte auf die Nennung vager Persönlichkeitsmerkmale wie

"Kreativität" oder "Problemlösefähigkeit", die zwar jeder gern bei Schülern sähe, von denen aber bis heute niemand weiß, wie sie als allgemeine Disposition durch schulische Bemühungen zu erzeugen sind. Ich denke, daß die folgenden Qualifikationen im großen und ganzen den vier Kriterien aus dem letzten Abschnitt genügen.

Zunehmend wichtiger geworden sind als formale Qualifikationen:

- Lern- und Arbeitstechniken, einschließlich der Fähigkeit zur Selbstorganisation;
- Fähigkeit zu selbständiger Informationsbeschaffung, zum aktiven Umgang mit Medien und Informationsspeichersystemen;
- Fähigkeit, mit verbreiteten technischen Hilfsmitteln (z. B. Taschenrechner) sachgerecht umzugehen;
- Organisationsfähigkeit, Fähigkeit zu kooperativer Arbeitsteilung;
- Fähigkeit, symbolische und graphische Darstellungen zu entschlüsseln, die im beruflichen und privaten Alltag eine immer größere Rolle spielen;
- Fähigkeit, Informationen symbolisch und graphisch darzustellen;
- Fähigkeit, aus einem überreichen Informationsangebot die für die eigenen Zwecke entscheidenden auszuwählen;
- Artikulationsfähigkeit; Fähigkeit, eigene Standpunkte argumentativ zu vertreten.

Zunehmend wichtiger geworden sind als materiale Qualifikationen:

- für praktische Verständigung taugliche (nicht: perfekte) Beherrschung mindestens einer Fremdsprache (Englisch) als Kommunikationsmittel;
- grundlegendes Wissen über wirtschaftliche und ökologische Zusammenhänge;
- politisches und juristisches Basiswissen;
- Fähigkeit, Größenordnungen und -verhältnisse adäquat einschätzen zu können.

Nach wie vor von Bedeutung sind traditionelle Kulturtechniken wie Lesen, Schreiben, Rechnen, so oft sie auch schon totgesagt wurden, und die flexible Beherrschung der Muttersprache, aktiv und passiv, mündlich und schriftlich. Es handelt sich dabei um basale Qualifikationen, ohne die eine Teilhabe am gesellschaftlichen Alltag nicht denkbar ist, auf denen alles andere aufbaut. Vorübergehend unterschätzt, in vielen Details sicher auch durch die gesellschaftlichen Umbrüche der letzten dreißig Jahre modifiziert, aber dennoch weiter unverzichtbar: Kenntnis und Beherrschung gesellschaftlicher Umgangsformen.

An Bedeutung verloren haben hingegen generell die gedächtnismäßige Verankerung von Kenntnissen und alle Routinefertigkeiten, die in der Alltagspraxis durch den Einsatz technischer Hilfsmittel (Taschenrechner, Computer) effektiver ausgeführt werden können, insbesondere die Durchführung umfangreicher Rechnungen.

Der überwiegende Teil dessen, was heutzutage an allgemeinbildenden Schulen gelehrt wird, läßt sich auf der Basis des vorgeschlagenen Kriterienkatalogs nicht begründen. Insgesamt wird durch die Lebensvorbereitungs-Aufgabe, wie sie durch die angegebenen vier Kriterien präzisiert wird, lediglich ein "Minimal-Curriculum" umrissen: Auf die Vermittlung von Qualifikationen, die allen vier Kriterien gerecht werden, sollte die allgemeinbildende Schule nicht ohne Not, nicht ohne gute Ge-

gengründe verzichten. Die Forderung nach Lebensvorbereitung im engeren Sinne ist also weniger dazu geeignet, festzulegen, was alles an allgemeinbildenden Schulen unterrichtet werden sollte, als auf das hinzuweisen, was auf keinen Fall fehlen sollte. Für weitergehende Entscheidungen bedarf es weiterer Überlegungen, etwa einer Orientierung an den noch darzustellenden Allgemeinbildungsaufgaben.

## *3.2 Stiftung kultureller Kohärenz*

Von den Aufgaben allgemeinbildender Schulen, die ich hier zur Diskussion stelle, ist gewiß die "Stiftung kultureller Kohärenz" auf den ersten Blick am wenigsten klar, schon wegen der gewählten Begrifflichkeit. Deshalb dazu einige grundlegende Erläuterungen.

### 3.2.1 Kultur und kulturelle Identität, kulturelle Kontinuität und kulturelle Kohärenz

*Zum Kulturbegriff*

Was in der Alltagssprache unter "Kultur" verstanden wird, differiert enorm und ist in hohem Maße kontextabhängig (vgl. Löwisch 1989, S. 18ff). Die Literatur zum Kulturbegriff in seinen unterschiedlichsten Varianten ist ähnlich unüberschaubar wie die zum Bildungsbegriff. Ich erläutere knapp, was gemeint ist, wenn im folgenden von "Kultur", "kulturell" und Komposita dieser Worte die Rede ist.

Grundsätzlich gehe ich von einem weiten, soziologischen Kulturbegriff aus. Eine vielzitierte, fast schon klassische Umschreibung von "culture" stammt von dem Anthropologen Edward Tylor (1871 [dt. 1873], S. 1): "Jenes komplexe Ganze, das Wissen, Glauben, Kunst, Moral, Gesetz, Sitte und alle anderen Fähigkeiten und Gewohnheiten einschließt, die der Mensch als Mitglied der Gesellschaft erworben hat". Ein solcher Kulturbegriff ist zunächst einmal deskriptiv und nicht normativ: Jeder Gesellschaft kommt als ganzer ihre spezifische Kultur zu. Im Unterschied zum gängigen Alltagssprachgebrauch wird nicht ein Teil der gesellschaftlichen Hervorbringungen als "Kultur" gegen andere ausgespielt, die als "weniger kultiviert", als "nur zivilisatorisch", kurz: als weniger wertvoll abgestempelt werden. Unter kulturellen Hervorbringungen sind demnach keineswegs nur "Kulturereignisse" im feuilletonistischen oder "Kulturgüter" im bildungsbürgerlichen Sinne zu verstehen: Sie reichen von alltäglichen Umgangsformen und Fertigkeiten über Maßstäbe sittlichen Verhaltens bis hin zu künstlerischen und wissenschaftlichen Objektivationen höchsten geistigen Anspruchs, und sie schließen sogar kulturspezifische Irrtümer mit ein.[53] Auch aktuelle Themen und Problemdefinitionen (z. B. die ökologische Problematik) sind kulturelle Hervorbringungen im hier zugrundegelegten Sinne.

Als Kultur wird also das Gesamtgefüge der sozial hervorgebrachten, nicht angeborenen und (im Prinzip) geteilten Gemeinsamkeiten einer definierten Bezugsgruppe bezeichnet, zusammen mit ihren sinnlich und symbolisch vermittelbaren Objektivationen. Was beispielsweise unter "unserer Kultur" als Kultur der deutschen Gegenwartsgesellschaft zu verstehen ist, liegt damit aber keineswegs fest. Kultur ist stets im Fluß. Sie muß – da wir daran teilhaben und sie in all unseren Lebensäußerungen immer schon voraussetzen – im hermeneutischen Zirkel gesellschaftlicher Selbstreflexion interpretierend (und auf der Basis solcher Interpretationen auch empirisch) immer wieder neu bestimmt werden.

Im übrigen läßt sich der Blick auch auf umfassendere Bezugsgruppen lenken – dann wird es etwa sinnvoll, von der *abendländischen Kultur* zu sprechen – oder auf Subgruppen – dann haben wir es mit *Subkulturen* zu tun, etwa der west- und ostdeutschen, der Subkultur der Jugendlichen, Drogenabhängigen, Intellektuellen oder Universitätsmathematiker. Subkulturen können sich – insofern ist das Präfix "sub", das eine hierarchische Struktur nahelegt, nicht ganz treffend – quer zu nationalen, sprachlichen und sonstigen kulturellen Grenzen etablieren. Eine Spezifizierung des Kulturbegriffs kann auch im Hinblick auf bestimmte Situationsklassen erfolgen. In diesem Sinne wird später von der *mathematischen Alltagskultur* in unserer Gesellschaft und von der *mathematischen Unterrichtskultur* die Rede sein.

Eine bestimmte Kultur steht immer für eine Auswahl aus dem Insgesamt der menschlichen Möglichkeiten, eine Auswahl, die kollektiv verwirklicht und im sozialen Handeln mit Leben gefüllt wird. Diese Auswahl gibt einer Gesellschaft – oder einem Kulturkreis, oder einer gesellschaftlichen Subgruppe – eine spezifische Identität, aufgrund derer sie sich selbst von anderen Gruppierungen unterscheiden kann, aufgrund derer sie auch von Dritten als besondere zu erkennen ist.

Aus der Sicht derjenigen, die sich einer Kultur zugehörig fühlen – aus der "Binnensicht" einer Kultur – gewinnt neben der deskriptiven eine normative Auffassung von Kultur an Bedeutung. Die in einer Kultur repräsentierten Werte legen nahe, ja, sie drängen darauf, auch in der Kultur als solcher einen Wert zu sehen. Die ausdrückliche Pflege ("cultura") und Weiterentwicklung der in einer Kultur repräsentierten und für sie charakteristischen Werte läßt sich als *Kultivierung* kennzeichnen. In einer komplexen Kultur wie unserer eigenen ist es selbstverständlich schwierig, bei der Beurteilung der Kulturentwicklung zu einem Konsens zu finden. Ist etwa die zunehmende Pluralität in unserer Gesellschaft ein Zeichen für Kulturverfall – wie von konservativer Seite geargwöhnt wird –, oder handelt es sich dabei selbst um eine wichtige kulturelle Errungenschaft, die im Einklang mit der für den unseren Kulturkreis typischen Ablösung partikularer durch universellere Werte steht?

### *Kulturelle Identität*

Der kulturellen Identität einer Gesellschaft (oder einer anderen sozialen Gruppierung) korrespondiert die kulturelle Identität des Einzelnen. Die kulturelle Identität des Einzelnen repräsentiert gewissermaßen die subjektive Seite der Kultur. In Vorwegnahme späterer Überlegungen läßt sich vermuten: Eine *reflektierte* kulturelle Identität – die sich eben nicht in der unhinterfragten Übernahme tradierter Muster zeigt – ist auf Bildung angewiesen. Adornos (1978, S. 90) Umschreibung von Bildung als "Kultur nach der Seite ihrer subjektiven Zueignung" deutet in diese Richtung. – Im folgenden verstehe ich unter *kultureller Identität*, solange nicht ausdrücklich etwas anderes angezeigt ist, stets die kulturelle Identität des Einzelnen.

Da die einzelne Person unterschiedlichen sozialen Gruppierungen angehört, ist ihre kulturelle Identität keineswegs eindeutig vorgegeben. Je komplexer die Gesellschaft, desto multipler das Konstrukt der kulturellen Identität. In einer multikulturellen, in viele disparate Teilgruppen aufgespaltenen Gesellschaft wie der unseren können die Identitäten der Teilkulturen eine übergreifende kulturelle Identität – die sich dann auch auf gemeinsame Grundwerte wie Toleranz gegenüber Anders-Aussehenden, Anders-Glaubenden, Anders-Wertenden erstrecken müßte – durchaus ersticken. Wieder der systematischen Argumentation vorgreifend: Im Rahmen der allgemeinbildenden Schule müßte die Herausbildung einer reflektierten kulturellen Identität Vorrang haben, welche die Möglichkeit des Andersseins anerkennt; es müßten kulturelle Errungenschaften akzentuiert werden, die hinreichend universell sind. Die Universalität dieser Errungenschaften und der mit ihnen verknüpften Werte und Einsichten erlaubt dann auch, in Anerkennung von Verschiedenheit, die Verständigung mit Mitgliedern anderer Gesellschaften. Anders gesagt: Eine reflektierte kulturelle Identität müßte sich dadurch ausweisen, daß sie mit Verständnis für andere Kulturen und kulturelle Identitäten einhergeht, ohne das Besondere der eigenen Kultur zu verleugnen. Nationale Identität ist nur ein Sonderfall kultureller Identität. Sieht man den Einzelnen als Mitglied unterschiedlicher Bezugsgruppen mit ihren jeweils zugehörigen (Sub-)Kulturen, so ist die umfassendste Bezugsgruppe die gesamte Menschheit. Der alleinige Bezug auf diese umfassende Bezugsgruppe dürfte allerdings kaum ausreichen, dem Einzelnen kulturelle Identität zu vermitteln. Die Herausforderung für die Entwicklung einer reflektierten kulturellen Identität liegt darin, eine Balance zu finden zwischen der Verwurzelung im Besonderen der eigenen Kultur (bzw. Subkultur) einerseits und der Offenheit für fremde Kulturen (bzw. Subkulturen) als gleichberechtigte Möglichkeiten des Menschseins andererseits.

### *Kulturelle Kontinuität und kulturelle Kohärenz*

Bislang ist die zeitliche, die historische Dimension von Kultur noch unberücksichtigt geblieben. Kultur entwickelt sich in der Zeit und ist ohne Tradierung nicht denkbar. Jede Gesellschaft ist auf ein Mindestmaß an kultureller Kontinuität angewiesen, auf die Weitergabe kultureller Errungenschaften von einer Generation zur nächsten, auf die Aneignung und Weiterentwicklung der vorgefundenen Kultur durch die Jüngeren. Für die Aufrechterhaltung der kulturellen Kontinuität durch gesellschaftliche Tradierung sind Schulen in unserer Gesellschaft unverzichtbar.

Daß im vorliegenden Zusammenhang als Aufgabe der Schule bezeichnet wird, *kulturelle Kohärenz* zu stiften und nicht (lediglich) kulturelle Kontinuität, hat einen wichtigen Grund. Dem allgemeinen Sprachgebrauch entsprechend, reserviere ich den Begriff der kulturellen Kontinuität für den zeitlichen, genauer: den *diachronen* Aspekt der Kulturentwicklung. Durch die Einführung des Begriffs der kulturellen Kohärenz trage ich der Einsicht Rechnung, daß sich Prozesse zur Herausbildung kultureller Identität in einer modernen Gesellschaft bei Beschränkung auf diesen diachronen Aspekt nur unzureichend erfassen lassen. Vieles spricht dafür, das Nachdenken über Kulturentwicklung durch Einbeziehung eines *synchronen* Aspekts zu erweitern. Die Aufmerksamkeit richtet sich damit nicht mehr allein auf die Erhaltung und Weitergabe des kulturellen Erbes im Sinne der Stiftung eines Zusammenhangs von "früher" und "heute", sondern darüber hinaus auf die Verknüpfung unterschiedlicher Traditionen und Teilkulturen, die in einer Gesellschaft gleichzeitig auftreten. Kulturelle Kohärenz bezieht sich auf den diachronen *und* auf den synchronen Aspekt. Die Forderung an die Schule, kulturelle Kohärenz zu stiften, beinhaltet damit einerseits, für kulturelle Kontinuität zu sorgen. Sie beinhaltet zusätzlich die Aufgabe, zwischen unterschiedlichen, zeitgleich bestehenden Teilkulturen zu vermitteln und dem Auseinanderfallen der Gesellschaft in disparate Kulturen entgegenzuwirken. Kulturelle Kohärenz ist also der umfassendere Begriff, der kulturelle Kontinuität mit einschließt.

Vor allem zwei Tendenzen tragen gegenwärtig zur Vermehrung der kulturellen Vielfalt in der deutschen Gegenwartsgesellschaft bei (in vergleichbaren Industriegesellschaften gibt es ähnliche Entwicklungen): einerseits die immer weiter fortschreitende gesellschaftliche Ausdifferenzierung, die eine Folge der zunehmenden Spezialisierung und Arbeitsteilung ist und die Herausbildung immer neuer Subkulturen begünstigt; zum anderen das Neben- und Miteinander unterschiedlicher Kulturen als Folge intensiverer wirtschaftlicher Verflechtungen sowie politisch oder ökonomisch motivierter Migrationsbewegungen. Da eine demokratische Gesellschaft nur funktionieren kann, wenn sie sich ein Mindestmaß von Diskursfähigkeit bewahrt bzw. immer wieder neu schafft, kommt dem wechselseitigen Verstehen zwischen den unterschiedlichen Subkulturen und Teiltraditionen hohe Bedeutung zu. Wenn es um das Gemeinwohl, um Zukunftsentwicklung, um weitreichende politische Weichenstellungen geht, muß, im Prinzip, der Ingenieur mit der Journalistin, die Musikerin mit dem Landwirt, der Bauarbeiter mit der Berufspolitikerin sachlich reden können. Und ebenso müssen Repräsentanten der genannten Berufe als Kollegen und Mitbürger mit dem islamischen Gastarbeiter aus der Türkei, mit der mennonitischen Aussiedlerin aus Kasachstan, mit Studenten aus Schwarzafrika oder Asylanten aus Sri Lanka kommunizieren können. In der Forderung an die Schule, kulturelle Kohärenz zu stiften, ist dieser Problembereich berücksichtigt.

Die Berücksichtigung beider Aspekte, des diachronen wie des synchronen, trägt also der Tatsache Rechnung, daß Kulturentwicklung sowohl durch Weitergabe kultureller Errungenschaften von einer Generation zur nächsten als auch durch Auseinandersetzung zwischen Teilkulturen, durch Verdrängung, Verschmelzung, Integration und Assimilation fremder Kulturelemente gekennzeichnet ist. Die Schulen einer Gesellschaft sind in beiderlei Hinsicht wichtige Träger der Kulturentwicklung.

### 3.2.2 Kulturelle Kontinuität als Ergebnis gesellschaftlicher und schulischer Tradierung

Auf welche Weise kann die allgemeinbildende Schule die geforderte Kontinuitätsstiftung leisten? Wie läßt sich vermeiden, daß unter dem Deckmantel der Tradierung veraltete Bildungsinhalte weitergegeben werden? Wie läßt sich der Gefahr begegnen, daß die "Stiftung kultureller Kontinuität" lediglich in die Entwicklung eines elitären bildungsbürgerlichen Kulturbewußtseins für Angehörige höherer Sozialschichten mündet? Antworten auf diese und verwandte Fragen sind in unserer Gesellschaft umstrittener als die Forderung nach schulischer Lebensvorbereitung, deren Sinn und Notwendigkeit im Prinzip von allen Mitbürgern bejaht wird. Zwei Gründe für das Überwiegen kontroverser Einschätzungen könnten diese sein:

Erstens: Weder der kulturellen Kontinuität noch ihren Erscheinungsformen auf der Seite des Subjekts – in erster Linie also der *kulturellen Identität* des Einzelnen – entspricht ein unmittelbares und bewußtes Eigenbedürfnis von Kindern und Jugendlichen. Für viele Erwachsene ist das nicht anders. Daß die Schule sich um kulturelle Kontinuität zu bemühen habe, liegt für den durchschnittlichen Mitbürger keineswegs "auf der Hand".

Zweitens tritt angesichts dieses Themas leicht eine politische Polarisierung ein, die die gesellschaftliche Konsensfindung über die Aufgaben der Schule behindert: Bei einer oberflächlichen Betrachtungsweise läßt sich die Forderung, kulturelle Kontinuität zu ermöglichen, als Ausdruck einer (neo)konservativen Bildungsideologie interpretieren, hinter der sich eventuell restaurative, nationalistische und ethnozentrische, im harmlosesten Falle eurozentrische Motive verbergen.

Um so sorgfältiger ist zu erläutern und zu begründen, daß mit der Förderung kultureller Kontinuität auch und gerade für eine Schule, die sich im Interesse der Heranwachsenden den Herausforderungen der Gegenwart und der Zukunft stellt, eine unverzichtbare Aufgabe gegeben ist. Der Gesamtkomplex der gesellschaftlichen und schulischen Tradierung soll deshalb eingehender betrachtet werden.

Kulturelle Kontinuität wird über gesellschaftliche Tradierung erzeugt. Tradierung durch die Schule ist in diesem Zusammenhang nur ein, aber ein wesentliches Mittel gesellschaftlicher Tradierung: Denn eines der allgemeinsten Merkmale von Schule ist, daß in ihr kulturelle Hervorbringungen, Errungenschaften und Eigentümlichkeiten an die nachwachsende Generation weitergegeben werden.

Durchmustert man die Geschichte der Schulkritik, so stößt man, in vielen Varianten, immer wieder auf den Vorwurf, die Schule sei vergangenheitsorientiert, die in ihr vermittelten Bildungsinhalte seien überwiegend veraltet und deshalb weltfremd, lebensfern und unbrauchbar.[54] Bisweilen sieht es so aus, als beziehe sich diese Kritik auf die Tradierungsfunktion der Schule als solche. Genaugenommen richtet sie sich aber meist nur gegen *traditionalistische Auslegungen* der Tradierungsfunktion, gegen eine einseitig vergangenheitsorientierte Selektion derjenigen kulturellen Errungenschaften, die in den Lehrplänen verankert und für die Schulwirklichkeit bestimmend werden. Das Problem liegt jeweils darin, zu entscheiden, in welchem Verhältnis jüngere und ältere kulturelle Hervorbringungen im Kanon der Schule zueinander stehen sollten. Die Frage kann nicht lauten, *ob* der Schule eine kulturtradierende Funktion zukommt – daran geht nämlich kein Weg vorbei –, sondern *wie* sie diese Funktion im Rahmen ihrer Aufgabe, eine zeitgemäße Allgemeinbildung zu vermitteln, auf vernünftige Weise wahrnehmen kann.

Hinter der Idee der kulturellen Kontinuität steht eine Auffassung von gesellschaftlicher Tradierung, die in ihr ein *notwendiges Gegengewicht* zu einem verabsolutierten Fortschrittsstreben sieht. Leszek Kolakowski (1970, S. 1) hat die Dialektik von Tradition und Fortschritt einprägsam auf den Punkt gebracht: "Erstens, hätten nicht die neuen Generationen unaufhörlich gegen die ererbte Tradition rebelliert, würden wir heute noch in Höhlen leben; zweitens, wenn die Revolte gegen die ererbte Tradition einmal universell würde, werden wir uns wieder in Höhlen befinden. Der Kult der Tradition und der Widerstand gegen die Tradition sind gleichermaßen unentbehrlich für das gesellschaftliche Leben; eine Gesellschaft, in der der Kult der Tradition allmächtig wird, ist zur Stagnation verurteilt; eine Gesellschaft, in der die Revolte gegen die Tradition universell wird, ist zur Vernichtung verurteilt." Die Forderung nach kultureller Kontinuität nimmt die kulturelle Tradierung als grundlegendes Strukturprinzip jeder Gesellschaft ernst, ohne sie zu verabsolutieren und von ihrem dialektischen Gegenpol, der Preisgabe von Traditionen um des gesellschaftlichen Fortschritts willen, gänzlich abzuspalten. In der Vorstellung von kultureller Kontinuität als einem anstrebenswerten gesellschaftlichen Ziel schwingt die Hoffnung mit, Zukunft lasse sich "im Einklang" mit vorausgegangenen Entwicklungen begründet gestalten, und zugleich die Befürchtung, ohne diesen Rückbezug auf die Vergangenheit werde alles Fortschreiten richtungslos.[55]

### *Vorintentionale und intentionale Tradierung*

Für eine weitere Klärung des Tradierungsbegriffs ist es ratsam, seinen Geltungsbereich genauer zu bestimmen. Es bietet sich an, zwischen *vorintentionaler* und *intentionaler* Tradierung zu unterscheiden. Zur vorintentionalen Tradierung leistet die Schule, unabhängig vom speziellen Curriculum und unabhängig von den bewußten Zielen und Absichten der Lehrenden und der Schulträger, immer einen Beitrag: Allein dadurch, daß in der Schule, wie in anderen gesellschaftlichen Bereichen auch, Menschen zusammenkommen, miteinander umgehen, sich auseinandersetzen und verständigen müssen, vollzieht sich eine Eingewöhnung in Normen des Zusammenlebens, des Arbeitens, des Sich-Einfügens in vorgefundene Organisationsstrukturen; und gleichzeitig werden Erfahrungen gesammelt, wie man sich Außenanforderungen entzieht, wie man den Ansprüchen der Institution Widerstand leistet, wie man soziale Anerkennung erringt – im Einklang mit den Zielen der Institution oder auch gegen sie. Kurz: Schule leistet schon immer, wie jede andere Form gesellschaftlicher Praxis, einen Beitrag zur *Sozialisation* und *Enkulturation* ihrer Schüler. Ihr "hidden curriculum" funktioniert, vor und neben aller pädagogischen Intentionalität, weil die Schule Teil der Gesellschaft ist. Und das gilt auch dann, wenn die durch sie übermittelten Normen, Verhaltensmuster und implizit wirkenden Wertmaßstäbe institutionsspezifischer Art sind und von denen in anderen gesellschaftlichen Bereichen abweichen (Schule als "Schonraum", als "pädagogische Provinz").

Die *intentionale Tradierung* bezieht sich auf die in den Lehrplänen explizit aufgeführten Gegenstände, auf das, was die traditionelle Pädagogik *Bildungsgüter* nannte. Wenn der allgemeinbildenden Schule die Aufgabe zugesprochen werden soll, kulturelle Kontinuität zu stiften, ist vor allem zu untersuchen, wie sie dieser Aufgabe durch intentionale Tradierung gerecht werden kann. Zuvor soll aber noch eine weitere Differenzierung vorgenommen werden, die es ermöglichen wird, die intentionale Tradierung im Rahmen der Schule genauer zu beschreiben.

### *Drei Modi der kulturellen Tradierung*

Auf der Ebene der Gesellschaft lassen sich drei Hauptmodi der Tradierung unterscheiden, die sich in vielen gesellschaftlichen Teilbereichen wiederfinden und unterschiedliche Entwicklungsstadien einzelner Traditionsstränge (in Handwerk, Kunst, Wissenschaft usw.) kennzeichnen:

- Unveränderte und unhinterfragte Übernahme des Überlieferten (z. B. Sprache, handwerkliche Techniken, religiöse Bräuche; generell typisch für postfigurative Gesellschaften[56] in fast allen gesellschaftlichen Teilbereichen);
- Produktive Weiterentwicklung des Überlieferten (charakteristisch für die abendländische Kunst bis etwa 1900, für moderne Wissenschaft und Technik; generell für dynamische Entwicklungsstränge innerhalb kofigurativer Gesellschaften);
- Reflexion des Überlieferten, bewußte kritische Auseinandersetzung mit dem Überlieferten aus der Distanz, was sowohl zur produktiven Weiterentwicklung des Überlieferten auf einer weniger naiven Stufe als auch zum völligen Bruch mit der Tradition führen kann (charakteristisch für viele Entwicklungen innerhalb der abendländischen Kunst des 20. Jahrhunderts).

Insbesondere der erste und der dritte Traditionsmodus sind auch für die intentionale schulische Tradierung von großer Bedeutung; der zweite hat seinen Ort eher im außerschulischen gesellschaftlichen Leben.

Unhinterfragte Übernahme gilt vielen kritikbeflissenen Zeitgenossen als anstößig – dennoch ist sie auch in der heutigen Schule in vielen Zusammenhängen unverzichtbar. Der Anspruch, die Schüler zum Hinterfragen *aller* Inhalte anhalten zu wollen, war, rückblickend betrachtet, einer der zeitbedingten Irrtümer einer überzogenen Emanzipationspädagogik. Er wird nachvollziehbar als Reaktion auf eine Unterrichtspraxis, die überwiegend durch selbstgewiß-traditionalistisches Belehren geprägt war. Die Maxime, gewisse Inhalte unhinterfragt zu tradieren, soll natürlich nicht für Lehrende und Lehrplangestalter gelten, sondern für den Umgang mit diesen Inhalten im Unterricht. Für welche Inhalte ist die Maxime nun berechtigt?

Im großen und ganzen scheint es mir angebracht, sie auf jenen breiten Bereich elementarer und universaler Gegenstände anzuwenden, die gleichzeitig der Lebensvorbereitung des Einzelnen wie der kulturellen Kontinuität dienen, also etwa: die mündliche und schriftliche Beherrschung der Muttersprache, der Umgang mit elementaren geometrischen Formen und Zahlen sowie die Beherrschung elementarer Operationen mit Zahlen und ihre Anwendung im Alltag. Derartige Inhalte können als relativ unproblematisch gelten: Kulturelle Kontinuität wird hergestellt, indem die Schüler in kulturell bedeutsame Praktiken eingeführt werden, indem sie lernen, nicht zuletzt durch Nachahmen und Üben, wie man etwas macht, wie "es geht".

Anders sieht es mit den vielen traditionellen Inhalten aus, die in schulischen Curricula auftauchen, deren Aktualität für das Leben der Schüler nicht auf der Hand liegt. Hier fragen Schüler zu Recht, warum sie sich mit etwas beschäftigen sollen, dem nicht ohne weiteres anzusehen ist, welchen Nutzen es demjenigen für sein Leben bringt, der sich damit beschäftigt. Ich nenne ein paar Beispiele, quer durch den Garten traditioneller Schulstoffe (vor allem, aber nicht nur, des Gymnasiums): Die Sinfonik der "Wiener Klassik", der "Satz des Pythagoras", Differentialrechnung, Caesars "De bello Gallico" (letzteres als *pars pro toto* für den Lateinunterricht insgesamt), Luthers "Reformation", die "Französische Revolution", sakrale Baustile des Mittelalters, Keplers Gesetze der Planetenbewegung, Poesie des 17. Jahrhunderts, Interpretationen romantischer Gedichte. Sollen Schüler auch solche Inhalte als persönlich sinnvoll erfahren, geht an der reflexiven Auseinandersetzung mit ihnen, an der Bewertung und Aneignung aus einer gewissen kritischen Distanz heraus, kein Weg vorbei. Tradierung als Selbstzweck erzeugt totes Wissen, das der eigenverantwortlichen Lebensgestaltung eher im Wege steht und zum Ballast wird. Eine reflektierte kulturelle Identität wird durch blinde Tradierung nicht gefördert, im Gegenteil: Es besteht Gefahr, daß bei den Schülern vornehmlich Überdruß und Widerstand gegenüber allem Überlieferten aufkeimt.

### *"Traditionelle", "neue" und "aktuelle" Bildungsinhalte*

Noch eine (dreifache) Unterscheidung soll zur weiteren Klärung beitragen, denn bisher sind wir mit den Termini "traditionell" und "Tradierung" noch naiv umgegangen. Wegen des zugrundegelegten weiten Kulturbegriffs könnte das Mißverständnisse hervorrufen. Wir hatten gesehen, daß strenggenommen jeder in der Schule zur Vermittlung anstehende Inhalt als kulturelle Hervorbringung betrachtet werden muß und daß Schule in diesem Sinne auch die *aktuellsten* Inhalte *tradiert*.

Ein so weit gefaßter Tradierungsbegriff wäre jedoch wenig hilfreich. Aus soziologischer Sicht konnten wir von der historischen Dimension kultureller Hervorbringungen zunächst abstrahieren; im vorliegenden Zusammenhang jedoch ist sie von zentraler Bedeutung und muß unbedingt beachtet werden.

In der Alltagssprache redet man ganz zu Recht nur dann von "Tradierung", wenn sich der Gegenstand der Tradierung durch eine gewisse Langlebigkeit ausgezeichnet hat. Im Blick auf die Schule bietet sich als Faustregel an, die Zeitspanne, in der ein neu eingeführter Gegenstand schulischen Lernens zum "traditionellen" reift, mit einer Generation, also etwa dreißig Jahren festzulegen.[57] Damit wäre von dem, was Kinder und Jugendliche in der Schule lernen, alles als "traditioneller" Bildungsinhalt zu bezeichnen, was schon in den Lehrplänen stand, als ihre Eltern noch zur Schule gingen.[58]

Alle anderen Bildungsinhalte sollen im vorliegenden Kontext "neu" oder "aktuell" heißen. Um "neue" Bildungsinhalte handelt es sich, wenn sie zwar erst im Laufe der letzten Generation in den allgemeinbildenden Kanon aufgenommen wurden, als kulturelle Hervorbringung aber schon älter sind. Die Mengenlehre, die im Rahmen der "Neuen Mathematik" in die Curricula verpflanzt wurde, ist ein Beispiel dafür: Als mathematische Teildisziplin stammt sie ja aus dem 19. Jahrhundert. – "Aktuelle" Bildungsinhalte hingegen betreffen kulturelle Hervorbringungen, die erst in den vergangenen dreißig Jahren geschaffen wurden. Schulische Beispiele: Arbeiten mit Computer-Software, ökologische Fragestellungen, Zeitgeschichte. Selbstverständlich ist es möglich, daß "traditionellen" Inhalten fortdauernde Aktualität zukommt, während manche "neuen" oder "aktuellen" Inhalte vielleicht nur aufgrund kurzlebiger Moden in die Lehrpläne gerutscht sind. Das so wichtige "Aufräumen" und Aussortieren, das bei einer zeitgemäßen Fortschreibung der Curricula immer wieder anfällt, darf sich deshalb nicht auf "traditionelle" Inhalte beschränken.

Schon eine flüchtige Vergegenwärtigung der zur Zeit gültigen Lehrpläne macht deutlich, daß zumindest bis zum Ende der Sekundarstufe I die *traditionellen Inhalte* in den meisten Fächern bei weitem überwiegen. Gemessen an der Radikalität vieler curricularer Erneuerungsabsichten ist erstaunlich, wie viele Inhalte die Reformstürme der 60er und 70er Jahre nahezu unbeschadet überstanden haben. Manches taucht in neuem Gewand wieder auf: Die Präsentation, etwa in den Schulbüchern, hat sich geändert; die Terminologie gibt sich generell "wissenschaftlicher".[59]

Zum Schluß dieses Abschnitts noch ein paar Beispiele zur Illustration der vorgeschlagenen Unterscheidungen: Die "Sinfonik der Wiener Klassik" und der "Satz des Pythagoras" waren als traditionelle Inhalte schon im vorangehenden Abschnitt erwähnt worden. Als traditionelle Inhalte von fortwährender Aktualität, obwohl sie schon viele Generationen überdauert haben, nenne ich die "Dreisatzrechnung" im Mathematik- und das "Verfassen eines Berichts" im Deutschunterricht. Ein Inhalt, der gegenwärtig dabei ist, von einem neuen zu einem traditionellen zu werden, ist das Thema "Nationalsozialismus" im Unterricht zur deutschen Geschichte. Als neue Inhalte lassen sich etwa für den Mathematikunterricht alle Themen aus dem Bereich der Stochastik nennen. Rechenschieber und Logarithmentafel sind Beispiele für traditionelle Hilfsmittel des schulischen Rechnens, die durch aktuelle Hilfsmittel (Taschenrechner, zunehmend auch Computer) verdrängt worden sind.

### 3.2.3 Konkretisierungen: Beiträge der Schule zur Stiftung kultureller Kohärenz im Überblick

Nach den bislang angestellten Überlegungen dürfte bereits klar sein: Kulturelle Kohärenz läßt sich in einer modernen Gesellschaft nicht dadurch sichern, daß sich der Unterricht an allgemeinbildenden Schulen im wesentlichen auf traditionelle Inhalte (im erläuterten Sinne) stützt. Selbst wenn wir uns auf den diachronen Aspekt beschränken, also lediglich kulturelle Kontinuität anzielen, ist mehr zu fordern (bisweilen auch weniger) als die Weitergabe eines tradierten Kanons. Für den synchronen Zusammenhalt der Kultur hingegen wäre damit zunächst noch nichts geleistet.

In den beiden folgenden Abschnitten möchte ich die bisherigen Überlegungen dadurch konkretisieren, daß ich zwei besonders wichtige Teilaufgaben der übergreifenden schulischen Aufgabe, kulturelle Kohärenz zu stiften, genauer betrachte:

- Die allgemeinbildende Schule hat mit dafür zu sorgen, daß – auch in einer Zeit beschleunigter Entwicklung, schnell veraltenden Wissens und sich ändernder Wertvorstellungen –, eine *Verständigung zwischen den Generationen* möglich bleibt; im Vordergrund steht dabei also noch einmal der diachrone Aspekt, die zeitliche Kontinuität, der Zusammenhang zwischen Altem und Neuem (3.2.4).
- Die allgemeinbildende Schule hat Voraussetzungen dafür zu schaffen, daß die Heranwachsenden eine *reflektierte kulturelle Identität*[60] gewinnen können:
  - daß sie sich als Teil der Kultur erleben können, in der sie heranwachsen – mit ihren Licht- und Schattenseiten;
  - daß sie Verbindendes innerhalb der eigenen Kultur erkennen können, jenseits ihrer Aufsplitterung in disparate Teil- und Subkulturen;
  - daß sie das Andersartige anderer Kulturen als gleichberechtigte menschliche Daseinsform akzeptieren können.

  Dafür ist die Berücksichtigung des synchronen Aspekts der kulturellen Kohärenz neben dem diachronen unerläßlich (3.2.5).

Eine dritte wichtige Teilaufgabe, in der sich die übergreifende Aufgabe, kulturelle Kohärenz zu stiften, zu konkretisieren hat, sei hier nur noch einmal erwähnt: die *Fortschreibung der Alltagskultur*. Es geht dabei, mit anderen Worten, darum, die Nachwachsenden zu befähigen, sich in den alltäglichen privaten und öffentlichen Situationen zurechtzufinden, mit denen jedes Gesellschaftsmitglied immer wieder konfrontiert ist – und zwar gemäß den allgemeinen Gepflogenheiten des sozialen Umgangs in unserer Gesellschaft. Hier hat die Schule die vor- und außerschulische (z. B. familiäre) Sozialisation und Enkulturation zu ergänzen.

Dieser für sich genommen außerordentlich wichtigen Teilaufgabe der allgemeinbildenden Schule widme ich im vorliegenden Zusammenhang keinen eigenen Abschnitt, weil sie offensichtlich weitgehend in dem aufgeht, was unter der Aufgabe der Lebensvorbereitung bereits ausführlich diskutiert wurde.

### 3.2.4 Verständigung zwischen den Generationen

Soll diese Verständigung gelingen, setzt das einen Bestand an Gemeinsamkeiten voraus, über den die Jüngeren wie die Älteren mit einiger Selbstverständlichkeit verfügen. Ein Großteil dieser Gemeinsamkeiten wird über *vorintentionale* Tradierung erzeugt: Handlungsnormen und Wertvorstellungen, Weltanschauungen und elementares Weltwissen werden im gemeinsamen sozialen Handeln von Erwachsenen, Kindern und Jugendlichen erworben, innerhalb und außerhalb der Schule.

Was die durch die Schule zu leistende *intentionale* Tradierung angeht, sind zuallererst wieder die elementaren Kulturtechniken zu nennen. Es ist sicher kein Zufall, daß die Öffentlichkeit, insbesondere die über ihre eigenen Kinder betroffenen Eltern, mit besonders heftiger Abwehr auf "revolutionäre" Änderungen im Grundschulcurriculum reagieren: Das war (weltweit) im Zusammenhang mit der "Neuen Mathematik" zu beobachten, aber auch etwa beim Lesenlernen nach der "Ganzheitsmethode" (soweit sie radikal gehandhabt wurde). Ein solcher Konservativismus der Öffentlichkeit und Elternschaft ist m. E. nicht als blinder Traditionalismus abzutun, sondern spiegelt das berechtigte Interesse der älteren Generation an verbindenden Gemeinsamkeiten mit der jüngeren: Man möchte verstehen können, was die eigenen Kinder in den ersten fünf, sechs Schuljahren lernen, man möchte, auf der Basis solcher Gemeinsamkeiten, ihnen helfen, ihre Fragen beantworten können. Und dieses Motiv schließt, über die schon genannten Kulturtechniken hinaus, das Basiswissen in vielen Sachbereichen mit ein, von der uns umgebenden Natur bis hin zu den Liedern, Märchen und Geschichten, die man gemeinsam kennen möchte. Ein hoher Anteil "traditioneller" Inhalte ist also gar nicht zu umgehen, wenn die Schule sich diesen Bedürfnissen nach Gemeinsamkeit nicht verschließen will.

Würde man die Argumentation an diesem Punkt abbrechen, so könnte man den vorausgehenden Absatz als Plädoyer lesen, zumindest in den ersten Schuljahren möglichst immer alles beim alten zu lassen. Das nun wäre fatal. Die Forderung an die Schule, über gemeinsame Wissensbestände die Verständigung zwischen den Generationen zu fördern, würde nämlich durch die Perpetuierung des Schulwissens der jeweils vorangegangenen Generation unzureichend und sehr einseitig eingelöst. Die Erwachsenen haben ja seit ihrer eigenen Schulzeit weitere Erfahrungen gemacht, sind über den Wissens- und Reflexionshorizont ihrer eigenen Schulzeit hinausgewachsen, leben gemeinsam mit den Kindern und Jugendlichen in einer gewandelten Lebenswelt. Angesichts dieses Wandels würde sich ein stupides Festhalten an einmal eingeführten schulischen Inhalten eher negativ auf die Verständigungsmöglichkeiten zwischen den Generationen auswirken. Soweit sich also kulturelle Kontinuität über die Verständigung zwischen Alt und Jung definiert, ist eine umsichtige Anpassung der Curricula an gewandelte gesellschaftliche Verhältnisse unverzichtbar: Tradierung im *traditionalistischen* Sinne, d. h. Verzicht auf Änderungen ungeachtet der gesellschaftlichen Rahmenbedingungen, würde die gewünschte Kontinuität nicht garantieren, sondern gefährden. Wie so oft im Felde der Erziehung handelt es sich um ein Balanceproblem.

Wenn der Schule die Aufgabe zuerteilt wird, Voraussetzungen zu schaffen für die Verständigung zwischen den Generationen, so heißt das nicht, sie solle stellvertretend für die Betroffenen den Generationenkonflikt lösen oder gar harmonistisch wegbügeln: Die Auflehnung der Nachwachsenden gegen die Autorität der Eltern und Lehrer, die Hinterfragung der Werte und Handlungsweisen der Älteren durch die Jüngeren sind unumgänglicher Bestandteil ihrer Identitätsfindung und Ferment gesellschaftlichen und kulturellen Wandels, Teil des Lebens selbst. Schule kann diese Prozesse begleiten, Lehrer können sich in der notwendigen Abarbeitung und Austragung dieser Konflikte persönlich engagieren, aber nicht ihre Lösungen vorwegnehmen. Die Freigabe des Einzelnen, die aus dem Ernstnehmen seiner Mündigkeit folgt, ist der Bildungsidee inhärent.

### 3.2.5 Zum Aufbau einer reflektierten kulturellen Identität

Die Gegenwartsgesellschaften der westlichen Industrienationen sind in weiten Bereichen *multikulturelle* Gesellschaften: Verschiedenste Traditionen existieren nebeneinander, Lebenshaltungen und Lebensarten, Weltanschauungen und religiöse Bekenntnisse konkurrieren in einer kaum überschaubaren Vielfalt miteinander. Der Trend scheint seit Beginn der industriellen Ära unaufhaltsam – ungeachtet der zwischenzeitlich verschärft ausgetragenen nationalen und ideologischen Auseinandersetzungen – in Richtung auf eine multikulturelle Weltgesellschaft zu laufen. Gegenwärtig erleben wir sowohl an den europäischen Einigungsbemühungen wie an der Ausländerintegrations- und Asylantenfrage, wie schwer sich offizielle Politik und Bevölkerung der beteiligten Staaten tun, diesem welthistorischen Trend zu folgen.

Was kann in einer solchen historischen Situation aber dann für den Einzelnen noch kulturelle Identität bedeuten? Läßt sie sich durch die öffentliche Schule auf eine Weise fördern, daß sie weder auf eine naive Identifizierung mit *einer* Traditionslinie hinausläuft noch in einen allgemeinen Wertrelativismus und Skeptizismus mündet? Alle Antwortversuche können nur Annäherungen sein.

Als wichtiges Ergebnis hatte ich in Kapitel 2 festgehalten, daß individuelle Bildung, die im wesentlichen auf die eigenverantwortliche Gestaltung des eigenen Lebenswegs zielt, sich in unserer und vergleichbaren Gesellschaften nicht mehr an einem einheitlichen Bildungsideal orientieren kann: Jedes Mitglied der Gesellschaft hat das Recht, frei zu entscheiden, auf welche Ziele hin es sich verwirklichen will, an welche Traditionen es in seiner persönlichen Lebensführung anknüpft und mit welchen es bricht. Abgeleitet wurde daraus, daß schulische Allgemeinbildung individuelle Bildung, und zwar in großer Vielfalt, ermöglichen muß, ihr eine Basis zu geben hat. Was bedeutet das im Kontext unserer momentanen Überlegungen?

Eine reflektierte kulturelle Identität ist nur denkbar, wenn die einzelne Person in der Lage ist, die Phänomene ihrer Lebensumwelt als kulturell bedingte Phänomene zu erkennen bzw. zu entschlüsseln. In unserer tendenziell multikulturellen Gesellschaft verlangt die Vielfalt kultureller Phänomene vom Einzelnen die persönliche Entscheidung, welchen er den Vorzug gibt, welchen er sich im Rahmen seiner Selbstverwirklichung vorrangig zuwendet. Das Kind wächst zunächst in die Subkulturen hinein, denen seine Eltern qua Beruf, soziales Umfeld und regionaler Besonderheiten zugehören. In der Schule hat es sich bereits mit anderen Kindern auseinanderzusetzen, die andere Subkulturen repräsentieren. Die Schule (die im übrigen eine eigene, in vieler Hinsicht zu diesen angestammten Subkulturen querliegende Subkultur darstellt) kann schon im Primarbereich erste Anstöße geben, diese Unterschiede bewußt wahrzunehmen, ohne Fremdartiges abzuwerten. Die allgemeinbildende Schule ist eine subkulturübergreifende (und im besten Falle auch -verbindende) Einrichtung – worin einer der Gründe liegt, daß sie für eine hochgradig differenzierte Gesellschaft so unverzichtbar ist. Spätestens mit der Berufswahl bzw. der Entscheidung für eine vertiefende Allgemeinbildung anstelle einer Berufsausbildung nimmt die subkulturelle Differenzierung wieder zu. Eine reflektierte kulturelle Identität kann sich nun aber nicht in einer Identifizierung mit derjenigen Subkultur erschöpfen, in die man sich durch seine Berufstätigkeit hineinbegibt. Die angestrebte kulturelle Identität müßte sich auf doppelte Weise ausdrücken: Einerseits durch das Bewußtsein, mit der eigenen (Spezial-)Tätigkeit, mit den eigenen individuellen Bildungs- und Handlungsinteressen, mit den persönlich bevorzugten Lebensgewohnheiten in einen weit umgreifenderen Kulturzusammenhang eingebunden zu sein, der insofern ja auch "trägt"; andererseits durch die Erkenntnis, daß auch das, mit dem man sich persönlich nicht identifizieren kann, die Interessen und Vorlieben der anderen, seine kulturelle Verwurzelung hat.

Die allgemeinbildende Schule kann zur Herausbildung einer reflektierten kulturellen Identität, die mit "kulturbewußtem" Wahrnehmungsvermögen einhergeht, sicher nur Anstöße geben. Aber diese Anstöße sind auf zweierlei angewiesen:

Erstens: Die Schule muß ausgewählte tradierte Hochleistungen der eigenen Kultur an die Heranwachsenden herantragen, Wege zu ihrer Aneignung eröffnen. Dies ist soweit der klassische Teil des Problems, wenn man so will, ein Teil des traditionellen *Kanonproblems*. Diese Hochleistungen sind allerdings nicht – und darin unterscheidet sich obige Forderung von den Postulaten einer traditionellen Kulturpädagogik – als unüberholbare Maßstäbe absolut zu setzen, sondern auf ihre inhärenten Werte und deren geschichtliche und gesellschaftliche Bedingtheit zu befragen. Wichtig wäre es, Einsichten zu ermöglichen, wie das, was in der Gegenwart (auch an scheinbar völlig Neuem und Besonderem) geschieht, in früheren Entwicklungen verwurzelt ist, wie auch wir Heutigen eingebettet sind in einen großen Strom menschlichen Fühlens und Wahrnehmens, Denkens und Erfindens.[61] Damit ist eine moderne Randbedingung für die Lösung des Kanonproblems definiert, die sich aus der Forderung nach einer *reflektierten kulturellen Identität* ergibt.

Zweitens: Die Schule muß die vielfältigen, häufig widersprüchlichen Erscheinungen der Gegenwartskultur zueinander und zu tradierten Hochleistungen in Beziehung setzen, um die vielfältigen Verwobenheiten kultureller Erscheinungen offenzulegen. Wenn es richtig ist, daß eine Kultur in ihren herausragenden Schöpfungen (künstlerischen, wissenschaftlichen, sozialen) ihre Begrenztheiten transzendiert, den Blick auf neue menschliche Möglichkeiten freilegt, auf diese Weise auch neue Möglichkeiten der Kommunikation zwischen verschiedenen Kulturen eröffnet – dann ist genau dieser Dimension bei der Betrachtung kultureller Hochleistungen Aufmerksamkeit zu zollen. Erst dann besteht die Chance, daß sich kulturelle Identität nicht im Stolz auf die Hochleistungen der eigenen Kultur erschöpft, von dem es nur ein kleiner Schritt ist zum Dünkel der Überlegenheit, sondern daß diese Leistungen – wechselseitig – zum Medium werden, anhand derer man sich mit Menschen anderer Kulturkreise über die möglicherweise gemeinsamen Werte verständigen kann: über das, was es in der zusammenwachsenden Weltkultur an Besonderheiten, an Einsichten und Erkenntnissen, an ästhetischen und ethischen Werten zu bewahren gilt, weil es eben nicht nur Besonderes ist, sondern in seiner Eigenart auf Universales, allen Menschen Zugängliches verweist.

In vielen Bildungs- und Allgemeinbildungskonzepten werden die schulischen Fächer und, soweit sich eine Zuordnung herstellen läßt, die korrespondierenden Wissenschaften als Zugänge zur kulturellen Vielfalt unserer Welt gedeutet und gerechtfertigt.[62] Dieser Sichtweise ist im Prinzip sicher zuzustimmen. Sie scheint mir aber zumindest ergänzungsbedürftig, wenn mittels solcher Argumentation nicht einer fachspezialistischen Vereinseitigung Tor und Tür geöffnet werden soll. Das unverbundene Nebeneinander verschiedener Einzelfächer stiftet keine kulturelle Kohärenz: Diese bedarf besonderer didaktischer Bemühungen. In allen Fächern sind zentrale Ideen aufzusuchen, mittels derer sich Brücken schlagen lassen zwischen Fach und außerfachlicher Kultur, anhand derer sich deutlich machen läßt, was das Fach (bzw. die korrespondierende Wissenschaft) für die Kulturentwicklung bedeutet, wie es mit ihr verwoben ist, wie es mit dem täglich erfahrbaren gesellschaftlichen Alltag verknüpft ist. Der Bezug auf solche zentralen Ideen müßte im Unterricht eine viel wesentlichere Rolle spielen. In den zentralen Ideen eines Faches – daß sich solche mit hinreichender Plausibilität benennen lassen, sei unterstellt – verbindet sich der diachrone mit dem synchronen Aspekt der kulturellen Kohärenz: Die zentralen Ideen sind historisch gewachsen, repräsentieren also eine Geschichte; und sie stehen für die Wechselwirkung zwischen Fach und außerfachlicher Kultur, transzendieren also die Grenzen des einzelnen Faches.

Selbstverständlich kann die Schule nicht durchweg auf die Erschließung kultureller Hochleistungen ausgerichtet sein und zur Reflexion ihrer universalen Elemente animieren. Eine penetrante Thematisierung des "Schönen, Wahren und Guten" verschleißt die Aufmerksamkeit und das Interesse der Schüler, wenn sie von ihren Alltagsinteressen abgespalten erfolgt. Wenn beispielsweise das literarische Alltagsumfeld eines Schülers aus Comics, das musikalische im Dauer-Konsum unterschiedlicher Varianten von Pop-Musik besteht, bedarf es einer besonderen Sensibilität, in diesen "selbstverständlichen" Wahrnehmungshorizont andere literarische und musikalische Elemente als einer Auseinandersetzung würdig einzuführen. Der übliche Schulstoff verfehlt oft beide Welten: Er geht an der "Unterhaltungs"-Welt der Schüler, die ihre Freizeit prägt, ebenso vorbei wie an der geistigen Welt der kulturellen Hochleistungen. So stellt er für viele Schüler eine dritte Welt dar, ein notwendiges Übel, einen "sauren Apfel", durch den man sich durchbeißen muß, um gewisse berufliche Positionen erringen zu können. In der Freizeit lassen sie diese Welt dann unbekümmert wieder hinter sich: Unbehelligt von den kulturellen Werturteilen, die Schule ihnen zu vermitteln sucht, geben sie sich der Unterhaltung durch selbstgewählte (bzw. industriell fremddefinierte) kulturelle Genüsse hin.

In dieser bewußt zugespitzten Beschreibung verbergen sich aber bereits Hinweise, worin die Kunst eines allgemeinbildenden, auf kulturelle Kohärenz ausgerichteten Unterrichts bestehen müßte. Diese Kunst haben gute Lehrer, bewußt oder intuitiv, schon immer beherrscht – nämlich im Umgang mit dem für sich genommen "langweiligen" Stoff sensibel Ausblicke auf beide üblicherweise ausgeklammerten Welten aufblitzen zu lassen: die "gemütliche Alltagskultur" der Freizeitunterhaltung zu hinterfragen, ohne sie den Schülern wegnehmen zu wollen oder sie schlechtzureden; den über weite Strecken langweiligen schulischen Standardstoff als Baustein, Element, Voraussetzung kultureller Hochleistungen erfahren zu lassen, die dadurch "begreifbarer" werden und im besten Fall zu selbständigen Anstrengungen zur Aneignung und zum eigenkreativen Anknüpfen anregen. Denn der Aufbau einer reflektierten kultureller Identität auf derartige aktive Aneignung unverzichtbar angewiesen – eine im übrigen sehr alte pädagogische Einsicht.

Kulturelle Identität erweist sich also als ein dynamisches Moment individueller Lebensgestaltung in einer sich rasch wandelnden Gesellschaft. Ihre Bedeutung als Zielgröße im Rahmen einer zeitgemäßen Allgemeinbildung gewinnt sie eher als Ferment zukünftiger Kulturentwicklung denn als Kennzeichen des Verharrens im schon Erreichten; eher als Voraussetzung für eine Annäherung unterschiedlicher Kulturen und Subkulturen denn als Abgrenzungsmerkmal; eher als reflektive Vergewisserung des eigenen Eingebundenseins in einen Kulturzusammenhang und sein geschichtliches Gewordensein denn als fraglose Identifizierung mit der Kultur, in der man – zufällig, da ohne eigenes Zutun – aufwächst. Kulturelle Identität im beschriebenen Sinne sollte dem Einzelnen helfen, sein Leben in einer multikulturellen Gesellschaft so auszubalancieren, daß er sich weder halt- und richtungslos den unterschiedlichsten Einflüssen und Modeströmungen ausgeliefert fühlen muß noch gezwungen ist, sich um der geistigen und sozialen Selbstbehauptung willen durch dogmatische Festlegungen von der Erfahrung kultureller Vielfalt abzuschirmen.

## *3.3 Weltorientierung*

Mit der Aufgabe der *Weltorientierung* wird an diejenige pädagogische Tradition angeknüpft, die es als zentrales Anliegen der Schule betrachtet, die Heranwachsenden mit materialem Wissen über die Welt auszustatten: Die Schüler sollen einen Überblick haben, die Erscheinungen um sich herum einzuordnen wissen, sie zueinander in Beziehung setzen können, über ihren engeren Erfahrungshorizont hinaus über die Welt "Bescheid wissen". Von den sieben Aufgaben der allgemeinbildenden Schule, die das hier erläuterte Allgemeinbildungskonzept konstituieren, kommt keine andere den landläufigen Vorstellungen, was den Kern von Allgemeinbildung ausmache, so nahe wie die der Weltorientierung.[63]

Die Idee der Weltorientierung läßt sich in neueren schul- und bildungstheoretischen Konzepten unter verschiedenen Bezeichnungen aufspüren. So ist etwa von

"Gesamtorientierung" die Rede (Hardörfer 1978), von "Weltverständnis" (Helling 1963; H. Becker 1980, S. 313ff), "Ordnung/Systematik der Vorstellungswelt" (Wilhelm 1969 und erneut 1985, S. 143ff), oder vom Aufbau eines "umfassenden Interpretationshorizonts, eines Gedankenkreises, der Erkennen und Ermessen ermöglicht" (Ballauff 1986, S. 94). Auch der hier bevorzugte Terminus "Weltorientierung" ist verbreitet (z. B. Stegmaier 1984 passim; Geißler 1984, S. 272; Fetscher 1986, S. 21; Maier 1986, S. 28). Für die Idee der Weltorientierung ist ein gewisses "Luxurieren" des Wissens charakteristisch, gestützt auf die Annahme, daß ein differenziertes Weltbild einen weiten Urteilshorizont erschließt und sowohl die Klärung des eigenen Standortes in der Welt wie auch seine Relativierung erleichtert. Genau in diesem Sinne spricht G. Geissler (1968, S. 173) der Schule die Aufgabe zu, "über die Enge und Zufälligkeit der individuellen Lage hinaus(zu)führen". Dieses Überschreiten einer utilitaristisch oder traditionalistisch motivierten Bewertung des Erwerbs von Wissen über die Welt ist der Grund dafür, daß die Weltorientierung, ungeachtet gewisser Überschneidungen, deutlich von den beiden zuvor diskutierten Aufgaben (Lebensvorbereitung und Stiftung kultureller Kohärenz) unterschieden werden kann. Ganze Schulfächer, etwa die Geographie oder weite Bereiche des naturwissenschaftlichen und geschichtlichen Unterrichts, auch des Literaturunterrichts, lassen sich plausibler von der Idee der Weltorientierung her begründen als unter Rückgriff auf eine der anderen hier diskutierten Aufgaben der Schule.

Auch die Aufgabe der Weltorientierung ist immer wieder Fehlinterpretationen und Verzerrungen ausgesetzt gewesen. Einige dieser Fehlformen sollen hier genauer betrachtet werden, einschließlich der "Therapien", die sich anbieten. Gleichsam wie ein Geburtsfehler haftet der Idee der Weltorientierung die Zerrform des Enzyklopädismus an. In den letzten Jahrzehnten erwies sich ein, wie man sagen könnte, legitimer Ableger der Weltorientierung zunehmend als ihr Konkurrent: das Prinzip der *Wissenschaftsorientierung*. In dem Maße, in dem einseitige und überzogene Auslegungen dieses Prinzips an Boden gewannen – insbesondere während der Bildungsreform-Ära –, wurden wichtige Aspekte der ursprünglichen Idee in den Hintergrund gedrängt: nämlich die lebensweltlichen und nicht primär wissenschaftlich repräsentierbaren Akte des Weltverstehens, sichtbar etwa an der Tendenz – um nur ein Beispiel zu nennen –, Musik auf Musikwissenschaft zu reduzieren.

### 3.3.1 Weltorientierung als Wissenschaftsorientierung: Präzisierung oder Verkürzung?

Wissenschaftsorientierung war eine zentrale und von breiter Zustimmung begleitete Leitformel der Bildungsreform-Ära. "Die Bedingungen des Lebens in der modernen Gesellschaft erfordern, daß die Lehr- und Lernprozesse wissenschaftsorientiert sind", heißt es im Strukturplan des Deutschen Bildungsrats (1972, S. 33). Tragen wir noch einmal thesenartig die wichtigsten Argumente zusammen, die dieser Leitformel seinerzeit so hohe Plausibilität sicherten:

*Argumente für Wissenschaftsorientierung als didaktisches Leitprinzip*

- Unter dem Gesichtspunkt der Gewinnung einer übergreifenden "Ordnung der Vorstellungswelt" (Wilhelm 1969) schienen in der modernen und säkularisierten Gesellschaft die Wissenschaften die einzige Instanz zu sein, an denen sich eine entsprechende Systematik würde orientieren können; denn die Wissenschaften repräsentieren das objektivierbare Wissen schlechthin, das der Mensch von der Welt einschließlich seiner selbst gewinnen kann.
- Insofern schien mittels der Wissenschaften auch der Hebelpunkt gegeben, mit dessen Hilfe sich die historisch gewachsenen Zufälligkeiten und Beliebigkeiten des überkommenen schulischen Bildungskanons würden korrigieren lassen.
- Die Orientierung an den Wissenschaften bot sich auf zwei Ebenen an. Zum einen bei der Revision des schulischen Fächerkanons: Wenn die Wissenschaften in ihrer Gesamtheit so etwas wie eine gültige moderne Weltsicht repräsentierten, müßten die Schulfächer diese Gesamtheit der Wissenschaften auf nachvollziehbare Weise widerspiegeln. Zum anderen aber auch bei der Revision der Fachcurricula: So schien es notwendig, sie inhaltlich und strukturell auf den neuesten Stand der korrespondierenden Wissenschaften abzustimmen, und dabei die "structure of the discipline" (Bruner) als Maßstab heranzuziehen.
- Von der Wissenschaftsorientierung erhoffte man sich darüber hinaus sowohl einen Zugriff auf das Problem der materialen wie das der formalen Schulbildung. Das in den Wissenschaften kodifizierte inhaltliche Wissen versprach, den maßgeblichen Rahmen für die materiale Stoffauswahl zu bieten. Und die "wissenschaftliche Methode" schien die umfassende, für den modernen Menschen geeignete allgemeine Denkschulung darzustellen.
- Last not least hoffte man, in der Wissenschaftsorientierung ein Mittel gefunden zu haben, den Heranwachsenden ein Höchstmaß an Chancengleichheit zu gewährleisten; war sie doch keineswegs – wie noch die in den Jahren zuvor für das Gymnasium diskutierte "wissenschaftliche Grundbildung" (Wilhelm Flitner) – nur einer Elite der Schüler zugedacht, sondern allen. Insbesondere sollte mit ihrer Hilfe der Unterschied zwischen einer "volkstümlichen" und einer "höheren" Schulbildung aufgehoben werden: "Das organisierte Lernen soll für alle wissensschaftsorientiert sein" (Deutscher Bildungsrat 1972, S. 30).

*Gegenargumente: Pädagogische Grenzen der Wissenschaftsorientierung*

Generell ist festzustellen, daß sich die mit der Wissenschaftsorientierung als didaktischem Leitprinzip verknüpften Hoffnungen nicht erfüllt haben. Die hier vertretene These, daß die im Rahmen von Allgemeinbildung notwendige Weltorientierung durch ihre Reduktion auf Wissenschaftsorientierung nicht eingelöst werden kann, gewinnt durch die folgenden Gegenüberlegungen an Kontur:[64]

- So richtig die Feststellung ist, daß keine Instanz mit den modernen Wissenschaften im Hinblick auf die Generierung objektivierbaren Wissens konkurrieren kann, so sehr ist anzuzweifeln, ob sich die über Schule zu realisierende Weltorientierung – ganz zu schweigen von der Allgemeinbildung insgesamt – ausschließlich auf wissenschaftlich objektivierbares Wissen im strengen Sinne beschränken sollte: Handeln und Entscheiden im Lebensalltag würde unzumutbaren Beschränkungen unterworfen, wenn dabei nur auf "wissenschaftlich abgesicherte" Informationen zurückgegriffen werden dürfte.

- "Die Wissenschaften" stellen alles andere als einen monolithischen Block dar, und jeder aus ihnen abgeleiteten Systematik lassen sich konkurrierende, ebenfalls wissenschaftlich plausible Systematiken gegenüberstellen. Die erhoffte Eindeutigkeit in der Systematik des Wissens erweist sich als Illusion.
- Auch löst die Orientierung an "den Wissenschaften" nicht das Problem des Enzyklopädismus – ganz im Gegenteil: Das selbst von den einschlägigen Experten kaum noch überschaubare, annähernd exponentielle Anwachsen des Wissens in allen Disziplinen, die in vielen Wissenschaften zu verzeichnende intradisziplinäre Konkurrenz unterschiedlicher Paradigmen, darüber hinaus die Geburt neuer Disziplinen und interdisziplinärer Forschungsgebiete wie Informatik, Kognitionswissenschaft, Ökologie, – das alles zusammengenommen macht das Problem einer begründeten Auswahl wissenschaftlich legitimierter Lehrinhalte nicht leichter, sondern schwerer. Offenbar kommt man, will man des Enzyklopädismus Herr werden, um so etwas wie ein *exemplarisches Prinzip* nicht herum, in dem auch Gesichtspunkte außerhalb der jeweils zuständigen Fachwissenschaft zum Tragen kommen. Konkreter: Wenn man sich entscheidet, den Fachunterricht an grundlegenden oder zentralen Ideen zu orientieren, so sollten diese Ideen nicht in erster Linie von fachimmanenter Bedeutung sein, sondern in ihnen sollte sich die Beziehung des Faches zur übrigen Welt spiegeln.
- Ein weiteres Problem tut sich darin auf, daß mit der Wissenschaftsorientierung eine neue Variante des Spezialismus in die allgemeinbildenden Schulen einzuziehen droht. Da die Schlagkraft moderner Wissenschaft eng mit dem Prinzip konsequenter Spezialisierung verbunden ist, kann der Fachlehrer, der sich aufgerufen sieht, sein Fach wissenschaftsorientiert zu unterrichten, guten Gewissens auch im Schulunterricht diese Spezialisierung pflegen. Die Schüler eignen sich dann nicht etwa eine grundlegende "wissenschaftliche Fragehaltung" an, sondern spezielle wissenschaftliche Methoden, die im günstigsten Falle eine berufliche Vorbildung für das Studium des entsprechenden Faches darstellen.
- Und endlich setzte die Wissenschaftsorientierung auch keine Automatik zur gerechteren Verteilung der schulischen Lernchancen in Gang. Zwar erhöhte einerseits die formale Angleichung der Fachcurricula für unterschiedliche Schulformen die Durchlässigkeit des Schulsystems, andererseits wurden aber durch eine Vermehrung abstrakter und formaler Prinzipien und durch Zurückdrängung anschauungsgebundener Lernsequenzen (die als "volkstümlich" disqualifiziert waren) neue Lernbarrieren aufgerichtet. Daß ein stärker theoretisch ausgerichtetes Lernen manchen Schülern leichter fällt als anderen, war bei der pauschaleinheitlichen Verordnung von Wissenschaftsorientierung weitgehend verdrängt worden. Überspitzt gesagt: Während die Wissenschaftsorientierung, wie sie pro-

pagiert und zum Teil auch realisiert wurde, für eine Elite der Schüler zur Weltorientierung beitrug, vergrößerte sie für andere Schüler die Kluft zwischen Schulwissen und erlebter Welt: Weltvernebelung statt Weltorientierung.

Weltorientierung läßt sich durch Wissenschaftsorientierung also nicht operationalisieren und schon gar nicht ersetzen. Andererseits ist klar: die kritisierten Zerrformen der Wissenschaftsorientierung stellen sich in erster Linie dann ein, wenn sie als didaktisches Leitprinzip überstrapaziert wird. Fragen wir also, was sich vom Prinzip der Wissenschaftsorientierung bei einer bescheideneren und behutsameren Interpretation retten läßt. Dabei beschränke ich mich auf die *materiale* Dimension der Wissenschaftsorientierung; denn die *formale* – im wesentlichen der Aufbau einer wissenschaftlichen Fragehaltung – läßt sich plausibler im Zusammenhang mit der "Anleitung zum kritischen Vernunftgebrauch" behandeln.

Als minimaler rationaler Kern der Wissenschaftsorientierung läßt sich ein negatives Prinzip für die Ausgrenzung von Schulstoffen angeben, das häufig wie folgt formuliert wird: Es sollte nichts gelehrt werden, was nach dem Wissensstand in den zuständigen Fachwissenschaften als falsch einzustufen ist. Genauer noch müßte es heißen: Fakten, die mit dem Anspruch gelehrt werden, objektivierbares Wissen zu repräsentieren, müssen sich im Rahmen der zuständigen Wissenschaften rechtfertigen lassen. Das Gemeinte läßt sich an dem historischen Streit verdeutlichen, der lange die Gemüter gläubiger Christen und überzeugter Naturwissenschaftler bewegt hat: Darf der biblische Schöpfungsmythos in der Schule gelehrt werden? Nach dem obigen Ausgrenzungsprinzip sollte die Antwort lauten: Als Mythos ja! Doch jeder Versuch, ihn den Schülern als "wahres Geschehen" im Sinne einer naturhistorischen Beschreibung von objektivierbarem Anspruch nahezubringen, müßte zurückgewiesen werden.

Wissenschaftsorientierung ist aber noch in einem weiteren Sinne als Element der Weltorientierung geboten: Die modernen Wissenschaften sind Bestandteil unserer Welt, sind aus unserem privaten und gesellschaftlichen Leben nicht wegzudenken. Heranwachsende müssen deshalb zwar nicht die Ergebnisse und Methoden aller Wissenschaften von Rang im Detail kennenlernen, aber sie sollten über ihren zentralen Gegenstandsbereich, ihre Zuständigkeiten, ihre Problemlösekapazität und ihre spezifische Weltsicht Bescheid wissen. Das wiederum kann nicht nur ein äußerliches "Wissen über" sein, sondern schließt eine exemplarische Vertiefung in Einzelprobleme, Fragemethoden und grundlegende Ergebnisse mit ein. Was aber in diesem Sinne für die angestrebte Weltorientierung als exemplarisch gelten kann, läßt sich selbst nicht mehr aus den in Frage kommenden Wissenschaften ableiten.

Diese Ausführungen mögen jetzt fast wie ein Rückzug auf didaktische Positionen anmuten, die vor der Ära der Wissenschaftsorientierung diskutiert wurden. Das deutet insofern auf einen Zirkel hin, als ja gerade die endlosen pädagogischen Diskussionen um das exemplarische Prinzip in den fünfziger und sechziger Jahren[65] sowie die Unzufriedenheit mit den traditionellen Versuchen, des Problems der Stoffülle und des Enzyklopädismus Herr zu werden, dem Siegeszug der Wissenschaftsorientierung das Feld bereitet haben. Dennoch läßt sich heute ohne falsche Scham an manches aus jener Zeit wieder anknüpfen,[66] da uns die zwischenzeitliche Erfahrung gelehrt hat: Das *exemplarische Prinzip* in der Pädagogik ist eher als regulatives Prinzip aufzufassen denn als operationalisierbare Konstruktionsanleitung für Curricula. Jeder Versuch, verbindliche materiale Elemente für allgemeinbildende Curricula zu begründen, muß nach der Exemplarität dieser Inhalte streben. Worin sie gegeben ist, läßt sich nicht allgemein und vorab festlegen, sondern muß jeweils begründet werden. Im Rahmen solcher Begründungen ist der Stellenwert eines Inhalts innerhalb einer Einzeldisziplin nur ein Aspekt unter vielen.

Was kann und muß über eine entschlackte, von Wissenschaftseuphorie befreite Wissenschaftsorientierung hinaus getan werden, wenn die Schule einen Beitrag zur Weltorientierung ihrer Schüler leisten will, wie kann die Schule Voraussetzungen schaffen für den Aufbau eines differenzierten persönlichen Weltbilds, die Entwicklung einer "Ordnung der Vorstellungswelt",[67] eines umfassenden Interpretations-Urteilshorizonts? Die drei folgenden Abschnitte heben drei Aspekte hervor.

### 3.3.2 Fachliche Entgrenzung

Mit dem Prinzip der *fachlichen Entgrenzung*[68] wird gleichsam ein dialektisches Gegenprinzip zu dem der Wissenschaftsorientierung formuliert. Wenn einerseits Welterkenntnis ohne Wissenschaft nicht auf vernünftige Weise denkbar ist, so ist doch andererseits die Überwindung fachlicher Borniertheiten und spezialistischer Befangenheiten notwendig, wenn wissenschaftlich begründete Weltorientierung zum Keim von Lebensklugheit oder gar Lebensweisheit werden soll. Das bedeutet: Die Grenzen der Schulfächer – und damit auch die der ihnen zugeordneten Wissenschaften – sind gegenüber dem noch nicht fachlich vorstrukturierten Leben *durchlässig* zu machen. Fachlehrer sollten einen Teil ihrer didaktischen Bemühungen darauf verwenden, zu klären, welche Bedeutung die fachlichen Begriffe und Strukturen für das Verständnis sachlicher, sozialer, ideeller Alltagsphänomene haben, welche primär nichtfachlichen Probleme sich mit ihrer Hilfe lösen lassen, wo und warum die im Fach bevorzugten Perspektiven an Grenzen stoßen zu Verzerrungen der Weltwahrnehmung führen. Am Beispiel der Mathematik etwa: Was ist berechenbar, was ist mathematisch modellierbar und was nicht? Zu welchen Ausblendungen verleitet die Beschränkung auf Berechenbares, auf Mathematisierbares?

Auf der Suche nach solchen fachlichen Entgrenzungen erhält die Frage nach den zentralen Ideen eines Faches große Bedeutung. Sie ist nicht allein innerfachlich, sondern auch *von außerhalb* zu stellen, weil der Beitrag bedacht werden muß, den derartige zentrale Ideen für die Sichtweise und das Verständnis der Welt außerhalb des betreffenden Faches leisten. Die Antwort, was die zentralen Ideen eines Faches sind, kann also nicht allein den Experten dieses Faches überlassen werden. Für die Resonanz des Faches in der übrigen Welt hat der interessierte und informierte Laie bisweilen ein besseres Gespür als der Experte.

Fachliche Entgrenzung läßt sich also einerseits im Sinne einer *Konkretisierung* des fachlichen Lernens verstehen, als Öffnung des Fachs für die Lebenswelt, als Brückenschlag zum außerschulisch Erfahrbaren, als Verknüpfung des im Fach Gelernten und Lernbaren mit Fragen und Problemen, Anregungen und Erlebnissen, denen Kinder und Jugendliche in ihrem Lebensalltag begegnen. Zum anderen läßt sich fachliche Entgrenzung als *Verallgemeinerung* der fachlichen Sichtweisen auffassen: als Rückführung des Fachs auf grundlegende Aktivitäten und Einsichten, auf *zentrale Ideen*, anhand derer das Besondere, was das Fach im Rahmen der Gesellschaft und der Gesamtkultur leistet, exemplarisch deutlich werden kann.

### 3.3.3 Weltorientierung als Einführung in konkurrierende Weltsichten

Zur Weltorientierung gehört die Vermittlung der Erkenntnis, daß es nicht nur *eine* gültige Wahrnehmung der Welt gibt. Die Freigabe des Einzelnen zur eigenverantwortlichen Gestaltung seines Lebenswegs ist nicht vereinbar mit der schulischen Vermittlung ideologisch verbindlicher Weltbilder. Dabei ist es ohne Belang, ob die Fixierung auf ein bestimmtes Weltbild national, rassisch oder religiös motiviert ist – um nur ein paar historisch belangvolle Varianten anzudeuten. Zwei Probleme sind auseinanderzuhalten: Die Entscheidung des Einzelnen für ein bestimmtes religiöses oder politisches Bekenntnis ist zunächst seine persönliche Sache. Sogar dann, wenn er sich extremen oder engstirnigen-sektiererischen Ideologien anschließt, wird man ihn gewähren lassen, solange sein Bekenntnis mit praktizierter Toleranz gepaart ist. Hingegen ist die Indienststellung der öffentlichen Schule für eine bestimmte religiöse oder politische Richtung mit den Grundsätzen einer demokratischen und pluralistischen Gesellschaft unvereinbar.

Vielleicht ist es einer der bedeutsamsten Fortschritte in der Geschichte der allgemeinbildenden Schule, daß in unserer und vergleichbaren Gesellschaften nach vielen leidvollen Erfahrungen im Prinzip Übereinstimmung herrscht, daß Schule nicht für ideologische Beeinflussungen in Anspruch genommen werden dürfe. Doch das ist zunächst eine theoretische Einsicht, und die Probleme ihrer praktischen Umsetzung können keineswegs als gelöst gelten.

Zum einen gibt es die subtile weltanschauliche Beeinflussung, die denen, von denen sie ausgeht, bisweilen gar nicht bewußt ist. Engagierte Erzieher und Pädagogen der Vergangenheit haben es keineswegs als einseitig empfunden, wenn sie ihre Hauptaufmerksamkeit der männlichen Jugend schenkten und der weiblichen – "naturbedingt" – mindere gesellschaftliche Rollen und Aufgaben zudachten. Oft bedarf es langwieriger gesellschaftlicher Lernprozesse, um derartig historisch gewachsene Blindheiten überhaupt als solche wahrzunehmen. Und wer weiß, welcher Blindheiten uns Heutige dereinst spätere Generationen überführen werden? Die Freiheit des in der Schule vermittelten Weltverständnisses von ideologischen Verzerrungen kann also nur in Relation zum jeweils gesellschaftlich akzeptierten Stand der Erkenntnis und sozialen Einsicht eingeklagt werden.

Zum anderen ist die Gefahr im Blick zu behalten, daß das Bemühen um ideologische Neutralität in Indifferenz, Unverbindlichkeit, Wertverlust und Orientierungslosigkeit umschlagen kann.[69] Zur Verdeutlichung mag die Metapher des Kartenlesens dienen: Wer sich in einer unbekannten Landschaft orientieren will, braucht eine gute Karte, und er muß darüber hinaus seinen eigenen Standort kennen. Entsprechend bedeutet Weltorientierung, daß ich einen Überblick habe über die Standpunkte, die man als Mensch haben kann, und daß ich darüber hinaus meinen eigenen kenne. Nur dann kann ich meinen Standpunkt begründet ändern. Weltorientierung schließt beides ein: zu wissen, wo ich stehen könnte, und wo ich stehe.

### 3.3.4 Zentrale Zeit- und Weltprobleme als Kristallisationspunkte der Weltorientierung

Daß der Frage, wie sich die allgemeinbildende Schule gegenüber den globalen Zukunfts- und Weltproblemen verhalten solle, in der neuen Bildungsdiskussion eine zentrale Position zukommt, wurde bereits mehrfach angesprochen. Keine andere Einzelfrage hat in vergleichbarem Ausmaß Anlaß für Vorschläge gegeben, schulische Allgemeinbildung von Grund auf neu zu konzipieren.

Mehr Resonanz in der Öffentlichkeit und auch innerhalb der Erziehungswissenschaft als viele pädagogisch radikalere Erneuerungskonzepte hat der eher vermittelnde Ansatz Klafkis (1985a) gefunden. Klafki erläutert seine Vorstellung von Allgemeinbildung über drei Bedeutungsmomente: Bildung als "Möglichkeit und Anspruch *aller Menschen* der betreffenden Gesellschaft" (a. a. O., S. 17), als "Entwicklung der Vielseitigkeit oder Allseitigkeit" sowie als "Bildung im Medium des Allgemeinen" (a. a. O., S. 20). Dieses letztgenannte Moment ist seines Erachtens durch die Notwendigkeit gekennzeichnet, "ein geschichtlich vermitteltes Bewußtsein von zentralen Problemen der gemeinsamen Gegenwart und der voraussehbaren Zukunft" nebst "Einsicht in die Mitverantwortlichkeit *aller*" zu gewinnen. Und welche "Schlüsselprobleme" das sein könnten, um die sich seiner Ansicht nach eine zeitgemäße Allgemeinbildung zentrieren müßte, listet er dezidiert auf, z. B. (ich zitiere hier nur die ersten sechs von insgesamt achtzehn):

- "die Friedensfrage und das Ost-West-Verhältnis[70]
- die Umweltfrage
- Möglichkeiten und Gefahren des naturwissenschaftlichen, technischen und ökonomischen Fortschritts
- sog. 'entwickelte Länder' und 'Entwicklungsländer' sowie das Nord-Süd-Gefälle
- soziale Ungleichheit und ökonomisch-gesellschaftliche Machtpositionen
- Demokratisierung als *generelles* Orientierungsprinzip der Gestaltung unserer gemeinsamen Angelegenheiten, z. B. auch der Wirtschaft, oder Begrenzung auf Teilbereiche?
- ..." (a. a. O., S. 21)

Relativ vorsichtig fährt Klafki fort: "Allgemeinbildung heißt im Blick auf solche Schlüsselprobleme also: Auf den verschiedenen Stufen des Bildungsganges bzw. des Bildungswesens sollte jeder junge Mensch und jeder Erwachsene mindestens in einige solcher Zentralprobleme ... eingedrungen sein. Verbindlich daran ist die Anforderung, ... ein differenziertes Problembewußtsein zu gewinnen; hingegen kann es nicht um die Festlegung auf eine einzige Sichtweise und einen bestimmten der in der Diskussion befindlichen Problemlösungsvorschläge gehen ..." (a. a. O., S. 21f).

Für sich genommen sind diese Forderungen Klafkis einleuchtend und mit dem in der vorliegenden Arbeit vertretenen Allgemeinbildungskonzept kompatibel, soweit es bisher entwickelt wurde. Undeutlich bleibt hingegen in Klafkis Allgemeinbildungskonzept der systematische Ort der Schlüsselprobleme. Zu Recht weist Klafki darauf hin, daß die Konzentration auf aktuelle Brennpunkte "die Gefahr gewisser Fixierungen auf die Gegenwart, der Blickverengung, mangelnder Offenheit" mit sich bringe, eventuell auch emotionale und moralisch-politische Überforderungen für die Heranwachsenden. Es sei deshalb eine "*polare* Ergänzung" zu fordern durch Lernangebote, "die nicht *nur* oder nicht *direkt* durch ihren notwendigen Beitrag mit den brennenden Zeitproblemen gerechtfertigt sind" (a. a. O., S. 24f). Und als Beispiele nennt Klafki dann gleichsam alles, was nach herkömmlichem Verständnis schon immer in die allgemeinbildende Schule gehört hat: "Zugänge zum mathematischen Denken, zur naturwissenschaftlichen Weise der Wirklichkeitserkenntnis, ... zur muttersprachlichen und ... fremdsprachlichen Kommunikation" usw. (S. 25), ergänzt um ein "erhebliches Maß sehr schlichter, sozusagen handfester Kenntnisse, Fähigkeiten, Fertigkeiten" wie (nur als Beispiel) Lesen und Schreiben, grundlegendes Rechnen usw. (S. 29). Die Profilierung der Allgemeinbildungsidee, die Klafki durch die zentrale Stellung der Schlüsselprobleme gelungen schien, verwässert er anschließend in gewissem Sinne wieder, weil er – pointiert gesagt – die gesamte "alte Allgemeinbildung" der geforderten "neuen" an die Seite stellt, ohne die Relation der "alten" zu den "neuen" Elementen theoretisch überzeugend zu klären. Sachlich ist ihm m. E. in beiden Argumentationssträngen weitgehend zuzustimmen. Aber die verbindende Perspektive wird nicht deutlich.

Diese Schwierigkeiten treten nicht auf, wenn man die Beschäftigung mit den genannten und weiteren Schlüsselproblemen dem Aspekt der *Weltorientierung* zuordnet. Die etwas schwammige Formulierung, daß Allgemeinbildung "Bildung im Medium des Allgemeinen" zu sein habe, läßt sich dann vermeiden: Daß eine Weltorientierung, die diesen Namen verdient, nicht unter Ausblendung der globalen Gefahren und Bedrohungen vermittelt werden kann, versteht sich von selbst. Aber die systematische Verortung der Schlüsselprobleme in der schulischen Aufgabe der Weltorientierung bewahrt vor einer Überbewertung der möglichen Rolle der Schule bei der Lösung dieser Probleme, beugt unrealistischen Erwartungen und überzogenen Hoffnungen vor. Schule "orientiert" die Schüler auf eine Welt hin, in der die betreffenden Bedrohungen real und existenzgefährdend sind, trägt sie – bildlich gesprochen – in den Urteilshorizont der Schüler. Das setzt aber nicht die Feststellung außer Kraft, daß – erstens – die Weltorientierung auch noch anderer Bausteine bedarf, etwa der durch die Wissenschaften vor Augen geführten Systematik der Phänomene, und daß – zweitens – Schule neben der Weltorientierung auch noch andere Aufgaben hat: die der unmittelbaren Lebensvorbereitung (Klafkis "handfeste" Kenntnisse und Fertigkeiten), der Kulturgütertradierung usw.

Ein sozial und politisch engagierter, an seinen Schülern und ihrer Zukunft interessierter Lehrer wird seine persönliche Betroffenheit durch globale Probleme nicht hinter seinen fachunterrichtlichen Aktivitäten verstecken wollen und können. Es darf keine affektiv getönte, aber im Grunde außerunterrichtliche Zutat bleiben, wenn aktuelle Schlüsselprobleme zwischen Lehrern und Schülern zur Sprache kommen, wenn Stellung bezogen wird und Möglichkeiten privaten und politischen Handelns erörtert werden. Die Welt- bzw. Schlüsselprobleme können zu Kristallisationskeimen jener fachlichen Entgrenzung werden, die im vorangegangenen Abschnitt diskutiert wurde. Denn es gibt wohl kein gängiges Schulfach, das zur Wahrnehmung dieser Probleme nicht wenigstens einige Aspekte beisteuern könnte – für das Fach Mathematik soll das in Kapitel 4 gezeigt werden.

Festzuhalten ist: Die Auseinandersetzung mit den Welt- und Schlüsselproblemen ist im Rahmen der Allgemeinbildung dringend notwendig. Sie sollte auf den Aufbau eines allgemeinen Vorstellungs- und Urteilshorizonts bezogen werden. Sie ist einzubetten in eine nicht nur kurzatmig erworbene Kenntnis von historischen, politischen, geographischen, naturwissenschaftlichen und ökologischen Zusammenhängen. Und weil mit den Schlüsselproblemen viel emotionale Betroffenheit ins Spiel kommen kann, bedarf die Auseinandersetzung mit ihnen einer gewissen Gelassenheit und Fähigkeit zur Distanzierung. Betroffenheit und Angst allein lähmen, wenn solchen Gefühlen keine konkreten Handlungsmöglichkeiten entsprechen.

## *3.4 Anleitung zum kritischen Vernunftgebrauch*

Eltern, die ihre Kinder zum kritischen Vernunftgebrauch anleiten, riskieren nicht nur, daß sie von ihnen in Frage gestellt werden, sondern sie werden – zumindest im Prinzip – dieses Infragestellen der elterlichen Autorität als Zeichen für den Erfolg ihrer Bemühungen deuten und begrüßen. Wenn eine Gesellschaft von ihren öffentlichen Schulen erwartet, daß sie sich der genannten Aufgabe widmen, nimmt sie – mutatis mutandis – ein vergleichbares Risiko bejahend auf sich. Denn wer seine Vernunft kritisch gebrauchen kann, wird weder ein bequemer Untertan sein, der fraglos hinnimmt, was Lehrer, Politiker und andere Vertreter institutioneller Macht in der öffentlichen Verwaltung, in Kirche, Wirtschaft und Wissenschaft ihm zumuten, noch wird er sich umstandslos einem vermeintlichen oder faktischen Druck der "öffentlichen Meinung" beugen. Kritische Vernunft birgt politische Sprengkraft in sich – insbesondere angesichts "unvernünftiger" Verhältnisse.

Das macht verständlich, weshalb die hinter der Formulierung "Anleitung zum kritischen Vernunftgebrauch" stehende pädagogische Idee, die aus dem bildungstheoretischen Denken seit der Aufklärungsepoche nicht mehr fortzudenken ist (vgl. Klafki 1986), für die schulische Praxis erst relativ spät Anerkennung gefunden hat.[71] Erst die modernen, rechtsstaatlich verfaßten Demokratien waren für diese Aufgabe ihres Schulsystems (von der praktischen Einlösung sei noch gar nicht geredet) gesellschaftlich reif: Die neuzeitliche Demokratie ist die erste Gesellschaftsform in der menschlichen Geschichte, die – im Prinzip – die Fähigkeit zum kritischen Vernunftgebrauch bei allen erwachsenen Angehörigen der Gesellschaft voraussetzt. – Untersuchen wir die zugrunde liegende Idee nun genauer.

### 3.4.1 Kritische Vernunft, Mündigkeit, Emanzipation, Aufklärung

Durch die vorangestellten Stichworte werden der Bedeutungsgehalt und die Reichweite der Aufgabe, die hier unter der Formel "Anleitung zum kritischen Vernunftgebrauch" diskutiert wird, bereits grob abgesteckt. In Anlehnung an die berühmte Definition Kants von 1784, Aufklärung sei "der Ausgang des Menschen aus seiner selbstverschuldeten Unmündigkeit" und diese "das Unvermögen, sich seines Verstandes ohne Leitung eines anderen zu bedienen",[72] können wir pädagogische Aufklärung, Erziehung zur Mündigkeit oder Emanzipation, und Befähigung zum kritischen Vernunftgebrauch als unterschiedlich akzentuierte Formulierungen derselben Grundidee auffassen. Gemeinsam ist ihnen, daß sie auf einer doppelten anthropologischen Grundannahme beruhen: Erstens, der Mensch ist ein des vernünftigen Denkens und der vernünftigen Selbstbestimmung fähiges Wesen; und zweitens, vernünftiges Denken fällt ihm nicht in den Schoß, er kann seine Selbstbestimmung verfehlen, wenn ihn Erziehung und Bildung nicht in geeigneter Weise unterstützen.

Die vorangestellten Leitbegriffe interpretieren sich wechselseitig. Das wird deutlich, wenn wir sie nicht undifferenziert nebeneinander stellen oder vage miteinander gleichsetzen, sondern versuchen, ihre Relation präziser zu beschreiben.

*Kritische Vernunft*

Die eigene Vernunft kritisch zu gebrauchen heißt, Tatsachenbehauptungen, Schlußfolgerungen und Werturteile nicht einfach hinzunehmen, sondern sie – ungeachtet des Autoritätsanspruchs, mit dem sie vertreten werden – zu hinterfragen, sie auf mögliche Widersprüche, Unstimmigkeiten und Unvereinbarkeiten zu untersuchen und dabei der Kraft der eigenen Urteilsfähigkeit zu vertrauen. Kritischer Vernunftgebrauch, reflexiv auf das eigene Denken gewendet, ermöglicht Selbstkritik. Kritischer Vernunftgebrauch verlangt gedankliche Folgerichtigkeit und Unterscheidungsvermögen, setzt also Denkfähigkeit, einen entwickelten Verstand im Sinne funktionaler Rationalität voraus. Er geht aber insofern darüber hinaus, als er mit einer Haltung und einer Einsicht verbunden ist: mit der Haltung, mittels des eigenen Verstandes den Dingen auf den Grund gehen zu wollen, auf eine Unterscheidung von Sein und Schein zu drängen – in altmodischer Sprechweise könnte man auch von "Wahrheitsliebe" reden;[73] und mit der Einsicht, daß die Reichweite des Verstandes begrenzt ist, daß sich nicht für alle Fragen und Probleme verstandesmäßige Lösungen finden lassen. Rationalität, die durch diese Haltung und diese Einsicht kultiviert ist, macht idealtypisch den Habitus des Intellektuellen aus.

*Mündigkeit*

Kritischer Vernunftgebrauch ist die Voraussetzung von Mündigkeit, wie sie beispielsweise Adorno (1971, S. 10) definiert: "Mündig ist der, der für sich selbst spricht, weil er für sich selbst gedacht hat und nicht bloß nachredet". Wer *mündig* ist, dem wird zugestanden und zugetraut, daß er sein Leben selbst in die Hand nimmt, daß er Entscheidungen selbstverantwortlich trifft, daß er *selbständig* ist.

*Emanzipation*

Und über die Selbständigkeit des mündigen Menschen hinaus erleichtert kritischer Vernunftgebrauch Emanzipation, wenn man sie als Befreiung aus ungerechtfertigten Abhängigkeiten und falschen Zwängen versteht. Das gilt individuell wie gesellschaftlich: Die einzelne Person kann mittels ihrer kritischen Vernunft Abhängigkeiten und Zwänge durchschauen, die ihrer Selbständigkeit im Wege stehen. Und auf gesellschaftlicher Ebene hilft der kritische Vernunftgebrauch ganzen Bevölkerungsgruppen – Frauen, nationalen Minderheiten, sozial Benachteiligten usw. –, ihre Gleichberechtigung einzuklagen und auf ihre politische Durchsetzung zu drängen.

*Aufklärung*

Aufklärung – hier können wir wiederum an Kant (1968 [1784], S. 35) anknüpfen, an seine Feststellung, ihr Wahlspruch sei: "Habe Mut, dich deines eigenen Verstandes zu bedienen" – Aufklärung zielt auf die Freisetzung, auf die Verwirklichung des kritischen Vernunftgebrauchs und wird damit Wegbereiterin von Mündigkeit *und* Emanzipation. Aufklärung ist einerseits als kommunikativer Akt denkbar, der sich zwischen Individuen abspielt; die Lichtmetapher, die hinter dem Wort "Aufklärung" steht (englisch "enlightenment"), besagt in diesem Falle, daß Person A für die Person B etwas "erhellt", was ihr noch "dunkel" ist. Die Dialoge des Platonischen Sokrates führen mit exemplarischer Eindringlichkeit diese individuelle Variante vor Augen. In der Neuzeit ist Aufklärung zu einem gesellschaftlichen Programm der Entmythologisierung, der Modernisierung ("Projekt der Moderne"), der Verabschiedung von allem nur Geglaubten verallgemeinert worden. Seit der Aufklärungsepoche ist allerdings oft deutlich geworden, welchen Gefahren der Ideologisierung die Aufklärungsidee in ihrer gesellschaftlichen Variante ausgesetzt ist, wenn sie ihrerseits zu einer mit missionarischem Eifer vertretenen Weltanschauung verfällt.

*Terminologische Abwägungen*

Festzuhalten ist, daß sich die pädagogische Idee, um die es hier geht, mit gewissen Konnotationsunterschieden in allen der genannten Begriffe widerspiegelt. Weshalb also ziehe ich die Formulierung "Anleitung zum kritischen Vernunftgebrauch" vor?

Insbesondere der Terminus "Emanzipation" zeigt seit seiner ausufernden Inanspruchnahme während der westdeutschen Bildungsreform-Ära Verschleißerscheinungen. Indem ich ihn als Leitbegriff meide, möchte ich Fehlinterpretationen der zugrundeliegenden Idee vorbeugen und mich von jenen Theoretikern absetzen, die in "Emanzipation" das alleinige und höchste Ziel menschlicher Bildung sehen;[74] denn dem facettenreichen Problem schulischer Allgemeinbildung in einer so komplexen Gesellschaft wie der unseren wird man mit einer so weitgehenden Ausschließlichkeit des Emanzipationsanspruchs nur dann gerecht, wenn man ihn durch vielerlei Hilfskonstruktionen ergänzt. Dann aber erscheint es mir schon um der theoretischen Folgerichtigkeit willen angemessener, das emanzipative Moment von Allgemeinbildung als ein zwar zentrales und unverzichtbares, aber nicht absolut vorrangiges Bestimmungsmerkmal von Allgemeinbildung zu behandeln.

Das Wort "Aufklärung" ist zwar unverfänglicher, aber erschwert die Verständigung über das Gemeinte dadurch, daß es in unterschiedlichen Kontexten in sehr unterschiedlicher Bedeutung verwendet wird: von der Bezeichnung einer historischen Epoche bis hin zur Information über das menschliche Sexualverhalten. Erst durch die Koppelung von Aufklärung an die "kritische Vernunft" wird begriffliche Klarheit erzielt.

"Mündigkeit", ein Wort mit ehrwürdiger pädagogischer Tradition, ist aus der modernen Alltagssprache fast verschwunden. Als altertümliches Wort verschleiert es eher die fortwährende Aktualität der damit ausgedrückten pädagogischen Idee.

Die Zielformulierung "Anleitung zum kritischen Vernunftgebrauch" hebt, stärker als die konkurrierenden Begriffe, das eigene Denken der Schüler hervor. Das wiederum erscheint mir für das hier vorzulegende Allgemeinbildungskonzept aus drei weiteren Gründen wichtig: Erstens wird dadurch dem Aspekt der materialen Bildung, der in der Aufgabe der Weltorientierung bestimmend ist, der Aspekt der formalen Bildung gegenübergestellt; denn kritisches Denken läßt sich als eine universale formale Fähigkeit betrachten.[75] Zweitens wird durch die Betonung des selbständigen kritischen Denkens dem Mißverständnis vorgebeugt, gelingende Aufklärung oder Emanzipation zeichne sich dadurch aus, daß die Schüler gewisse bereits ausgearbeitete "kritische" Positionen übernehmen müßten.[76] Und drittens werden die im engeren Sinne sozialethischen und personalen Implikationen der Begriffe "Emanzipation" und "Mündigkeit" zunächst ausgeklammert. Das ist sinnvoll, weil sie weiter unten im Zusammenhang mit "Verantwortungsbereitschaft" und "Ich-Stärkung" thematisiert werden sollen.

### 3.4.2 Kritischer Vernunftgebrauch und seine Selbstbegrenzung

Seit der Aufklärungsepoche, und bis in die modischen Diskussionen um die "Postmoderne" hinein (vgl. etwa Welsch 1987), hat es immer wieder Kritik an der Idee und am Programm der Aufklärung gegeben, an einer unterstellten Fetischisierung der (bürgerlichen) Vernunft. Für die weitere begriffliche Klärung des "kritischen

Vernunftgebrauchs" ist zumindest kurz auf diese Kritik einzugehen. Wird durch die Befürwortung der Anleitung zum kritischen Vernunftgebrauch durch die Schule nicht einer Fortschrittsideologie gehuldigt, die historisch längst widerlegt ist?

Vor allem die geschichtliche Erfahrung der "Dialektik der Aufklärung", der so häufig selbstzerstörerischen Tendenz von Entwicklungen, die im Namen der Vernunft angetreten waren, die menschlichen Verhältnisse zu verbessern, hat Zweifel genährt, ob es – paradox formuliert – vernünftig ist, auf die Vernunft zu setzen. Andererseits: selbst das berühmte Buch von Horkheimer und Adorno (1969 [1947]), das unter unmittelbarem Eindruck der nationalsozialistischen Verbrechen und des Elends des Zweiten Weltkriegs geschrieben wurde und bisweilen als Symbol und Beleg für die Fragwürdigkeit der Aufklärungsidee angeführt wird, ist, wenn man es genau liest, ein pessimistisch-verzweifeltes Plädoyer *für* die menschliche Vernunft. Die entscheidende Botschaft des Buches ist: Die Welt ist eben nicht aufgeklärt, und sie wird auch nie vollends aufgekärt sein. Das Unheil erwächst aus dem Schein der Aufklärung, aus der Hybris der Ratio, die sich selbst absolut setzt, oder bescheidener: aus der fehlenden Selbstbegrenzung des Denkens.

Hartmut von Hentig (1989) hat in einem Statement zum Thema Aufklärung eine These vertreten, in der diese Selbstbegrenzung zum entscheidenden Merkmal aufklärerischen Denkens erhoben wird: "Das Denken bestimmt die Grenzen des Denkens. Was es nicht erreicht und nicht erklärt und schließlich beweist, überläßt es wohl oder übel anderen Erkenntnis- und Wahrnehmungsformen."[77] Das Hentigsche Postulat (es handelt sich ja nicht um eine Tatsachenbehauptung!) macht deutlich: Die Konsequenz einer kritischen Betrachtung der Aufklärungsidee kann nicht die Verabschiedung der Vernunft sein (die im übrigen jeder ihrer Kritiker für seine eigene Argumentation beansprucht). Sondern: der "kritische Vernunftgebrauch" erweist sich erst dadurch als kritisch, daß er seine eigenen Grenzen mitreflektiert.

Die wichtigsten Gedanken aus Hentigs Statement seien kurz zusammengefaßt. Hentig sieht als ein Hauptmerkmal von Aufklärung "die ständige Prüfung des Denkens durch das Denken" (a. a. O., S. 315). Unter "Denken" versteht er "die folgerichtige Beurteilung eines Tatbestandes ... unter Zugrundelegung (a) der sinnlichen Wahrnehmung durch gesunde menschliche Organe und (b) durch Gesetze der Logik", somit "zwingende Verstandestätigkeit" (S. 315f). Die Annahme, "alles sei dem menschlichen Verstand grundsätzlich erreichbar und erklärbar", sei selbst irrational. Dennoch sei es nicht nur zulässig, sondern geboten, den "Versuch der Erklärung" zu machen, "nicht zuletzt, um die Grenzen der verstandesmäßigen Erklärung auszumachen" (S. 316). Hentig nennt Beispiele für Fragen, die sich dem Denken stellen, ohne eine schlüssige verstandesmäßige Antwort zuzulassen, etwa

- "Warum gibt es diese Welt?
- Warum bin ich? ...
- Wozu lebe ich? ..." (S. 316)

Er weist auf die Notwendigkeit hin, solche Fragen, will man sie verstandesmäßig angehen, umzuformulieren etwa in "Was kann ich aufgrund welcher Voraussetzungen innerhalb welcher Grenzen über X wissen?", auf die Notwendigkeit, Relativierungen anzugeben und bei spekulativen Probeerklärungen die ausgemachten Ungewißheiten zu bezeichnen. Die "Prüfung des Denkens durch das Denken" impliziert, daß diese Grenzen mitgedacht werden: Spätestens dann, wenn dem Denken vernünftiges Handeln entspringen soll, werden außer den erkenntnismäßigen Grenzen noch weitere deutlich: die, die in der Triebstruktur des Menschen liegen (er handelt anders, als es seiner Einsicht entspricht); die, die in den äußeren Verhältnissen liegen; und die, die damit gegeben sind, daß der Sinn menschlichen Handelns durch das Denken allein nicht begründbar ist. Aber weil diese Grenzen in der Prüfung des Denkens durch das Denken sichtbar werden, weil die "schlimmen Verhältnisse das Ergebnis einer Nicht-Aufklärung" sind, "davon, daß das Denken das Denken nicht geprüft" hat, sieht Hentig "keine Alternative zur Aufklärung" (S. 318): "Eine vernünftigere Welt, nicht eine vernünftige, ist das Pensum der Aufklärung" (S. 319).

Im Blick auf die hier anstehende begriffliche Klärung wird deutlich: Der kritische Vernunftgebrauch unterscheidet sich vom instrumentell rationalen Denken (der "bloßen" Verstandestätigkeit) durch seine Reflexivität, seine prüfende Rückwendung auf sich selbst. Kritischer Vernunftgebrauch zeichnet sich durch Selbstbegrenzung aus. – Im großen und ganzen entspricht diese Unterscheidung der Abgrenzung, die Kant zwischen Verstand und Vernunft zieht: Verstand als Vermögen der Begriffe, Vernunft als Vermögen der Ideen, der Infragestellung.

### 3.4.3 Kritischer Vernunftgebrauch und "Maßstäbe" des Urteilens

Bevor wir uns schulnäheren Überlegungen zuwenden, sei noch ein letzter eher theoretischer Aspekt des kritischen Vernunftgebrauchs erörtert, der bislang allenfalls implizit anklang: Wie lassen sich die Maßstäbe für kritisches Denken gewinnen?

Fragen wir genauer: Wenn es richtig ist, daß ich mittels meines Denkens die Maßstäbe, gemäß derer ich urteile, in einem prinzipiellen Sinn nicht autonom erzeugen kann, wie stelle ich mich dann zu den gängigen Maßstäben, die mir als Mensch aus der Tradition, aus Religion, Weltanschauung und Ideologie zufallen? Zu den Möglichkeiten der menschlichen Vernunft zählt, daß probeweise unterschiedliche Maßstäbe angelegt werden können: Ich kann – in einer geistig "experimentellen" Haltung – das Problem, das ich lösen möchte, nicht nur von der "Wahrheit" her betrachten, an die ich persönlich (zufällig) glaube, sondern auch von den "Wahrheiten" anderer Personen her. Indem ich vergleichend die Konsequenzen untersuche, die sich beim Ausgang von unterschiedlichen Voraussetzungen ergeben, gewinne ich neue übergeordnete Beurteilungsmaßstäbe, neue Einsichten, die die alten Wahrheiten transzendieren und in sich aufheben. Ein Beispiel: Indem ich Probleme sinnvoller menschlicher Lebensführung aus der Sicht unterschiedlicher Religionen betrachte, kann ich das ethische Prinzip religiöser Toleranz als Wert und Beurteilungsmaßstab erkennen, der meine eigene religiöse Bindung zwar nicht außer Kraft setzt, aber doch vor Absolutsetzung bewahrt. Kritisches Denken ist immer maßstabsbezogenes Denken (das griechische Wort "kriterion" bedeutet Prüfstein,

Unterscheidungsmerkmal, Maßstab); aber es ist, im Unterschied zum dogmatischen Denken, nicht auf einen bestimmten Maßstab ein für alle mal festgelegt. Und im Unterschied zum naiven Denken bin ich mir, wenn ich kritisch denke, dieser Maßstabsbezogenheit bewußt.

Die Tragweite der wissenschaftlichen Rationalität beruht nicht zuletzt auf dieser Kombination von Maßstabsbezogenheit und Maßstabsungebundenheit. Ein Musterbeispiel dafür ist die axiomatische Methode: Die Schlußfolgerungen, die ich z. B. als Mathematiker im Rahmen einer axiomatischen Theorie ziehe, beanspruchen Gültigkeit unter der Voraussetzung, daß ihre Axiome gelten; sie repräsentieren also eine "relative Wahrheit", relativ zu den vorangestellten Axiomen. Aber ich kann die Axiome variieren, ändern, gegen andere auszutauschen, um die Konsequenzen zu erforschen und auf diese Weise zu anderen relativen Wahrheiten vorstoßen.

Am Beispiel der (fach- und gegenstandsspezifisch unterschiedlichen) wissenschaftlichen Methodik läßt sich dieser Gedanke ebenfalls illustrieren: Die Systematik wissenschaftlichen Arbeitens besteht u. a. darin, daß man sich an einmal getroffene methodische Vorentscheidungen streng hält. Für die wissenschaftliche Kritik erwächst daraus ein wichtiger Beurteilungsmaßstab für die Qualität wissenschaftlicher Arbeiten. Aber die welterschließende Flexibilität der Wissenschaften wird erst dadurch ermöglicht, daß auch andere, konkurrierende methodische Vorentscheidungen getroffen werden können, daß unter der Maßgabe unterschiedlicher, einander widerstreitender "Paradigmen" geforscht und nachgedacht wird.

### 3.4.4 Kritischer Vernunftgebrauch und Wissenschaftsorientierung

Während der materialen Seite der Wissenschaftsorientierung das Interesse am wissenschaftlich begründeten Wissen über die Welt entspricht, ist ihre formale Seite in der *wissenschaftlichen Fragehaltung* aufgehoben, die aller speziellen Wissenschaftsmethodik vorausgeht. Die wissenschaftliche Fragehaltung läßt sich als rational überformte, systematisierte Spielart einer angeborenen menschlichen Grundhaltung deuten: der Neugier. Erst unter den historisch-gesellschaftlichen Bedingungen der abendländischen Neuzeit konnte aus dieser anthropologischen Prämisse das welt- und menschheitsverändernde Unternehmen der modernen Wissenschaft erwachsen. Kritischer Vernunftgebrauch ist in diesem Sinne Voraussetzung und intellektuelle Triebfeder moderner Wissenschaft, die nur über das stets erneuerte Anzweifeln und Hinterfragen traditionellen Wissens, über die Entmythologisierung überlieferter Vorstellungen und Weltbilder – Max Weber spricht von der "Entzauberung der Welt" – ihre heutige alltagsbestimmende Bedeutung erlangen konnte.

Auf die (teilweise schon wieder historischen) Fehlformen der Wissenschaftsorientierung im Bereich der Schule und ihre mögliche pädagogische Therapierung wurde bereits im vorausgegangenen Unterkapitel hingewiesen. Hier können wir ergänzen: Wenn sich Wissenschaftsorientierung nicht in einer falsch verstandenen Wissenschaftspropädeutik erschöpft, die in erster Linie in die spezialistischen Eigenheiten der jeweiligen Einzelwissenschaften einzuführen sucht, wenn Wissenschaftsorientierung stattdessen bedeutet, anhand der Einzelwissenschaften die universalen Elemente wissenschaftlicher Tätigkeit herauszustellen, deren übergreifendstes und weitreichendstes eben der kritische Vernunftgebrauch, das Prinzip der kritischen Prüfung ist: dann hat sie in der heutigen allgemeinbildenden Schule ihren berechtigten Ort. Durch eine Wissenschaftsorientierung in diesem Sinne trägt die Schule zwei Einsichten Rechnung, die sie nicht ignorieren kann:

- Der Anspruch auf rationale Durchdringung, auf ein möglichst weitgehendes rationales Verständnis der Welt ist eines der hervorstechenden Elemente im kulturellen Selbstverständnis des abendländischen Menschen der Moderne.
- Und diese weitreichende Rationalisierung der Welt wird durch die modernen Wissenschaften beispielhafter, konsequenter und systematischer als in irgendeinem anderen gesellschaftlichen Teilbereich vorgeführt.

Ergänzt sei: Wenn in der Schule Wissenschaftsorientierung der Anleitung zum kritischen Vernunftgebrauch dienen soll, so ist in das oben beschriebene Wechselspiel von Maßstabsbezogenheit und Maßstabsungebundenheit des kritischen Denkens exemplarisch einzuführen, anhand von Beispielen aus den schulfach-korrespondierenden Einzelwissenschaften. Wichtig scheint mir, daß dabei immer wieder Brücken zum vernünftigen Denken im Alltag geschlagen werden: Für die Schüler sollte erkennbar werden, daß wissenschaftliches Denken in vielerlei Hinsicht eine systematisierte, sich methodisch absichernde Spielart des Alltagsdenkens darstellt. Denn wenn nicht im Rahmen ihrer Allgemeinbildung, wo sonst sollte die Mehrzahl der Heranwachsenden dies erfahren? Die schulische Anleitung zum kritischen Vernunftgebrauch hat unter der Prämisse zu erfolgen, daß es sich dabei nicht um ein Reservat der Wissenschaften handelt, schon gar nicht um eine Spezialistenbetätigung, sondern um eine geistige Aktivität, die gerade für die Beurteilung und Bewältigung ganz alltäglicher Probleme ihren Sinn und ihre Notwendigkeit hat. Kritische Vernunft bewährt sich, wo sie zur praktischen wird.

Welche unterrichtspraktischen und didaktischen Konsequenzen lassen sich nun aus den bislang noch recht globalen bildungstheoretischen Einschätzungen ziehen? In den drei folgenden Abschnitten frage ich:

- Was läßt sich im Unterricht für eine allgemeine Denkschulung tun?
- Welche Bedeutung hat die informelle Ebene des Unterrichts für die Förderung des kritischen Vernunftgebrauchs?
- Was läßt sich dafür tun, daß die "Anleitung zum kritischen Vernunftgebrauch" nicht in der Schulung instrumenteller Rationalität steckenbleibt?

### 3.4.5 Denkenlernen aus kognitionspsychologischer Sicht

Resnick und Klopfer (1989) haben in einem informativen Überblicksartikel fünf Leitgesichtspunkte zusammengestellt, unter denen sie neuere Erkenntnisse der kognitiven Lernpsychologie zur Förderung der Denkfähigkeit von Schülern bündeln.

Ich folge im wesentlichen ihrer Darstellung, komprimiere dabei allerdings noch einmal erheblich.

*Lernen setzt Wissen voraus*

Daß Menschen unterschiedlich schnell und effektiv lernen, hängt nicht zuletzt von ihrer unterschiedlichen Wissensbasis ab: Wenn jemand schon viel in einem Sachgebiet weiß, fällt es ihm wesentlich leichter, sich weiteres Wissen aus diesem Sachgebiet anzueignen. Er verfügt über Schemata, Schlüsselkonzepte, kognitive Muster, Paradigmen, die es ihm erleichtern, das neue Wissen einzuordnen und in seine kognitive Struktur zu integrieren. Versuche, derartige Schemata und Schlüsselkonzepte isoliert zu lehren, sie gleichsam von ihrer Wissensbasis zu lösen, scheitern in der Regel: Ihre Wirksamkeit in bezug auf die Integration neuen Wissens entfalten sie gerade *durch* ihre vielfältige Verbindung mit unterschiedlichem Einzelwissen, ihre ständige und wiederholte Aktivierung. Lernen ist dabei als konstruktiver Akt zu betrachten, der in entscheidendem Maße auf die geistige Aktivität des Lernenden angewiesen ist: Etwas zu wissen heißt nicht, eine Information empfangen und "in Besitz" genommen, sondern sie interpretiert und zu anderem Wissen in Relation gesetzt zu haben. Und entsprechend zeigt sich das Beherrschen einer Fertigkeit nicht schon in dem mechanischen Abspulen eines feststehenden Handlungsablaufs, sondern hinzukommen muß, daß der Handelnde weiß, unter welchen Umständen diese Fertigkeit einzubringen und wie sie sich ändernden Bedingungen anzupassen ist.

Damit ist die über lange Zeit von Pädagogen und Psychologen genährte Hoffnung zu verabschieden, bestimmte allgemeine Denkfähigkeiten und -fertigkeiten ("thinking skills") ließen sich unabhängig von konkreten Sachinhalten vermitteln und trainieren. Vielmehr scheint es darauf anzukommen, Schemata und Schlüsselkonzepte im Zusammenhang mit konkretem Wissen ausdrücklich zu benennen und die damit gegebenen Möglichkeiten bewußt zu machen, neue Informationen zu interpretieren, Verbindungen zu stiften, Zusammenhänge zu erklären.

*Verbindung von Denkfertigkeiten und Inhalten*

Die generative Kraft von allgemeineren Schemata und Schlüsselkonzepten im erläuterten Sinne zu erschließen bedeutet also, sie zusammen mit konkreten Inhalten zu lehren – und zwar in allen herkömmlichen Schulfächern. Dabei ist keineswegs nur an eine Verbindung mit intellektuell anspruchsvolleren Inhalten zu denken, sondern gerade auch an elementare Stoffe von Beginn der Schulzeit an.

Die nach wie vor ungelöste Frage, ob und wieweit man von einem *Transfer* der Denkfertigkeiten von einem Fach zum anderen, von einem Gegenstand zum anderen ausgehen könne (alle empirischen Befunde waren ja bislang eher enttäuschend), verliert dabei an Bedeutung: Wichtig wäre vielmehr, vielfältige Denkanlässe mit Inhalten der unterschiedlichsten Art – quer durch das Curriculum der allgemeinbildenden Schule – innig zu verquicken. Das fortwährende Training, das unter diesen Voraussetzungen eine ganz beiläufige Folge wäre, würde dann zumindest dazu führen, daß die Schüler sich eine Vielzahl inhaltlich gebundener "thinking skills" aneignen. Das wäre auch dann ein wünschenswertes Ergebnis, wenn es einen Transfer im klassischen Sinne nicht gäbe – wenn doch, natürlich um so besser.

*Verbindung von kognitiven Fähigkeiten und Motivation*

Es reicht nicht aus, über Denkfertigkeiten und damit verbundenes Wissen zu verfügen, sondern es muß auch die Bereitschaft entwickelt werden, davon Gebrauch zu machen: "Inhaltliche Auswertungen neuerer Forschung legen nahe, daß sich gute Denker und Problemlöser von schlechteren nicht so sehr durch besondere Fertigkeiten unterscheiden, die sie beherrschen, als durch die Neigung, sie zu gebrauchen" (a. a. O., S. 6). Für einige Forscher war es überraschend zu entdecken, daß bei zurückgebliebenen Schülern häufig schon die Ermunterung, eine bestimmte Strategie zu gebrauchen, zu ihrer erfolgreichen Anwendung führte (z. B. Belmont u. a. 1982). Aufgrund dieser und vieler ähnlichlautender Befunde läßt sich vermuten, daß es im Unterricht darauf ankommt, die Gewohnheit bzw. Bereitschaft zum Gebrauch anstehender Denkfertigkeiten und Strategien sowie das Wissen, wann ihre Anwendung angebracht ist, von vornherein mitzuentwickeln. Ob Schüler motiviert sind, schwierigere Probleme anzugehen, die sie noch nicht überblicken, scheint im übrigen davon abzuhängen, was für eine Vorstellung sie von ihrer eigenen Intelligenz haben: Betrachten sie sie als feste Größe, über die sie verfügen oder nicht verfügen, geben sie bei Schwierigkeiten schnell auf; betrachten sie ihr geistiges Leistungsvermögen als entwickelbares Potential, tendieren sie dazu, die Aufgaben als Herausforderungen anzunehmen, durch die sich das eigene Denkvermögen weiter entwickeln läßt (Dweck/Elliott 1983, nach Resnick/Klopfer 1989, S. 8). Nicht nur Sachinhalte und Denken, sondern auch Motivation und Denkvermögen sind innig miteinander verknüpft.

*Zur Rolle der sozialen Umgebung für das Denkenlernen*

Nichts schien über lange Zeit selbstverständlicher, als daß Denken eine Aktivität des einzelnen Individuums ist, daß die Erforschung des Denkens und letztlich auch seine Förderung deshalb auf intraindividuelle Aktivitäten und ihre Optimierung gerichtet sein müsse. Interessanterweise ergab sich dann aber immer wieder – so z. B. bei einem Vergleich von Programmen zum Lehren von "higher-order cognitive abilities" –, daß die Gelegenheit zu kooperativem Problemlösen und zur Bedeutungskonstruktion im Austausch mit anderen auch für die einzelnen Lerner zu besseren Erfolgen führt. Von Belang scheint dabei zunächst die Gelegenheit zu sein, erfahrenere Problemlöser zu beobachten, wie sie Probleme angehen und Argumente konstruieren. Schon die aktive Beobachtung anderer erhöht die Chance, selbst effektivere Denk- und Problemlösestrategien herauszubilden. Weiter wirkt sich die Möglichkeit zu einer arbeitsteiligen Problemlösung positiv aus, wobei die Schüler ihre unterschiedlichen Stärken einbringen können, die sich mitunter gut ergänzen. Am wichtigsten scheint jedoch zu sein, daß "die Schüler wissen, daß alle Elemente des kritischen Denkens – Interpretation, Äußern von Zweifeln, Ausprobieren von Möglichkeiten, Einfordern rationaler Begründungen – sozial bewertet werden" (a. a. O., S. 9). Obwohl noch nicht hinreichend erforscht ist, wie sich Sozialisationsfaktoren der genannten Art im Detail in der Entwicklung intellektueller Dispositionen niederschlagen, spricht bereits nach den vorliegenden Befunden vieles dafür, daß die langfristige Zugehörigkeit zu und Teilhabe an sozialen Gemeinschaften, in denen bestimmte Erwartungen an das Verhalten gepflegt werden, in denen die rationale und kritische Argumentation einen Wert darstellt, in denen sich Schüler als fähig erleben können, Probleme zu analysieren und zu lösen, für die Entwicklung von Denkfähigkeit eine entscheidende Rolle spielt.

*Denkschulung im Unterricht als "Lehrzeit" im Denken (cognitive apprenticeship)*

Einiges spricht dafür, daß ein Unterricht, der sich in einigen entscheidenden Merkmalen an einer traditionellen, gemeinhin nur noch in der Ausbildung für handwerkliche Berufe üblichen "Lehrzeit" ("apprenticeship") orientiert, den neueren kognitionspsychologischen Erkenntnissen besser gerecht werden könnte als der herkömmliche Schulunterricht, in dem das explizite "Beibringen" im Mittelpunkt steht. Statt zu fragen, wie Unterricht durchzuführen ist, um bei den Schülern ein spezifisches Können und Wissen zu erzeugen, würde die Aufmerksamkeit mehr auf die Frage gerichtet, wie eine kognitive Umgebung gestaltet werden kann, die den Schülern lehrreiche Erfahrungen – im Sinne einer solchen "Lehre" – mit dem eigenen Denken ermöglicht. In folgenden Punkten scheint eine Annäherung an Charakteristika einer "Lehrzeit" anstrebenswert zu sein:

- Im Unterricht sollten "wirkliche Aufgaben" im Vordergrund stehen, denen auch unabhängig vom Unterricht eine nachvollziehbare Bedeutung zukommt, und die andererseits für die Schüler eine ernsthafte Herausforderung darstellen.
- Die Aufgaben sollten in sinnvollen Kontexten stehen. Insbesondere sollte nicht nur das Üben von isolierten kognitiven Fertigkeiten verlangt werden, die aus ihren natürlichen Kontexten herausgerissen sind. Wie in einer traditionellen Lehre sollten allerdings Anfänger damit beschäftigt werden, zunächst weniger komplexe und voraussetzungsreiche "Produkte" (hier: des Denkens) zu erstellen.
- Drittens sollte viel Gelegenheit gegeben werden, andere beim Ausführen der "Arbeiten" zu beobachten, für die eine eigene Kompetenz aufgebaut werden soll. Dadurch werden Standards vermittelt, die eine bessere Bewertung der eigenen Bemühungen erlauben. Im Falle kognitiver (statt manueller) Aktivitäten sollte besonders viel Aufmerksamkeit darauf verwendet werden, geistige Aktivitäten nach außen sichtbar zu machen, sie für andere zu "veröffentlichen".

*Verbindungen zu anderen theoretischen Ansätzen*

Die herausgestellten Einsichten sind keineswegs alle neu; sie stehen aber generell für eine veränderte Sichtweise von Lernen, die nicht auf die jüngere Kognitionspsychologie beschränkt ist. Diese veränderte Sicht des Lernens wird vielmehr auch durch andere Forschungsansätze gestützt, die ich oben nicht explizit erwähnt habe: Die Konstruktivität des Lernens und Denkens wird besonders betont von Autoren, die vom "Radikalen Konstruktivismus" im Sinne v. Glasersfelds und Foersters ausgehen (vgl. etwa Glasersfeld 1991, Cobb u. a. 1992). Die wichtige Rolle der sozialen Umgebung und der sozialen Interaktion für das Lernen und die Entwicklung des Denkens steht im Zentrum von Arbeiten, die interaktionistisch inspiriert sind (stellvertretend: Bauersfeld u. a. 1988, Krummheuer/Voigt 1991, Voigt 1994). Die Bereichsspezifität des Lernens wird noch schärfer als in den zitierten kognitionspsychologischen Ansätzen in der Theorie der "subjektiven Erfahrungsbereiche" (Bauersfeld 1983, 1993) hervorgehoben und zum Ausgangspunkt für didaktische Überlegungen gemacht. Trotz vieler Unterschiede im Detail, trotz mancher mit geradezu weltanschaulichem Eifer ausgefochtenen Streitfragen – insbesondere um die Tragweite des Radikalen Konstruktivismus, der sich ja nicht nur als psychologische Theorie, sondern auch als Erkenntnistheorie versteht[78] –, scheinen mir die Gemeinsamkeiten in diesen neueren Auffassungen des menschlichen Lernens und Denkens zu überwiegen. Das gilt besonders dann, wenn man sie im Kontrast sieht zu den behavioristischen Konzeptionen, die noch vor zwei bis drei Jahrzehnten in der wissenschaftlichen Psychologie dominierten, und wenn man sie den weit verbreiteten "naiven Lerntheorien" gegenüberstellt, in denen Lernen im wesentlichen als die rezeptive Aufnahme von Informationen gedeutet wird.

Interessanterweise gewinnen einige ältere didaktische Ansätze vor dem Hintergrund der neueren Forschungen zum Denkenlernen wieder neue Aktualität. Insbesondere erscheint mir eine Wiederbeschäftigung mit der "genetischen" und der "sokratischen" Methode lohnend. Zuletzt, bis in die siebziger Jahre hinein, war es vor allem Wagenschein, der für diese Ansätze als Mittel eines *verstehensorientierten* Unterrichts unermüdlich geworben hat. Vieles, was an der Konzeption Wagenscheins und ähnlich gesinnter Didaktiker seinerzeit vor dem Hintergrund behavioristischer Theorien theoretisch unbefriedigend begründet und idealistisch, vor dem Hintergrund einer zweckrationalen Konzeption schulischen Lehrens und Lernens wenig effektiv erscheinen mußte, erweist sich nun im Lichte der neueren kognitionspsychologischen Forschung als erstaunlich weitsichtig. Das genetische Lehren baut implizit auf der Konstruktivität des menschlichen Lernens auf; und die sokratische Methode ist nicht verträglich mit einer Auffassung des Lerners als Informationsempfänger. Die Emphase, die Wagenschein dem *Verstehen* entgegenbringt, findet ihr Pendant in neueren Vorstellungen von einem ganzheitlichen Lernen und in der Skepsis gegen den Drill isolierter Einzelfertigkeiten. Ich komme darauf zurück.

In anderen Punkten war Wagenschein hingegen Kind seiner Zeit: So unterscheidet er kaum zwischen der Ebene bewußten didaktischen Handelns und der informellen Ebene des Unterrichts, die, wie wir inzwischen wissen, für die Entwicklung intellektueller Dispositionen wie den kritischen Vernunftgebrauch eine so ausschlaggebende Rolle spielt. Die Bedeutung dieser informellen Ebene für die Förderung des kritischen Vernunftgebrauchs, die in den obigen Überlegungen bereits beiläufig anklang, stelle ich im folgenden Abschnitt noch einmal gesondert heraus.

### 3.4.6 Förderung des kritischen Vernunftgebrauchs auf der informellen Ebene: Kultivierung eines "vernünftigen Umgangs" mit Personen und Sachen

Die empirische Unterrichtsforschung der letzten anderthalb Jahrzehnte hat eine Fülle konkreter Belege für die Bedeutung der informellen Ebene des Unterrichts erbracht: Eingespielte Kommunikationsstrukturen und Handlungserwartungen scheinen den Unterrichtsverlauf und -erfolg oft viel nachdrücklicher zu prägen als die ausdrücklichen Handlungsintentionen der Unterrichtspartner.[79] Positiv gewendet eröffnen diese Erkenntnisse aber auch neue Möglichkeiten, die Qualität von Unterrichtsprozessen zu reflektieren und zu verbessern.

Die informelle Ebene des Unterrichts setzt sich nicht aus einzelnen pädagogisch-intentionalen Handlungen additiv zusammen, sondern stellt, im Zusammenwirken mit anderen unterrichtlichen Einflußfaktoren, so etwas wie ihre Synthese dar: Schon Grundschulkinder können – im Rahmen ihrer altersgemäßen Auffassungsfähigkeit – kritischen Vernunftgebrauch als Lebensform erfahren, können in einem entsprechend "kultivierten" Unterricht erleben, daß das vernünftige Argument mehr Gewicht hat als die vorgefaßte Meinung, daß die Qualität eines Arguments wesentlicher ist als der soziale Status der Person, die es vertritt, daß die kritische Nachfrage unter Umständen höher zu bewerten ist als die unkritische Aneignung vorgegebener Wissensbestände. Kritischer Vernunftgebrauch als Qualitätsmerkmal des sozialen Umgangs miteinander und mit den anstehenden Sachfragen stellt hohe Anforderungen an alle Beteiligten, vor allem an Lehrerinnen und Lehrer; denn diese Qualität ist durchaus keine selbstverständliche Errungenschaft unserer Gesellschaft. Sie ist im Umgang Erwachsener miteinander oft ebenso zu vermissen (man denke nur an viele Auseinandersetzungen unter Wissenschaftlern) wie im Umgang zwischen Kindern und Erwachsenen. Gelingt es, zumindest zeitlich begrenzt und gruppenbezogen, einen entsprechend kultivierten Umgang miteinander zu etablieren, vollzieht sich die angestrebte Anleitung zum kritischen Vernunftgebrauch in entscheidendem Ausmaß über die Sozialisationswirkung des Unterrichts: gleichsam selbstverständlich, was den Effekt, weniger selbstverständlich, was seine pädagogischen und sozialen Voraussetzungen angeht.

Es wäre allerdings eine unzulässige Vereinfachung, die informelle Ebene des Unterrichts, wie sie bislang beschrieben wurde, im Sinne des Gegensatzpaars der "funktionalen vs. intentionalen Erziehung" gegen das bewußte didaktische Handeln abzugrenzen. In der Bemühung um eine dem kritischen Vernunftgebrauch förderliche Atmosphäre kommen durchaus pädagogische Intentionen zum Tragen. Die pädagogische Aufmerksamkeit ist jedoch weniger auf direkte didaktische Interventionen als auf die Schaffung von Rahmenbedingungen gerichtet, auf das Einrichten von "Spielräumen", in denen sich der erwünschte vernünftige Umgang miteinander und mit den anstehenden Sachfragen im glücklichsten Falle "wie von selbst" einstellen kann: er "spielt" sich in diesen Spielräumen gleichsam ein.

In den letzten Jahren hat es sich eingebürgert – insbesondere in der Mathematikdidaktik –, von der "Entwicklung einer Unterrichtskultur" zu sprechen, um die angestrebten Veränderungen auf der informellen Ebene des Unterrichts zu kennzeichnen. Ich schließe mich dieser Sprechweise an. Wegen der bisweilen recht vagen Begriffsverwendung scheint mir jedoch die folgende Klärung wichtig.

*Zum Begriff der Unterrichtskultur*

Der Begriff der Unterrichtskultur bezeichnet zunächst ganz allgemein die Art und Weise, wie Lehrer und Schüler im Unterricht miteinander umgehen, welche (ex- oder impliziten) "Spielregeln" sie befolgen, und wie sie gemeinsam – gewollt oder ungewollt – mit den anstehenden Sachthemen umgehen. Der Begriff wird dabei zunächst also *deskriptiv* verwendet: Jedem Unterricht – ganz gleich, ob er geordnet oder chaotisch abläuft, interessant oder langweilig ist, routiniert oder abwechslungsreich gestaltet ist – lassen sich situationsübergreifende Merkmale und Eigenheiten der kommunikativen Struktur zusprechen, die in ihrer Gesamtheit seine Unterrichtskultur darstellen. – Sobald nun der Akzent auf die Entwicklung einer *pädagogisch förderlichen* Unterrichtskultur gelegt wird, kommt eine *normative* oder *präskriptive* Bedeutungskomponente ins Spiel: Unterrichtskultur steht dann für eine bestimmte *Kultiviertheit* des Unterrichts, von der angenommen wird, daß sie bessere Voraussetzungen für das Erreichen der angestrebten pädagogischen und didaktischen Ziele bietet. Dieses Nebeneinander von deskriptivem und normativem Gebrauch, das ja auch für den allgemeinen Kulturbegriff charakteristisch ist, scheint mir solange tolerierbar, wie aus dem Kontext zu erschließen ist, was jeweils gemeint ist. Um Mißverständnisse zu vermeiden, werde ich meist von "allgemeinbildender Unterrichtskultur" sprechen, wenn ich den Begriff im normativen Sinne verwende. Gemeint ist dann eine Unterrichtskultur, in der sich der normative Anspruch des zugrundegelegten Allgemeinbildungskonzepts spiegelt.

### 3.4.7 Denkenlernen und aufklärerischer Anspruch

Denken ist nicht per se kritisches Denken. Wie uns die Geschichte oft genug gelehrt hat, läßt sich Rationalität instrumentalisieren für die Entwicklung von Massenvernichtungswaffen, für die Organisation von Konzentrationslagern, für die gewaltsame Aufrechterhaltung undemokratischer Machtverhältnisse – die Liste der Beispiele ließe sich beliebig verlängern. Dabei möchte ich im Moment gar nicht auf die *ethische* Verpflichtung des Denkens abheben, die im Zusammenhang mit dem Thema "Verantwortung" im folgenden Unterkapitel diskutiert wird. Hier soll das Interesse einerseits der *Inhaltlichkeit* des Denkens gelten: Kann man schulischerseits, etwa durch Auswahl geeigneter Gegenstände des Denkens, etwas dafür tun, daß "gesunder Menschenverstand" und (bei einem Teil der Schüler) intellektueller Scharfsinn sich weder instrumentalisieren lassen noch an Belanglosigkeiten verschwenden? Zum anderen sei der *Reflexivität* des Denkens Aufmerksamkeit geschenkt. Aus den Ausführungen im Anschluß an Hentig läßt sich nämlich folgern: Die Reflexivität des Denkens stellt eine Bedingung seiner Unabhängigkeit von

Fremdbestimmung dar. Im Denken ist die Möglichkeit angelegt, sich selbst zum Gegenstand des Denkens zu machen, die Maßstäbe des eigenen Urteilens zu "betrachten". Läßt sich diese Art von Reflexivität im Unterricht fördern? Und in welchem Verhältnis steht sie dann zu einer allgemeinen Denkschulung?

Ich beginne mit der letzten Frage. Aus kognitionspsychologischer Sicht, so hatte ich dargelegt, ist Denkschulung ohne Bindung an Inhalte nicht realisierbar: Wir lernen Denken immer im Zusammenhang mit bestimmten Inhalten, und auch die erwünschte Reflexivität läßt sich deshalb nicht unabhängig von inhaltlichen Kontexten einüben. Daraus folgt aber, daß im Interesse der Anleitung zum kritischen Denken die Auswahl der Unterrichtsthemen und -inhalte mit besonderer Verantwortung getroffen werden muß. Konstruktiv bedeutet das (ein wenig spekulative Verallgemeinerung sei erlaubt): Je herausfordernder, vielperspektivischer, subjektiv erstaunlicher das ist, mit dem Kinder bzw. Jugendliche im Fachunterricht konfrontiert werden, je mehr Anknüpfungsmöglichkeiten an ihre eigenen Vorstellungen von der Welt sie dabei erkennen können (was gleichzeitig bedeutet, daß die *Heraus*forderungen nicht in *Über*forderungen ausarten dürfen), je stärker die emotionale Beziehung ist, die sie zu den anstehenden Sachfragen aufbauen können, desto größer die Chance, daß nicht nur das rationale Potential der Schüler aktiviert wird, sondern daß auch Anlässe zur Reflexivität, zur Rückwendung auf das eigene Denken wahrgenommen werden. Und anders herum ausgedrückt: Isolierte, für die Schüler bedeutungslose und in keinerlei relevantem Kontext stehende Inhalte – Lernen von Formeln, die man nicht versteht; von Vokabeln zum Übersetzen von Texten, zu deren Aussage man keinerlei Beziehung aufbauen kann; von grammatischen Regeln, deren Nutzen man nicht erfährt; von geschichtlichen Fakten, deren Verbindung zu allgemein menschlichen Fragen und zur eigenen Gegenwart dunkel bleibt – werden in der Regel die Denkfähigkeit eher einschläfern als anregen, geschweige denn kritisches Denken und Reflexivität hervorlocken (es sei denn, Frustration schlägt in Protest um). Aber sogar Inhalte, die das rationale Potential der Schüler (oder sagen wir vorsichtiger: einiger Schüler) herausfordern, können von einer Enge und Abgeschlossenheit gegen die übrige Welt sein, daß die erwünschte Reflexivität, das Innehalten gegenüber dem eigenen Denken kaum eine Chance hat. Darunter fallen solche Inhalte, die zwar scharfsinniges Problemlösen zulassen, aber gleichzeitig Spielarten von Fachidiotie begünstigen: So können etwa Computer- oder Schachbesessenheit mit erstaunlichen verstandesmäßigen Hochleistungen einhergehen.

Zusammengenommen erhalten wir als Zwischenergebnis: Zum kritischen Vernunftgebrauch, zu einem mit Reflexivität gepaarten Denken läßt sich nicht anhand beliebiger Inhalte anleiten. Relevanz und Begreifbarkeit, Altersgemäßheit, emotionaler Anregungsgehalt und Vernetzbarkeit des Wissensangebots sind unabdingbar.

Dieses Zwischenergebnis sollte nicht dazu verleiten, nun doch wieder nur die Inhalte für das Entscheidende zu halten. Die Ausführungen zur informellen Ebene des Unterrichts, zur Unterrichtskultur, sowie die traditionellen pädagogischen Einsichten zur Wechselwirkung von Inhalt und Methode bleiben natürlich in Kraft: Inhalte werden im Unterricht konstituiert. Präziser: Die Bedeutung, die ein curricular vorgegebener Inhalt für den einzelnen Schüler gewinnt, hängt außer von dessen individuellen Prädispositionen – seinem Interesse am Thema und dem, was er schon kann und weiß – davon ab, wie mit dem Inhalt im Unterricht umgegangen wird, welche seiner Aspekte "offiziell" hervorgehoben werden, wie Schülerreaktionen zu diesem Thema von Mitschülern und Lehrer bewertet werden. Beides ist wichtig:

- Didaktisches und pädagogisches Geschick allein, auch wenn es verbunden ist mit einer ermutigenden und schülerfreundlichen Unterrichtsatmosphäre, wird auf die Dauer keine optimalen Bedingungen für die Entfaltung des kritischen Vernunftgebrauchs bieten können, wenn die anstehenden Themen dürftig sind .
- Und umgekehrt: Auch ein der Idee des kritischen Denkens verpflichteter, an sachlichen Anregungen und Weltbezügen reicher Themenkatalog wird die Schüler nicht erreichen, wenn die Unterrichtskultur nicht hinreichend entwickelt ist.

Schließlich sei daran erinnert, daß der kritische Vernunftgebrauch der Kinder und Jugendlichen durch pädagogische oder didaktische Maßnahmen weder erzwungen noch definitiv verhindert werden kann: Kritisches Denken, Mündigkeit und geistige Selbständigkeit sind letztlich keine Produkte pädagogischen Handelns, sondern Merkmale der Selbstwerdung des Menschen, die sich durchaus *gegen* die Intentionen der Erzieher Bahn brechen können – Merkmale allerdings, die auch verfehlt werden können: Die Polarität zwischen vernünftigem und unvernünftigem Handeln scheint auf einen ebenso tiefen Antagonismus im Menschen hinzuweisen wie der zwischen "gut" und "böse". In beiden Fällen stehen Erziehung und Unterricht lediglich für die Bemühung um förderliche oder hemmende Rahmenbedingen.

### 3.4.8 Zwischenresümee: Zum Zusammenhang der bisherigen Aufgaben

Die bislang behandelten Aufgaben allgemeinbildender Schulen sind dialektisch aufeinander verwiesen, lassen sich nicht isoliert angehen. Kritische Vernunft entfaltet sich nicht in einem leeren Raum, Aufklärung bedarf immer eines Gegenstandsbereichs, setzt Erfahrung, Kenntnis und Sachkompetenz in gewissem Grade voraus. Mündigkeit des Einzelnen ist ohne ein Mindestmaß an lebensvorbereitenden Kenntnissen und Fertigkeiten, ohne Fähigkeit zum Bezug auf tradierte Kultur, ohne die Basis eines differenzierten Weltbildes und Urteilshorizonts nur schwer vorstellbar. Um so deutlicher aber tritt, wenn diese Voraussetzungen gegeben sind, die Funktion der kritischen Vernunft, des aufgeklärten Denkens als notwendiges Korrektiv hervor: als Korrektiv gegen ein Befangenbleiben in den Zwängen der alltäglichen Lebensführung, gegen das Beharren im Immer-schon-Dagewesenen, gegen eine Erstarrung in möglicherweise ideologisch abgeschotteten Weltbildern.

Daß mit der Fortschreibung der Idee der Aufklärung, die sich für das abendländische Denken als so wichtig erwiesen hat, gleichsam nebenher auch der Aufgabe Genüge getan wird, kulturelle Kohärenz zu stiften, bedarf keiner näheren Erläuterung. Paradox läßt sich das so formulieren: Aufklärung – als Tradition ernstgenommen – verpflichtet zu potentiell traditionssprengendem Denken und Handeln.

## *3.5 Entfaltung von Verantwortungsbereitschaft*

### 3.5.1 Zur ethischen Dimension schulischer Allgemeinbildung

Die Idee der Bildung hatte in all ihren Varianten immer auch eine ethische Dimension. Heute wird häufig argumentiert, daß angesichts der pluralistischen Aufsplitterung vieler ehemals verbindlicher Moralvorstellungen, angesichts der Schwierigkeit, wenn nicht Unmöglichkeit, noch an einen verbindlichen Wertekanon anzuknüpfen, schulische Allgemeinbildung diese ethische Dimension heute preisgeben müsse.[80] Die Schule solle sich stattdessen auf eine wertneutrale Vermittlung von Sachkompetenzen beschränken.

Meines Erachtens ist diese Argumentation nicht stichhaltig. Denn die Annahme, daß es in modernen Gesellschaften wie der unseren keine gemeinsamen Wertvorstellungen, keine ethische Basis mehr gebe, ist schlicht falsch. Es läßt sich lediglich beobachten, daß viele Werte, die früher mit dem Anspruch universaler Geltung auftraten (z. B. ein christliches Glaubensbekenntnis, Gehorsam gegenüber Älteren, Vaterlandsliebe), relativiert sind: indem sie entweder als Leitvorstellungen von gesellschaftlichen Teilgruppen toleriert werden (z. B. religiöser Glaube) oder aber in ihrer Geltung auf bestimmte situative Kontexte eingeschränkt werden (z. B. Zuverlässigkeit, Pünktlichkeit und Pflichterfüllung auf Situationen, in denen andere davon betroffen sind, insbesondere im beruflichen Handeln). Eine solche Relativierung von Werten vollzieht sich aber in der Regel auf der Basis übergeordneter humanitärer, meist abstrakterer Werte wie etwa Toleranz, Menschenwürde und Verantwortung, kurz: auf der Basis derjenigen Werte, auf die sich auch die Verfassungen moderner Demokratien sowie die Charta der Vereinten Nationen berufen.[81] Die verbreitete Klage über Wertverlust und Schwinden einer ethischen Basis spiegelt weniger einen real gegebenen Sachverhalt wider, sondern drückt etwas anderes aus: entweder die Enttäuschung darüber, daß gewisse partikulare Werte der eigenen gesellschaftlichen Gruppe an Verbindlichkeit verloren haben, oder aber die, daß moralische Prinzipien, zu denen sich theoretisch (fast) jeder bekennen und deren Beachtung er für seine eigene Person auch jederzeit einfordern würde (Gerechtigkeit, Wahrhaftigkeit, Wahrung der Menschenwürde), im alltäglichen Handeln immer wieder mit Füßen getreten werden.

Eine Enttäuschung der zweiten Art hat nicht zuletzt zum Glaubwürdigkeitsverlust des Bildungsbegriffs im Nachkriegsdeutschland beigetragen. Nie zuvor war das Auseinanderklaffen von Ideal und Wirklichkeit, war die Zerbrechlichkeit von vermeintlich unumkehrbaren humanitären Errungenschaften einer abendländischen Gesellschaft so kraß sichtbar geworden wie im Rückblick auf die nationalsozialistische Ära, in der sich gerade Angehörige der "gebildeten" (d. h. einer höheren "Bildung" teilhaftig gewordenen) Schichten für eine menschenverachtende Ideologie begeistern und zu gewissenlosen Handlungen hinreißen ließen.

Derartige Enttäuschungen sind jedoch schlechte Ratgeber. Beruft man sich auf sie, um die ethische Dimension der schulischen Allgemeinbildung zu verabschieden, zieht man aus der Geschichte die falsche Lehre. Überall, wo Menschen mit Menschen umgehen, spielt sittliches Verhalten eine Rolle, ob darüber reflektiert wird oder nicht. Dem Problem der sittlichen Maßstäbe für dieses Verhalten kann die Schule nicht dadurch ausweichen, daß sie sich für unzuständig erklärt. Daß Unterricht immer auch erzieht, also über die angestrebte Wissensvermittlung hinaus an der Ausformung von Verhaltensmaßstäben teilhat, ist eine alte pädagogische Einsicht, die die Forschungen zur unterrichtlichen Sozialisation bestätigt und neu zu Bewußtsein gebracht haben.

Die Frage ist m. E. nicht, *ob* die Schule, wenn sie sich einer zeitgemäßen Allgemeinbildung verpflichtet sieht, diese ethische Dimension aufnehmen sollte, sondern *wie* das geschehen sollte, unter welchem Leitbegriff und, da sich sittliches Verhalten nicht per "Belehrung" hervorbringen läßt, mittels welcher praktischen Maßnahmen. Es ist also zu fragen: Gibt es eine ethische Norm, die, unter den Bedingungen der Gegenwart, so universal und überdies in einem Maße konsensfähig ist, daß eine zeitgemäße sittliche Erziehung um sie zentriert werden könnte?

### 3.5.2 Verantwortung als ethische Basiskategorie

Mehr als irgendein anderes ethisches Prinzip erfüllt das der Verantwortung die genannten Bedingungen:[82] Nicht von ungefähr haben Bildungstheoretiker des 20. Jahrhunderts immer wieder hervorgehoben, daß ein entscheidendes Kennzeichen des Gebildeten das verantwortliche Handeln sei.[83] Der sozialethische Auftrag schulischer Allgemeinbildung wird hier deshalb mit *Entfaltung von Verantwortungsbereitschaft* umrissen.

Allgemein gilt: Verantwortlich verhält sich, wer die Folgen seines Handelns (bzw. Nicht-Handelns) für sich und andere bedenkt und für sie einsteht. In der bewußten Entscheidung und der ihr folgenden konkreten Handlung nimmt er das Risiko des Scheiterns und des Schuldigwerdens auf sich. Das trifft im kleinen zu, auf das private und berufliche Alltagshandeln; es trifft aber auch im großen zu, im globalen Maßstab: Die Handlungsmöglichkeiten des Menschen haben sich im Laufe seiner Geschichte, begünstigt insbesondere durch den naturwissenschaftlichen und technischen Fortschritt, stets vermehrt. Verantwortung ist das ethische Korrektiv, das den kaum noch überschaubaren Horizont der Handlungsmöglichkeiten des Menschen auf ein menschlich vernünftiges Maß begrenzt, das dem Verlangen entgegensteht, alle denkbaren Möglichkeiten Wirklichkeit werden zu lassen. Handlungen, für die niemand mehr die Verantwortung übernehmen kann, sind vom Standpunkt einer Verantwortungsethik[84] nicht zu rechtfertigen.

Die ethisch vom Einzelnen zu fordernde Verantwortung bezieht sich zunächst einmal auf die Mitmenschen,[85] aber darüber hinaus auch auf die natürliche Mitwelt – wobei diese Erweiterung des Gegenstandsbereichs menschlicher Verantwortung über die im engeren Sinne menschliche Sphäre hinaus erst von zeitgenössischen Philosophen explizit eingeführt wurde, als Antwort auf die ökologische Bedrohung und die modernen Überlebensrisiken der Menschheit.[86] Verantwortung erschöpft sich nicht in unmittelbarer Fürsorge – obwohl sie da durchaus ihren legitimen Ort hat: in der Fürsorge der Eltern für ihre Kinder, der Stärkeren für die Schwächeren usw. –, sondern steht generell für eine Rückbindung von Wissen und Sachkompetenz in eine ethisch begründete Haltung. Bezogen auf die Schule, klammert das Prinzip der Verantwortung die zu erwerbenden Sachkompetenzen und den Umgang mit ihnen zusammen: Allgemeingebildet ist nur, wer mit seinen Kompetenzen verantwortungsvoll umgehen kann.

### 3.5.3 Verantwortung und Verantwortungsbereitschaft im Bereich der Schule

Die Haltung, die uns im gegebenen Fall verantwortlich handeln läßt, nennen wir Verantwortungsbewußtsein oder Verantwortungsbereitschaft. Im Bereich der Schule sind die Möglichkeiten für Schüler, in einem ernsthaften Sinne verantwortlich zu handeln, begrenzt. Dennoch kann Schule Verantwortungsbereitschaft als Wert kultivieren, als Haltung fördern. Verantwortliches Handeln kann sich erstrecken: auf die Mitschüler, auf anvertraute Sachen und Lebewesen,[87] aber auch auf den eigenen Lernprozeß. Die Übernahme von Verantwortung für das eigene Lernen findet nach traditionellen Vorstellungen ihre Vollendung in der Hochschulreife, ist aber in Vorformen selbst dem Grundschulkind nicht fremd. Neben dem verantwortlichen *Handeln*, dem im "Schonraum" der Schule Grenzen gesetzt sind, läßt sich verantwortliches *Denken* kultivieren, z. B. im Blick auf die globalen Probleme, die von der Schule im Rahmen ihrer Weltorientierungsaufgabe aufzugreifen sind. In diesem Zusammenhang sei allerdings auf eine Gefahr hingewiesen, die sich aus der relativen Handlungsohnmacht der Schüler und ihrer Lehrer ergibt: Wenn es ein charakteristisches Merkmal von Verantwortung ist, daß sie sich als ethische Haltung erst im aktiven Handeln bewährt, kann die Erfahrung dieser relativen Handlungsohnmacht zu Frustration und Resignation führen. Das ist ein Problem, das mit älteren Schülern offen diskutiert werden sollte, denn es läßt sich weder verdrängen noch auf allgemeine Weise überzeugend lösen.

Verantwortungsbereitschaft bedarf nicht zuletzt der gefühlsmäßigen Verankerung, der Verwurzelung in einem *Verantwortungsgefühl*: Wenn der kritische Vernunftgebrauch für den kognitiven Aspekt von Mündigkeit steht, so geht Verantwortungsbereitschaft über diesen kognitiven Aspekt hinaus. Verantwortliches Handeln setzt beides voraus, Gefühl und Wissen. Das Verantwortungsgefühl allein kann mich nicht hindern, im Sinne der Verantwortungsethik, die mir die Folgen meines Handelns zurechnet, unverantwortlich zu handeln, wenn ich nämlich zu wenig weiß. Das unverantwortliche Handeln ist dann uninformiertes oder dummes Handeln. Wissen und kritischer Vernunftgebrauch allein können mich andererseits nicht hindern, gewissenlos zu handeln, wenn mir Verantwortungsgefühl und Verantwortungsbewußtsein abgehen. Das unverantwortliche Handeln ist in diesem Falle böses, zynisches oder zumindest leichtfertiges Handeln.

### 3.5.4 Einwand I: Kann man Verantwortungsbereitschaft lernen?

Auf einen gewichtigen Einwand gegen eine allgemeine Erziehung zur Verantwortungsbereitschaft ist noch einzugehen. Vieles spricht dafür, daß es eine übergreifende Verhaltensdisposition, die den Namen "Verantwortungsbereitschaft" verdient, gar nicht gibt. Schon unsere alltägliche Lebenserfahrung lehrt uns: Viele Mitmenschen handeln in Teilbereichen ihres Lebensumfeldes stets höchst verantwortlich, in anderen hingegen unbesonnen bis verantwortungslos, und viele lassen sich von speziellen Situationen zu unverantwortlichem Handeln verleiten: etwa zum Autofahren unter Alkoholeinfluß nach einer Feier. Aber die Einsicht, daß mit der Verantwortungsbereitschaft keine allgemeine psychische Disposition vorliegt, die man entweder "hat" oder "nicht hat" (und die man gar, wenn man sie erst hat, ein für alle mal hat), die Einsicht, daß es keinen automatischen Transfer zwischen Situationen gibt, in denen Verantwortung bzw. Verantwortungsbereitschaft wünschenswert wäre, diese Einsicht impliziert noch nicht, daß Verantwortungsbereitschaft ein Phantom und Erziehung zu ihr grundsätzlich ein vergebliches Bemühen wäre (für den kritischen Vernunftgebrauch gilt übrigens Entsprechendes). Die Folgerung aus dieser Einsicht muß vielmehr lauten, daß, erstens, das Tragen von Verantwortung in einer Vielzahl von Situationen als Möglichkeit unthematisch erfahren werden sollte, und daß darüber hinaus, zweitens, "Verantwortung" als ethische Kategorie mit älteren Schülern auch thematisiert werden sollte, wenn sich im Unterricht geeignete Anknüpfungspunkte ergeben: z. B. im Blick auf den möglichen Widerspruch zwischen der Freiheit und der gesellschaftlichen Verantwortung von Naturwissenschaftlern, Schriftstellern, Künstlern angesichts der möglichen Folgen, die sich aus ihrer Tätigkeit ergeben.[88] Das aber sollte dann nicht moralisierend, nicht penetrant geschehen, sondern dialogisch und reflektierend, in gemeinsamer Anerkenntnis der Notwendigkeit verantwortlichen Handelns für eine humane Lebensführung.

Entsprechend muß sich Verantwortungsbereitschaft als persönliche Haltung angesichts sehr vielfältiger Situationen und Anforderungen entwickeln können. Solche Situationen anzubieten, Gelegenheit zu geben, mit partiell selbstverantwortlichem Handeln persönliche Erfahrungen zu machen und über diese Erfahrungen zu reflektieren – darin liegen die Chancen der Schule im Hinblick auf Verantwortungserziehung. Was der Schule so häufig zum Vorwurf gemacht wird, ihre überwiegend kognitive Orientierung, kann für die Verallgemeinerung von Verantwortungsbereitschaft wichtige Impulse geben: Es ist nichts Außergewöhnliches und zeugt auch nicht von hoher moralischer Reife, wenn ich mich verantwortlich und zuverlässig um etwas kümmere, was ohnehin im Mittelpunkt meines Interesses steht, solange dieses Interesse begrenzt und gewissermaßen egozentrisch ist (hier nicht abwertend gemeint) – wenn ich z. B. als leidenschaftlicher Fußballspieler kein Training versäume, mich in den Spielen voll einsetze und meine Mannschaftskameraden, wo ich nur kann, tatkräftig unterstütze. Ein solches Verhalten ist "natürlich", versteht sich von selbst, wenn mich diese Aktivitäten befriedigen und mir Erfolgserlebnisse verschaffen.

Die Schule kann zumindest indirekt dazu beitragen, den moralischen Wertungshorizont von Schülern über den subjektiven, egozentrisch abgesteckten Erfahrungsraum hinaus zu erweitern: durch die Gestaltung eines entsprechenden Lernklimas, durch ein Vorbildhandeln der Erwachsenen, das zur Identifizierung einlädt, durch das Angebot einer Vielfalt von Handlungsgelegenheiten, die zu persönlichem Engagement auffordern. Ein derart erweiterter Wertungshorizont ist dadurch gekennzeichnet, daß mich auch Gegenstände außerhalb meines naiv-egozentrischen Erfahrungsraumes, die ich zuvor vielleicht teilnahmslos betrachtet habe, nun "ansprechen", daß sie mich herausfordern, zumindest aber nicht gleichgültig lassen. Wenn Allgemeinbildung sich der Aufgabe stellt, die mit dieser ethischen Dimension verknüpft ist, hat sie mir – als Schüler – die Augen dafür zu öffnen, daß ich meine Wertmaßstäbe nicht nur auf meine unmittelbare Umgebung zu beziehen habe, sondern (zumindest im Prinzip) auf alles, was in meinen Erkenntnishorizont eintritt: Mir obliegt die Prüfung, ob es meinen Wertmaßstäben gerecht wird. Einige Beispiele: Diese Prüfung – die Frage, wie stehe ich persönlich dazu – kann etwa ein umstrittenes Gerichtsurteil betreffen, von dem ich als Schüler in der Lokalzeitung lese; eine öffentliche Diskussion, ob man Subventionen im Kulturbereich zugunsten sozialer Aufgaben oder niedrigerer Steuern streichen solle; eine Hungerkatastrophe in der Dritten Welt, von der die Medien berichten, und mein Dilemma: soll ich spenden, soll ich demonstrieren, oder was sonst? Kennzeichen meiner Verantwortungsbereitschaft ist die innere Notwendigkeit einer solchen Prüfung, ist der aus einer solchen Prüfung erwachsende Handlungsimpuls, der meine Betroffenheit widerspiegelt – wobei zunächst von geringerem Belang ist, ob und wie ich als Schüler dem Ruf zum politischen Handeln (im weitesten Sinne) bereits folgen kann.

An dieser Stelle wird deutlich, wie sehr die Aufgabe, Verantwortungsbereitschaft zu entfalten, mit denen der Weltorientierung und der Anleitung zum kritischen Vernunftgebrauch verwoben, ja auf sie angewiesen ist: Ohne ein differenziertes Weltbild, ohne Kritikvermögen und einen Urteilshorizont, der über die subjektiv zufälligen Lebensverhältnisse hinausreicht, ist Verantwortungsbereitschaft nur sehr eingeschränkt zu verwirklichen, kann sie politisch kaum Gewicht gewinnen.

### 3.5.5 Einwand II: Kann man Verantwortungsbereitschaft unter schulischen Alltagsbedingungen lernen?

Implizit klang schon mehrfach ein anderer gängiger Einwand gegen die hier verhandelte Zielvorstellung an. Er lautet: Die Forderung, daß die Schule Verantwortungsbereitschaft wecken solle, ist unter Alltagsbedingungen unrealistisch. Dieser Einwand soll etwas genauer betrachtet werden.[89] Gewöhnlich weisen diejenigen, die ihn vorbringen, auf die unerfreulichen Aspekte des Schulalltags hin, vor allem auf die – gemessen an hohen ethischen Idealen – betrübliche Unvollkommenheit seiner Akteure. Was soll ein hehres Ziel wie "Entfaltung von Verantwortungsbereitschaft", wenn es im Alltag um Drogenkonsum und -abhängigkeit von Schülern geht, um Drückebergerei gegenüber Leistungsanforderungen, wenn Schule für viele Jugendliche ohnehin nur ein notwendiges Übel ist, gegen das man sich mit allen verfügbaren Tricks zur Wehr setzt, wenn die Lehrer für verständnislos, inkompetent und ungerecht gehalten werden? Und was soll so ein Ziel angesichts der Tatsache, daß es viele Lehrer gibt, die selbst ihre Aufgaben nicht verantwortlich wahrnehmen, denen ihre Freizeit wichtiger ist als ihr Unterricht und die pädagogische Bemühung um ihre Schüler, in deren Gesamtpopulation sich Beispiele für jede menschliche Schwäche und jedes Laster bis hin zur Kriminalität finden lassen, von Unwahrhaftigkeit über Fachborniertheit und Selbstgerechtigkeit bis hin zum Alkoholismus?

Kritische Fragen dieser Art beruhen auf der in alltäglichen Argumentationen so häufig anzutreffenden folgenschweren Verwechslung von *Soll* und *Ist*: Was sein soll, läßt sich aber aus dem, was ist, grundsätzlich nicht ableiten. Realistische Zielsetzungen nehmen einschränkende Alltagsbedingungen ernst, rechnen mit ihnen, aber lassen sich von ihnen nicht diktieren, was anstrebenswert ist. Unausgesprochen steht hinter kritischen Fragen wie den obigen häufig durchaus ein moralischer Anspruch; wer solche Fragen stellt, möchte allerdings in der Regel den Enttäuschungen entgehen, die sich daraus ergeben, daß im Alltag moralische Maßstäbe verletzt werden.[90] Der Verzicht auf ethische Normen ist aber die falsche Strategie, die Enttäuschungen über die Unvollkommenheiten eigenen und fremden menschlichen Handelns zu verarbeiten. Selbst der Zyniker und der Resignierte sind für ihr Leben noch auf die (aus ihrer Sicht vielleicht vernachlässigbaren) Spuren eines menschlichen Miteinander angewiesen, das ohne eine zumindest vage Vorstellung jedes Einzelnen, was moralisch richtig oder gut bzw. falsch oder schlecht ist, nicht sein kann. Ich würde deshalb den Verfechtern einer wertneutralen öffentlichen Erziehung mit der umgekehrten These entgegentreten wollen: Realitätsblind sind alle Versuche, sittliche Maßstäbe, speziell eine Orientierung auf verantwortliches Handeln hin, aus der Schule heraushalten zu wollen.

### 3.5.6 Möglichkeiten und Grenzen einer schulischen Verantwortungserziehung

Die Grenzen, die unter den Bedingungen der Schule dem Aufbau von Haltungen wie Verantwortungsbereitschaft gesetzt sind, sind nicht zu unterschätzen. Daß eine rein intellektuelle Vermittlung ebenso wenig Erfolg verspricht wie ein bloß appellierendes "Moralisieren", muß nicht betont werden. Doch selbst das glaubwürdige Vorbild der Lehrerin oder des Lehrers, die überzeugend von ihnen vorgelebte Haltung verbürgen nicht, daß sich eine entsprechende Haltung beim Gegenüber entfaltet. Mehr noch als bei kognitiven Lernzielen sollten schulische Maßnahmen, die auf den Erwerb von Haltungen zielen, von enttäuschungsgefaßten Erwartungen begleitet sein. Einer Haltung liegt die Gesamtheit der oft widersprüchlichen Erfahrungen zugrunde, die Schüler im Umgang untereinander, mit Lehrern, Eltern und Menschen außerhalb von Schule und Familie machen. Die charakterformende Lebenswelt der Heranwachsenden ist zu komplex, als daß sie von erzieherischen Intentionen einheitlich und in ihren Wirkungen berechenbar gestaltet werden könnte. Dennoch ergibt sich aus dieser Erkenntnis keineswegs zwingend, daß man sich in der Schule lieber auf operationalisierbare Lernziele beschränken und von so schwierigen persönlichen Qualitäten wie Verantwortungsbereitschaft absehen sollte.

Nichts dürfte die Entfaltung von Verantwortungsbereitschaft im Rahmen der Schule mehr gefährden als Unwahrhaftigkeit, als das Auseinanderklaffen von offiziell vertretener Moral und praktiziertem Verhalten auf seiten der Erwachsenen.[91] Kinder und Jugendliche besitzen für diese Diskrepanz in der Regel ein feines Gespür. Überzeugend, wenn überhaupt, wirkt nicht das demonstrative Vorbild, sondern der wahrhaftige Umgang mit sich selbst und mit den an das eigene Verhalten angelegten moralischen Maßstäben, nicht zuletzt das Stehen zu eigenen Fehlern. Zu wünschen wäre die Gestaltung von Schule als Lebens- und Erfahrungsraum, in der eine unaufdringlich vorgelebte Haltung wie Verantwortungsbereitschaft die Chance hat, von den Jüngeren ganz selbstverständlich angenommen zu werden.[92]

## *3.6 Einübung in Verständigung und Kooperation*

Mit der Forderung, die Schule solle in Verständigung und Kooperation einüben, werden aus dem weiten Feld der sozialen Verhaltensweisen zwei herausgegriffen, die eng verwandt sind, und mit einem besonderen pädagogischen Akzent versehen. Was allgemein über das Verhältnis von funktionaler und intentionaler Erziehung ausgeführt wurde, trifft auch hier zu: Daß die Heranwachsenden durch die Schule in soziale Umgangsformen eingewöhnt werden, ist selbstverständlich, diese Eingewöhnung leistet die Schule im Rahmen ihrer Sozialisationsfunktion ohnehin schon immer. Daß hingegen bestimmte Formen des sozialen Umgangs besonders kultiviert und zum Gegenstand pädagogischer Intentionalität werden, weil sie einen sozialethischen Wert verkörpern, ist weniger selbstverständlich. Meine These ist, daß die Kultivierung der Dimension "Verständigung und Kooperation" für eine zeitgemäße Allgemeinbildung in einem demokratischen Gemeinwesen unverzichtbar ist.

### 3.6.1 Zur Begrifflichkeit

Mit Verständigung bezeichne ich ein interaktives Verhalten, das sowohl auf mitmenschliches Verstehen zielt als auch auf Interessenausgleich und Ermöglichung eines praktischen Miteinanders. Verständigung ist auf Einsicht in fremde Standpunkte und Vorlieben, Gedanken und Meinungen gerichtet, und sie ist umgekehrt von dem Bemühen getragen, sich selbst mitzuteilen, anderen einen Zugang zu den eigenen Vorstellungen zu gewähren. Verständigung ist somit eine Grundvoraussetzung für ein befriedigendes Zusammenleben unter Gleichberechtigten und erst recht für bewußtes gemeinsames Handeln, im privaten wie im politischen Rahmen.

Verständigung und Kooperation stehen in einem Wechselwirkungsverhältnis. Verständigung ist die grundlegendere Bedingung. Kooperation ist eine eher pragmatische Kategorie. Kooperation ereignet sich, wenn gemeinsam auf ein Ziel hin gehandelt wird, über das man sich im Prinzip (ausdrücklich oder unausdrücklich) verständigt hat. Kooperation setzt also Verständigung voraus. Gelingende Verständigung zieht umgekehrt Kooperation nicht notwendig nach sich. Kooperation kann aber ein wichtiges Mittel sein, um die Verständigung zu vertiefen.

Wie andere globale Zielsetzungen blieb und bleibt auch die Idee, in Verständigung und Kooperation einzuüben, gegen ideologische Vereinnahmungen nicht gefeit.[93] Indem ich im vorliegenden Zusammenhang auf die historisch relativ unbelasteten Begriffe "Verständigung" und "Kooperation" rekurriere, versuche ich, irreführenden Assoziationen vorzubeugen.

Daß Verständigung und Kooperation als soziale Verhaltensweisen besonderer Bemühungen wert sind, dürfte kaum jemand bezweifeln: Die Fähigkeit, sich mit anderen zu verständigen, auch bei abweichenden Interessen und Überzeugungen Toleranz zu üben und miteinander im Gespräch zu bleiben; die Fähigkeit, in strittigen Fragen tragfähige Kompromisse auszuhandeln; und die Fähigkeit, notwendig zu bewältigende Aufgaben gemeinsam mit anderen anzugehen, sich im Handeln mit anderen abzustimmen, gemeinsam Zielvorstellungen zu entwickeln und die eigenen individuellen Kräfte und Möglichkeiten dafür einzusetzen – diese Fähigkeiten sind nicht nur im Privat- und Berufsleben von großer Bedeutung, sie sind auch für eine demokratische Praxis in allen Lebensbereichen unentbehrlich. Angesichts der vorhandenen und auf uns zukommenden globalen Gefährdungen sind sie wichtiger denn je: Sie lassen sich als Überlebensbedingungen der Menschheit ansehen.

Fraglich ist, ob und wie die Schule zur Entwicklung dieser Fähigkeiten beitragen kann, ob sie das neben oder gerade im Zusammenhang mit dem fachlichen Lernen leisten kann und ob sie sich nicht – angesichts ihrer zwar nicht pädagogisch gewünschten, aber gesellschaftlich wohl unumgänglichen Verpflichtung zur Selektion – in heillose Widersprüche und Zielkonfusionen verwickelt, wenn sie sich ernsthaft der hier angepeilten Aufgabe widmet.

### 3.6.2 Konkurrenz oder Kooperation?

Ich gehe davon aus, daß die in den letzten Jahrzehnten von vielen Schultheoretikern beschriebene Selektions- bzw. Allokationsfunktion der Schule (Parsons 1968, S. 163ff; Hurrelmann 1975; Fend 1974 u. 1980, S. 29ff) in einer modernen, arbeitsteilig organisierten und demokratisch verfaßten Gesellschaft wie der unseren eine gesellschaftlich *notwendige* Funktion darstellt: Diejenigen, die der Ansicht sind, Schule sei nur dann pädagogisch zu rechtfertigen, wenn sie auf jegliche Auslese verzichte, hängen einer (immer wieder neu geträumten) pädagogischen Fiktion nach und verkennen den dialektischen Charakter allen pädagogischen Handelns unter realen gesellschaftlichen Bedingungen. Ziel einer pädagogischen Kritik der schulischen Selektionsfunktion kann es nicht sein, für ihre ersatzlose Abschaffung zu plädieren, sondern ihre Handhabung kritisch zu überprüfen, d. h. aufzuzeigen,

- wo die Persönlichkeitsentwicklung der Schüler durch starre, entwürdigende und verletzende Formen der Leistungsbeurteilung beeinträchtigt wird,
- wo die Ungleichheit sozialer Chancen durch Selektionsmechanismen verstärkt statt tendenziell aufgefangen wird, und schließlich,
- welche Gegengewichte gegen eine Überbetonung des Auslesegesichtspunktes und der Leistungskonkurrenz im schulischen Alltag gesetzt werden können.[94]

Kindern und Jugendlichen ist das Konkurrenz- und Leistungsprinzip aus vielen gesellschaftlichen Bereichen außerhalb der Schule vertraut. Es gehört zu den frühen Sozialisationserfahrungen aller Heranwachsenden, daß es Situationen gibt, in denen es zweckmäßig ist, sich entsprechend zu verhalten. Deshalb wird von Kindern und Jugendlichen das Konkurrenzprinzip auch beim schulischen Lernen häufig als belebendes Element akzeptiert, besonders dann, wenn es hilft, schulischen Lernsituationen das Gepräge sportlichen Wettstreits zu verleihen. Wollte die Schule auf solche Möglichkeiten extrinsischer Motivation gänzlich verzichten, würde sie sich eines wirksamen Mittels zum Anstoßen erwünschter Lernprozesse berauben.

Schüler wehren sich häufig gegen eine Überbetonung des Konkurrenzprinzips: Wird der Leistungsdruck als unangemessen hoch empfunden, steigt die Neigung, in Prüfungssituationen zu "mogeln"; das überzogene Konkurrenzprinzip schafft sich durch "pädagogisch nicht-initiierte" Verständigung und Kooperation ein Korrektiv.

Pädagogisch *gewollte* Verständigung und Kooperation trägt hingegen einen anderen Charakter. Als generelle Leitlinie für die Unterrichtsgestaltung ließe sich ausgeben: Man schaffe so oft wie möglich Situationen, in denen die Schüler auf natürliche Art dazu angehalten werden, sich zu verständigen, in denen es naheliegt, sich auszutauschen und Sachprobleme in gemeinsamer Arbeit anzugehen, in denen ein solches Verhalten als befriedigend und lohnend erlebt werden kann; man bemühe sich um eine Unterrichtskultur, die Verständigungs- und Kooperationsbereitschaft als selbstverständliche Verhaltensorientierung umfaßt und voraussetzt. Hinter einer solchen Empfehlung steht die These, daß ein auf Verständnis und Kooperation zielendes Miteinander-Umgehen den Konkurrenz- und Leistungsdruck entschärft und aushaltbar macht, einen eher spielerischen Umgang damit ermöglicht und daß die so häufig bei Schülern feststellbaren geistigen und seelischen Blockaden gegenüber Leistungsanforderungen überwunden werden können, wenn sie immer wieder erfahren: Das ist nicht das einzige, worauf es im Unterricht ankommt!

### 3.6.3 Soziales und fachliches Lernen: ein Gegensatz?

Seit über Schule reflektiert wird, gibt es Stimmen, die zwischen fachlichem und sozialem Lernen Zielkonflikte ausmachen. Die einen – und für die mag Herbart mit seiner Konzeption eines *erziehenden Unterrichts* als früher Kronzeuge dienen (vgl.

Ramseger 1991) – haben immer wieder auf die Notwendigkeit hingewiesen, daß die Schule sich über das Vermitteln fachlichen Wissens hinaus auch um die soziale Bildung ihrer Schüler bemühen müsse. Die anderen sind der Überzeugung, daß sich die Schule mit sozialerzieherischen Zielsetzungen überfrachte, die ohnehin wirkungslos blieben, und so ihren eigentlichen Auftrag, eine solide fachliche Instruktion der Schüler, gefährde. Besteht hier aber überhaupt eine Zielkonkurrenz? Oder anders gefragt: Ist ein ausschließlich *fachliches* Lernen überhaupt denkbar?

Vieles von dem, was bereits im Zusammenhang mit der "Anleitung zum kritischen Vernunftgebrauch" und "Entfaltung von Verantwortungsbereitschaft" gesagt wurde, läßt sich sinngemäß auf die "Einübung in Verständigung und Kooperation" übertragen: Keine dieser drei Aufgaben beinhaltet primär eine Aufforderung zur Lehre bestimmter Inhalte, sondern fordert eine Art des schulischen Umgangs mit Inhalten ein. Allen drei Aufgaben ist darüber hinaus gemeinsam, daß sie auf die Entwicklung einer *Haltung* zielen. Und schließlich ist für alle drei Aufgaben zu betonen: Ihre Realisierung ist nicht dadurch denkbar, daß dem inhaltlichen, dem fachlichen Lernen etwas additiv hinzugefügt wird. Gerade im Hinblick auf das erforderliche "soziale Lernen", das mit solchen Zielen wie Verständigung und Kooperation verbunden ist, begegnet man immer noch häufig der Fehlvorstellung, es müsse explizit dem fachlichen Lernen an die Seite treten. Inhaltliches und soziales Lernen lassen sich jedoch nicht voneinander abspalten – selbst im rigidesten Frontalunterricht, in dem der Lehrer nur Fakten vorträgt, lernt man "sozial". Pointiert: Sozial lernt man vor allem durch die Art, *wie* man zusammen mit anderen *fachlich* lernt.

### 3.6.4 Verständigung und Kooperation zwischen Experten und Laien

Das Problem der Verständigung zwischen Experten und Laien läßt sich als eines der Schlüsselprobleme einer hochdifferenzierten und arbeitsteilig strukturierten Demokratie identifizieren. Einerseits hängen das Funktionieren unserer Gesellschaft und die Erhaltung unserer Lebensgrundlagen in zunehmendem Maße von der richtigen Handhabung hochspezialisierten Wissens und Könnens ab, über das jeweils nur wenige Experten verfügen. Andererseits verbürgt das Spezialwissen der Experten keineswegs die Weisheit seiner Anwendung. Das gilt sowohl im Alltag, wenn wir uns beispielsweise mit unseren Krankheiten in die Obhut ärztlicher Kompetenz begeben müssen, wie auch im Rahmen weltweiten politischen Handelns: Welchen Kurs die hochentwickelten Gesellschaften durch die Risiken der ökologischen Krise und des weltweiten Wohlstandsgefälles nehmen können und müssen, darüber dürfen nicht allein Experten befinden, sondern das sind Fragen, die alle angehen und über die alle Staatsbürger – als im Höchstmaß betroffene Laien – mitentscheiden müssen. Die Rationalität derartiger Entscheidungen hängt in hohem Maße von der gelingenden Kommunikation zwischen Laien und Experten ab. Betroffenheit und Informiertheit lassen sich nicht gegeneinander ausspielen. Sie in ein sinnvolles Verhältnis zu bringen, ist nicht zuletzt ein Problem der Allgemeinbildung.

Theodor Schulze (1990, S. 37f) hat angesichts dieser Sachlage vorgeschlagen, den "engagierten und in seinem Engagement kompetenten Laien" zur neuen Leitfigur einer zeitgemäßen Allgemeinbildung zu erheben und so das noch immer vorherrschende Leitbild des "gebildeten Akademikers" durch eine demokratisch angemessenere Vorstellung abzulösen. Schulze geht davon aus, daß wir alle in den meisten Angelegenheiten, die uns berühren, Laien sind und nur in wenigen Experten. Dennoch müssen wir als Laien häufig eigenverantwortlich darüber entscheiden, in welchen unserer Angelegenheiten wir Experten hinzuziehen – z. B. Ärzte, Rechtsanwälte, Erziehungsberater – und ob wir ihrem Rat folgen wollen oder nicht. Die Bildung eines eigenen Urteils setzt aber voraus, daß wir den Experten die richtigen Fragen stellen und ihre Urteile da, wo sie uns persönlich angehen, auch hinterfragen können. Das gilt nicht nur im privaten Lebensbereich, sondern verstärkt für die politische und öffentliche Meinungsbildung, wenn es etwa um Rüstung, Kernenergie, Umweltpolitik oder soziale Probleme geht.

Schulze erinnert daran, daß es umgekehrt für jeden von uns Bereiche gibt, in denen wir selbst Experte sind, etwa am eigenen Arbeitsplatz; und ebenso ist zu berücksichtigen, daß alle Experten in den meisten Bereichen ihres Lebens nur Laien sind. Im Prinzip ist jeder Erwachsene in unserer Gesellschaft in beiden Rollen heimisch. Viel Konfusion ließe sich vermeiden, wenn nicht so oft die Autorität des Experten auch da hervorgekehrt würde, wo der Experte nur als Laie urteilt.

Damit wird deutlich, wie eng die so notwendige Verständigung zwischen Experten und Laien mit der Fähigkeit zum kritischen Vernunftgebrauch und dem verantwortlichen Umgang mit Wissen zusammenhängt. Der Dialog zwischen Experten und Laien setzt, wenn er gelingen soll, *allgemeingebildete Experten* voraus, die über den Zaun ihres Spezialgebiets hinüberzuschauen vermögen, und *allgemeingebildete Laien*, die zumindest soviel von den Fragen verstehen, für deren Lösung sie Experten brauchen, daß sie ihnen nicht blind vertrauen müssen.

Viel zu selten macht man sich klar, in welch hohem Maße die Lehrer-Schüler-Konstellation eine Spielart der Konstellation "Experte-Laie" darstellt. Der Lehrer, der sich seinen Schüler-"Laien" angemessen verständlich machen kann, bietet ein nicht zu unterschätzendes Modell für den gesellschaftlich erwünschten Umgang von Experten mit Laien. Und Schüler, die mit ihren Fragen, Zweifeln und Unsicherheiten vom Lehrer-"Experten" ernstgenommen werden, können viel für ihre zukünftige gesellschaftliche Rolle als Laie *und* als Experte lernen.

### 3.6.5 Interkulturelle Erziehung

Die Aufgabe, in Verständigung und Kooperation einzuüben, hat für die deutschen Schulen in den letzten Jahrzehnten durch eine weitere Entwicklung an Bedeutung gewonnen: In zunehmendem Maße drücken Schüler aus unterschiedlichen Nationen und mit unterschiedlichem kulturellen Hintergrund gemeinsam die Schulbank. Diese Entwicklung – die quantitativ abgemildert, aber mit gleicher Tendenz im europäischen Ausland zu verzeichnen ist – verleiht dem Problem der interkulturellen Verständigung hohe schulpädagogische Aktualität und gesellschaftspolitische Brisanz. Zumindest in einigen Aspekten soll das Thema hier angerissen werden.[95]

In mancher Hinsicht stellt das Ziel interkultureller Verständigung lediglich eine Verschärfung der – wie man unterscheidend sagen könnte – *intra*kulturellen Verständigung dar, die in jeder noch so homogen erscheinenden Schulklasse erforderlich ist. Allerdings treten Spannungen, wie sie sich auch zwischen Kindern und Jugendlichen gleicher Nationalität ergeben können, die von verschiedenen Sozialmilieus, Konfessionen sowie von elternhausbedingten Werturteils- und Geschmackskulturen geprägt sind, gegenüber Kindern und Jugendlichen fremder Nationalität, Muttersprache, Kultur und Religion sehr viel deutlicher zum Vorschein. Sie stellen dadurch auch eher ein Konfliktpotential dar.

Daß die anzustrebende kulturelle Identität des Einzelnen in einer tendenziell multikulturellen Gesellschaft keine uniformierende Identität sein darf, die alles Fremdartige ausgrenzt, wurde bereits ausführlich diskutiert. Aber die möglichen Konflikte sind damit nicht gelöst. Wenn grundlegend unterschiedliche Wertvorstellungen aufeinanderprallen, hilft kein scheintoleranter Kulturrelativismus, der alles gelten läßt, wie es ist. Man denke nur – um ein extremes Beispiel anzuführen – an die unverhüllt patriarchalischen Familienstrukturen in den (insbesondere orientalisch geprägten) Mittelmeerländern, die in krassem Gegensatz zu westlichen Emanzipationsvorstellungen stehen und die unter anderem auch im schulischen Umgang der Jungen mit den Mädchen zum Ausdruck kommen. Es erfordert enormes pädagogisches Fingerspitzengefühl, in Konfliktfällen der gesellschaftlich "fortschrittlichen" Sichtweise zum Durchbruch zu verhelfen, ohne den sozial-kulturellen Hintergrund der orientalischen Kinder generell als rückständig zu diffamieren.

So sehr die Anwesenheit ausländischer Kinder und Jugendlicher für Lehrer das pädagogische Alltagsgeschäft erschwert, so sehr bietet sie auch eine Chance, die Verständigung mit Angehörigen anderer Nationalitäten und Kulturen praktisch anzugehen und nicht nur theoretisch einzufordern – in einer zusammenwachsenden Welt gewinnt die entsprechende Fähigkeit zunehmend an Bedeutung. Für den schulischen Fachunterricht kommt dem Thema insofern Bedeutung zu, als verschiedene Fächer aufgrund ihrer inhaltlichen Struktur unterschiedliche Möglichkeiten haben, mit kulturellen Differenzen bei den Kindern umzugehen. Für ein vergleichsweise "universales" Fach wie Mathematik wäre zum Beispiel zu überlegen, welche Hilfen Kindern, deren Muttersprache nicht Deutsch ist, durch sprachunabhängige Darstellungs- und Vermittlungsformen gegeben werden können.

### 3.6.6 Einübung in Verständigung und Kooperation unter Alltagsbedingungen

Nicht von ungefähr habe ich im Kontext der vorliegenden Aufgabe den Terminus "Einübung" gewählt. Er weist darauf hin, daß die Realisierung sozialer Tugenden wie Verständigung und Kooperation nicht allein eine Sache der Einsicht, des guten

Willens und der Reflexion ist, sondern mindestens ebensosehr der Gewöhnung und Erfahrung. Das wichtigste schulische Mittel, die genannten Ziele zu fördern, ist deshalb die Konstituierung einer sozialen Praxis, die eine solche Gewöhnung erzeugt und die Gelegenheit zu entsprechenden Erfahrungen gibt. Als wichtige mögliche Elemente einer solchen Praxis seien die folgenden genannt:

- Seit langem bekannt und von Generationen von Schulreformern gefordert, doch im Schulalltag immer noch selten anzutreffen,[96] sind methodische Arrangements wie Projektunterricht sowie außerschulische Unternehmungen und Erkundungen, in denen die Notwendigkeit, sich miteinander abzustimmen, Hand in Hand zu arbeiten, von der Sache her besteht und nicht künstlich "pädagogisch" erzeugt werden muß. Ob es sich dabei um eher handwerkliche Aktivitäten handelt, um Initiativen zum Umweltschutz, um Theaterspiel oder Musizieren – das gemeinsame Handeln, das vom gemeinsamen Wunsch nach Außenwirkung und Erfolg (im weitesten Sinne) getragen ist, setzt die praktische Realisierung von Verständigung und Kooperation als gleichsam natürliche Bedingung voraus.
- Während solche Aktivitäten und Projekte immer das Flair des Außergewöhnlichen und Nicht-Alltäglichen tragen – Schüler vergessen im besten Falle, daß es sich um "Schule" handelt –, werden die Heranwachsenden in absehbarer Zukunft auch weiterhin über den größten Teil ihrer Schulzeit einen eher herkömmlichen Unterricht absolvieren: im Klassenraum, an Lektionen orientiert, stundenmäßig aufgeteilt. Die Forderung nach einer sozial förderlichen Praxis verweist hier auf die Entwicklung einer Unterrichtskultur des Fachunterrichts, die fachliches und soziales Lernen nicht als Gegensatz versteht, sondern füreinander fruchtbar macht: indem allzu eintönige Ablaufrituale bewußt durchbrochen werden; indem Sozialformen zugunsten kooperativer Arbeitsphasen öfter variiert werden; indem den Lernenden Gelegenheit gegeben wird, die subjektiven Sichtweisen, die sie mitbringen und im Unterricht zu den anstehenden Themen entwickeln, zu artikulieren und sich mit anderen über sie auszutauschen.

Bei alledem schwingt die Hoffnung mit, daß eine derartige schulische Praxis Wirkungen über den Raum der Schule hinaus hat. Vor überzogenen Erwartungen sei gewarnt: Die Geschichte der Pädagogik läßt sich als Geschichte enttäuschter Transfer-Hoffnungen schreiben. Realistischerweise kann man nur davon ausgehen – alle empirischen Belege deuten in diese Richtung[97] –, daß Schüler das, was sie lernen, für Situationen lernen, die den Situationen ähneln, in denen sie gelernt haben. Die Toleranz gegenüber dem türkischen Mitschüler kann in einem anderen sozialen Kontext in Fremdenhaß umschlagen, das schulische Kooperationsverhalten in berufliche Ellbogenmentalität. Und selbst in strukturell gleichartigen Situationen steht es Menschen (glücklicherweise) frei, anders zu reagieren, als sie es gelernt haben und als ihre Erzieher es sich vielleicht wünschen würden. Aber eine gesunde Skepsis gegenüber den eigenen erzieherischen Ambitionen läßt die alte pädagogische Erfahrung unangetastet, daß eine glaubwürdige und gelebte soziale Praxis eine bessere Voraussetzung für den erhofften Transfer von Verständigungsbereitschaft und Kooperationsfähigkeit darstellt als alle moralische Belehrung.

## *3.7 Stärkung des Schüler-Ichs*

Durch die Forderung nach Stärkung des Schüler-Ichs erhält das bis hierher entfaltete Allgemeinbildungskonzept einen letzten spezifischen Akzent. Alle bislang zur Diskussion gestellten Aufgaben der allgemeinbildenden Schule lassen sich als Forderungen interpretieren, mit denen die Gesellschaft qua Schule den Heranwachsenden gegenübertritt. Zwar geschieht das unter dem Anspruch, das Eigeninteresse der Schüler stellvertretend zu wahren, ihre Personwerdung zu fördern und ihr eine möglichst umfassende Basis zu geben; insbesondere in der Forderung, zum kritischen Vernunftgebrauch als Voraussetzung von Mündigkeit anzuleiten, kommt die Parteinahme für die Schüler deutlich zum Ausdruck. Dennoch stand bislang der gesellschaftliche Aspekt des Allgemeinbildungs-Problems stark im Vordergrund.

Legt man der Frage nach der Allgemeinbildung die Dichotomie des "Führens oder Wachsenlassens" (Litt 1927) als Folie zugrunde, so vertritt die Forderung nach Ich-Stärkung eher den Pol des Wachsenlassens. Diejenige pädagogische Tradition, die Pädagogik vom Kinde aus betreiben will, die die "Eigenkräfte" des Kindes (und des Jugendlichen) zur Entfaltung kommen lassen will, ist in dieser Aufgabe der Schule aufgehoben. In ihr ist die Einsicht bewahrt, daß sich noch so gut gemeinte, die Interessen der Heranwachsenden vertretende und auf ihre Horizonterweiterung und Mündigkeit zielende pädagogische Maßnahmen, noch so sinnvolle sozialethische Verpflichtungen wie die zur Verantwortungs- und Verständigungsbereitschaft nicht einfach "überstülpen" lassen. Verantwortung als ethisches, Verständigung als soziales, kritischer Vernunftgebrauch als personales und intellektuelles Prinzip setzen eine sich selbst als Subjekt begreifende, bewußt handelnde, Zivilcourage entwickelnde Persönlichkeit voraus, die sich zu solchen Werten zu bekennen vermag.

Wenn hier Ich-Stärkung als pädagogische Aufgabe angepeilt wird, soll damit weder dem so häufig von der älteren Generation beklagten Egoismus oder Narzismus der Heranwachsenden noch einem der vielen modischen Mißverständnisse von "Selbstverwirklichung" Vorschub geleistet werden.[98] Ich-Stärkung zielt auf die Entwicklung von Selbstbewußtsein, Selbstvertrauen, personaler Identität, auf die Fähigkeit, eigene Ziele, Wünsche und Vorstellungen klar zu erkennen und handelnd zu verwirklichen, mit den eigenen Stärken und auch Schwächen realistisch umzugehen. Wie der "kritische Vernunftgebrauch" für die kognitive Seite der angezielten Mündigkeit steht und "Entfaltung von Verantwortungsbereitschaft" für ihre ethische Rückbindung, so richtet sich die "Ich-Stärkung" auf ihre affektiven Voraussetzungen. Als Leistung der Schule ist sie wieder eher indirekt zu erbringen, und darin ist diese Aufgabe den zuletzt diskutierten verwandt: Wichtig ist die Schaffung curricularer und organisatorischer Rahmenbedingungen, die Freiräume für persönliche Entfaltung gewähren; wichtig ist ein Zurückschneiden pädagogisch problematischer institutioneller Merkmale der Schule sowie die Bereitschaft der Lehrer, ihre Schüler jenseits bürokratischer Zwänge als eigenständige Personen ernst zu nehmen.

Das "Ich" und verwandte Begriffe wie "Selbst", "Subjektivität", "Identität", "Individualität" und "Personalität" stehen im Zentrum einer Fülle von konkurrierenden pädagogischen und philosophischen, psychologischen und soziologischen Theorien, die das pädagogische Problem der "Ich-Stärkung" um interessante Facetten bereichern. Selbst ein nur referierend-aufzählender Überblick über die wichtigsten dieser Theorien würde ein eigenes Buch erfordern.[99] Für eine schärfere Konturierung der Ich-Stärkungs-Aufgabe beschränke ich mich deshalb auf drei Aspekte, die jeweils in einer ganzen Reihe von Theorien näher ausgearbeitet sind:

- Als klassisch-pädagogischer Aspekt läßt sich der Gedanke bezeichnen, daß die Heranwachsenden vor gesellschaftlichen Vereinnahmungen und Zwecksetzungen zu schützen sind und daß insbesondere ihre Gegenwart nicht einer von der älteren Generation herbeigewünschten Zukunft geopfert werden darf.
- Stärker psychologisch akzentuiert ist der zweite Aspekt: Der Einzelne bedarf, um ein befriedigendes Leben zu führen, einer innerpsychischen Balance, eines hinreichend vernünftigen Umgangs mit den eigenen Gefühlen und Trieben wie auch mit (eventuell internalisierten) Außenanforderungen. Dieser Umgang muß gelernt werden und ist erzieherisch zu unterstützen.
- Der dritte Aspekt verweist auf die soziale Dimension der Ich-Entwicklung, auf die Erkenntnis, daß Ich-Identität nur in einer Balance von personaler und sozialer Identität zu gewinnen ist. Diese soziologische Sichtweise ist vor allem im Rahmen von Interaktionstheorien ausgearbeitet worden.

### 3.7.1 Ich-Stärkung als Schutz vor Fremdbestimmung

Die abendländische Moderne ist durch eine charakteristische und bis heute nicht aufgelöste, wohl auch gar nicht auflösbare Spannung gekennzeichnet: Einerseits erfuhr das Individuum seit dem Ausgang des Mittelalters eine in der Menschheitsgeschichte bis dahin unbekannte Aufwertung. Gewichtige Ethiken, wie die Kants, entwickelten einen Begriff von der unantastbaren Würde des Einzelmenschen. Die Idee, daß der einzelne Mensch sein eigener Zweck sei, wurde zunehmend akzeptiert. Andererseits: Mit dem Zerbrechen der traditionellen Bindungen des Einzelnen, mit der fortschreitenden Säkularisierung in allen gesellschaftlichen Bereichen wachsen die Möglichkeiten, das Individuum zu verplanen, es für Zwecke zu mißbrauchen, die außerhalb seiner selbst liegen, für wirtschaftliche, politische, ideologische Zwecke usw. Der dialektische Zusammenhang dieser beiden Bewegungen, ihr Verwiesensein aufeinander als Bewegung und Gegenbewegung, ist unverkennbar: Je mehr der Glaube an die Machbarkeit der menschlichen Verhältnisse an Boden gewann, die Welt veränderte und auf den Menschen zurückwirkte, desto mehr erkannte sich der Mensch – gerade auch als Einzelwesen – als haltlos, ausgesetzt und schutzbedürftig. Und desto einflußreicher wurde eine philosophische und ethische Reflexion, die das grundsätzliche Lebensrecht eines jeden Menschen, sein Recht auf persönliche Entfaltung und die Notwendigkeit seines Schutzes vor ungerechtfertigten Übergriffen und Vereinnahmungen mit Nachdruck betonte.

Seit der Aufklärungsära findet sich diese Spannung auch in der pädagogischen Diskussion. Dem utilitaristischen Denken, das in der Aufklärungsepoche einen Höhepunkt erlebte, lag es nahe, für das Individuum eine Erziehung zu fordern, die es optimal für eine als ideal projizierte Gesellschaft zu formen versprach, für Staat und Gesellschaft "brauchbar". Niemand hat einem solchen Programm seinerzeit heftiger und mit mehr historischem Nachhall widersprochen als Rousseau. Seine Gegenutopie lief darauf hinaus, den Einzelnen vor der unterstellten Verformung durch die Gesellschaft zu schützen.[100] Er vertrat solche Forderungen unter Rückgriff auf ein anthropologisches Modell, das alles Schlechte im menschlichen Miteinander den bestehenden gesellschaftlichen Verhältnissen, alles Gute den noch unverformten Anlagen des Einzelnen zuwies: "Alles ist gut, wie es aus den Händen des Schöpfers kommt; alles entartet unter den Händen des Menschen" (Rousseau 1978 [1762], S. 9). – Bis in die heutige Antipädagogik hinein, besonders deutlich etwa bei Alice Miller (1980), ist dieser Grundgedanke immer wieder aufgegriffen worden: Der Einzelne wird böse dadurch, daß er von anderen gequält, beschnitten, unterdrückt, an der Befriedigung seiner wahren Bedürfnisse, am Ausleben seiner Gefühle gehindert wird. Ließe sich dieser Teufelskreis durchbrechen, würden die "guten", selbstverwirklichten Einzelnen auch die "gute" Gesellschaft konstituieren.

Rousseau war als pädagogischer Theoretiker in seinem zentralen Werk radikal. Die meisten Bildungstheoretiker der Aufklärung und Klassik nahmen eine eher vermittelnde Position ein, wie ja überhaupt der Bildungsbegriff eine Zielvorstellung verkörpert, die zwischen der Gesellschaft und ihren Anforderungen auf der einen Seite sowie den Bedürfnissen und Entfaltungsinteressen der einzelnen Individuen auf der anderen Seite zu vermitteln sucht. Dieser Vermittlungsaspekt, der dem Bildungsbegriff innewohnt, läßt sich in die Frage kleiden: Wie lassen sich die Rechte und die Würde des Einzelnen, wie läßt sich sein Anspruch auf ein unversehrtes Ich im Rahmen von Erziehung, auch im Rahmen schulischer Bemühungen bewahren, ohne das gesellschaftliche Interesse an dieser Erziehung von vornherein als illegitim oder prinzipiell schädlich abzuwerten? Wohl niemand unter den klassischen Erziehungstheoretikern hat zu dieser Fragestellung differenziertere – noch heute modern anmutende – Gedanken geäußert als Friedrich Schleiermacher.

Eine besondere Akzentuierung erfährt bei Schleiermacher ein Gedanke, der ebenfalls bei Rousseau schon anklingt, den Schleiermacher aber sehr viel dialektischer entfaltet: "Die Lebenstätigkeit, die ihre Beziehung auf die Zukunft hat, muß zugleich auch ihre Befriedigung in der Gegenwart haben; so muß auch jeder pädagogische Moment, der als solcher seine Beziehung auf die Zukunft hat, zugleich auch Befriedigung sein für den Menschen, wie er als solcher ist. Je mehr sich beides durchdringt, um so sittlich vollkommener ist die pädagogische Tätigkeit. Es wird sich aber beides desto mehr durchdringen, je weniger das eine dem anderen aufgeopfert wird." (Schleiermacher 1983 [1826], S. 48) In diesen Sätzen erschließt sich eine Programmatik, die erst sehr viel später in Erziehungs- und Schulkonzepten praktisch aufgegriffen wird, etwa in den Entwürfen einer "Pädagogik vom Kinde aus", in Deweys Konzept einer "Schule als Erfahrungsraum", oder, um eine jüngere

Variante zu nennen, im Prinzip der "Schülerorientierung". Bis heute zeichnet es fast jede alternative Schule aus, daß sie sich in diesem Punkt von den herkömmlichen Regelschulen zu unterscheiden sucht: durch Einbettung zukunftsbezogener curricularer Zielsetzungen in lustvolle, an den Bedürfnissen der Schüler orientierte Tätigkeiten, durch Rücksichtnahme auf Schülerinteressen bei der Inhaltsauswahl und Unterrichtsgestaltung, durch Beteiligung der Schüler an pädagogischen Planungen.

Umgekehrt verweisen wachsende Schulunlust und Schulmüdigkeit[101] durchaus auf Verletzungen des Schleiermacherschen Prinzips: Wenn es den Schülern nicht mehr gelingt, ihre schulischen Erfahrungen in ihre übrige Lebenswelt zu integrieren und Schule als sinnvollen Teil ihres Lebens zu begreifen, beginnt die "Opferung" der Gegenwart für die Zukunft. Daß die Freiheit der Schüler in der Schule objektiv in einem Maße zugenommen hat, die zu Schleiermachers Zeiten unvorstellbar gewesen wäre, und daß die heutige Schulunzufriedenheit viel mit gestiegenen Ansprüchen von Kindern und Jugendlichen zu tun hat, macht diese Diagnose nicht hinfällig: Schleiermacher spricht ausdrücklich von der "Befriedigung", die der pädagogische Moment vermitteln müsse, und Befriedigung ist zweifellos eine subjektive Kategorie, deren inhaltliche Kriterien historischem Wandel unterworfen sind.

Halten wir fest: Aufgabe der Schule ist es, Kindern und Jugendlichen einen Raum zu bieten, in dem ihre gegenwärtigen kindlichen und jugendlichen Interessen und Bedürfnisse gelebt werden können, in dem sie als eigenständige Individuen, als ganze Menschen mit der ihnen zustehenden persönlichen Würde geachtet werden.

### 3.7.2 Ich-Stärkung als Stützung realitätsgerechten Verhaltens

Die Begriffe der "Ich-Stärke" bzw. "Ich-Schwäche" entstammen ursprünglich der psychoanalytischen Tradition, wenn sie auch längst in die Alltagssprache diffundiert sind – mit Verlusten an begrifflicher Schärfe, die derartige Entwicklungen kennzeichnen. Wenn Ich-Stärkung als tragender Begriff in das vorliegende Allgemeinbildungskonzept aufgenommen wird, ist das vage Alltagsverständnis als assoziativer Hintergrund für das Verständnis des Gemeinten in Rechnung zu stellen. Dennoch sollte eine begriffliche Schärfung von der psychoanalytischen Grundidee ihren Ausgang nehmen, die m. E. auch für eine moderne pädagogische Sicht tragfähige Elemente enthält – wie immer man ansonsten zur Psychoanalyse stehen mag.

Freud stellt dem "Ich" des Menschen das "Es" und das "Über-Ich" gegenüber. Das "Es" steht dabei für die Gesamtheit der (meist unbewußten) Triebe. Das "Über-Ich" steht für die internalisierten (ebenfalls häufig unbewußten) Idealnormen, an denen sich das eigene Verhalten orientiert; das Über-Ich umfaßt damit also insbesondere diejenige normgebende Instanz, die wir alltagssprachlich als Gewissen bezeichnen. Das "Ich" schließlich ist die Instanz, die wir im bewußten Handeln als Zentrum unserer Person wahrnehmen. Das "Ich" leistet die Realitätskontrolle, es setzt unsere Wünsche und Handlungsimpulse zu den Forderungen der Realität in Beziehung. Es bewahrt uns, wenn es "gesund" agiert, durch vernünftiges Abwägen von Handlungsfolgen vor selbstschädigendem Ausleben unserer Triebe, aber auch vor den Frustrationen, die sich aus der Nichterfüllung aller Triebwünsche ergeben würden. Der seelisch gesunde, nicht "neurotische" Mensch verfügt, kurz gesagt, über die richtige Balance zwischen "Ich", "Es" und "Über-Ich".

Von "Ich-Schwäche" spricht man in der psychoanalytischen Theorie dann, wenn das Ich zu der erforderlichen Realitätsprüfung nicht in der Lage ist. Ziel der psychoanalytischen Therapie ist es, durch "Ich-Stärkung" diese Funktionen wieder zu ermöglichen. Die ichstarke Persönlichkeit zeichnet sich u. a. dadurch aus, daß sie äußeren Verlockungen und Versuchungen widerstehen kann, wenn ein Nachgeben eigene Prinzipien verletzen würde. Adorno (1973, vor allem S. 52f) hat in seinen "Studien zum autoritären Charakter" auf dieses Persönlichkeitsmodell zurückgegriffen und die Bereitschaft so vieler Deutscher, während der nationalsozialistischen Ära moralische Prinzipien unter dem Druck äußerer Verhältnisse (Befehlsnotstand) zu verraten, als "Ich-Schwäche" im beschriebenen Sinn gedeutet.

Es hat nicht an Versuchen gefehlt, die im psychoanalytischen Persönlichkeitsmodell enthaltene Zielsetzung einer Ich-Stärkung für die Analyse und Bewältigung erzieherischer Probleme fruchtbar zu machen. Ein Konzept, das auch heute noch zu faszinieren vermag, hat der Österreich-Amerikaner Fritz Redl (1951, dt. 1979; 1971) aus den Erfahrungen heraus entwickelt, die er im Umgang mit extrem erziehungsschwierigen Kindern sammeln konnte. Einige seiner Einsichten sind geeignet, auch Schwierigkeiten mit "normalen" Kindern besser zu verstehen.

Redl führt die meisten Schwierigkeiten, die Erzieher im Umgang mit Kindern und Jugendlichen erleben können, auf unterschiedliche Formen von "Ich-Störungen" zurück (1971, S. 27ff; 1979, S. 75ff). Solche Ich-Störungen können sich zeigen in der "Unfähigkeit, mit frustrationsbedingter Aggression fertig zu werden" (1971, S. 28) oder im "Verlust der Ich-Kontrolle durch 'gruppenpsychologische Berauschung'" (a. a. O.), einer "Verführung durch Ansteckung". Im Zentrum von Redls Deutungen steht die durch eine Fülle klinischer Beobachtungen gestützte Hypothese, daß das gestörte Ich seine natürlichen Funktionen nicht erfüllen könne, daß es zu schwach sei, um eine vernünftige Selbstkontrolle gegenüber einer übermächtigen Triebdominanz auszuüben. Die von Redl an extrem aggressiven, haßerfüllten und scheinbar gänzlich amoralisch agierenden Kindern erprobten pädagogischen Interventionen sind deshalb ich-stärkende Maßnahmen im genauen Sinne: Sie zielen auf ein schrittweises (Wieder-)Erlernen einer minimalen Eigensteuerung, die durch ein "therapeutisches Milieu", durch den Versuch, positive soziale Bindungen aufzubauen, unterstützt werden. Bedenkenswert, aber aufgrund der theoretischen Überlegungen einleuchtend erscheint die Erfahrung Redls, daß eine gänzliche Freigabe der Kinder, ein ungebremstes Gewährenlassen keineswegs zur Zurückgewinnung der Selbstkontrolle und persönlichen Autonomie führt. Gewisse äußere Regeln und soziale Verbindlichkeiten scheinen für die Entwicklung und Aufrechterhaltung der lebensnotwendigen Ich-Stärke unabdingbar.

Gewiß lassen sich solche Erfahrungen aus Extrem-Situationen nicht ohne weiteres auf den Schulalltag übertragen. Aber ganz "normale" Schulprobleme wie Disziplinlosigkeit, verbale und körperliche Aggressivität sowie Zerstörungslust, offenbaren in der Beschäftigung mit solch extrem ich-gestörten Kindern wie unter einem Vergrößerungsglas ihre mögliche innere Struktur. Ohne die sozialen Ursachen solcher Phänomene herunterspielen zu wollen, ohne insbesondere eine Vorentscheidung über schulische oder außerschulische Ursachen der üblichen Schulschwierigkeiten treffen zu wollen: Daß "Ich-Schwäche" im Sinne fehlender innerpsychischer Balance dabei eine wichtige Rolle spielt, daß "Ich-Stärkung" im Sinne unterstützender Bemühung um eine (Wieder-)Herstellung einer solchen Balance deshalb eine unverzichtbare pädagogische Aufgabe ist, gewinnt auf der Basis von Redls Konzept hohe Plausibilität.

Zurückweisen läßt sich anhand der vorstehenden Überlegungen folgender Einwand, der vom Alltags-Sprachgebrauch des Wortes "Ich-Stärke" gedeckt zu sein scheint: "Es mag ja durchaus schüchterne und wenig selbstbewußte Schüler geben, deren Ich man stärken sollte", könnte ein genervter Lehrer monieren, "aber warum sollte ich das Ich des frechen, verletzenden, eigenwilligen Schülers X stärken? Ich finde ganz im Gegenteil, der muß mit allen Mitteln in seine Grenzen gewiesen werden!" Ein Kommentar erübrigt sich. Aber es dürfte anhand dieser Fehldeutung klar werden, in welch scharfem Kontrast das hier vertretene Konzept einer individuellen Ich-Stärkung zu jenem Konzept der "Schwarzen Pädagogik" steht, das auf das "Brechen des bösen Eigenwillens" des Kindes aus war. In dem fiktiven Einwand des Lehrers schwingt diese Vorstellung noch spürbar nach.

### 3.7.3 Ich-Stärkung als Hilfe zur Identitätsfindung

Der Identitätsbegriff hat insbesondere über das Werk George Herbert Meads und seine Theorie des symbolischen Interaktionismus Eingang in die pädagogische Diskussion gefunden. Er hat sich als ein integrierender Begriff erwiesen, mit dessen Hilfe die individuelle Entwicklung des einzelnen in ihren sozialen Bezügen gut beschreibbar wird, mit dessen Hilfe sich auch die Spannung zwischen individuellen Interessen und sozialen Erwartungen angemessen nachzeichnen läßt. Obwohl es gewichtige Versuche gibt, den Identitätsbegriff in die psychoanalytische Theorie einzubeziehen (z. B. Erikson 1966), werde ich mich darauf beschränken, integrierend – und spezielle theoretische Varianten übergreifend – diejenigen Gesichtspunkte herauszuarbeiten, die gegenüber den bislang erörterten neu sind.

Die menschliche Suche nach dem eigenen Selbst, nach der ureigenen persönlichen Identität ist durch ein Dilemma geprägt, das in dem Gegensatz zum Ausdruck kommt: "Sein wie alle anderen" vs. "Sein wie kein anderer". Der Glaube, daß "niemand so ist wie ich" – besonders verbreitet bei pubertierenden Jugendlichen –, kann mich ebenso unglücklich machen wie die entgegengesetzte Annahme, daß ich im Grunde verwechselbar, austauschbar sei und insofern meine Existenz ohne Sinn.

In den vom Interaktionismus inspirierten Varianten des Identitätsbegriffs wird dieses Urdilemma als Gegensatz zwischen sozialer und persönlicher Identität interpretiert. Soziale Identität gewinne ich in den unterschiedlichen sozialen Rollen, die ich spiele, mit denen ich auf die sozialen Erwartungen meiner Umwelt antworte. Meine soziale Identität ergibt sich letztlich als Bündelung der sozialen Teilidentitäten, die mir aus meinen unterschiedlichen Rollen zuwachsen. Meiner sozialen Identität, die an Außenerwartungen geknüpft ist, steht meine persönliche Identität gegenüber, der ich mir über meine inneren Antriebe, Wünsche, eventuell auch von den gesetzten Normen abweichenden Interessen bewußt werde. Ein stabiles Selbst, das mit einem positiven Selbstkonzept (der bevorzugte psychologische Terminus) verbunden ist, mit Selbstvertrauen und Selbstbewußtsein (die verbreitetsten alltagssprachlichen Termini), kann ich nur erlangen, wenn es mir gelingt, meine soziale und meine persönliche Identität auszubalancieren. Eine balancierte Identität in diesem Sinne ist niemals eine feststehende Eigenschaft, sondern bleibt gefährdet, muß stets neu errungen und gesichert werden. Bisweilen ist in diesem Zusammenhang sogar von der zu leistenden "Identitätsarbeit" die Rede.[102]

Wenn auch sehr vergröbert, entspricht die "soziale Identität" im interaktionistischen Persönlichkeitsmodell dem "Über-Ich" im psychoanalytischen. Im letzteren Falle wird das Augenmerk auf den Teil der Außenanforderungen und sozialen Normen gelenkt, die vom Individuum internalisiert sind. Im ersten Falle werden diese Anforderungen und Normen gleichsam außen vor gelassen: Sie verbleiben in der sozialen Realität, die das umgebende Medium für das Individuum darstellt. Die pädagogischen Konsequenzen, die diese beiden Sichtweisen nahelegen, sind unterschiedlich: "Ich-Stärkung" als Herstellung einer innerpsychischen Balance bezeichnet vornehmlich die Lösung eines privaten Problems – mit sozialer bzw. pädagogischer Außenunterstützung. "Ich-Stärkung" als Hilfe zur Identitätsfindung ruft nach der angemessenen Gestaltung eines sozialen Erfahrungsraums, der dem Individuum seine Identitätsbalance erleichtert. Diese beiden Sichtweisen gegeneinander auszuspielen und den zugrundeliegenden Theorien generell eine unterschiedliche Realitätsangemessenheit zuzuschreiben, scheint mir wenig sinnvoll; mir scheinen generalisierte Deutungen unterschiedlicher Problem- und Situationstypen vorzuliegen, die sich in der Schulpraxis, die ja beide Arten von Problemen umfaßt und oft beide Strategien der Ich-Stärkung vermissen läßt, sinnvoll ergänzen können.

### 3.7.4 Förderung von Ich-Stärke und Identitätsbalance im Schulunterricht

"Sein wie kein anderer" – das können Heranwachsende in der Schule auf sehr unterschiedliche Weise realisieren: durch überragende schulische Leistungen, aber auch durch Leistungsverweigerung; durch vorbildlich kooperatives Verhalten, aber auch durch Sabotage und aggressive Akte gegen Sachen und Personen. Kurz: konformgehend mit den offiziell geltenden Normen der Institution, aber auch gegen sie. Das tägliche Zusammensein mit einer Gruppe (fast) gleichaltriger Kinder oder Jugendlicher in der üblichen Jahrgangsklasse verlangt auf die eine oder andere Weise nach Strategien der Selbstbehauptung, nach der Bestätigung der eigenen Identität.

Dahinter steht der Wunsch oder Drang, bewußt oder unbewußt, etwas Besonderes einzubringen, etwas spezifisch Eigenes.

Der an sich wichtige Gesichtspunkt der inhaltlichen und sozialen Allgemeinheit der zu lernenden Inhalte – der Gesichtspunkt also, daß zunächst einmal alle Schüler das *für alle* Relevante lernen sollten, und damit auch etwas für alle Gleiches –, ist in der Entwicklung unseres allgemeinbildenden Schulsystems häufig sehr eng und einseitig ausgelegt worden. Er hat das fragwürdige Ideal eines "Lernens im Gleichschritt" scheinbar legitimiert, und er führt im Extremfall dazu, daß Schüler sich ihrer schulischen Identität lediglich in den Kategorien eines "besser" oder "schlechter" versichern können, allenfalls noch differenziert nach Fächern: "Ich bin besser in Mathe, dafür schlechter in Englisch" usw.

### *"Offene" Formen innerer Differenzierung*

Die allgemeinen schulpädagogischen Maßnahmen gegen ein uniformes Lernen im Klassenverband, mit deren Hilfe man den Unterschieden zwischen den Schülern gerecht zu werden sucht, beschreibt man in der Regel mit den Begriffen der inneren Differenzierung und der Individualisierung. Nun ist nicht ohne weiteres davon auszugehen, daß entsprechende Maßnahmen per se die Identitätsfindung und Ich-Stärkung der Schüler begünstigen. Individualisierung kann auch zu Vereinzelung und Isolation führen – wenn z. B. das individuelle Abarbeiten von vorgegebenen Lernprogrammen, mit oder ohne Computer, als ihre höchste Form betrachtet wird. Und innere Differenzierung kann, wenn sie sich ausschließlich am Kriterium fachlicher Leistungsfähigkeit orientiert, die oben kritisierte Eindimensionalität der schulischen Angebote zur Identitätsfindung noch verstärken.

Im Schulalltag stößt man selten auf überzeugende Realisationen von innerer Differenzierung. Für viele Praktiker ist sie ein Reizwort. Gründe für diese Abneigung lassen sich rasch benennen: kein geeignetes Unterrichtsmaterial, zuviel Zeitaufwand bei der Vorbereitung, zu nervenaufreibend in der Durchführung.

Eine solche Bewertung fußt allerdings meist in einer Vorstellung von innerer Differenzierung, die man als "geschlossene" Differenzierung bezeichnen könnte (vgl. Heymann 1991, S. 64f): Es ist die Vorstellung, jedem Schüler müsse, unter Berücksichtigung seiner Fähigkeiten und seines Lernstandes, sein auf ihn zugeschnittenes Curriculum von außen zugewiesen werden. Die Verantwortung für das Lernen jedes Einzelnen liegt bei dieser Spielart der inneren Differenzierung in erster Linie beim Lehrer (bzw. beim Konstrukteur des eingesetzten Lernprogramms). Verständlich, daß eine entsprechende Unterrichtsorganisation dann in Klassen von dreißig oder mehr Schülern als Zumutung und Überforderung empfunden wird.

Der entgegengesetzte Idealtypus, die "offene innere Differenzierung", zeigt ein anderes Gesicht (a. a. O.): Offene Differenzierung setzt voraus, daß die Schüler selbst ein Gefühl für ihre Stärken und Schwächen entwickeln, daß sie ihren eigenen Lerntyp einzuschätzen lernen. In einer Lernumgebung, die hinreichend viele Lernangebote umfaßt, die unterschiedliche Lerntypen anspricht und unterschiedliche

Anknüpfungsmöglichkeiten bietet, können die Schüler selbst Schwerpunkte setzen, nach eigenen Interessen und Fähigkeiten auswählen. Wesentlich ist: In einem Unterricht, der sich am Modell der offenen Differenzierung orientiert, übernehmen die Schüler die Verantwortung für ihren eigenen Lernprozeß selbst. Dabei ist die Sozialform wichtig, aber nicht entscheidend. Im Extremfall kann auch ein didaktisch gut gestalteter Lehrervortrag, der vielfältige Beispiele enthält, Denkanstöße gibt, verschiedenartige Identifizierungsmöglichkeiten bietet, unterschiedliche Wahrnehmungskanäle aktiviert, dem Typus der offenen Differenzierung gerecht werden.

Formen der offenen Differenzierung entlasten zunächst einmal den Lehrer – nicht unbedingt, was die einzubringende didaktische Kreativität angeht, wohl aber, was den Arbeitsaufwand vor und den Streß bei der Durchführung betrifft. Darüber hinaus dürfte einleuchten: Als schulische Maßnahme, die die Identitätsfindung und Ich-Stärkung der Schüler unterstützen könnte, bietet die offene gegenüber der geschlossenen Differenzierung erhebliche Vorzüge. In der Praxis lassen sich Elemente beider Differenzierungstypen miteinander kombinieren (vgl. Krippner 1992).

*Spezialisierung als Element von Allgemeinbildung*

Die Möglichkeit, sich auf ein Wissensgebiet oder ein Gebiet praktischen Könnens zu spezialisieren und dieses Spezialvermögen in den Unterricht einzubringen, eröffnet Schülern Freiräume zur Identitätsfindung, die über die Standardmöglichkeiten der Schule – Selbstprofilierung durch gute Schulleistungen – weit hinausgehen. Wenn ich mich mit Spezialwissen oder Spezialkönnen für andere nützlich machen kann, erfährt meine Person eine Aufwertung, die sich nicht vorrangig auf ein normiertes, konkurrenzorientiertes "Bessersein" stützt, sondern auf ein sozial akzeptiertes "Anderssein". Auf dieser Erfahrung beruht ja auch der identitätsfördernde, ichstärkende Einfluß, der von einer kompetent und leidenschaftlich ausgeübten, sozial anerkannten Berufstätigkeit auf das Selbstkonzept von Erwachsenen ausgeht.

Während älteren Schülern die Möglichkeit zu solcher interessenbetonten Spezialisierung über die Vergabe von Referaten und Beteiligung an Projekten gegeben werden kann, bis hin zur Anregung eines selbständigen wissenschaftspropädeutischen oder künstlerischen Arbeitens, stehen bei jüngeren Schülern – in der Grundschule und weiten Bereichen der Sekundarstufe I – andere Formen des Sich-Einbringens im Vordergrund: Viel hängt davon ab, wieweit es dem Lehrer gelingt, seinen Unterricht für die außerschulischen Erfahrungen, Erlebnisse, Interessen seiner Schüler zu öffnen, wieweit es ihm gelingt, das, was seinen Schülern bedeutsam ist, ihre subjektiven Einsichten und Bedeutungszuschreibungen, einzubeziehen und mit den "offiziellen" Unterrichtsgegenständen zu verknüpfen. Je mehr Schule zu einem Erfahrungsraum wird, dessen Grenzen zu den außerschulischen Erfahrungsräumen der Schüler durchlässig sind, desto mehr Möglichkeiten zur Einbringung von Eigenem, desto mehr Möglichkeiten zur Identitätsfindung bietet sie.

Allgemeinbildung, wie sie hier verstanden wird, schließt also Spezialisierung nicht aus. Allerdings wäre ein "spezialistischer Unterricht" an allgemeinbildenden

Schulen mit der Idee der Allgemeinbildung nicht verträglich. Spezialistisch wäre er, wenn alle Schüler dazu anhalten würden, sich mit Gegenständen zu beschäftigen, die nur aus dem Blickwinkel eines einzelnen Faches oder einer speziellen Berufstätigkeit bedeutsam erscheinen. Die Verordnung einer einheitlichen Spezialisierung für *alle* ist jedoch klar davon zu unterscheiden, daß Freiräume für unterschiedliche Spezialisierungen *Einzelner* bereitgestellt werden. In diesem zweiten Sinne kann Spezialisierung zu einem wichtigen Element von Allgemeinbildung werden: Wenn Schülern die Chance geboten wird, unterschiedliche Neigungen, Begabungen und Fähigkeiten intensiv zu pflegen, wird der Prozeß der Identitätsfindung durch die allgemeinbildende Schule auf sinnvolle Weise unterstützt.

*Förderung von Phantasie und Kreativität*

Die angestrebte Ich-Stärkung der Schüler hat zur Voraussetzung, daß ihnen hinreichend Gelegenheit zur Entfaltung ihrer Phantasie und Kreativität gegeben wird. Durch die Schulkritik aller Zeiten zieht sich der Vorwurf, daß das Lernen in der Pflichtschule abstumpfe und den Geist veröde. Heute ist es im Prinzip unumstritten, daß hier Gegenakzente zu setzen sind, daß Freiräume für die Schüler zu schaffen sind, in denen sie ihre Phantasie entfalten, ihre Kreativität erproben können. Nicht zuletzt als Gegengewicht zur Vielfalt der Möglichkeiten zu passivem Konsum im Freizeitbereich hat diese Aufgabe trotz der Grenzen, die schulischen Bemühungen dabei gesetzt sind, im öffentlichen Bewußtsein ständig an Gewicht gewonnen.

Was bedeutet das konkret? Schüler im Kindesalter entfalten ihre Phantasie besonders gern und vielgestaltig in spielerischen Situationen. Spielerische Aktivitäten, insbesondere das Rollenspiel, bieten Möglichkeiten, Selbstdarstellung und Selbsterkundung mit Welterkundung und sozialer Interaktion phantasievoll zu verknüpfen. Kleine Forschungsarbeiten können interessierten älteren Schülern einen Vorgeschmack wissenschaftlicher Kreativität geben. Und künstlerische Tätigkeiten, vom Zeichnen, Malen, Fotographieren, Designen, Musizieren, Theaterspielen, Filmen bis hin zum Schreiben anspruchsvoller Texte, geben Schülern aller Altersstufen Gelegenheit, kreativen Selbstausdruck mit der Aneignung der ästhetischen Vielgestaltigkeit der kulturellen Tradition zu verbinden. Je aktiver die Rolle der Schüler dabei, desto geringer die Gefahr, daß die traditionelle "große Kultur" lediglich zum Gegenstand bildungsbürgerlichen Kennens und Genießens verarmt. In der Förderung solcher Aktivitäten kann die Schule also gleichermaßen ihrer Aufgabe gerecht werden, kulturelle Kohärenz zu stiften, wie derjenigen der Ich-Stärkung.

*Leiblichkeit – Sinnlichkeit – Kopf, Herz und Hand*

Die vorstehenden Schlagworte sind in den vergangenen Jahren oft als kritische Begriffe einer inneren Schulreform bemüht worden.[103] Im Rahmen des vorliegenden Allgemeinbildungskonzepts, speziell im Rahmen der Ichstärkungs-Aufgabe, lassen sich ihr Stellenwert, ihre Berechtigung und ihre Reichweite näher bestimmen.

Meines Erachtens sind die genannten Begriffe nicht hinreichend tragfähig, um mit ihnen den Kern eines neuen Schulverständnisses zu umschreiben: Sie können keine inhaltliche Aufgabenbestimmung der allgemeinbildenden Schule ersetzen. Aber sie lenken – zu Recht – den Blick auf reale Mängel und weisen auf notwendige Korrekturen am überkommenen Verständnis von Unterricht hin.

Als gemeinsames Motiv der schulkritischen Autoren, die sich in diesem Sinne engagieren, läßt sich die Abkehr von einer verkopften, auf (fast) ausschließlich kognitives Lernen hin orientierten Schule erkennen. Bemängelt wird, daß die einseitige Ausrichtung auf kognitive Leistungen die ganzheitliche Selbstwahrnehmung der Schüler beeinträchtige. Diese Gefahr, wird oft argumentiert, wiege um so schwerer,

- weil auch die Erfahrungs- und Erlebnisqualität der außerschulischen Umwelt ständig weiter verarme,
- weil die "Welt" von den Heranwachsenden nur noch technisch vermittelt – insbesondere über das Fernsehen – wahrgenommen werde,
- weil die aktive Orientierung im Zusammenspiel der eigenen Sinne und die Einforderung der leibseelischen Ganzheit der eigenen Person bei der Alltagsbewältigung in der hochtechnisierten Welt eine immer geringere Rolle spiele.

Hält man an der Idee fest, daß sich Allgemeinbildung an den "ganzen Menschen" zu richten habe, lassen sich diese Argumente nicht leichtfertig beiseite schieben. Andererseits hieße es wieder einmal, die Schule total zu überfordern, ihre realen Möglichkeiten zu überschätzen, wollte man vornehmlich von ihr die Kompensation der zivilisationsbedingten Entsinnlichung unserer Alltagswelt erwarten.

Und ein Weiteres ist zu bedenken: Zu den historischen Leistungen der Schule gehört, daß sie den Heranwachsenden ein systematisches und abstraktes Lernen ermöglicht, das es in dieser Form in keinem anderen gesellschaftlichen Bereich gibt. Sie ermöglicht quasi im Zeitraffer einen Wissenserwerb in grundlegenden Gebieten, der sich außerhalb solcher systematischen Kurse, bei einer Beschränkung auf Lernen durch Mittun, nur bei wenigen einstellen würde. Nichts spricht dafür, daß sich mit der sinnlichen Verarmung der außerschulischen Lebensbereiche dort jenes systematische und abstrakte Lernen einstellt, das so charakteristisch für die herkömmliche Schule ist. Im Gegenteil: Die Informationsflut, mit der die Kinder, Jugendlichen und Erwachsenen in unserer Gesellschaft überschüttet werden, durch Printmedien, Hörfunk und Musikkonserven, Fernsehen, Videos und Computerspiele, ist in hohem Maße fragmentarisch, sinnestäuschend (technisch erzeugte Scheinwelten), sinnesbetäubend (überlautes Musikhören) und urteilstrübend (Werbung).

Im schlechtesten Falle würde man also, zöge man aus der Kritik radikale Folgerungen für die Umstrukturierung der Schule, sie dessen berauben, was ihre besondere Leistung ausmacht – der systematischen, symbolisch vermittelten und auf Abstraktion zielenden Lernprozesse –, ohne daß gewährleistet wäre, daß ein neues, spontaneres, den Körper und alle Sinne einbeziehendes Erfahrungslernen den zivilisatorischen Abspaltungstendenzen wirkmächtig entgegentreten könnte.

Die Konsequenzen, die aus der berechtigten Kritik an der Verkopfungstendenz zu ziehen sind, müssen also andere sein. Die beiden wichtigsten scheinen mir:

- Systematisches und auf abstrahierende Kenntnisse ausgerichtetes Lernen ist nicht mit "verkopftem" Lernen gleichzusetzen. Auch systematische Lehrgänge können (beispielsweise) die Tastsinne einbeziehen, außer öden Lehrtexten und Tafel-Informationen beziehungsreiche und ästhetisch ansprechende Bilder einsetzen, kreativ (nicht nur trocken informierend) mit Sprache umgehen. Auch systematische Lehrgänge können die Leiblichkeit des Schülers über die Einforderung seines Sitzvermögens und seiner schreibenden Hand hinaus einbeziehen. Ganzheitliches und systematisches Lernen schließen einander nicht aus.
- Neben systematischem Lernen muß Schule die Möglichkeit zu spontaner, spielerischer und körperbetonter Tätigkeit bieten – weniger mit dem Anspruch der Kompensation allgemeiner Zivilisationstrends als mit dem, innerhalb der Schule zu dem (trotz allem) unvermeidlichen Stillsitzen und Aufmerksamsein ein Gegengewicht zu setzen. Die generell hohe Beliebtheit des Sportunterrichts bei Schülern zeigt an, daß sich die Schule im Rahmen ihres herkömmlichen Fächerspektrums durchaus Ventile gegen den Verkopfungsüberdruck geschaffen hat.

*Fazit*

Die Ichstärkungs-Aufgabe impliziert, daß Schüler als Person ernstzunehmen sind, daß ihnen Gelegenheit zu geben ist, ihre besonderen Interessen einzubringen und ihre spezifischen Fähigkeiten zu entfalten, und schließlich, daß ihnen ein ganzheitliches, ihre Sinne und ihren Körper forderndes Lernen ermöglicht wird. All diese Forderungen sind nicht absolut zu verstehen, sondern als Orientierungsmarken für eine innere und äußere Schulreform der kleinen Schritte, denen insbesondere auch im schulischen Fachunterricht Rechnung getragen werden kann.

## *3.8 Abschließende Bemerkungen zur Reichweite und Einordnung des Allgemeinbildungskonzepts*

Durch die Herausarbeitung von sieben Aufgaben der allgemeinbildenden Schulen habe ich ausdifferenziert, wie schulische Allgemeinbildung dem Anspruch gerecht werden kann, zwischen den Notwendigkeiten des Lebens in der gegenwärtigen Gesellschaft und dem Recht des Einzelnen auf Selbstentfaltung und eigenverantwortliche Lebensgestaltung zu vermitteln. Leitmotiv war die Überlegung, daß Allgemeinbildung eine soziale Universalisierung der Kultur zu leisten habe, daß sie aufzufassen sei als Bedingung der Möglichkeit individueller Bildung. Der Doppelaspekt, den schon Schleiermacher hervorhebt – nämlich das "Tüchtigwerden" für die Gesellschaft, aber auch das Sich-Einbringen in ihre "Verbesserung", das nur über die Selbstverwirklichung des Einzelnen möglich wird –, ist in diesem Allgemeinbildungskonzept bewahrt und auf die Bedingungen der Gegenwart hin ausgelegt.

Den inneren Zusammenhang der sieben Aufgaben, ihr wechselseitiges Aufeinander-Verwiesensein, möchte ich abschließend noch einmal beleuchten, indem ich sie drei Dimensionen zuordne: Eine Forderung, die in allen menschlichen Gesellschaften unverzichtbar ist, nämlich die *Befähigung zur Teilhabe* am Vorgefundenen (vor allem: Lebensvorbereitung, Stiftung kultureller Kohärenz), wird verknüpft mit einem Anliegen, das als allgemeines Anliegen erst in den neuzeitlichen Gesellschaften an Bedeutung gewonnen hat: nämlich der *Befähigung zur Erkenntnis* über den engeren Lebenskreis hinaus (Verknüpfung von "materialem" Wissen über die Welt mit Urteilsvermögen: Weltorientierung und Anleitung zum kritischen Vernunftgebrauch). Schließlich, in mancher Hinsicht als Gegengewicht, zieht sich durch die hier vertretene Auffassung von Allgemeinbildung eine Dimension, die man als *Entfaltung des Menschlichen* bezeichnen könnte (Förderung von Verantwortungsbereitschaft, Einübung in Verständigung und Kommunikation, Ich-Stärkung), in der die sozialethischen und personalen Elemente unseres Kulturkreises noch einmal besonders akzentuiert werden.

Das Konzept, das in den vorgestellten sieben Aufgaben Gestalt angenommen hat, stellt einen bildungstheoretischen Orientierungsrahmen dar für Vorschläge, was die allgemeinbildende Schule für alle anbieten sollte und wie sie das tun sollte. Es präzisiert, auf was zu achten ist, wenn die Schule Voraussetzungen schaffen möchte für die Personwerdung des Einzelnen und seine reflektierte Teilhabe am gesellschaftlichen, wirtschaftlichen und kulturellen Leben.

Die sieben Aufgaben beschreiben mithin kein Bildungsideal. Sie sind offen für unterschiedliche, auch konkurrierende Ideale individueller Lebensgestaltung. Schulische Allgemeinbildung kann den handlungsfähigen, sich selbst verwirklichenden Erwachsenen nicht garantieren und erst recht nicht "produzieren". Der logische Status der sieben Einzelaspekte, ihre Kennzeichnung als *Aufgaben* der Schule und nicht etwa als Merkmale einer "allgemeingebildeten Persönlichkeit", entspricht der von mir vertretenen Deutung: Allgemeinbildung ist lediglich als gesellschaftlich universalisierte Prämisse individueller Bildung anzusehen.

Daraus folgt: Trotz der Zwangsmittel des Staates, mit denen er zumindest den Besuch der Pflichtschule durchsetzen kann, läßt sich Allgemeinbildung dem Einzelnen nicht aufzwingen. Allgemeinbildung ist eher als Angebot zu verstehen, von dem die Einzelperson Gebrauch machen kann oder nicht. Wenn sich das, was die Erwachsenenwelt per Schule einfordert, zu weit von dem entfernt, was Kinder und Jugendliche für sich selbst wünschen oder fordern, werden sie sich diesem Angebot verweigern.

Viele Allgemeinbildungskonzepte gehen von einer Kategorisierung der erkennbaren Welt, der menschlichen Lebensbereiche oder der Wissenschaften aus (z. B. Derbolav 1975, 1976; Nicklis 1980; Westphalen 1982; Wilhelm 1982, 1985). Eine solche Kategorisierung läßt sich meist mehr oder weniger direkt in eine theoretische Rechtfertigung für einen bestehenden oder alternativen Fächerkanon ummünzen. In dem hier vorgelegten Allgemeinbildungskonzept verzichte ich aus guten Gründen auf eine solche Kategorisierung. Sie würde die Absicht erschweren, die Allgemeinbildungsidee als kritischen Maßstab für die Beurteilung von Fachunterricht heranzuziehen. Denn: Setze ich a priori voraus, daß ein bestimmter Wirklichkeitsausschnitt im Rahmen der allgemeinen Bildung zu berücksichtigen ist, habe ich wenig in der Hand, ein Fach grundsätzlich zu kritisieren, das beansprucht, diesen Wirklichkeitsausschnitt zu vertreten.[104] Im Blick auf das folgende Kapitel dieser Arbeit zugespitzt: Eine Kritik des gängigen Mathematikunterrichts ist auf einer grundsätzlicheren Ebene führbar, wenn nicht von Anfang an vorausgesetzt wird, daß Mathematik (oder mathematisches Denken oder der Aspekt der Mathematisierbarkeit der realen Welt) notwendiger Bestandteil von Allgemeinbildung sein muß. Vielleicht kann man ja auch – das sollte zumindest eine zugelassene Hypothese sein – in unserer Gesellschaft ein "ganzer Mensch" werden, ohne Mathematik zu lernen.[105]

Der bildungstheoretische Orientierungsrahmen, der durch die beschriebenen sieben Aufgaben konstituiert wird, läßt sich auf sehr unterschiedlichen Ebenen zur Kritik der Schul- und Unterrichtswirklichkeit und zur Diskussion von Alternativen heranziehen. Geht man vom Umfassenderen zum Spezielleren und Konkreteren, so lassen sich nennen: Organisation des allgemeinbildenden Schulwesens; Struktur des allgemeinbildenden Fächerkanons (bezogen auf verschiedene Schularten und -stufen); Inhalts- und Methodenwahl innerhalb bestehender Schulfächer (Curricula und Lehrpläne); Unterrichtsgestaltung angesichts vorgegebener Lehrpläne. Und quer zu den genannten Ebenen liegt eine weitere Ebene: die der (Fach-)Lehrerausbildung. Auch wenn man die jeweils umfassendere Ebene als gegeben voraussetzt, lassen sich zu jeder nach- oder nebengeordneten durch einen Bezug auf die vorgestellten sieben Aufgaben sinnvolle Aussagen machen. Da auf allen angeführten Ebenen das schulpädagogische Grundproblem eine Rolle spielt – sprich: die Frage mitentschieden wird, "was und wie an öffentlichen Schulen unterrichtet werden soll" –, erfüllt der hier vorgeschlagene Orientierungsrahmen im Prinzip, was von ihm zu fordern war: Er expliziert die Idee der Allgemeinbildung als ein Kriterium (genaugenommen als ein Bündel dialektisch miteinander verschränkter Kriterien), das auf Unterricht und curriculare Vorgaben für Unterricht anwendbar ist, das insbesondere auch Urteile über Fachunterricht erlaubt. Anders gesagt: Die sieben Aufgaben der allgemeinbildenden Schule, wie sie hier entwickelt wurden, konkretisieren Allgemeinbildung als einen Qualitätsanspruch, an dem schulischer Fachunterricht und Vorgaben für Fachunterricht gemessen werden können.

# 4. Mathematikunterricht unter dem Anspruch von Allgemeinbildung

*Ob die Mathematik Pfennige oder Guineen berechne, die Rhetorik Wahres oder Falsches verteidige, ist beiden vollkommen gleich. ... Die Mathematik vermag kein Vorurteil wegzuheben, sie kann den Eigensinn nicht lindern, den Parteigeist nicht beschwichtigen, nichts von allem Sittlichen vermag sie.*[106]

Johann Wolfgang v. Goethe, um 1820

*Rechnen ist ein Umgang mit Zahlen, den sich mathematisch wache Kinder mit geringer Anleitung ein gutes Stück weit in der Form des Selbstentdeckens zurechtlegen können. Angesichts der vorherrschenden mathematischen Dumpfheit der Erwachsenen wie der Kinder hat man das Rechnen statt dessen in der Schule meist "gepaukt". Es entstand das Paradox, daß das einzige Schulfach, das man durch und durch verstehen kann (denn empirische Naturgesetze, Vokabeln, Grammatik, gesellschaftliche Strukturen muß man ja zunächst einmal weitgehend schlicht als faktisch hinnehmen), zum Fach unverstandenen Auswendiglernens par excellence wurde.*[107]

Carl Friedrich v. Weizsäcker, 1974

*Fuhr vor einigen Jahren noch jeder zehnte Autofahrer zu schnell, so ist es mittlerweile 'nur noch' jeder fünfte. Doch auch fünf Prozent sind zu viele, und so wird weiterhin kontrolliert, und die Schnellfahrer haben zu zahlen.*[108]

Norderneyer Badezeitung, 1991

Weder aus der Idee der Allgemeinbildung noch aus einem Allgemeinbildungskonzept läßt sich für sich genommen ableiten, was an Schulen gelehrt werden soll. Bezogen auf den Mathematikunterricht heißt das: Das hier entwickelte Allgemeinbildungskonzept bringt selbst keine Inhalte hervor, sondern setzt Mathematik als kulturelle Errungenschaft, als gesellschaftliches Faktum, als akademische Wissenschaft und als lehrbares Wissensgebiet voraus.

Doch es ist weder möglich, den Gesamtkomplex der Mathematik zum Gegenstand schulischen Unterrichts zu machen, noch ist es sinnvoll, willkürlich herausgegriffene Teilkomplexe zu unterrichten. Und eine schlichte Fortschreibung der herkömmlichen Schulmathematik ist ebenso unbefriedigend. Begründete Auswahl tut not. Die Kriterien für eine solche Auswahl können nicht aus der Mathematik abgeleitet werden, weil das Problem nicht mathematischer Natur ist. Die pädagogischen Kriterien, die ich unter der Leitidee der Allgemeinbildung versammelt und aufeinander bezogen habe, repräsentieren einen Standpunkt *außerhalb* des Fachs. Sie dienen dazu, innerhalb des Komplexes "Mathematik" zu sichten und zu bewerten, sie bieten Orientierung bei der Auswahl derjenigen Mathematik und derjenigen mathematikspezifischen Lehrverfahren, die dem Allgemeinbildungsauftrag der Schule am besten gerecht werden.

Eine gesellschaftlich etablierte, traditionsreiche und im Alltag eingespielte Praxis wie der Mathematikunterricht zeigt gegenüber Veränderungsversuchen starke Beharrungstendenzen. Die gesellschaftlichen Rahmenbedingungen, unter denen Schule allgemein und Mathematikunterricht im besonderen stattfinden, lassen sich nicht ohne weiteres ändern. Und die gleiche Lehrerschaft, die die gegenwärtige Praxis trägt, muß im wesentlichen jede Erneuerung dieser Praxis tragen – eine Variante des vorangehenden Arguments. Der Weg zu einem verstärkt "allgemeinbildenden" Unterricht kann deshalb nicht ein von außen (durch Schulaufsicht oder universitäre Fachdidaktik) erzwungener sein, sondern nur einer, der auf vielen kleinen Schritten vieler Beteiligter beruht, deren Sinn von ihnen eingesehen wird. Selbst wenn das eine oder andere Merkmal des angestrebten "allgemeinbildenden Mathematikunterrichts" auf den ersten Blick utopisch anmuten mag: Fast alles, was ich im folgenden unter dieser Leitlinie herauszuarbeiten suche, ist bereits in Ansätzen, in Keimen in der gegenwärtigen Praxis auffindbar. Die von mir herangezogenen bildungstheoretischen und pädagogischen Argumente helfen, solche "allgemeinbildenden Keime" in der Unterrichtspraxis zu identifizieren, sie zu kultivieren, sie systematisch zu Kristallisationskernen einer Praxis zu entwickeln, die für die Beteiligten sinnträchtiger und befriedigender ist. Dabei stütze ich mich in vielen Details auf Ansätze, die in der fachdidaktischen Literatur bereits gut elaboriert sind. Der hier entwickelte bildungstheoretische Orientierungsrahmen ersetzt keine fachdidaktischen Theorien. Er eröffnet jedoch eine pädagogische Perspektive, die ein begründetes Abwägen zwischen konkurrierenden fachdidaktischen Ansätzen erlaubt.

Das zugrunde gelegte Allgemeinbildungskonzept bewahrt unter anderem davor, in letztlich doch wieder zu einseitigen Innovationen Allheilmittel zu sehen, die dem verbreiteten Unbehagen am schulischen Mathematikunterricht den Nährboden entziehen könnten. Um ein paar Beispiele zu nennen: Es wäre unter dem Anspruch der Allgemeinbildung eine einseitige Innovation, etwa nur noch alltagspraktisch relevante Mathematik zu lehren – aber es wäre umgekehrt nicht zu rechtfertigen, diese zu vernachlässigen (Stichwort: Lebensvorbereitung); es wäre einseitig, den gesamten Mathematikunterricht auf Anwendungen (oder gar computerbezogene Anwendungen) hin auszurichten – aber es wäre töricht, Anwendungen auszublenden oder auch nur die gegenwärtige Scheu vor ihnen fortzuschreiben (Stichwort: Weltorientierung); es wäre einseitig, nur noch auf allgemeine Weise das Denken schulen zu wollen, beispielsweise durch das Lehren von Heuristiken zum Problemlösen, und dabei die ausgeprägte "materiale" Komponente aller Mathematik zu übersehen – aber es wäre verhängnisvoll, wenn diese formale Geistesschulung überhaupt keinen Wert mehr darstellte (Stichwort: Kritischer Vernunftgebrauch). Die dialektische Struktur des zugrunde gelegten Allgemeinbildungskonzepts kann helfen, derartige Einseitigkeiten zu vermeiden.

Selbstverständlich haben die herausgearbeiteten Aufgaben der allgemeinbildenden Schule für den Mathematikunterricht nicht alle gleiches Gewicht. Es gibt Fächer, in denen beispielsweise die Aufgabe einer Verantwortungserziehung expliziter und direkter angegangen werden kann (etwa Sozialkunde, Ethik, Religion,

Deutsch). Umgekehrt definieren die ersten vier Aufgaben, von der "Lebensvorbereitung" bis zur "Anleitung zum kritischen Vernunftgebrauch", einen in sich vernetzten Komplex menschlichen Wissens und Könnens, zu dem der spezifische Beitrag des Mathematikunterrichts durch kein anderes Fach kompensiert werden kann.

*Zur Konzentration auf die Sekundarstufe I*

Da, wo ich im folgenden konkret werde, beziehe ich mich vor allem auf den Mathematikunterricht in der Sekundarstufe I. Das hat sachliche und persönliche Gründe.

Während in der gymnasialen Oberstufe, vor allem in Leistungskursen, eine maßvolle Spezialisierung mit der Idee der Allgemeinbildung verträglich ist und in der Grundschule die allgemeine Bedeutsamkeit der dort überwiegend behandelten mathematischen Themen gut nachzuvollziehen ist, stellt in der Sekundarstufe I, vor allem in den Jahrgangsstufen 8 bis 10, das Ausbalancieren zwischen Fachspezifität und allgemeinem Anspruch Lehrer und Lehrplangestalter immer wieder vor besondere Probleme. Die Schnittlinie zwischen der Mathematik, die alle Mitbürger ohne Zweifel schon aus alltagspraktischen Gründen beherrschen sollten, und derjenigen, deren allgemeinbildender Sinn nicht mehr so ohne weiteres einzusehen ist, läuft quer durch die Sekundarstufe I. – Der persönliche Grund für die Schwerpunktsetzung ist durch die besonderen Erfahrungen gegeben, die ich als wissenschaftlicher Berater bei der Erarbeitung neuer Mathematik-Lehrpläne für die Sekundarstufe I des Gymnasiums und die Gesamtschule in Nordrhein-Westfalen sammeln konnte.

Gemeinsamkeiten und Kontraste zwischen den Mathematik-Curricula für die Gesamtschule und das Gymnasium hängen mit der Beantwortung von zwei schwierigen Fragen zusammen: Muß grundsätzlich unterschieden werden zwischen einer Mathematik, die tatsächlich für alle Schülerinnen und Schüler gedacht ist, und einer, die sich an diejenigen richtet, die einen akademischen Beruf, zumindest aber das Abitur anstreben? Oder müßte eventuell unterschieden werden zwischen einer Mathematik für die Schüler, die später keinen mathematikintensiven Beruf ergreifen werden, und einer für die, die als Erwachsene einer mathematiknahen Tätigkeit nachgehen wollen? Aus dem zugrundegelegten Allgemeinbildungskonzept ergibt sich, daß derartige Trennungsstriche nicht prinzipieller Art sein können: Was "für alle" gut ist, muß auch für die kognitiv Leistungsfähigeren gut sein. Aber ebenso klar ist, daß sich nicht alle Schüler mit gleichen mathematischen Anforderungen zufriedenstellen lassen. Eine durchgehende Egalisierung verfehlt die Bedürfnisse der Begabteren ebenso wie die Möglichkeiten der weniger Begabten. Das mathematische Kerncurriculum muß Differenzierungen und Erweiterungen zulassen, sowohl innerhalb eines Klassenverbandes und innerhalb einer Schulform wie auch zwischen unterschiedlichen Schulformen. Die denkbare Unterscheidung zwischen einer eher "gymnasialen" und einer eher "gesamtschulspezifischen" Mathematik ist m. E. also keine Unterscheidung, die einen Teil der Schüler von vornherein ausgrenzt, sondern eine, die den Spielraum abzustecken erleichtert, innerhalb dessen ein im Wortsinne allgemeinbildender Mathematikunterricht gestaltet werden kann.

## *4.1 Mathematikunterricht und Lebensvorbereitung*

Nach den Überlegungen in Kapitel 3 meint "Lebensvorbereitung" im vorliegenden Zusammenhang stets "Lebensvorbereitung im engeren Sinne". Im Vordergrund steht der lebenspraktische Nutzen des schulischen Lehrangebots. Es geht um die Vermittlung und Aneignung von Qualifikationen, die außerhalb der Schule, im beruflichen und privaten Lebensalltag, anwendbar und verwertbar sind, und die insofern notwendig sind, als bei ihrem Fehlen eine "normale" Lebensführung eingeschränkt wäre. Weshalb es sinnvoll scheint, diese pragmatische, utilitäre Komponente von Allgemeinbildung analytisch von den anderen Aufgaben der allgemeinbildenden Schule zu unterscheiden, habe ich ausführlich dargelegt: So kann gleichermaßen einer Unterschätzung (Stichwort: Bildungsesoterik) wie Überschätzung (Stichwort: utilitaristischer Reduktionismus) entgegengetreten werden.

Den Beitrag des Mathematikunterrichts zur Lebensvorbereitung zu bestimmen, heißt damit, die zu lernende Mathematik unter dem Gesichtspunkt ihres praktischen Nutzens für die nachwachsende Generation zu beurteilen. Mathematik und mathematische Methoden werden also nicht als Selbstzweck oder als Kulturgut, sondern lediglich als potentielle Hilfsmittel zur Lebensbewältigung ins Visier genommen.

Schon bei flüchtiger Beschäftigung mit diesem Themenkomplex stößt man auf einen eigentümlichen Widerspruch: Einerseits wird immer wieder betont, wie sehr der Fortbestand unserer technischen Zivilisation von einer fundierten mathematischen Ausbildung der nachwachsenden Generation abhänge, und alle paar Jahre kursieren Schreckensmeldungen über den Verfall mathematischer Grundkenntnisse und Grundfertigkeiten bei Kindern, Jugendlichen und Erwachsenen.[109] Andererseits ist immer wieder ernüchternd festzustellen, wie wenig von dem, was seit vielen Jahrzehnten zum eisernen Bestand der Schulmathematik an allgemeinbildenden Schulen gehört, tatsächlich im privaten und beruflichen Alltag von einer Mehrheit der Erwachsenen verwendet wird. Unabhängig von Schulformen und Landesgrenzen (innerhalb wie außerhalb Deutschlands) scheint zu gelten: Fast alles, was über den Standardstoff der ersten sieben Schuljahre hinausgeht, darf, ohne daß sich die Betroffenen merkliche Nachteile einhandelten, vergessen werden. Ein Großteil der üblichen Schulmathematik, und zwar gerade der mathematisch anspruchsvolleren Gebiete, wäre demnach, im früher erläuterten Sinne, nicht lebensnotwendig.

Dieser Widerspruch läßt sich nicht ohne weiteres auflösen. Zur Klärung entwickele ich schrittweise eine differenziertere Einschätzung des Problemkomplexes. Zunächst gebe ich einen Überblick über diejenigen mathematischen Basisqualifikationen und die darauf bezogenen Curriculumelemente, die tatsächlich für die Mehrzahl der heutigen Erwachsenen in privaten und beruflichen Situationen eine nennenswerte Rolle spielen (4.1.1). Eine Zwischenreflexion dient der Herausarbeitung von drei unterschiedlichen Kategorien lebenspraktisch bedeutsamer Mathematik: Mathematik als "Inventar der Lebenswelt", als "Werkzeug" und als "Kommunikationsmedium" (4.1.2). Mittels dieser Unterscheidungen lassen sich dann Defizite des herkömmlichen Mathematikunterrichts im Blick auf die Lebensvorbereitung genauer kennzeichnen: Welche Mathematik von heutzutage lebenspraktischer Bedeutung bzw. welcher Umgang mit ihr wird üblicherweise vernachlässigt (4.1.3)?

Anschließend wende ich mich den Erfordernissen der Berufsvorbildung zu: Wenn zur Lebensvorbereitung (im engen Sinne) auch eine allgemeine Berufsvorbereitung gehört, welcher Stellenwert kommt dann der Vorbereitung auf diejenige Mathematik zu, die in berufliche Ausbildungsgänge integriert ist? Da die Mathematik, die in der zweiten Hälfte der Sekundarstufe I bzw. auf der gymnasialen Oberstufe gelehrt wird, Element oder Basis der beruflichen Ausbildung für eine Vielzahl von Berufen ist, würde sie möglicherweise, selbst wenn man sich auf den Gesichtspunkt der Lebensnützlichkeit beschränkt, in einem anderen Licht erscheinen als in den vorangehenden Überlegungen (4.1.4). Schließlich diskutiere ich die Frage: Macht die für die Gesellschaft wichtige Rekrutierung des Nachwuchses für mathematische und mathematiknahe (kurz: mathematikintensive) Berufe einen Mathematikunterricht für alle notwendig, der in seinen mathematischen Anforderungen deutlich über das hinausgeht, was die Durchschnittsabsolventen brauchen würden? Es müßte dann sozusagen der Gesichtspunkt der *individuellen Lebensnützlichkeit* gegenüber dem einer *kollektiven Nützlichkeit* zurückgestellt werden (4.1.5).

Insgesamt wird sich auf der fachspezifischen Ebene eine Erkenntnis vertiefen, die aus bildungstheoretischer Sicht bereits in Kapitel 3 als zentral erschien:

- Einerseits läßt sich der Gesichtspunkt der Lebensvorbereitung nicht verabsolutieren. Als vorrangiger oder gar konkurrenzloser Ausgangspunkt für eine Curriculumentwicklung führt er unweigerlich in Aporien. Zugespitzt: *Ein Mathematikunterricht, der sich auf unmittelbare Lebensvorbereitung zu beschränken sucht, bereitet unzureichend auf das Leben vor.*
- Andererseits ist der Gesichtspunkt der Lebensvorbereitung als Korrektiv jeder fachbezogenen Curriculumentwicklung unverzichtbar. Die Abstinenz gegenüber alltagspraktischen Verwendungszusammenhängen, die im üblichen Mathematikunterricht so oft auszumachen ist, verträgt sich nicht mit einer zeitgemäßen Auslegung der Allgemeinbildungsidee. Ebenfalls zugespitzt: *Die Ausklammerung des Nützlichkeitsaspekts beraubt den Mathematikunterricht, denkt man an die Mehrheit der Schülerinnen und Schüler, seiner potentiellen Bildungswirkungen.*

### 4.1.1 Mathematik als Hilfsmittel im privaten und beruflichen Alltag

Welche Mathematik bzw. welche mathematikhaltigen Qualifikationen verwenden Erwachsene in unserer Gesellschaft als Hilfsmittel in ihrem privaten und beruflichen Alltag? Der berufliche Alltag derjenigen Minderheit, die in ausgesprochen mathematikintensiven Berufen tätig ist, bleibe dabei ausdrücklich ausgeklammert.

Obwohl es meines Wissens keine empirischen Studien gibt, in denen diese Frage *repräsentativ* untersucht wird, weisen die an Teilpopulationen und zu spezielleren Fragestellungen erhobenen Ergebnisse eine derart hohe Konvergenz auf, daß der weiter unten von mir aufgestellte Katalog als recht brauchbare Annäherung betrachtet werden kann.[110] Zudem wird jeder Erwachsene in unserer Gesellschaft, der sich aufgrund eigener Beobachtungen ein eigenes Urteil zu bilden sucht, diese Ergebnisse im großen und ganzen bestätigen können: Die Fakten, um die es hier geht, sind gleichsam als Elemente einer geteilten gesellschaftlichen Erfahrung für jedes Gesellschaftsmitglied durch Reflexion von Alltagswissen offen zugänglich. – Der unten angeführte Katalog berücksichtigt folgende Untersuchungen:

- Raatz (1974) interviewte einerseits Ausbildungsleiter und Personalchefs nach den mathematischen Mindestkenntnissen und Mindestfertigkeiten von Betriebsangehörigen, andererseits direkt Arbeitnehmer, überwiegend mit Facharbeiterqualifikation, "an ausgewählten Arbeitsplätzen mit hohen mathematischen Anforderungen" (a. a. O., S. 43ff). Es wurden die "Bereiche" Elektronische Datenverarbeitung, Verwaltung, Technische Büros und Produktion erfaßt.
- In England befragte das *Sheffield Region Centre for Science and Technology* eine repräsentative Stichprobe von Industriebetrieben der Region nach den Mathematikkenntnissen, die von Jugendlichen im ersten Jahr ihrer Beschäftigung gebraucht werden (Knox 1977).
- Ebenfalls englische Verhältnisse wurden in dem großangelegten Projekt "Mathematics in Employment (16 - 18)" untersucht, das sich auf Arbeitsplatzbeobachtungen und Interviews stützte (Fitzgerald/Rich 1981). Ergebnisse dieser Studie flossen in den Cockroft-Report ein, der der Reform des Mathematikunterrichts in Großbritannien eine neue Basis zu geben versuchte (Cockroft u. a. 1982).
- In einer österreichischen Studie wurde die Verwendung von Mathematik am Arbeitsplatz von Beschäftigten mit Abitur untersucht, also eine gänzlich andere Population als in den bisher genannten Untersuchungen erfaßt (Borovcnik u. a. 1981, vgl. auch Peschek 1981).
- In einer Fallstudien-Serie befragte ich im Sommer 1989 mittels halbstrukturierter anderthalbstündiger Interviews eine nicht-repräsentative Gruppe von zehn berufstätigen Erwachsenen beiderlei Geschlechts, Akademiker und Fachhochschulabsolventen – darunter keine Mathematiker, Naturwissenschaftler und Lehrer – nach ihrer Mathematikverwendung im beruflichen und privaten Alltag.[111]

Trotz der gravierenden Unterschiede der berücksichtigten Populationen in Bildungsniveau, aktueller Tätigkeit, Alter und Nationalität stimmen die Ergebnisse in erstaunlichem Maße überein. Eine Essenz bietet der folgende Katalog:

*Mathematische Inhalte und inhaltsbezogene Qualifikationen, auf die Nicht-Mathematiker nach Abschluß ihrer Ausbildung im Alltag bisweilen zurückgreifen:*[112]

- *Arithmetischer Bereich:* Anzahlbestimmungen; Beherrschung der Grundrechenarten (je nach Komplexität "im Kopf" oder schriftlich); Rechnen mit Größen, Kenntnis der wichtigsten Maßeinheiten, Durchführung einfacher Messungen

(vor allem Zeit und Längen); Rechnen mit Brüchen mit einfachen Nennern in anschaulichen Kontexten; Rechnen mit Dezimalbrüchen; Ausrechnen von Mittelwerten (arithmetisches Mittel); Prozentrechnung; Zinsrechnung; Schlußrechnung ("Dreisatz"); Durchführung arithmetischer Operationen mit einem Taschenrechner; Grundfertigkeiten im Abschätzen und Überschlagen.
- *Geometrischer Bereich:* Kenntnis elementarer regelmäßiger Figuren (Kreis, Rechteck, Quadrat etc.) und Körper sowie elementarer geometrischer Beziehungen und Eigenschaften (Rechtwinkligkeit, Parallelität etc.); Fähigkeit zur Deutung und Anfertigung einfacher graphischer Darstellungen von Größen und Größenverhältnissen (Schaubilder, Diagramme, Karten) sowie von Zusammenhängen zwischen Größen mittels kartesischer Koordinatensysteme.

Selbstverständlich weist dieser Katalog unscharfe Ränder auf. Es gibt viele mathematikscheue Erwachsene, denen selbst Anwendungen der Prozent- und Zinsrechnung oder des Dreisatzes – also der vergleichsweise "höchsten" in obigem Katalog aufgeführten Mathematik – große Schwierigkeiten bereiten, die sich deshalb in Situationen, in denen sich persönliche Entscheidungen auf entsprechende Rechnungen stützen ließen, lieber auf andere verlassen: etwa auf den Anlageberater ihrer Bank oder den Verkäufer, die ihnen "mathematikfrei" erklären, welche Geldanlage oder welches Produkt für sie am günstigsten sei. Umgekehrt gibt es einfache Anwendungen der elementaren Algebra (z. B. das "Formelumstellen"), die in manchen handwerklichen und technischen Berufen eine gewisse untergeordnete Rolle spielen (vgl. Raatz 1974, S. 60). Generell ist festzustellen, daß der "Dreisatz" als Berechnungsverfahren beim Vorliegen proportionaler Zusammenhänge dem (mathematisch eleganteren und allgemeineren) Verfahren des Aufstellens und Lösens einer linearen Gleichung von Nicht-Mathematikern vorgezogen wird. In den von mir durchgeführten Fallstudien-Interviews zeigte sich das ausnahmlos auch bei den Probanden, die das Hantieren mit Gleichungen "handwerklich" durchaus beherrschten.

Damit bestätigt sich zunächst einmal: Was an Mathematik im Alltag verwendet wird, ist – gemessen am durchschnittlichen Gymnasial-, aber durchaus auch am Hauptschul-Curriculum – recht wenig. Und obwohl in den letzten Jahrzehnten immer mehr gesellschaftliche Bereiche einer intensiven "Mathematisierung" unterzogen wurden – von der industriellen Fertigung und betrieblichen Planung bis zum Marketing, von der statistischen Erfassung aller Lebensbereiche bis zu Wahlprognosen, von der wissenschaftlichen Forschung in traditionell mathematiknahen Gebieten wie der Physik bis hin zur Linguistik und Geschichtswissenschaft –, gibt es kaum Hinweise auf einen Bedarfszuwachs mathematischer Qualifikationen *im Alltag*, der dieser zunehmenden Mathematisierung entspräche. Ganz im Gegenteil, die Verlagerung anspruchsvoller Mathematik in Computer bzw. aufwendig konstruierte Software stellt dem Nutzer scheinbar problemlose "Werkzeuge" zur Verfügung, denen "von außen" die in sie investierte Mathematik nicht mehr anzusehen ist. Und die effektive Nutzung solcher Werkzeuge setzt keineswegs komplexe mathematische Qualifikationen voraus.

Bei genauer Betrachtung des obigen Katalogs wird aber ein weiteres Phänomen deutlich: Obgleich das, was im üblichen Mathematikunterricht gelehrt wird, weit über das lebenspraktisch Gebrauchte hinausgeht, wird ein Teil der angeführten Basisqualifikationen nur randständig, beiläufig, ja halbherzig gefördert. Das betrifft insbesondere: Fähigkeiten und Fertigkeiten im quantitativen Abschätzen, Überschlagen und Erkennen von Größenordnungen sowie die Interpretation und Handhabung von Daten in Tabellen und graphischen Darstellungen. Beiden Bereiche gemeinsam ist: Entsprechende Qualifikationen lassen sich nicht ohne weiteres auf das Abarbeiten von Algorithmen (d. h. eindeutige Ketten von Handlungsschritten) zurückführen, wie sie für weite Teile der Schulmathematik charakteristisch sind. Es lassen sich demgemäß auch nicht ohne weiteres Übungsaufgaben mit rezeptartigen Lösungsschemata und eindeutigen Lösungen konstruieren. Weshalb in einem zeitgemäßen allgemeinbildenden Mathematikunterricht diese Bereiche nicht derart vernachlässigt werden dürften, soll im übernächsten Abschnitt näher erläutert werden.

### 4.1.2 Zwischenreflexion: Mathematik im Alltag als Inventar der Lebenswelt, als Werkzeug und als Kommunikationsmedium

Ein Kind, das in unserer Kultur aufwächst, lernt Menschen und Tiere, Bäume und Wolken, Häuser und Autos, Bücher und Fernsehgeräte als Elemente seiner Lebenswelt zu unterscheiden und zu bezeichnen. Ganz ähnlich wird es nach und nach, vor und während seiner Schulzeit, vertraut mit den Worten und dem "normalen Gebrauch" der Worte für Zählzahlen, zugehörige Ziffern und andere mathematische Symbole, für Kreise und Rechtecke, für Kugeln, Pyramiden usw. Denn Mathematik in Gestalt mathematischer Symbole für Ziffern, Zahlen und Rechenoperationen sowie elementarer geometrischer Formen ist ebenfalls Bestandteil seiner Lebenswelt. Derartige mathematische Gegenstände, die ein Vorfeld für bewußt angeeignete Mathematik bilden, lassen sich treffend als "Inventar der Lebenswelt" charakterisieren. Ohne ihre Kenntnis bliebe die alltägliche Umgebung um vieles fremder und unverständlicher. Umgekehrt erwächst aus ihrer Kenntnis eine Grundorientierung, die sich bereits als Keim der angestrebten Weltorientierung verstehen läßt.

Ein Teil des Qualifikationskatalogs in Abschnitt 4.1.1 bezieht sich schlicht auf mathematisches "Inventar der Lebenswelt" im erläuterten Sinne. Die Kenntnis dieses Inventars ist eine wichtige, häufig gar nicht reflektierte Voraussetzung für jede intensivere Auseinandersetzung mit Mathematik, wie sie in unserer Gesellschaft bereits in der Grundschule anhebt. Die Lernschwierigkeiten von Kindern in Naturvölkern, die plötzlich, von einer Generation zur anderen, beschult und mit einem abendländisch geprägten Mathematik-Curriculum konfrontiert werden, ohne daß ihre alltägliche Umgebung das mathematische "Inventar" aufwiese, das für westliche Industrieländer so charakteristisch ist, verdeutlichen die Wichtigkeit dieser Art von Vorprägung (vgl. Gay/Cole 1967, Mitchelmore 1980, zusammenfassend auch Bishop 1988, S. 20ff).

Auf der Ebene des Inventars verbleibt der praktische Nutzen noch im Vorfeld der Verwendung von Mathematik als Hilfsmittel, die im Zusammenhang mit ihrem alltagspraktischen Nutzen in erster Linie interessiert. Eine Klassifizierung von Hilfsmitteln als "Werkzeuge" bzw. "Medien" läßt sich aus dem gegenständlich-technischen Bereich auf die Mathematik übertragen und erlaubt es, zwei unterschiedliche Verwendungsweisen von Mathematik im Alltag zu unterscheiden. Betrachten wir zunächst einige allgemeine Merkmale technischer Geräte, die als Hilfsmittel zur Lebensbewältigung und -erleichterung dienen.

Wenn ich ein technisches Produkt als Hilfsmittel (Werkzeug, Prothese, Fahrzeug o. ä.) gebrauche, interessiert mich dieses Produkt in der Regel nicht als solches. Nur solange ich die sachgemäße Verwendung des Hilfsmittels noch nicht beherrsche, schenke ich ihm und seiner Handhabung Aufmerksamkeit. Sobald die Lernphase abgeschlossen ist, "vergesse" ich das Hilfsmittel weitgehend und konzentriere mich auf das, was ich mit seiner Hilfe erreichen will. Das gilt in ganz ähnlicher Weise auch für den Gebrauch natürlicher Organe: Beim Gehen konzentriere ich mich nicht auf die Beine, beim Hören nicht auf das Ohr. Beim Erlernen des Klavierspiels konzentriere ich mich auf meine Finger, beim geläufigen Spielen "vergesse" ich sie. Die Gehlensche Deutung der Technik als Organersatz, -entlastung und -überbietung (1961, S. 93ff) macht die Übertragung des Merkmals der Nicht-Konzentration von natürlichen Organen auf künstliche Hilfsmittel plausibel.

Des weiteren setzt der effektive Umgang mit technischen Produkten (oder natürlichen Organen) in der Regel nicht voraus, daß ihr Funktionieren in einem tieferen Sinne verstanden ist – weder meine Brille oder mein Fernsehgerät (als technische Geräte) noch mein Auge (als Organ) muß ich in ihren biologischen und physikalischen Funktionen begriffen haben, um mich ihrer mit Nutzen bedienen zu können.

Offensichtlich treffen diese Merkmale auf mathematische Hilfsmittel, die im Alltag für praktische Zwecke eingesetzt werden, nur mit gewissen Einschränkungen zu. Selbst ein sehr routinemäßiger Einsatz von Mathematik als Hilfsmittel – etwa das Eintippen von Zahlen in einen Rechner – bedarf einer gewissen Aufmerksamkeit, einer gewissen geistigen Kontrolle für das Mathematische dieser Aktivität. Beim schriftlichen Addieren von Zahlenkolonnen z. B. – noch vor gar nicht langer Zeit eine Routinetätigkeit für Verkäufer – klinkt man sich für kurze Zeit aus dem jeweiligen Kontext – hier der Verkaufssituation – aus und konzentriert sich auf die mathematische Aktivität des Addierens. Erst dann, wenn das Addieren an ein Instrument wie den Taschenrecher delegiert wird, kann ich es mir als Mathematiknutzer leisten, diesem Vorgang meine Aufmerksamkeit zu entziehen. Verallgemeinernd: Der Einsatz kognitiver Hilfsmittel beansprucht gegenüber dem Einsatz äußerer technischer Hilfsmittel einen Rest von Konzentration für das Hilfsmittel selbst. Allerdings läßt sich davon ausgehen, daß auch beim Einsatz kognitiver Hilfsmittel darauf verzichtet werden kann, das "Funktionieren" dieses Hilfsmittels zu verstehen, wenn sein Gebrauch als Algorithmus darstellbar ist.

Was ist dem allgemeinen Sprachgebrauch nach der Unterschied zwischen einem Werkzeug und einem Medium? Die Metapher des Werkzeugs ist dem handwerklichen Bereich entlehnt: Ein Werkzeug im ursprünglichen Sinne wird ge"hand"habt, mit der Hand geführt, um einen Zweck zu verwirklichen, welcher der bloßen Hand nur schwer oder gar nicht erreichbar wäre. Im übertragenen Sinne bezeichnet der Terminus "Werkzeug" dann ein Hilfsmittel für das aktive Handeln: Ein Werkzeug ermöglicht oder erleichtert dem Handelnden bestimmte Eingriffe in seine Umwelt, die diese Umwelt partiell und zweckhaft verändern. Werkzeuge in diesem Sinne sind außer den bekannten Werkzeugen des Handwerkers beispielsweise Löffel und Gabel, Schreibgeräte, Zeichengeräte, Taschenrechner.

Ein Medium hingegen ermöglicht oder erleichtert die Information bzw. den Austausch von Information: Es dient zur Wahrnehmung, zur Mitteilung und zur Kommunikation. Technische Produkte, die eher als Medium denn als Werkzeug einzustufen wären, sind etwa: Brille, Hörgerät, Telefon, Fernsehgerät, Tafel, Heft, Buch.

Während die Klassifikation technischer Hilfsmittel und Vorrichtungen in Werkzeuge und Medien unvollständig bleibt (so bilden etwa Transportmittel eine hier nicht berücksichtigte Kategorie) und darüber hinaus nicht immer trennscharf ist (Beispiel: Computer), lassen sich zwei Hauptarten des Gebrauchs von Mathematik als Hilfsmittel mittels dieser Unterscheidung recht gut kennzeichnen.

Gehen wir von dem Katalog in Abschnitt 4.1.1 aus, so kann man alles, was dort an Rechentechniken angeführt ist, dem Bereich des "Werkzeugs" zuschlagen: Mittels Rechenoperationen erzeuge ich aus gegebenen Zahlen- und Größenangaben neue, die ich für einen bestimmten Zweck benötige: etwa um beim Kauf mehrerer Waren den Gesamtpreis zu ermitteln (Addition von Dezimalzahlen), um die Zinsen auf meinem Sparbuch zu kontrollieren (Zinsrechnung), um den Benzinverbrauch meines Autos zu berechnen (Dreisatz, Division, Multiplikation).

Dagegen dienen quantitative Angaben (Anzahlen und Meßergebnisse) sowie ihre Anordnung in Tabellen, graphische Darstellungen, Veranschaulichungen quantitativer und topologischer Zusammenhänge durch Bilder, Zeichnungen, räumliche Modelle der Mitteilung, der Information. Mitunter steht die Präzisierung qualitativer sprachlicher Mitteilungen im Vordergrund (wenn es statt "auf dem Parkplatz stehen Autos" heißt "... stehen sieben Autos"); mitunter geht es auch umgekehrt um die Ersetzung "härterer" quantitativer Informationen durch "weichere", ganzheitlich erfaßbare (wenn etwa statt der ausgezählten Stimmen bei einer Wahl die relativen Anteile der Parteien in einem Kreisdiagramm wiedergegeben werden). In diesen Fällen dient die Mathematik primär als Kommunikationsmedium. Die Entschlüsselung solcher mathematikhaltiger Botschaften setzt selbst gewisse mathematische Grundqualifikationen, eine Einübung in den Umgang mit ihnen, eine hinreichende "Praxis" voraus. Und die aktive Verwendung von Mathematik als Medium setzt ihrerseits den Gebrauch von Mathematik als Werkzeug voraus.

Zusammengefaßt: Mathematik als Werkzeug zu gebrauchen, heißt, sich ihrer operativen Möglichkeiten zu bedienen; sie als Medium zu verwenden, bedeutet, ihre darstellenden Möglichkeiten zu nutzen. In beiden Fällen steht die Mathematik als solche nicht im Zentrum des Interesses, da sie nur als Mittel für einen Zweck in einem außermathematischen Kontext verwendet wird. Im Unterschied zu technischen

Werkzeugen bedarf der Einsatz von Mathematik als "kognitives Werkzeug" jedoch einer gewissen Aufmerksamkeit für die mathematische Aktivität. Die passive Nutzung von Mathematik als Medium ist auf diese Aufmerksamkeit nicht angewiesen, wenn der entsprechende Gebrauch in hinreichendem Maße internalisiert und routinisiert ist. Doch im Unterschied zum Gebrauch vieler technischer Produkte als Medien (z. B.: Brille, Fernsehgerät) setzt der sinnvolle Gebrauch von Mathematik als Medium intensive und bewußte Lernprozesse voraus: Eine Graphik spricht nur scheinbar für sich selbst; ihre sachgemäße Entschlüsselung, das Verstehen ihrer "Botschaft" ist in hohem Maße an vorausgegangene Lernprozesse gebunden.

### 4.1.3 Desiderata lebenspraktisch bedeutsamer Mathematik in den traditionellen Curricula

Offensichtlich steht im herkömmlichen Mathematikunterricht der operative Aspekt, der Werkzeuggebrauch also, im Vordergrund. Der darstellende Aspekt, der Gebrauch von Mathematik als Kommunikationsmedium, wird eher beiläufig mitgelernt, selten ausdrücklich thematisiert, nicht zur "eigentlichen Mathematik" gezählt. Das ist problematisch, weil in alltagspraktisch bedeutsamen Verwendungssituationen eine zunehmende Verschiebung zu erkennen ist: Weg vom Gebrauch als Werkzeug, hin zum Gebrauch als Medium. Wenn wir zunächst von einer Stagnation des Alltagsgebrauchs von Mathematik in der privaten und beruflichen Praxis Erwachsener ausgegangen sind, so erweist sich diese Einschätzung bei genauerer Betrachtung als zu pauschal. Insgesamt hat zwar der Alltagsgebrauch von Mathematik innerhalb der letzten drei Jahrzehnte nicht auffällig zugenommen. Aber der Gebrauch als Werkzeug ist deutlich zurückgegangen, und der als Medium hat an Bedeutung gewonnen. Als *Werkzeug* ist die Mathematik des Alltags seit dem Aufkommen von Taschenrechnern und Computern zunehmend in diese technischen Produkte verlagert worden: Andererseits haben genau diese Produkte vielfältige neue Möglichkeiten eröffnet, Mathematik als *Medium* zu nutzen.

Inhaltlich ist die darstellende Mathematik im gesellschaftlichen Alltag einerseits an elementare Geometrie und deskriptiv verwendete Funktionen geknüpft, andererseits an Statistik und Wahrscheinlichkeitsaussagen. Quantifizierte Informationen, mit denen wir täglich durch Presse und Fernsehen überschüttet werden, betreffen meist statistische Daten oder Prognosen. Obwohl längst in den aktuellen Lehrplänen aller Schulformen verankert, werden Statistik und Wahrscheinlichkeitstheorie im Vergleich zu den "klassischen" schulmathematischen Lernbereichen (Arithmetik, Algebra, Geometrie) noch immer stiefmütterlich behandelt.

Zusammenfassend ist also eine Vernachlässigung der darstellenden und mitteilenden Aspekte von Mathematik im Alltag zu konstatieren, eine unzureichende Einübung in und Reflexion von Mathematik als Kommunikationsmedium. Damit ist ein *erstes Desiderat* der Schulmathematik im Blick auf ihre Lebensnützlichkeit benannt.

Die Verlagerung der "operativen" Alltagsmathematik in technische Geräte läßt ein zweites Desiderat erkennbar werden: Es steigt der Bedarf an Überwachung der Prozesse, die nun Maschinen anvertraut sind. Nicht mehr das präzise Ausführen von Rechnungen im Kopf oder auf dem Papier steht im Vordergrund, sondern die Kontrolle der Eingaben, das Überschlagen oder Abschätzen der zu erwartenden Ergebnisse, zumindest der Größenordnung. Diese Verlagerung hat ihre Parallele in Prozessen, die mit zunehmender Industrialisierung und Automatisierung zur Veränderung beruflicher Qualifikationen im produzierenden Gewerbe geführt haben. Es kommt immer weniger darauf an, Werkzeuge – in wörtlicher wie übertragener Bedeutung – selbst zu handhaben, als die Technik, die diese Arbeiten erledigt, zu überwachen, auf fehlerhafte Prozesse und Produkte aufmerksam zu werden, "Qualitätskontrolle" auszuüben. Für einen vernünftigen Umgang mit Mathematik als Hilfsmittel im Alltag sind diese Veränderungen keineswegs nur negativ zu bewerten. Wenn von Lehrern und Eltern beklagt wird, daß die Sicherheit im elementaren Rechnen den heutigen Kindern und Jugendlichen mehr und mehr abhanden kommt, wird dabei unausgesprochen die Möglichkeit ausgeschlossen oder zumindest abgewertet, daß etwas anderes an die Stelle dieser ehemals so lebenswichtigen Qualifikationen tritt. Dabei eröffnet diese Entwicklung die Chance, im Unterricht viel genauer den Kontext zu thematisieren, der solchen Rechnungen erst Sinn verleiht.

Zusammenfassend läßt sich ein *zweites Desiderat* also wie folgt kennzeichnen: In Verbindung mit dem operativen Einsatz von Mathematik sollten mehr kontrollierende und einordnende mathematische Aktivitäten gepflegt werden, wie Überschlagen, Abschätzen, richtiges Einschätzen von Größenordnungen.

Beim Nachdenken darüber, welche mathematischen Qualifikationen im Alltag unverzichtbar sind, wird ein drittes Desiderat in der üblichen Schulmathematik in seiner grundsätzlichen Bedeutung häufig nicht wahrgenommen. Ich hole etwas aus.

Mathematik im Alltag hat immer einen Anwendungskontext. Die Anwendungskontexte, die für die üblichen Alltagsanwendungen den Rahmen geben, werden im mathematischen Elementarunterricht meist implizit mitgelernt. So gibt es zu all den mathematischen Basisqualifikationen, die der Katalog in Abschnitt 4.1.1 auflistet, verbreitete Situationen – ich nenne sie "Standard-Situationen" –, in denen der Gebrauch der jeweiligen Mathematik, als Werkzeug oder auch als Medium, vernünftig und zweckmäßig ist. Anders gesagt: Für diese Standard-Situationen gibt es mathematische Standard-Modelle, deren Angemessenheit im Alltag unhinterfragt vorausgesetzt wird: etwa, daß der Gesamtpreis einer Menge von Waren durch Addition der Einzelpreise zu ermitteln ist (bei Gewährung von Rabatt trägt das Modell bereits nicht mehr); oder, daß man per Dreisatz vom gegebenen Preis einer Warenmenge auf den Preis einer anderen Menge der gleichen Ware schließen kann (Proportionalität von Ware und Preis wird stillschweigend unterstellt); oder, daß man die Bodenfläche eines Zimmers (mit rechteckigem Grundriß) durch "Länge" mal "Breite" bestimmt. Nicht zuletzt, weil im üblichen Unterricht nur selten darüber reflektiert wird, ob bei Standard-Anwendungen die Modellvoraussetzungen erfüllt sind, haben viele Schüler Schwierigkeiten, Mathematik, die sie im Prinzip beherrschen, in Situationen anzuwenden, die sich von den gewohnten Standard-Situationen unterscheiden. Schon bei den üblichen "eingekleideten Aufgaben", die innerhalb der Schulmathematik einen Anwendungsbezug häufig nur vortäuschen, tritt diese Problematik zum Vorschein. Viele Schüler mogeln sich mit oberflächlichen Strategien durch, die zu einem scheinbaren Erfolg führen: Man probiert z. B., mit den in der Aufgabe angegebenen Zahlen die Art von Rechnung durchzuführen, die zuletzt im Unterricht durchgenommen wurde, oder man übernimmt einfach die Rechnung aus einer zuvor im Unterricht durchgesprochenen Musteraufgabe, usw. Daß viele Schüler auch bei sogenannten *Kapitänsaufgaben* – Nonsense-Aufgaben nach dem Muster "Auf einem Schiff befinden sich 10 Schafe und 25 Ziegen. Wie alt ist der Kapitän?" – auf derartige Strategien zurückgreifen, ist oft zum Anlaß genommen worden, den herkömmlichen Mathematikunterricht zu kritisieren (vgl. etwa Winter 1985, S. 7ff; Baireuther 1990, S. 215f; Baruk 1989, S. 29ff).

Im folgenden unterscheide ich idealtypisch zwischen "Standard-Anwendungen" – Anwendungen in allgemein verbreiteten und immer wiederkehrenden "Standard-Situationen" – und "Nichtstandard-Anwendungen" – Situationen betreffend, in denen keineswegs von vornherein klar ist, ob und wie Mathematik angewendet werden kann. Der Mathematikunterricht müßte mit ihnen unterschiedlich umgehen.

Der gängige Gebrauch, den Kinder, Jugendliche und Erwachsene im Alltag von Mathematik machen, spielt sich in Standard-Situationen ab: in Situationen des Abzählens, des Kaufens, des Messens, des Anteil-Bestimmens usw. Die Kopplung "Situation – benötigte Mathematik" ist dabei gleichsam selbstverständlich. Was man in der betreffenden Situation mathematisch zu tun hat, wird nicht isoliert und auf schulische Lernsituationen begrenzt erlebt, sondern findet ein Resonanzfeld in der alltäglichen Umgebung der Kinder, z. B. beim Abzählen des Geschirrs, wenn für Besuch aufzudecken ist, beim Einkaufen, beim Abmessen der Raumhöhe, wenn tapeziert werden soll, beim Umrechnen eines Backrezepts auf die anderthalbfache Menge usw. Anders ausgedrückt: Bei Standard-Anwendungen ist Mathematik von vornherein verknüpft mit Standard-Modellierungen, die keiner besonderen Reflexion mehr bedürfen, weil sie sich immer wieder ganz praktisch bewähren und durch konkrete Alltagshandlungen einen hohen Grad von Anschaulichkeit gewinnen. Daß dem so ist, ist keine Eigentümlichkeit der jeweiligen Mathematik, sondern ein soziales Phänomen. Die Standard-Anwendungen umreißen in ihrer Gesamtheit die *mathematische Alltagskultur*. Sie sind durch gesellschaftliche Konventionen abgesichert und werden im Normalfall von jedermann gleichartig interpretiert. Welche mathematischen Aktivitäten der mathematischen Alltagskultur im einzelnen zuzurechnen sind, wird durch eine gesellschaftlich etablierte Erwartungshaltung bestimmt. Während Unverständnis für Mathematik im großen und ganzen eher als Kavaliersdelikt eingestuft wird, ist das mathematische Versagen in Standard-Situationen, bei Standard-Anwendungen peinlich: Der oder die Betreffende wird dann nicht für ganz voll genommen, wie jemand, der nicht lesen oder schreiben kann.

Im Falle von "Nichtstandard-Anwendungen" müssen hingegen geeignete Mathematisierungen – oder, wie ich meist sage: mathematische Modellierungen – erst nachvollzogen, gesucht oder sogar erfunden werden. Eine gegebene Situation muß gedeutet werden. Die Sachstruktur der Situation, des Problems muß erschlossen oder rekonstruiert werden; sie muß in mathematischen Begriffen formuliert, durch mathematische Strukturen abgebildet werden, und mathematisch gefundene Resultate wiederum sind in ihrer Bedeutung für das Ausgangsproblem zu interpretieren. Ohne stützende Alltagserfahrung ist das offenbar schwierig. Viele Schüler, vor allem schwächere, ziehen deshalb die "pure" Mathematik den als zu anspruchsvoll erlebten Anwendungen vor. Die Probleme einer anwendungsorientierten Schulmathematik, die sich ernsthaft auf Nichtstandard-Anwendungen einläßt, diskutiere ich in den Abschnitten zur Weltorientierung und zum kritischen Vernunftgebrauch. Hier sei zunächst festgehalten: Ein mathematisch reflektierter Umgang mit Nichtstandard-Anwendungen, so wünschenswert er ist, gehört sicher nicht zu den Qualifikationen, die für die Mehrheit der Schulabgänger lebensnotwendig ist.

Standard-Anwendungen bereiten den meisten Schülern und Schulabgängern weniger Mühe, werden aber in der Regel unreflektiert gehandhabt. Hervorgehoben wurde bereits, daß die (fließende) Grenze zwischen Standard- und Nichtstandard-Anwendungen vom Stand der mathematischen Alltagskultur abhängt. Dieser läßt sich seinerseits vom schulischen Mathematikunterricht nur indirekt beeinflussen. Meine These ist, daß der für eine Hebung der mathematischen Alltagskultur entscheidende Faktor keineswegs der vermittelte "Stoff" ist: Nicht nur das Gymnasium, sondern auch die anderen allgemeinbildenden Schultypen bieten davon seit Generationen wesentlich mehr an, als schließlich im Alltag Verwendung findet. Wäre der schulisch vermittelte und abgeprüfte Stoff entscheidend, müßten wir schon längst eine ganz andere mathematische Alltagskultur haben. Viel entscheidender scheint zu sein, wie mit dem Stoff umgegangen wird, welche Erfahrungen mit Mathematik und ihren Anwendungen der Mathematikunterricht ermöglicht. Die folgende Überlegung ist spekulativ, aber gewiß nicht unplausibel: Wenn es gelänge, zu einem reflektierteren Umgang mit der im Alltag relevanten Mathematik anzuleiten, ein stärkeres Bewußtsein für die Beziehung zwischen Sachproblemen und darauf bezogenen mathematischen Modellen zu entwickeln, könnte das auf den Umgang mit Nichtstandard-Anwendungen ausstrahlen. Eine Folge könnte sein, daß auch von Schulabgängern, die sich nicht beruflich auf die Anwendung von Mathematik spezialisieren, besser von dem rationalen Potential der Mathematik Gebrauch gemacht würde: daß auch in Nichtstandard-Situationen die Schwelle gesenkt würde, sie daraufhin zu prüfen, ob man mit Hilfe von Mathematik nicht zu besseren Problemlösungen kommen könnte, oder umgekehrt, daß öfter gefragt würde, ob eine naheliegende Mathematisierung das, um was es eigentlich geht, nicht verfehlt (zu problemunangemessenen Mathematisierungen vgl. etwa Dewdney 1994). Voraussetzung wäre natürlich, daß generell Fragen der Anwendung von Mathematik im Schulunterricht eine gewichtigere Rolle spielten, daß die Schulmathematik ihre Selbstgenügsamkeit und weitgehende Isolierung vom "wirklichen Leben" aufgäbe.

Damit läßt sich nun das angekündigte *dritte Desiderat* wie folgt umschreiben: Elementaren Anwendungen der zu lernenden Mathematik ist mehr Aufmerksamkeit zu schenken. Standard-Anwendungen sollten zum Gegenstand unterrichtlicher Reflexion gemacht werden, sollten öfter hinterfragt und zum Anlaß genommen werden, über die Beziehung von Sachsituation und mathematischem Modell nachzudenken – im Sinne einer Propädeutik des mathematischen Modellierens.

Die soeben entwickelten Vorstellungen greifen ersichtlich über den Gesichtspunkt der Lebensvorbereitung im engeren Sinne hinaus. Wer in einem eher traditionell angelegten Mathematikunterricht und durch praktische Erfahrungen außerhalb der Schule gelernt hat, mit den üblichen mathematischen Standard-Anwendungen zurechtzukommen, der ist – beim gegenwärtigen Stand der mathematischen Alltagskultur in unserer Gesellschaft – auf die Erfordernisse dieses Alltags auch dann hinreichend vorbereitet, wenn er nicht über das Verhältnis von praktischem Problem und mathematischem Modell zu reflektieren vermag, wenn er also die Modelle naiv als gegeben hinnimmt. Ein Unterricht, in dem zu solch weitergehenden Reflexionen angeleitet wird, vermittelt bereits mehr als lebensvorbereitende Mathematik im engen Sinne. Daß dieses "Mehr" andererseits unter dem Anspruch der hier vertretenen Vorstellung von Allgemeinbildung unverzichtbar ist, wird sich zeigen, wenn wir die Frage prüfen, was der Mathematikunterricht zur Weltorientierung und zum kritischen Vernunftgebrauch beitragen kann.

Fassen wir die bisherigen Überlegungen zusammen: Unter dem Gesichtspunkt der Lebensvorbereitung kommt der Mathematikunterricht nicht umhin, die Schüler mit denjenigen mathematischen Basisqualifikationen auszurüsten, die gegenwärtig im beruflichen und privaten Alltag in unserer Gesellschaft tatsächlich verwendet werden. Unter Berücksichtigung der Entwicklungstendenzen, die mit dem Technologieschub in der Mikroelektronik verknüpft sind, scheinen jedoch einige Neuakzentuierungen bei der Vermittlung dieser Basisqualifikationen unabdingbar: Bei der operativen (als Werkzeug gebrauchten) Mathematik ist stärkeres Gewicht auf kontrollierende Aktivitäten zu legen, wie Abschätzen, Überschlagen, Größenordnungen erkennen. Technische Hilfsmittel sollten für die rein algorithmischen Prozesse zuverlässig genutzt werden können. Weiter ist der darstellenden Mathematik im Verhältnis zur operativen ein höheres Gewicht einzuräumen (Mathematik als Kommunikationsmedium). Insbesondere sollten die elementaren Grundlagen der Statistik und Wahrscheinlichkeitsrechnung mit ihren Anwendungen im sozialen, politischen und ökologischen Bereich entschiedener thematisiert werden. Generell ist elementaren Anwendungen der zu lernenden Mathematik mehr Aufmerksamkeit zu schenken. Die Erarbeitung von alltagsrelevanten Standard-Anwendungen ließe sich in Richtung auf eine Propädeutik mathematischen Modellierens bereichern.

Diese Akzentuierungen implizieren nicht nur eine (relativ gelinde) Modifikation des traditionellen Stoffkatalogs, sondern mehr noch einen anderen Umgangs mit dem zu lernenden Stoff im Unterricht. Da viele der geforderten mathematischen Aktivitäten "weicher", prozeßhafter und kommunikationsintensiver sind als das algorithmusbetonte und ergebnisfixierte Arbeiten, das dem herkömmlichen Mathematikunterricht eigentümlich ist, besteht der Hauptinnovationsbedarf auf dem Gebiet der Unterrichtsgestaltung.

### 4.1.4 Mathematik in der beruflichen Ausbildung

Bislang habe ich lediglich gefragt, wie die allgemeinbildenden Schulen auf mathematische Anforderungen vorbereiten können, die in Situationen des beruflichen und privaten *Alltags* allgemein verbreitet sind. Davon zu unterscheiden ist die Frage, ob und in welchem Ausmaß mathematische Anforderungen der *Berufsausbildungen* zu berücksichtigen sind – wobei ausgesprochen mathematikintensive Berufe (Mathematiker, Physiker, Informatiker, Ingenieure etc.) aus diesen Überlegungen auch weiterhin zunächst noch ausgeklammert bleiben sollen.

Mathematik ist Bestandteil einer großen Zahl von Ausbildungsgängen für praktische wie akademische Berufe. Mathematische Fertigkeiten und Kenntnisse sind außerdem häufig Prüfungsgegenstand in Einstellungstests. Ein Problem ergibt sich daraus, daß Mathematik in der beruflichen Ausbildung in einem Ausmaß vorausgesetzt, gelehrt und abgeprüft wird, das in keinem plausiblen Verhältnis zu dem mathematischen Wissen und Können steht, das im Berufsalltag der entsprechenden Berufe erforderlich ist (vgl. Sträßer 1984, S. 57ff).

Dennoch stellt sich die Frage, ob wir bei der Bestimmung lebenswichtiger mathematischer Qualifikationen den Kreis bisher nicht zu eng gezogen haben. Denn selbstverständlich ist von den allgemeinbildenden Schulen zu fordern, daß sie ihren Absolventen ein möglichst breites Spektrum von Berufswahlmöglichkeiten erschließen. Wer nach seinem allgemeinbildenden Schulabschluß in einem Einstellungstest an mathematischen Aufgaben scheitert, oder wer nicht den Anschluß an die Mathematik findet, mit der er im Rahmen seiner Berufsausbildung konfrontiert wird – ob es das Fachrechnen des Augenoptikers oder die induktive Statistik für die zukünftige Psychologin ist –, wird der Schule zu Recht vorwerfen, sie habe ihn nicht ausreichend auf das Leben vorbereitet. Und das gilt auch dann, wenn sich die mathematischen Anteile der Berufsausbildung über weite Strecken als disfunktional gegenüber den tatsächlichen Anforderungen am Arbeitsplatz herausstellen sollten. Wir müßten also unterscheiden zwischen einer *Lebensnotwendigkeit ersten Grades* (welche mathematischen Qualifikationen sind für praktische Lebenssituationen, berufliche und private, tatsächlich relevant?) und einer *Lebensnotwendigkeit zweiten Grades*, die gewissermaßen durch das Ausbildungssystem künstlich erzeugt wird.

Um das damit aufgeworfene Problem hinreichend differenziert angehen zu können, ohne mich allzusehr in Details der beruflichen Ausbildung zu vertiefen, gehe ich wie folgt vor: Ich beschreibe drei grundlegende Charakteristika, in denen der Mathematikunterricht im Rahmen beruflicher Ausbildungsgänge (d. h. Mathematik an Teilzeitberufsschulen, Mathematik an Vollzeitberufsschulen sowie Mathematik im Rahmen universitärer Berufsausbildung) tendenziell vom Mathematikunterricht an allgemeinbildenden Schulen abweicht. Dann wende ich mich kurz dem Problem von Mathematikaufgaben in Eignungstests zu. Abschließend frage ich: Inwieweit müßte die allgemeinbildende Schule im Rahmen ihrer Verpflichtung zur Lebensvorbereitung mathematische Anforderungen beruflicher Ausbildungsgänge ausdrücklich (und eventuell gründlicher als gegenwärtig üblich) berücksichtigen?

*Drei verbreitete Charakteristika berufsbezogenen Mathematikunterrichts*

Bei den folgenden Charakterisierungen vernachlässige ich die enormen Unterschiede, die durch das mathematische Anspruchsniveau in verschiedenen Berufsausbildungen definiert werden oder auch durch die unterschiedlichen mathematischen Qualifikationen, die beispielsweise ein durchschnittlicher Hauptschüler bzw. Abiturient durch die allgemeinbildende Schule vermittelt bekommen hat.

(1) Es besteht eine bemerkenswerte Diskrepanz zwischen dem Anspruch, berufsbezogene oder berufsnahe mathematische Qualifikationen zu vermitteln, und der Einlösung dieses Anspruchs. Für die meisten beruflichen Tätigkeiten ist nur sehr oberflächlich bekannt, ob und welche mathematischen Qualifikationen im Berufsalltag praktisch gebraucht werden. Häufig wird ein Berufsbezug nur dadurch hergestellt, daß mathematische Standard-Schulstoffe künstlich – über "eingekleidete Aufgaben" – mit dem betreffenden Berufsfeld in Verbindung gebracht werden. Es spricht vieles dafür, daß berufsspezifische mathematikhaltige Qualifikationen eher implizit "on the job" gelernt werden und als solche den Betroffenen häufig gar nicht bewußt werden.

(2) In vielen berufsbezogenen Ausbildungsgängen steht der Werkzeugaspekt der Mathematik stark im Vordergrund.[113] Das führt unterrichtspraktisch dazu, daß mathematische Verfahren überwiegend wie Rezepte vermittelt und anhand von weitgehend normierten Standardanwendungen eingeübt werden. Weder innermathematische Begründungen noch Reflexionen über die Angemessenheit der Anwendungen spielen eine nennenswerte Rolle. Gegenüber dem durchschnittlichen Berufsschulunterricht weist der vielgescholtene Standard-Unterricht an allgemeinbildenden Schulen bei vergleichbaren Stoffgebieten erheblich mehr Reflexionen und Begründungen sowie erheblich weniger schematische und rezeptartige Vorgehensweisen auf. Der Übergang vom Mathematikunterricht der allgemeinbildenden Schulen zu dem der Berufsschulen geht also tendenziell mit einer Senkung des Reflexionsniveaus einher. (Auf ein vergleichbares Problem stößt man im Rahmen der akademischen Ausbildung bei Lehrgängen, in denen Mathematik als Hilfswissenschaft angeboten wird – z. B. Statistik für Mediziner, Sozialwissenschaftler, Psychologen.)

(3) Angesichts der mangelnden Passung zwischen vermittelter und am Arbeitsplatz benötigter Mathematik schlägt praktisch – ob gewollt oder nicht – ein berufsunspezifischer, allgemeiner Selektionseffekt durch. Diejenigen, die die mathematischen Anforderungen in ihrer beruflichen Ausbildung bewältigen, sind nicht unbedingt für ihren speziellen Beruf besser geeignet, sondern allgemein anpassungsfähiger, flexibler, intelligenter oder mathematisch begabter, je nach Niveau und Ausrichtung der betreffenden Mathematikkurse. In den mathematischen Lehrgängen der beruflichen Ausbildung wird somit eine Auslese dupliziert, bestätigt und in Einzelfällen möglicherweise korrigiert, die bereits an der allgemeinbildenden Schule stattgefunden hat. Mit anderen Worten: Innerhalb der be-

ruflichen Ausbildung dienen (nicht nur, aber besonders) die mathematischen Anteile einer Vergewisserung der allgemeinen Eignung der Berufsaspiranten. Die Diskussion über Schlüsselqualifikationen läßt sich u. a. so verstehen, daß – wenn es schon nicht möglich ist, gezielt Qualifikationen zu vermitteln, die im beruflichen Alltag unmittelbar gebraucht werden – diese allgemeine Eignung zweckmäßiger über multiple Kriterien zu ermitteln wäre.

*Eignungstests*

Eignungstests zielen auf eine Selektion geeigneter Bewerber für die angebotenen Ausbildungsplätze. In der Regel enthalten solche Tests auch Mathematikaufgaben. Diese umfassen vorwiegend traditionelle Stoffe des Curriculums für die Sekundarstufe I, z. B. schriftliches Rechnen mit Dezimalbrüchen, Rechnen mit Größen, Schlußrechnung, Prozentrechnung, geometrische Berechnungen (vgl. Lörcher 1980, S. 130). Die abgeprüften mathematischen Qualifikationen decken sich also weitgehend mit denen, die in Abschnitt 4.1.1 als relevant für das Alltagsleben von Nicht-Mathematikern aufgeführt wurden. Die Selektion stützt sich somit auf ein Qualifikationsbündel, das man als "Fitneß für die mathematische Alltagskultur" bezeichnen könnte – mit dem Haken allerdings, daß es sich dabei über weite Strecken um die mathematische Alltagskultur von gestern handelt: die im vorigen Abschnitt herausgestellten Änderungstendenzen blieben bislang in solchen Eignungstests weitgehend unberücksichtigt. Schulabgänger scheitern in derartigen Tests oft, weil die für das Abarbeiten der Aufgaben benötigten Rezepte (Algorithmen) nicht abrufbereit zur Verfügung stehen und mangels Übung die Sicherheit im Detail fehlt.

Fassen wir zusammen: Zwischen dem herkömmlichen Unterricht an allgemeinbildenden Schulen und den mathematischen Anforderungen, die in Eignungstests und in der beruflichen Ausbildung gestellt werden, tut sich in der Tat eine Lücke auf. Diese Lücke würde sich erheblich verkleinern, wenn die in Abschnitt 4.1.3 erläuterten Desiderata im allgemeinbildenden Unterricht ernstgenommen würden, wenn also die lebensnotwendige Mathematik "erster Ordnung" stärker präsent wäre und intensiver in die darüber hinausgehenden Stoffe integriert würde. Damit entfiele auch die Notwendigkeit, kurz vor dem Ende der Sekundarstufe I besondere "Crash-Kurse" zur Vorbereitung auf Berufseignungstests anzubieten. Die Lücke, die dann trotzdem noch verbleibt, läßt sich nicht auf vernünftige Weise von den allgemeinbildenden Schulen schließen. Hier wäre die einzig sinnvolle Lösung eine Reform des Mathematikunterrichts an Berufsschulen (und in Analogie dazu auch ein anderes Konzept für die mathematischen Einführungskurse für Nichtmathematiker an Universitäten). Da eine rezeptartige Vermittlung von Mathematik für spezielle berufliche Zwecke zunehmend antiquiert erscheint, kann die Forderung nur lauten, auch die Mathematik im Rahmen beruflicher Ausbildung an allgemeinbildenden Gesichtspunkten zu orientieren, dabei allerdings die Anwendungsbezüge verstärkt auf das jeweilige Berufsfeld zu beziehen.[114] Dahinter steht die These, daß die mathematische Kompetenz für einen bestimmten Beruf weniger durch die

Ansammlung isolierter mathematikhaltiger Einzelqualifikationen optimiert werden kann – diese werden "on the job" erworben –, sondern, etwas salopp gesagt, durch eine *berufsfeldspezifisch gefärbte Fitneß für die mathematische Alltagskultur*: durch die Entwicklung von Zahlgefühl, von geometrischem (vor allem räumlichem) Vorstellungsvermögen, durch aktiven Umgang mit Tabellen, Diagrammen und Zeichnungen, durch Einsichten in die Funktion von Mathematik in unterschiedlichen (berufsfeldspezifischen) Sachzusammenhängen.

### 4.1.5 Rekrutierung des Nachwuchses für mathematikintensive Berufe

Bislang wurde der Frage nach der Nützlichkeit bzw. Lebensnotwendigkeit von Mathematik ausschließlich mit Blick auf diejenigen Schüler nachgegangen, die später *keinen* mathematikintensiven Beruf ergreifen werden. Obschon diese Schüler bei weitem in der Mehrzahl sind, soll die Minderheit der Schüler nicht außer Betracht bleiben, die nach ihrer Schulzeit Mathematik als Haupt- oder Nebenfach an einer Fachhochschule oder Universität studieren wird. Unbestreitbar ist eine gründliche mathematische Schulbildung für diese Teilpopulation, die den Nachwuchs für mathematische, naturwissenschaftliche und anspruchsvolle technische Berufe repräsentiert und für die Reproduktion der technisch-naturwissenschaftlichen Zivilisation eine wichtige Rolle spielt, auch von erheblichem *lebenspraktischen* Nutzen.

Damit tritt ein Problem hervor, das m. E. in der Regel unterbewertet oder gar verdrängt wird: Unter dem Gesichtspunkt der Lebensvorbereitung müßte ein allgemein verpflichtender Mathematikunterricht für diejenige Mehrheit der Schüler, die sich später keinem mathematikintensiven Beruf widmen wird, in eine andere Richtung optimiert werden als einer, der vorrangig der Nachwuchsrekrutierung für mathematische und mathematiknahe Berufe dienen soll. Der Kern des Problems besteht nicht darin, daß der für die Mehrheit zu wünschende Mathematikunterricht dem zukünftigen Mathematiker schaden würde. Aber es ist nicht auszuschließen, daß er ihm zu wenig an breitem mathematischen Grundwissen und spezifischem fachlichen Training bietet. Und es könnte sein, daß es für die notwendige Verankerung dieses Grundwissens und fachlichen Trainings nach Abschluß der allgemeinbildenden Schule bereits zu spät ist. Auf der Basis dieser Überlegungen läßt sich deutlich machen, daß der Mathematikunterricht, wie er gegenwärtig praktiziert wird, einen unbefriedigenden Kompromiß darstellt. Ich pointiere bewußt:

- Im herkömmlichen Mathematikunterricht hat sich die Mehrheit der Kinder und Jugendlichen eine Menge sehr spezieller Wissenselemente und sehr spezieller Fertigkeiten anzueignen, für die sie später nie mehr Verwendung haben wird, von denen kein feststellbarer Transfer ausgeht und die sie zum größten Teil sehr schnell wieder vergessen wird. Dieser Sachverhalt macht den herkömmlichen Mathematikunterricht für einen großen Teil der nachwachsenden Generation zu einer über weite Strecken überflüssigen Veranstaltung.

- Umgekehrt bietet der herkömmliche Mathematikunterricht damit einer mathematisch empfänglichen Auslese der Schüler die Chance, sich ohne zusätzlichen Aufwand nach Beendigung der allgemeinbildenden Schulzeit der Ausbildung in einem mathematikintensiven Beruf zu widmen.

Das Dilemma des herkömmlichen Mathematikunterrichts besteht also – überspitzt formuliert – darin, daß die späteren Nicht-Mathematiker viel an spezieller Mathematik lernen müssen, damit die späteren Mathematiker usw. das für sie notwendige Minimum mitbekommen. Um Hinweise zu gewinnen, wie dieses Dilemma zu vermeiden sein könnte, gehe ich so vor: Kontrastierend und exemplarisch erläutere ich anhand des Musikerberufs, wie der Nachwuchs in anderen anspruchsvollen Berufen rekrutiert wird, die nachweislich nur dann erfolgversprechend ausgeübt werden können, wenn früh mit einem speziellen Training begonnen wird. Es ist aufschlußreich, die Parallelen und Unterschiede in der schulischen Vorbereitung musikalischer und mathematischer Berufe einander gegenüberzustellen. Anschließend entwerfe ich ein Szenario, in dem einige Elemente des Musiker-Modells auf die Nachwuchsrekrutierung für mathematikintensive Berufe übertragen werden.

*Exkurs: Nachwuchsrekrutierung für Musikerberufe*

Der Beruf eines Instrumentalmusikers ist – von wenigen Ausnahmen abgesehen – allen verschlossen, die nicht frühzeitig beginnen, ein Instrument zu spielen. Frühzeitig heißt: am besten vor dem zehnten Lebensjahr, allerspätestens mit dem dreizehnten oder vierzehnten. Die Vorbereitung auf musikalische Berufe wird in unserer Gesellschaft nicht staatlicherseits – also über instrumentalen Pflichtunterricht in der allgemeinbildenden Schule –, sondern privat organisiert – dadurch, daß Eltern ihre Kinder von privaten Musiklehrern oder an Musikschulen ausbilden lassen. Der Musikunterricht an Pflichtschulen kann sich deshalb auf die späteren Nicht-Musiker konzentrieren, und er kann dabei das Spezialkönnen der nebenschulisch ausgebildeten Instrumentalisten, der potentiellen Musik-"Experten", miteinbeziehen und für die Unterrichtsgestaltung fruchtbar machen.[115] Das Problem der Nachwuchsrekrutierung für Musikerberufe kann also als gelöst gelten. Die Randbedingungen, die diese Lösung ermöglichen, sind allerdings sorgfältig zur Kenntnis zu nehmen:

- Der nebenschulische Instrumentalunterricht für die eigenen Kinder ist für die Eltern mit Sozialprestige verknüpft und gilt auch dann nicht als Fehlinvestition, wenn sich die Kinder nicht für einen Musikerberuf entscheiden; eher umgekehrt: die Qualifikation "ein Musikinstrument beherrschen" wird ähnlich wie etwa "Tanzenkönnen" als Bereicherung normaler bürgerlicher Berufe bewertet, als Schlüssel zu nebenberuflicher Selbstverwirklichung – der Musikerberuf selbst hingegen steht auch heute bisweilen noch im Ruf einer "brotlosen Kunst".
- Für Kinder aus weniger vermögenden Familien besteht – in Anbetracht der hohen Kosten für privaten Instrumentalunterricht – kaum Chancengleichheit.

- Der gesellschaftliche Bedarf an Berufsmusikern ist erheblich geringer als der Bedarf an mathematisch qualifizierten Berufstätigen.
- Die Leistungsfähigkeit einer modernen Volkswirtschaft hängt sehr viel stärker von der Qualifikation der mathematisch-naturwissenschaftlich-technischen Elite ab als von der Qualifikation einer musikalischen Elite.

*Ein Szenario für den künftigen Mathematikunterricht*

Aus den aufgeführten Gründen ist das Modell der Musiker-Nachwuchsrekrutierung nicht auf den Mathematikernachwuchs übertragbar. Überlegenswert wäre m. E. hingegen, ob nicht auch dann, wenn sowohl die allgemeine als auch die spezielle mathematische Lebensvorbereitung in der Verantwortung der allgemeinbildenden Schule verbliebe, eine konsequentere äußere Differenzierung, die sich an das Musiker-Modell anlehnt, das eingangs beschriebene Dilemma entschärfen könnte. Ein dreistufiges Szenario dafür könnte wie folgt aussehen:

*Erste Stufe.* Für alle Schüler gemeinsam wird an der Grundschule und an jeder Schulform der Sekundarstufe I (Hauptschule, Realschule, Gymnasium, Gesamtschule) bis zum Ende der Klasse 8 ein allgemeinbildender Mathematikunterricht angeboten. Dieser Unterricht ist verpflichtend und vermeidet konsequent Themen, die nur fachspezialistisch motiviert sind. (Als fachspezialistisch bezeichne ich Themen, die hauptsächlich deshalb niemand aus dem mathematischen Standard-Curriculum zu streichen wagt, weil später im Rahmen des Standard-Curriculums wieder auf sie zurückgegriffen wird – Beispiele siehe unten.) Großer Wert wird in diesem gemeinsamen Unterricht gelegt auf *Fitneß für die mathematische Alltagskultur*, (d. h. flüssigen Umgang mit den in Abschnitt 4.1.3 aufgeführten pragmatisch-lebensvorbereitenden Inhalten und Techniken, einschließlich der allgemein berufsvorbereitenden), auf *exemplarische Vertiefungen* entsprechend den Überlegungen, die ich unter den Stichworten *Kulturelle Kohärenz*, *Weltorientierung* und *Kritischer Vernunftgebrauch* anstellen werde, sowie auf eine *Unterrichtskultur*, wie sie in späteren Abschnitten dieses Kapitels beschrieben wird.

*Zweite Stufe.* Ab Klasse 9 setzt dann eine äußere Differenzierung ein:

- Der Mathematikunterricht für diejenigen Schülerinnen und Schüler, die sich die Wahl eines mathematikintensiven Berufs offenhalten wollen, die mathematische Neigungen zeigen und von ihren Lehrern (?) als hinreichend mathematisch befähigt eingeschätzt werden, vertieft gezielt fachliche Aspekte. Unter anderem wird das Handwerkszeug des Mathematikers trainiert (von Termumformungen bis zum Beweisen), und es werden systematisch Sachgebiete behandelt, die für die "Nicht-Mathematiker" nicht mehr obligatorisch sind, die aber als Voraussetzung für eine intensivere Beschäftigung mit Mathematik als bedeutsam erachtet werden, z. B. quadratische Gleichungen, Trigonometrie, Potenzen und Logarithmen.
- Für alle anderen Schüler wird der allgemeinbildende Unterricht unter den generellen Zielsetzungen fortgesetzt, die bereits für die Klassen 1 bis 8 beschrieben wurden – selbstverständlich unter Berücksichtigung der gewachsenen kognitiven

Fähigkeiten und des veränderten Interessenhorizonts der nun 14- bis 17-jährigen. Deskriptive Statistik (z. B. in Gestalt der Explorativen Datenanalyse) könnte eine größere Rolle spielen als im herkömmlichen Unterricht. Denkbar wäre auch ein kreativer Umgang mit neuen Computer-Werkzeugen wie der Tabellenkalkulation und Geometrie-Software. In diesem Unterricht für die Mehrheit wäre durchaus Raum (bei entsprechender Leistungsfähigkeit und Interesse der Lerngruppe) für Wagenscheinsche Vertiefungen innermathematisch und mathematikhistorisch bedeutsamer Themen, für Untersuchungen der Satzgruppe des Pythagoras oder zahlentheoretischer Phänomene, für die Beschäftigung mit nicht-linearen Funktionen im Zusammenhang mit interessanten Anwendungen.

Die Unterschiede zwischen den Differenzierungsniveaus könnten dabei an den verschiedenen Schulformen unterschiedlich definiert werden.

*Dritte Stufe.* In der gymnasialen Oberstufe schließlich werden die Schülerinnen und Schüler, die das Abitur anstreben, konsequent getrennt unterrichtet, etwa den heutigen Grund- und Leistungskursen entsprechend. Inhaltlich bestehen hingegen deutliche Unterschiede zur gegenwärtigen Praxis:

- Die Grundkurse neuer Art werden nicht länger als "verdünnte Leistungskurse" geführt, sondern koppeln sich weitgehend vom herkömmlichen Oberstufencurriculum ab: Analysis und Lineare Algebra sind nicht mehr obligatorisch. Stattdessen steht eine Vertiefung anwendungs- und alltagsorientierter Mathematik im Vordergrund, vorwiegend im Zusammenhang mit stochastischen Themen und unter Einbeziehung des Computers als mathematisches Werkzeug.[116]
- Auch in den Leistungskursen, die inhaltlich nicht ganz so weitgehend umgestaltet werden müßten, wäre eine Umgewichtung zugunsten stochastischer Themen erwägenswert. Hier würde allerdings dem Ziel, angemessene Voraussetzungen für das Hochschul- oder Fachhochschulstudium von Mathematik im Haupt- oder Nebenfach zu schaffen, Priorität zukommen.

Um Mißverständnissen vorzubeugen: Auch für den fachlich intensiveren Mathematikunterricht in den Klassen 9/10 und die Leistungskurse in der gymnasialen Oberstufe wird der allgemeinbildende Anspruch nicht außer Kraft gesetzt. Insbesondere dürften Unterschiede zwischen den Differenzierungsniveaus nicht die Anforderungen an eine *allgemeinbildende Unterrichtskultur* berühren, die im weiteren Verlauf von Kapitel 4 noch herausgearbeitet werden. Die angestrebte stärkere Orientierung an fachsystematischen Aspekten ist also nicht gleichzusetzen mit einem Freibrief für eine fachspezialistische Einigelung dieser Veranstaltungen. Und umgekehrt bedeutet die Einrichtung von Kursen "für die Mehrheit" nicht, daß der mathematische Geist, das, was mathematisches Denken gegenüber einem mathematisch naiven Alltagsdenken auszeichnet, aus ihnen zu verbannen wäre – wie es ja auch Aufgabe eines allgemeinbildenden Musikunterrichts bleibt, den musikalischen Laien eine Ahnung vom Geist der Musik zu vermitteln. Ein wichtiges Ziel des Mathematikunterrichts für die Mehrheit wäre es, der Abspaltung des alltäglichen vom mathematischen Denken, die bei so vielen Absolventen des herkömmlichen Mathematikunterrichts zu konstatieren ist, durch Orientierung am potentiellen Horizont des späteren Nicht-Mathematikers vorzubeugen.

Das vorgestellte Szenario ist als Diskussionsanstoß zu lesen. Es ist sicher nicht ausgereift und läßt viele Fragen offen: Was berechtigt zu der Hoffnung, daß Schüler, Lehrer und Eltern zu Beginn der Klasse 9 eine vernünftige Wahl treffen? Sind die Schüler nicht noch zu jung für derart weitreichende, die spätere Berufswahl tangierende Entscheidungen? Welche Möglichkeiten gibt es, nachträglich die getroffene Wahl zu korrigieren? – Andererseits ist zu bedenken, daß die späteren Berufswahlmöglichkeiten durch die frühe Entscheidung für eine der Schulformen des viergliedrigen Schulsystems in weit höherem Maße beeinflußt werden. Das Prinzip der Chancengleichheit bleibt m. E. in obigem Szenario gewahrt.

Wichtig ist es, sorgfältig abzuwägen zwischen den genannten Problemen auf der einen Seite und dem Grundproblem auf der anderen, dem das vorgestellte Szenario Rechnung zu tragen sucht: daß ein Mathematikunterricht für alle, der lebenspraktische Anforderungen ernst nimmt, ein unzureichender Mathematikunterricht für die späteren Spezialisten ist; und daß umgekehrt ein Mathematikunterricht, der die späteren Spezialisten angemessen vorbereitet, für alle anderen nur wenig lebensvorbereitenden Wert hat. Die Annahme, daß die schulische Beschäftigung mit Mathematik per se allgemeinbildend sei, ist das verbreitetste Rechtfertigungsargument für den herkömmlichen Mathematikunterricht. Diese Annahme und die daraus gezogene Folgerung, daß man alle Schüler über weite Strecken ihrer Schulzeit in den gleichen Unterricht schicken dürfe, verschleiert das dargelegte Grundproblem. Und aus diesem Grunde scheint mir das verbreitete Unbehagen am herkömmlichen Mathematikunterricht berechtigter als die Beschwichtigungsversuche seiner Apologeten.

### 4.1.6 Zusammenfassung

Erwachsene, die nicht in mathematikintensiven Berufen tätig sind, verwenden in ihrem privaten und beruflichen Alltag nur relativ wenig Mathematik – was über den Stoff hinausgeht, der üblicherweise bis Klasse 7 unterrichtet wird (Prozentrechnung, Zinsrechnung, Schlußrechnung), spielt später kaum noch eine Rolle. Allerdings spiegeln sich die Änderungen der mathematischen Alltagskultur, die sich vor allem durch das Eindringen des Computers in alle Lebensbereiche ergeben haben, in den gängigen Mathematik-Curricula noch kaum wieder: In der Schulmathematik konzentriert man sich noch immer sehr auf den Gebrauch von Mathematik als Werkzeug – im gesellschaftlichen Umfeld hingegen ist Mathematik als Kommunikationsmedium immer bedeutsamer geworden. In der Schulmathematik steht nach wie vor das Abarbeiten von Algorithmen im Vordergrund – im gesellschaftlichen Umfeld werden "weichere" Aktivitäten, die häufig nicht zur Mathematik gerechnet werden, immer wichtiger: Abschätzungen, Umgang mit Größenordnungen, Interpretationen von Graphiken und Tabellen, einfache mathematische Modellierungen. Der Mathematikunterricht müßte diesen Tendenzen ausdrücklich Rechnung tragen.

Eine Reform des Mathematikunterrichts an allgemeinbildenden Schulen darf zwar nicht unter Außerachtlassung der mathematischen Inhalte vorgenommen werden, die in beruflichen Ausbildungsgängen verlangt werden; da in diesen der allgemeine Selektionsaspekt aber meist bestimmender ist als der tatsächliche Bedarf in der beruflichen Praxis, spricht wenig gegen eine Verschlankung der Curricula im Bereich der klassischen Schulmathematik. Vielmehr böte sich an – das stünde auch im Einklang mit dem Ruf nach einer Förderung von Schlüsselqualifikationen –, die für den allgemeinbildenden Unterricht vorgeschlagenen Reformen gleich auf die Mathematik innerhalb der beruflichen Bildung auszudehnen.

Ein Grundproblem, das eventuell nicht über eine einheitliche Gestaltung des Mathematikunterrichts für alle Schüler in den Griff zu bekommen ist – selbst wenn man unterschiedliche intellektuelle Anspruchsniveaus zuläßt –, besteht darin, daß eine angemessene mathematische Lebensvorbereitung für die Mehrheit der späteren Nicht-Mathematiker nicht kompatibel ist mit dem, was für die späteren Mathematiker (im weiteren Sinne) ideal wäre. Als Lösungsmöglichkeit könnte über eine frühere äußere Differenzierung nachgedacht werden, etwa ab Klasse 9. Die bis heute noch vorherrschende Ideologie, daß die übliche Schulmathematik als solche allgemeinbildend sei, müßte dann allerdings verabschiedet werden. Was der Mathematik als allgemeinbildender Wert zugeschrieben werden kann, müßte sich trotz einer solchen äußeren Differenzierung für beide Teilgruppen fruchtbar machen lassen.

## *4.2 Mathematikunterricht und kulturelle Kohärenz*

Welchen Beitrag kann der Mathematikunterricht zur Stiftung kultureller Kohärenz leisten? – Auf der Basis der in Abschnitt 3.2 getroffenen Unterscheidungen wende ich mich zunächst dem *diachronen* Aspekt zu, der Frage also, inwieweit der Mathematikunterricht – durch Tradierung wichtiger kultureller Errungenschaften – der kulturellen *Kontinuität* dient. Anschließend erweitere ich den Reflexionshorizont um den *synchronen* Aspekt und frage nach Möglichkeiten des Mathematikunterrichts, über die Vermittlung *zentraler Ideen* zur *kulturellen Kohärenz* beizutragen. Dieser Untersuchung ist der weitaus größere Teil des Unterkapitels gewidmet.

### 4.2.1 Der Beitrag des Mathematikunterrichts zur Tradierung von Mathematik

Ohne Zweifel tradiert schulischer Mathematikunterricht Mathematik – unabhängig davon, wie gut oder schlecht er im einzelnen durchgeführt wird, und unabhängig davon, ob sich Schüler und Lehrer seiner Tradierungsfunktion bewußt sind. Ob und in welchem Maße er jedoch durch diese Tradierung dazu beiträgt, daß Schülerinnen und Schüler, im Sinne des vorgelegten Allgemeinbildungskonzepts, eine reflektierte kulturelle Identität gewinnen können, ist weitaus schwieriger zu beantworten.

Drei Ebenen der Tradierung von Mathematik lassen sich unterscheiden: die der mathematischen Alltagskultur, die der Schulmathematik und die der Wissenschaft Mathematik. Für jede dieser Ebenen läßt sich die Tradierungsfunktion des Mathematikunterrichts gesondert betrachten.

*Der Beitrag der Schule zur Kontinuität der mathematischen Alltagskultur*

Wie schon in Kapitel 3 ausgeführt wurde, gibt es elementare Gegenstände des Mathematikunterrichts, deren Weitergabe an die nachwachsenden Generationen keine Tradierung um ihrer selbst willen darstellt, sondern gleichermaßen der Lebensvorbereitung dient. Inhaltlich entspricht dieser Teil des Curriculums dem in Abschnitt 4.1.1 umrissenen Minimalkanon.

Die in diesem Minimalkanon angeführten mathematischen Themen und der Umgang mit ihnen decken weitgehend das ab, was für die Teilhabe an der mathematischen *Alltagskultur* unserer Gesellschaft erforderlich ist. Indem sich der Mathematikunterricht diesen Gegenständen widmet, sorgt er für die Reproduktion eines einmal erreichten Standes der Zivilisation, für die ein Kernbestand mathematischen Könnens charakteristisch ist. Änderungen dieses Minimalkanons spiegeln (meist mit erheblicher zeitlicher Verzögerung) den *Wandel* der mathematischen Alltagskultur, wie anhand der veränderten Rolle der Statistik, des Umgangs mit Daten und überhaupt anhand der vermehrten Verwendung von Mathematik als Kommunikationsmedium im vorausgehenden Unterkapitel verdeutlicht wurde.

Die schulische Tradierung desjenigen Standards mathematischen Könnens, der im privaten und beruflichen Alltag in unserer Gesellschaft verbreitet ist, einschließlich seiner behutsamen Anpassung an neuere gesellschaftliche und technologische Entwicklungen, steht somit für *Stiftung kultureller Kontinuität* in einem sehr elementaren Sinne. Dieser Beitrag der Schule zur Kontinuität der mathematischen Alltagskultur wird auch in absehbarer Zukunft unverzichtbar sein. Und er dient zudem einem fachunabhängigen Ziel, auf dessen pädagogische Bedeutung bereits hingewiesen wurde (Abschnitt 3.2.4): der Verständigung zwischen den Generationen, durch die Pflege eines generationsübergreifenden Korpus an Wissen und Können.

Kann schulischer Mathematikunterricht die Kontinuität der mathematischen Alltagskultur auch gefährden? Eine mittlerweile historische Reform, die überstürzte Einführung der "Neuen Mathematik" Ende der sechziger Jahre, bietet dafür ein bemerkenswertes Beispiel. Für das weitgehende Scheitern dieser Reform lassen sich zwar viele unterschiedliche Gründe nennen (vgl. Damerow 1984, S. 36ff). Ein wesentlicher aber, der häufig übersehen wird, war der: Das Prinzip der kulturellen Kohärenz wurde eklatant verletzt, die Kontinuität der mathematischen Alltagskultur war durch diese Reform in Frage gestellt. Viele Eltern verstanden nicht mehr, was ihre Kinder in der Grundschule im Fach Mathematik lernen sollten, die Verständigung zwischen den Generationen gestaltete sich in einem vermeintlich basalen Wissensgebiet unerwartet schwierig. Und von einer Anwendbarkeit der neuen Inhalte in alltäglichen Situationen konnte keine Rede sein.[117] Der Konservativismus der Eltern (und weitgehend auch der Lehrer) hatte in diesem Falle also einen rationalen Kern. Die partielle Rücknahme der Reform setzte den mathematischen Elementarunterricht als Mittler für die Kontinuität der mathematischen Alltagskultur, die zwischenzeitlich gefährdet schien, wieder ein.

Folgendes Fazit läßt sich ziehen: In der schulischen Tradierung elementarer mathematischer Inhalte, die für die Aufrechterhaltung der mathematischen Alltagskultur notwendig erscheint, kommt eine Wechselwirkung zwischen Schule und außerschulischer Gesellschaft zum Ausdruck. Der mathematische Elementarunterricht trägt zweifellos zur kulturellen Kohärenz in einem grundlegenden Sinne bei.

*Der Beitrag der Schule zur Kontinuität der Schulmathematik*

Schwieriger ist folgendes Phänomen zu beurteilen: Innerhalb der Schulmathematik gibt es eine Art von Tradierung, die sich vor allem in einem hohen Beharrungsvermögen von Stoffen niederschlägt, sobald diese erst einmal curricular etabliert sind. Daß man, mit etwas Vorsicht, von einem schulmathematischen "Standard-Curriculum" reden kann, ist das augenfälligste Resultat dieser Tradierung. Wie ist diese Form von Kontinuität des Standard-Curriculums bildungstheoretisch zu bewerten? Ist sie – auf eine vielleicht nicht unmittelbar einsichtige Weise – Ausdruck der geforderten kulturellen Kohärenz? Oder ergibt sie sich lediglich aus institutionellen Zwängen, und steht sie der angepeilten Allgemeinbildung und der in diesem Zusammenhang anstrebenswerten Stiftung kultureller Kohärenz eher im Wege? – Vergegenwärtigen wir uns die wichtigsten Gründe für diese Beharrungstendenz:

- Lehrer bevorzugen im Unterricht mathematische Themen, für deren Behandlung sie gründlich ausgebildet wurden oder die ihnen, falls diese Voraussetzung nicht erfüllt ist, noch aus ihrer eigenen Schulzeit geläufig sind. (Man denke z. B. an die geringe Akzeptanz stochastischer Themen.) Diese Tendenz wird verstärkt durch die Struktur der universitären Lehrerausbildung, die die mathematische Ausbildung weitgehend von der unterrichtspraktischen und didaktisch-methodischen abkoppelt, und durch die Struktur der praktischen Lehrerausbildung, die stark auf die Anpassung an vorfindliche Praktiken hin ausgelegt ist.
- Die Beibehaltung einmal eingeführter Stoffe wird zusätzlich stabilisiert durch die übliche Verfahrensweise bei der Entwicklung neuer Lehrpläne und Richtlinien: Praktizierenden Lehrern wird dabei der Haupteinfluß eingeräumt.
- Schließlich werden durch den Zwang zur Selektion der Schüler Inhalte begünstigt, die sich gut für Prüfungsaufgaben eignen. Das wirkt sich doppelt aus: Mathematik ist in besonderem Maße ein Selektionsfach, weil sich das Gelernte scheinbar objektiver prüfen läßt als in vielen anderen Fächern und weil mathematische Leistung und allgemeine Intelligenz – wie sie üblicherweise gemessen werden – relativ hoch miteinander korrelieren. Und innerhalb des Fachs wird dadurch der Verbleib derjenigen Stoffe im Curriculum gefördert, die sich prüfungstechnisch "bewährt" haben: die die Konstruktion von Aufgaben mit ein-

deutigen Lösungen erlauben (leichte Korrigierbarkeit) und für die Aufgabensammlungen bereits vorliegen (leichtere Zusammenstellung der Arbeiten).

Die Kontinuität der Schulmathematik läßt sich also aus der Struktur und gesellschaftlichen Funktion des Schul- bzw. des Lehrerausbildungssystems verstehen. Der Stiftung kultureller Kohärenz im angestrebten Sinne dient folglich diese Art von Tradierung kaum – im Gegenteil: bildungstheoretisch interessantere, nämlich erkundende, heuristische, problemlösende, ergebnisoffene und sozial kooperative mathematische Aktivitäten haben nur wenig Chancen, sich gegen schulmathematische Standard-Themen durchzusetzen. Im Unterschied zu dem Beitrag, den der elementare Mathematikunterricht zur Kontinuität der mathematischen Alltagskultur leistet, trägt die für den Mathematikunterricht insgesamt charakteristische *stoffliche Kontinuität*, jenseits des elementaren Bereichs, zur kulturellen Kohärenz wenig bei.

*Der Beitrag der Schule zur Kontinuität der Wissenschaft Mathematik*

Mathematik als Wissenschaft stellt zweifellos eine kulturelle Leistung höchsten Ranges dar. Mathematische und mathematikähnliche Aktivitäten lassen sich seit Beginn der schriftlichen Überlieferung vor etwa 4500 Jahren nachweisen. Systematisch betrieben wird Mathematik im engeren Sinne seit etwa 2500 Jahren, als in den griechischen Stadtstaaten Philosophen wie Thales und Pythagoras Mathematik als "abstrakte" Wissenschaft (also unabhängig von praktischen Bezügen) entwickelten und lehrten. Der epochale Fortschritt ist darin zu sehen, daß das Prinzip der Deduktion als Methode der mathematischen Erkenntnissicherung etabliert wurde.

Seitdem ist der Faden der mathematischen Theorieentwicklung, trotz zwischenzeitlicher Stagnation und trotz unterschiedlicher Trägerschaft der mathematischen Kultur (durch die substantielle Beteiligung der Araber durchaus keine rein abendländische Errungenschaft!) nie mehr ganz abgerissen. Zahllose anonyme und individuell zurechenbare Einzelleistungen sind in die Mathematik eingeflossen, haben sie in Bewegung gehalten und verändert. Ihr Wissenskorpus ist schon längst von einem einzelnen Menschen nicht mehr überblickbar. Fortschritte, im Sinne einer Erweiterung dieses Wissenskorpus, seiner zunehmenden inneren Vernetzung, seiner Erschließung für immer neue Anwendungen, werden so gut wie ausschließlich durch hochspezialisierte Experten in Hochschulen, Forschungsinstituten und industriellen Entwicklungslabors erzielt. Forschende Mathematiker gibt es in fast allen Ländern der Erde. Der internationale Austausch innerhalb dieser Community wird weltweit als selbstverständlich angesehen und viel weniger als in den meisten anderen Wissenschaften durch kulturelle, sprachliche oder ideologische Barrieren behindert.

Im Unterschied zu anderen hochrangigen kulturellen Hervorbringungen, etwa im Bereich der Literatur, der bildenden Kunst und der Musik, werden von der Mathematik weniger individuell zurechenbare, historisch datierbare Einzelleistungen tradiert (entsprechend Romanen, Gemälden, Symphonien), sondern Einzelleistungen (bewiesene Sätze, Theorien, Berechnungsverfahren) werden in den Gesamtkorpus eingeschmolzen, alte und neue Erkenntnisse werden aufeinander bezogen und neu interpretiert. Das Wissen wird sozusagen immer wieder neu auf einen aktuellen Stand gebracht. Für die wissenschaftliche Weiterentwicklung der Mathematik ist deshalb ein hohes Maß an kultureller Kontinuität – trotz zwischenzeitlicher Grundlagenkrisen – schon von der Sache her selbstverständlich.

Bereits anhand dieser kurzen Vergegenwärtigung wird deutlich: Die Aufgabe der allgemeinbildenden Schule, kulturelle Kohärenz zu stiften, kann nicht dahingehend ausgelegt werden, daß sie unmittelbar für die Kontinuität der Wissenschaft Mathematik zu sorgen hätte. Diese innere Kontinuität entwickelt sich gemäß einer eigenen Dynamik. Sie hängt einerseits von dem schöpferischen Potential und den Aktivitäten einer hochspezialisierten Gruppe von Fachleuten ab, von den Praktiken, die sie als "scientific community" herausbildet, und andererseits von der gesellschaftlichen Notwendigkeit und Akzeptanz dessen, was diese Gruppe hervorbringt. Wenn der Mathematikunterricht einen Beitrag zur Kontinuität der *Wissenschaft* Mathematik leisten kann, dann den, daß eine hinreichende Zahl motivierter und befähigter Nachwuchswissenschaftlerinnen und -wissenschaftler aus ihm hervorgeht.

### 4.2.2 Stiftung kultureller Kohärenz durch Orientierung an zentralen Ideen

Auf welche Weise aber kann der Mathematikunterricht dann überhaupt zur kulturellen Kohärenz beitragen? Ich beantworte diese Frage mit einer These, die ich im vorliegenden und den folgenden Abschnitten begründe und erläutere:

Der entscheidende Beitrag des allgemeinbildenden Mathematikunterrichts zur kulturellen Kohärenz besteht darin, *die besondere Universalität der Mathematik und ihre Bedeutung für die Gesamtkultur anhand zentraler Ideen exemplarisch erfahrbar zu machen.*

In dieser These wird die Beschränkung auf den diachronen Aspekt der kulturellen Kohärenz aufgegeben, dem sicher am ehesten durch eine verstärkte Einbeziehung der *Mathematikgeschichte* in den Mathematikunterricht Genüge getan werden kann, vor allem in Verbindung mit einer genetischen Vorgehensweise.[118] Hier gehe ich nun verstärkt auf den synchronen Aspekt der kulturellen Kohärenz ein.

Der Gedanke, den Mathematikunterricht an einer überschaubaren Menge *zentraler Ideen* auszurichten, ist nicht neu (bisweilen ist von "fundamentalen", "grundlegenden", "universellen" oder "Leit-"Ideen die Rede). Er wird seit vielen Jahrzehnten und in vielen Varianten von Mathematikern, Mathematikdidaktikern und Pädagogen immer wieder vorgebracht, ohne bis heute auf überzeugende Weise curricular und unterrichtspraktisch wirksam geworden zu sein (vgl. Schweiger 1992)[119].

Nach den bisherigen Überlegungen muß vor allem gewährleistet sein, daß die kulturell so bedeutsame Universalität der Mathematik in derartigen zentralen Ideen hinreichend zum Ausdruck kommt und von den Schülern auf der Basis ihrer Erfahrungswelt nachvollzogen werden kann. Das ist keineswegs selbstverständlich. *Welche* Ideen im einzelnen geeignet sind, für den Mathematikunterricht eine didaktische Leitfunktion zu übernehmen, läßt sich nämlich weder aus mathematisch-fachlichen noch aus didaktischen Überlegungen allein ableiten. Soll die Auswahl solcher Ideen vernünftig begründet sein, hat sie sich auf eine (explizite oder implizite) Interpretation der Mathematik als Teil der Gesamtkultur zu stützen. In zentralen Ideen sollten die Verbindungen zwischen Mathematik und der übrigen Kultur erkennbar werden, insbesondere auch Verbindungen zu dem, was Schülern aus ihrem Alltagsleben vertraut, bekannt, erfahrbar ist. Zentrale Ideen müssen – im Computer-Jargon formuliert – "Schnittstellen" zwischen Mathematik und Gesamtkultur bezeichnen. Bei einer hauptsächlich fachstrukturell inspirierten Auswahl solcher Ideen, bei einer Gleichsetzung gar von "zentralen Ideen" mit "fachlichen Grundbegriffen" besteht die Gefahr , die so häufig beklagte kulturelle und "soziale Isolation" der Mathematik (Lenné 1969, S. 165) zu zementieren. Mathematik bliebe dann auch in Zukunft in den Augen einer Mehrzahl von Schülern und späteren Erwachsenen eine relativ abwegige Spezialistenbetätigung. Damit ergibt sich:

- In zentralen Ideen für den allgemeinbildenden Unterricht sollte die Universalität der Mathematik für Schüler nachvollziehbar zum Ausdruck kommen;
- sie sollten für unterschiedliche mathematische Teilgebieten von Bedeutung sein;
- sie sollten etwas anderes darstellen als lediglich mathematische Grundbegriffe, also nicht nur eine innermathematische Bedeutung haben;
- und vor allem sollte sich an ihnen aufzeigen lassen, daß und wie Mathematik mit der außermathematischen Kultur unserer Gesellschaft verbunden ist.[120]

Bevor nun eine Reihe möglicher zentraler Ideen näher betrachtet wird, referiere ich in einem kurzen Exkurs einige Überlegungen von Bishop (1988). Bishop unternimmt anhand kulturvergleichender Studien den Versuch, kulturübergreifende mathematische Basisaktivitäten zu identifizieren und zu klassifizieren. Im Unterschied zu den nachfolgend zu diskutierenden Ansätzen, die erklärtermaßen *normativ* orientiert sind – sie versuchen die Frage zu beantworten, welche zentralen Ideen beim Lehren von Mathematik berücksichtigt werden sollten –, ist Bishops Fragestellung eine *deskriptive*: Er geht der Frage nach, welche Formen mathematischen bzw. mathematikähnlichen Handelns in unterschiedlichen Kulturen tatsächlich beobachtet werden können. Bishops Arbeit bietet m. E. für die nachfolgenden Erörterungen einen interessanten Rahmen, weil viele potentielle "zentrale Ideen" eine hohe Affinität zu den von ihm beschriebenen kulturellen Basisaktivitäten erkennen lassen.

*Exkurs: Kulturübergreifende mathematische Basisaktivitäten nach A. J. Bishop*

Gibt es in allen Kulturen Mathematik oder zumindest Vorformen davon? Führt die kulturelle Entwicklung notwendig zu derjenigen Mathematik, die sich im abendländischen Kulturkreis herausgebildet hat? Ist die abendländische Mathematik "universal"? Sind ihre Begriffe und Denkweisen im Prinzip von jedem Menschen nachvollziehbar, gleich welchen kulturellen Hintergrundes? Nach Bishop (1988, S. 20ff) gibt die neuere kulturvergleichende Forschung eine Reihe erster Antworten auf diese Fragen. Studien zur Erforschung mathematischer Aktivitäten in außereuropäischen Kulturen[121] brachten bemerkenswerte interkulturelle Kontraste zum Vorschein und zeigten übereinstimmend: Mathematisches Denken im abendländischen Sinne gibt es in den untersuchten Kulturen gar nicht oder nur rudimentär.

Bishop argumentiert nun: Fruchtbarer, als die Unterschiede zwischen der abendländischen Mathematik und mathematikähnlichen Aktivitäten andersartiger Kulturen herauszustellen – was häufig zu einer Abwertung nicht-abendländischer Mathematik verführe –, sei es, nach den Gemeinsamkeiten zu suchen. Seine Arbeitshypothese ist, daß es in allen Kulturen mathematische Aktivitäten gibt. Die darauf bezogenen Ideen und Begriffe innerhalb einer Kultur ließen sich dann als kultur- und umgebungsabhängige Antworten auf Aktivitäten oder Prozesse deuten, die im Prinzip kulturübergreifend (oder, wenn man so will: universal) seien. Eine Klassifikation derartiger mathematischer Schlüsselaktivitäten müsse dann natürlich versuchen, die spezifisch abendländisch-mathematische Begrifflichkeit zu vermeiden.

Bishop unterscheidet in diesem Sinne sechs Schlüsselaktivitäten, die sich in irgendeiner Form in allen untersuchten Kulturen auffinden lassen und deshalb seiner Einschätzung nach als kulturelle "Universalien" gelten können: Zählen ("counting"), räumliche Beziehungen herstellen ("locating"),[122] Messen ("measuring"), Entwerfen ("designing"),[123] Spielen ("playing") und Begründen ("explaining").[124]

Am vertrautesten muten in dieser Klassifikation die Aktivitäten des Zählens und Messens an – ihre Unterscheidung rechtfertigt Bishop damit, daß es in allen Kulturen soziale Kontexte gibt, die mit der Idee des Zählens diskreter Objekte assoziiert sind, wie auch Kontexte, die das Vergleichen kontinuierlicher Phänomene durch Messen nahelegen. Daß die abendländische Arithmetik (bzw. der abendländische Zahlbegriff) auf beide Problembereiche antwortet, ist ein Spezifikum unserer eigenen Kultur und verschleiert bisweilen die prinzipielle Unterschiedlichkeit der genannten Schlüsselaktivitäten. Aus vergleichbaren Gründen grenzt Bishop das "Herstellen räumlicher Beziehungen" gegen das "Entwerfen" ab – obwohl in der abendländischen Mathematik beide Aktivitäten zu den geometrischen gerechnet werden. Daß "Spielen" in dieser Klassifikation als eigene Rubrik auftaucht, mag überraschen; Bishop findet in allen Kulturen Ansätze, wie durch explizite Regeln soziales Verhalten gesteuert wird, und wie "hypothetisches" Verhalten ("as if") dadurch ermöglicht wird. Im "Begründen" schließlich kommen die kognitiven Aspekte des Erkundens und Konzeptualisierens zum Ausdruck.

Für die genauere Beschreibung der sechs Schlüsselaktivitäten und ihre unterschiedlichen kulturellen Ausformungen sei auf den Text von Bishop verwiesen. Kehren wir zu der Frage zurück, die die Vergegenwärtigung von Bishops Überlegungen motiviert hat: Können die von ihm unterschiedenen Aktivitäten dabei helfen, zentrale Ideen zu identifizieren, an denen sich ein allgemeinbildender Mathematikunterricht ausrichten ließe, der einen Beitrag zur kulturellen Kohärenz erbringen soll? Festzuhalten ist, daß die genannten Schlüsselaktivitäten die gesuchten Ideen selbst noch nicht repräsentieren. Wie Bishop zu Recht betont, haben unterschiedliche Kulturen unterschiedliche "Antworten" auf die in diesen Schlüsselaktivitäten zum Ausdruck kommenden Erfordernisse produziert, in Gestalt kulturspezifischer "symbolischer Technologien". Mathematikunterricht in unserer Gesellschaft hat selbstverständlich vorrangig diejenigen "Antworten" zum Gegenstand, die die abendländische Mathematik hervorgebracht hat.[125] Und auf die abendländische Mathematik beziehen sich alle Vorschläge für "zentrale Ideen", die nun genauer untersucht werden sollen.

Auf die Ansätze von Whitehead (1962 [1913]), Bruner (1970 [1960]) und Wittenberg (1963) gehe ich im folgenden etwas gründlicher ein.

*Zentrale Ideen für den Mathematikunterricht nach Alfred N. Whitehead*

Ein bereits zu Beginn unseres Jahrhunderts unterbreiteter Vorschlag, den Mathematikunterricht um einige wenige grundlegende Ideen zu zentrieren, stammt von Whitehead (1962 [1913]).[126] Klarer als so mancher jüngere Autor artikuliert er das Problem, daß die Mathematik durch die Art, wie sie von Fachleuten betrieben wird, Gefahr laufe, sich von der übrigen Kultur zu isolieren, und daß aus diesem Grunde der allgemeinbildende Mathematikunterricht andere Schwerpunkte setzen müsse. Trotz des historischen Abstandes muten Whiteheads Überlegungen in ihren prinzipiellen Zügen noch immer aktuell an.

Whitehead konstatiert, daß die Mathematik als Wissenschaft, "wie sie in den Köpfen und den Büchern der Mathematiker besteht", esoterisch ist. Ausdrücklich unterscheidet er zwischen "Mathematik als Gegenstand tiefdringenden Studiums" und "ihrer Verwendung als einem Instrument der Bildung".[127] Seine These ist, daß viele derjenigen Eigenschaften, die für die Fachleute von unschätzbarem Wert seien – z. B. der "schrankenlose Reichtum an logischen Folgerungen aus dem Zusammenspiel allgemeiner Theoreme, ... die Vielfalt der Methoden, und ihr rein abstrakter Charakter" – bildungsmäßig verhängnisvoll seien: "Die Schüler stehen ratlos vor einer Unmenge von Einzelheiten, die weder zu großen Ideen noch zu alltäglichem Denken eine Beziehung erkennen lassen". Whitehead fordert deshalb, der Mathematikunterricht müsse sich "auf unmittelbare und einfache Weise mit einigen allgemeinen Ideen von weitreichender Bedeutung befassen" (alle Zitate a. a. O., S. 260). Er erläutert diesen Gedanken: "Die hauptsächlichen Ideen, welche der Mathematik zugrunde liegen, sind durchaus nicht ausgefallen oder esoterisch. Sie sind abstrakt. Doch eines der wichtigsten Ziele, um derentwillen Mathematik in die allgemeine Bildung[128] aufgenommen wird, besteht ja gerade in der Schulung des Schülers im Umgang mit abstrakten Ideen. ... Für die Zwecke der Bildung besteht Mathematik aus den Beziehungen der Zahl, denen der Quantität, und denen des Raumes. ... Diese drei Gruppen von Beziehungen, Zahl, Quantität, und Raum betreffend, sind vielfach miteinander verknüpft." (a. a. O., S. 261) "Was wir um jeden Preis vermeiden sollten, ist die sinnlose, nirgends hinführende Anhäufung von Einzelheiten. So viele Beispiele und Anwendungen, wie man will ... Aber sie sollten unmittelbare Illustrationen der Hauptideen sein. Auf diese, und nur auf diese Weise kann jene fatale Esoterik und Abwegigkeit vermieden werden." (a. a. O., S. 262)

Whitehead ist der Überzeugung, daß der von ihm vorgeschlagene allgemeine Umgang mit Mathematik, mit den genannten grundlegenden mathematischen Ideen, für *alle* Schüler sinnvoll sei – also ebenso für die späteren Nicht-Mathematiker wie für die späteren Mathematik-Anwender: "Dieser allgemeine Gebrauch der Mathematik sollte in dem einfachen Studium einiger weniger allgemeiner Wahrheiten bestehen, gut illustriert durch praktische Anwendungsbeispiele. Dieses Studium sollte ... von ... Berufsstudien getrennt sein, für die es eine höchst vorzügliche Vorbereitung darstellte. Sein Endstadium sollte darin bestehen, daß der Schüler jene allgemeinen Wahrheiten bewußt wahrnehme" (a. a. O., S. 262)

Bis zu diesem Punkt könnte für den skeptischen Leser der Eindruck entstanden sein, daß Whitehead um der angestrebten Klarheit und Elementarität der propagierten Grundideen willen alle tieferen mathematischen Einsichten aus dem schulischen Unterricht verbannen möchte. Daß das ein Mißverständnis wäre, erschließt sich im weiteren Verlauf seines Textes, wenn er anhand der "Idee der Quantität, der meßbaren Größe" erläutert, wie die von ihm geforderten "Illustrationen" inhaltlich bewerkstelligt werden könnten (a.a.O, S. 263f): Er empfiehlt einerseits – zumindest für die "fortgeschritteneren" Schüler – die Auseinandersetzung mit dem V. Buch des Euklid (das u. a. das Problem der Inkommensurabilität behandelt), andererseits die Beschäftigung mit der Idee der "funktionalen Abhängigkeit" bis hin zum Begriff der Veränderungsrate ("rate of change") und der Rolle der Mathematik für die exakte Formulierung von Naturgesetzen, denn "die physikalischen und mathematischen Ideen illustrieren einander wechselseitig" (a. a. O., S. 263).[129]

Was Whiteheads Überlegungen heute noch lesenswert macht, ist das in ihnen enthaltene Anregungspotential, sind die (von damals aus gesehen) zukunftsweisenden Maßstäbe für einen allgemeinbildenden Mathematikunterricht. In den vergangenen achtzig Jahren hat die Mathematik enorme Wandlungen erfahren, sowohl in den Grundlagen wie auch in den Anwendungen[130] – schon von daher ist neu zu überdenken, *welche* grundlegenden Ideen es im einzelnen sein könnten, anhand derer der Mathematikunterricht zur kulturellen Kohärenz beitragen könnte.

### *Fundamentale geistige Erfahrungen nach Alexander I. Wittenberg*

Kein anderer deutschsprachiger Autor der Nachkriegszeit hat so vehement für eine bildungstheoretische Fundierung des Mathematikunterrichts gestritten wie Wittenberg in seinem Hauptwerk "Bildung und Mathematik" (1963). Von Haus aus Mathematiker mit starken philosophischen Interessen – ganz ähnlich wie Whitehead, dessen Position er sich in vielem verbunden fühlte –, focht er leidenschaftlich für eine *nicht primär fachliche* Orientierung des Mathematikunterrichts.[131]

Was von den Überlegungen Wittenbergs für eine Bestimmung "zentraler Ideen" für den Mathematikunterricht heute noch aktuell ist, läßt sich nur angemessen beurteilen, wenn man sich seine bildungstheoretische Position kurz vergegenwärtigt und die mit ihr verknüpften zeitgebundenen Einseitigkeiten aus heutiger Sicht zurechtrückt. Generell ist bei einer solchen Beurteilung im Auge zu behalten, daß Wittenbergs Buch über weite Strecken kein wissenschaftlicher Text im engeren Sinne ist, sondern eine bildungspolitisch-fachdidaktische Streitschrift, die sich frühzeitig gegen einige leitende Vorstellungen der Bildungsreform-Epoche wendet, etwa gegen eine einseitig ausgelegte *Wissenschaftsorientierung*. Viele der negativen Konsequenzen für den Mathematikunterricht, die sich aus der vorübergehenden Überforcierung der "Neuen Mathematik" ergaben – die sich zum Zeitpunkt des Erscheinens von Wittenbergs Buch ja erst andeutete –, hat Wittenberg hellsichtig vorausgeahnt.

In seinem pädagogischen Denken, insbesondere was die Funktion "höherer Bildung" für die Aufrechterhaltung des kulturellen Niveaus angeht, steht Wittenberg dem Ansatz Wilhelm Flitners nahe. Von daher wird eine Eigentümlichkeit des Wittenbergschen Ansatzes verständlicher, die für eine heutige Rezeption – wenn man nämlich Allgemeinbildung als "Bildung für alle" versteht – zunächst befremdlich anmutet: und zwar die Schlüsselrolle, die Wittenberg dem *Gymnasium* als Idee und als Institution zuweist. Beim ersten Hinsehen scheint ihm ausschließlich die Bildung einer geistigen Elite am Herzen zu liegen. Die Idee der Allgemeinbildung setzt Wittenberg geradezu in eins mit der "Idee des Gymnasiums" (a. a. O., S. 15). Später relativiert er allerdings diese Fixierung auf die Elite,[132] und die Assoziationen und Konkretisierungen, anhand derer er seine Vorstellung von Allgemeinbildung erläutert, sind m. E. durchaus nicht nur für einen gymnasialen Unterricht erwägenswert. So kommt es Wittenberg beispielsweise an auf die "Verpflichtung auf Wahrheit" (S. 16), die nicht getrennt werden könne vom "Erwerb einer Erlebnisfähigkeit, eines Vermögens zu gefühlsmäßigem Verstehen" (S. 19), und auf die Erziehung zum "homo democraticus" (S. 29). Als komprimierte Statements gebe ich einige Punkte wieder, die Wittenberg besonders hervorhebt und die seine Idee von Allgemeinbildung weiter erläutern:

- Die Anfangsgründe einer Wissenschaft dürfen nicht mit einfachen, aber wesentlichen Einsichten einer Wissenschaft verwechselt werden (S. 10);
- Stofffülle macht den Fachunterricht zugleich komplizierter und trivialer (S. 11);
- Das Bestreben, möglichst viel beizubringen ("enzyklopädisches Bildungsideal") diskreditiert die Wahrheitsverpflichtung von Bildung (S. 17);
- allgemeinbildender Unterricht wird Schülern immer ein Erlebnis der menschlichen Vielgesichtigkeit der Wahrheit einpflanzen, sie zu selbständig kritischem, ursprünglichem, verantwortlichem Denken erziehen (S. 25);
- jedes Fach hat sich diesen übergeordneten Zielen allgemeiner Bildung zu verpflichten (S. 43).

Erst nachdem Wittenberg seine Vorstellungen bis zu diesem Punkt entfaltet hat, bringt er die Mathematik ins Spiel. Der Kern der Frage, was Mathematik zur Allgemeinbildung beitragen kann, ist für ihn in folgender anderen Frage aufgehoben: "Welche Erfahrungen erschließen sich dem Menschen in dieser Wissenschaft, die so fundamental und bedeutsam sind, daß es auf sie in einer allgemeinen Bildung wirklich ankommen kann?" (a. a. O., S. 45) Wittenberg kommt zu dem Ergebnis, daß die Mathematik "zum Ganzen menschlicher Erfahrung des eigenen Daseins ... zwei fundamentale geistige Erlebnisse" beisteuere, die ich in Kurzform wiedergebe:

(1) Mathematik ist eine von Menschen gedanklich konstruierte "Wirklichkeit" (eine "Fauna von mathematischen Wesenheiten"), die gleichwohl keinen willkürli-

chen Charakter hat, sondern von Notwendigkeiten geprägt ist und "Entdeckungen" zuläßt.

(2) Es gibt eine Übereinstimmung (Adäquatheit) zwischen dem mathematischen Denken und der menschlichen Erfahrbarkeit der "Außenwelt" (Natur).

Mathematikunterricht hat dann dazu zu dienen, den Schülern diese beiden Grunderfahrungen zu ermöglichen, sie für die Schüler durch das eigene, forschende, nachentdeckende Tun, durch die aktive Auseinandersetzung mit gegebenen mathematischen Phänomenen (z. B. geometrischen Figuren), das Erfinden und Ausprobieren elementarer mathematischer Methoden, zum "Erlebnis" werden zu lassen. Insofern handelt es sich bei den genannten "Grunderfahrungen" tatsächlich um *zentrale Ideen*, an denen Wittenberg den Mathematikunterricht ausrichten möchte.

*Orientierung an der "Struktur der Disziplin": Die Variante von Jerome S. Bruner*

Ein Teil der Verfechter des "Zentrale-Ideen"-Konzepts für den Mathematikunterricht (Wittmann 1974, Schreiber 1979 u. 1983, Fischer 1976, Picker 1985a/b) beruft sich ausdrücklich auf Jerome Bruner, dessen Bücher seit 1970 ins Deutsche übersetzt wurden (1970 [1960], 1973, 1974).

Dabei war der Einfluß Bruners durchaus ambivalent – sei es, weil man einige seiner aufsehenerregenden Thesen gegen seine eigenen Intentionen mißverstanden hat, sei es, daß einige Mißverständnisse bereits in ihnen angelegt waren. Vergegenwärtigen wir uns zunächst die wichtigsten curriculumtheoretischen Botschaften Bruners, die sich im Kern wie folgt zusammenfassen lassen:

- Die Schüler sollen nicht die Einzelfakten eines Faches lernen, sondern die grundlegende Struktur ("fundamental structure"), mit deren Hilfe sie Einzelfakten ordnen, beurteilen bzw. sich selbst erschließen können;
- Die grundlegenden Strukturen eines jeden Faches sind in einer überschaubaren Menge von Grundbegriffen ("basic concepts") oder Grundideen ("fundamental ideas") aufgehoben, anhand derer deshalb das Curriculum zu strukturieren ist.
- Das Curriculum ist "spiralig" aufzubauen: Die fachlichen Grundideen lassen sich an Schüler jeden Alters auf intellektuell ehrliche Weise vermitteln. Deshalb müssen die Schüler ihnen immer wieder neu begegnen, und zwar entsprechend ihrem inzwischen gestiegenen kognitiven Niveau auf angemessen vertiefte Weise, auf "höheren" Repräsentationsstufen.

Bruners curricularer Ansatz verbindet die Psychologie des Subjekts recht unmittelbar mit den zu lernenden Inhalten, unter weitgehendem Verzicht auf weitere modifizierende Überlegungen pädagogischer, didaktischer oder allgemein bildungstheoretischer Natur, die er in anderen Zusammenhängen reichlich angestellt hat. Je nachdem, ob man seine Curriculumtheorie isoliert betrachtet und ihre als zentral herausgestellten Botschaften wörtlich nimmt, oder ob man sie in Relation zu den

Ideen setzt, die Bruner zu anderen Themen der Erziehung geäußert hat, kommt man zu Interpretationen und Schlußfolgerungen, die sich fast konträr gegenüberstehen.

In der einen extremen Interpretation besagt Bruners Curriculumtheorie: Das von Heranwachsenden zu erwerbende Wissen ist in den modernen Wissenschaften optimal strukturiert. Wesentliche Aufgabe schulischer Bildung ist es, die "structure of the disciplines" in die kognitive Struktur der Lernenden zu transformieren. Zur Optimierung dieses Prozesses ist zweierlei zu leisten: Aus lernpsychologischen Gründen sind die zu lernenden Begriffe schrittweise auf unterschiedlichen Repräsentationsstufen zu erwerben; und um die Schüler nicht mit unwesentlichem Detailwissen zu überfluten, muß eine Konzentration auf die Grundbegriffe der betreffenden Disziplin erfolgen. Die Herausarbeitung derartiger Grundbegriffe hat durch die fachlich kompetentesten Vertreter der jeweiligen Wissenschaft zu erfolgen.

Es ist kein Wunder, daß sich gerade Verfechter einer radikalen Wissenschaftsorientierung häufig auf eine solche Interpretation Bruners beriefen – und daß sich die Konstruktion schulischer Curricula dann gerade im mathematisch-naturwissenschaftlichen Bereich häufig, unter Ausklammerung weitergehender didaktischer oder bildungstheoretischer Fragen, auf eine an universitären Systematiken orientierte Auflistung von Fachbegriffen beschränkte, angereichert eventuell durch Zuordnungsvorschläge zu den Brunerschen Repräsentationsstufen (vgl. Frey/Isenegger 1975, S. 159f). Bruner selbst hat sich im Nachhinein übrigens gegen derartig enge Interpretationen seines Ansatzes gewehrt (Bruner 1971).

Auf eine in vieler Hinsicht entgegengesetzte Interpretation Bruners stützen sich die bereits erwähnten Vertreter des "Zentrale-Ideen"-Konzepts für den Mathematikunterricht: Bruners Eintreten für ein "entdeckendes Lernen" anstelle eines rezeptiven rückt ihn aus dieser Sicht in die Nähe der Verfechter des genetischen Prinzips, und die "Struktur" eines Faches ergibt sich gerade nicht wie von selbst aus der Übernahme der fachlichen Grundbegriffe der korrespondierenden Universitätsdisziplin: Bruners "basic concepts" und "fundamental ideas" werden in dieser Deutung zu Kristallisationskernen für das Erkennen dessen, was an dem betreffenden Fach von allgemeiner Bedeutung ist, von "Ideen" eben im Sinne Whiteheads und Wittenbergs. Damit bekommt Bruners Curriculumtheorie aber genau das, was ihr in der ersten Interpretationsvariante vollständig zu fehlen scheint: eine bildungstheoretische Dimension. Und die entscheidende Frage, deren unterschiedliche Beantwortung zu der einen bzw. zu der anderen Interpretation führt, ist diese: Sind Bruners "Grundbegriffe" ("basic concepts") und seine "fundamentalen Ideen" ("fundamental ideas") fachimmanent gemeint oder fachübergreifend, zielt Bruner mit ihnen auf die gängigen wissenschaftlichen Fachtermini oder auf Begriffe, die das fachliche Wissen und die fachspezifischen Methoden mit der "außerfachlichen Welt" verbinden?

Anhand von Äußerungen Bruners zum Mathematikunterricht möchte ich zeigen, daß er in diesem Punkt selbst widersprüchliche Antworten gibt, daß es also für beide Interpretationen zunächst gute Gründe gibt, daß aber schließlich die zweite Interpretation im Gesamtkontext der Brunerschen Arbeiten als die angemessenere erscheint.

Gleich bei der ersten Erläuterung, was er unter der "Struktur eines Faches" versteht, gibt Bruner ein mathematisches Beispiel. Er bezieht sich auf die Algebra als eine Methode, "Bekannte und Unbekannte in einer Gleichung so anzuordnen, daß die Unbekannten erkennbar werden. Die drei Grundoperationen ('fundamentals') beim Arbeiten mit diesen Gleichungen sind Kommutation, Distribution und Assoziation. Hat ein Schüler einmal die durch diese drei Grundoperationen ausgedrückten Gedankengänge begriffen, so ist er imstande zu erkennen, inwieweit 'neu' zu lösende Gleichungen keineswegs neu sind, sondern Varianten eines vertrauten Themas. Für den Transfer ist es weniger wichtig, daß der Schüler die Namen dieser Operationen kennt, als daß er fähig ist, sie durchzuführen." (Bruner 1970, S. 22)

An diesem Beispiel läßt sich mehrererlei kritisieren. Zunächst ein innerfachlicher Einwand: Das "Kommutativgesetz" (der Addition und Multiplikation), das "Assoziativgesetz" (dito) und das "Distributivgesetz" stellen im Rahmen des Gleichungslösens eine Hilfe dar, um die in einer Gleichung vorkommenden Terme umzuformen; die beiden entscheidenden "Erfindungen" beim Gleichungslösen – daß man mit "Unbekannten" im Prinzip so rechnen kann wie mit Zahlen, und daß sich die Gültigkeit einer Gleichung nicht ändert, solange auf beiden Seiten der Gleichung die gleichen Operationen vorgenommen werden – liegen hingegen auf einer ganz anderen Ebene symbolischen Operierens. Insofern ist anzuzweifeln, daß sich beim Schüler eine Einsicht in das Wesen des Gleichungslösens entwickelt, wenn er nur die genannten Rechengesetze verstanden hat und sie operativ anwenden kann.

Zweiter Kritikpunkt: Wenn Bruner betont, es komme nicht darauf an, daß die Schüler die Namen der angeführten Operationen wüßten, so ist ihm einerseits zuzustimmen: Zu Recht wendet er sich gegen die didaktische Tendenz, Wissenschaftsorientierung durch einen ausufernden Gebrauch wissenschaftlicher Fachterminologie einlösen zu wollen – eine Tendenz, die nicht zuletzt im Rahmen der "Neuen Mathematik" eigenartige Blüten trieb.[133] Andererseits ist zu fragen: Inwieweit "begreifen" die Schüler die "durch diese drei Grundoperationen ausgedrückten Gedankengänge", wenn es nur darauf ankommt, sie (technisch korrekt) durchzuführen? Setzt nicht das Erfassen der "Idee" etwa der Kommutation voraus, daß ich das, was ich tue, ausdrücklich zum Gegenstand der Betrachtung, der Reflexion mache? Und ist dann das Erfaßte nicht auch eigens zu benennen? Daß es bei der Begriffsbildung auf das Wechselspiel zwischen synthetisierender Versprachlichung und inhaltsgebundener Konkretisierung ankommt, wußte schon Kant: "Gedanken ohne Inhalt sind leer, Anschauungen ohne Begriffe sind blind" (1956 [1781], S. 95 [(A 51]).

Dritter Kritikpunkt: Was das Lösen von Gleichungen – auch über innermathematische Anwendungen hinaus – so interessant macht, ist etwas, das Bruner an dieser Stelle völlig zu übersehen scheint. Weil ich diesen Sachverhalt später systematisch behandle, gehe ich hier nur kurz darauf ein: Mit Hilfe von Gleichungen läßt sich eine Fülle unterschiedlichster Situationen, die in irgendeiner Form quantitativ beschreibbar sind, mathematisch modellieren: Die in mathematischer Symbolsprache aufgestellte Gleichung stellt gewissermaßen ein Modell des betrachteten außermathematischen Problems dar, das in dieser Gleichung auf einige wenige Aspekte reduziert wird. Und die mathematischen Methoden des Gleichungslösens stellen – zumindest in den einfacheren Fällen, die Gegenstand des üblichen Schulunterrichts sind (z. B. bei linearen und quadratischen Gleichungen) – eine Technologie dar, die es gestattet, die Unbekannte(n) auf eine standardisierte Weise zu bestimmen. Diese Technologie funktioniert völlig unabhängig von der inhaltlichen Qualität des Ausgangsproblems: Die betreffenden Verfahren zum Lösen von Gleichungen lassen sich vollständig algorithmieren und können deshalb im Prinzip genausogut durch Maschinen abgearbeitet werden. Dennoch hängt die Brauchbarkeit der so ermittelten Lösungen natürlich von der Angemessenheit der gewählten Modellierung ab, und die ist es in der Regel, die den Schülern im üblichen-Mathematikunterricht Schwierigkeiten bereitet. Wenn also Bruner die Idee des Gleichunglösens auf die Idee der Kommutation, der Distribution und der Assoziation zurückführen möchte, betrügt er (vermutlich ohne es zu ahnen[134]) die Schüler um zweierlei: Um die Einsicht, daß die mathematische Technik hier nur untergeordnetes Hilfsmittel ist, das im Prinzip auch eine "dumme" Maschine beherrscht, und um die Einsicht in die Verbindung von Mathematik und nichtmathematischer Welt, die in der Modellierung mittels Gleichungen erfahrbar werden kann – letztendlich ist diese zweite Einsicht nichts anderes als die zweite Grunderfahrung, die Wittenberg nennt (s. o.).

Das Algebra-Beispiel würde für sich betrachtet also dafür sprechen, daß Bruner im Falle der Mathematik mit seinem Plädoyer für die Lehre grundlegender Strukturen lediglich daran gedacht hat, die aus strukturmathematischer Sicht zentralen fachlichen Grundbegriffe bzw. die ihnen korrespondierenden mathematischen Operationen in den Mittelpunkt des Unterrichts zu rücken. Sein Vertrauen in die Kompetenz der besten Spezialisten einer Wissenschaft, diese für die Zwecke der Allgemeinbildung zentralen Grundbegriffe zu bestimmen (a. a. O., S. 32), scheint die Vermutung zu stützen, daß er sich unter "fundamentalen Ideen" ausschließlich solche fachimmanenter Natur vorstellt. Doch gibt es auch Hinweise dafür, daß Bruner mit der "Struktur des Faches" und den sie repräsentierenden "fundamentalen Ideen" das Fach mit der übrigen Welt verklammern möchte. So schreibt er zur Verdeutlichung seiner Curriculum-Spirale, bezogen auf die Mathematik: "Betrachtet man das Verständnis von Zahl, Maß und Wahrscheinlichkeit als unumgänglich für die Beschäftigung mit exakter Wissenschaft, dann sollte die Unterweisung in diesen Gegenständen so geistig-aufgeschlossen und so früh wie möglich beginnen, und zwar in einer Weise, die den Denkformen des Kindes entspricht" (a. a. O., S. 63). Das ist eine Formulierung, die sich im geistigen Umfeld von Whiteheads Überlegungen ansiedeln läßt und weit entfernt ist von einer strukturmathematisch reduktionistischen Didaktik. Und wenn Bruner die Wichtigkeit des intuitiven und heuristischen gegenüber einem nur-formalen Denken und Verstehen in den exakten Wissenschaften betont (a. a. O., S. 64ff), liegt das ebenfalls eher auf der Linie einer weiten als einer fachspezialistisch engen Auslegung seiner Curriculumtheorie.

Betrachtet man die ambivalenten Aussagen zur "Struktur der Fächer" und zum Charakter der "fundamentalen Ideen" im Rahmen von Bruners Gesamtwerk – z. B. im Zusammenhang mit seinen Ausführungen zum "Entdeckenden Lernen" –, so ist, denke ich, der weiten Interpretation der Vorzug zu geben. Diejenigen Beispiele, die vermuten lassen, ein im engen Sinne strukturmathematisch angelegtes Curriculum werde Bruners Intentionen gerecht, verweisen m. E. lediglich darauf, daß Bruner an einigen Stellen unkritisch Vorstellungen und überzogene Hoffnungen der "New Math"-Bewegung adaptiert hat, die der Zeitgeist der 60er Jahre begünstigte.

### 4.2.3 Synopse und Bewertung von Katalogen zentraler Ideen

Die Ansätze, die ich im folgenden sehr knapp referiere, legen das Konzept "zentraler Ideen" auf sehr unterschiedliche Weise aus und präsentieren ein insgesamt recht uneinheitliches Spektrum solcher Ideen. Die zu betrachtenden Vorschläge wurden bis auf drei Ausnahmen in den vergangenen zwei Jahrzehnten publiziert. Bei den Ausnahmen handelt es sich einerseits um die Ansätze von Whitehead und Bruner, die ich als Bezugspunkte in die Synopse mit aufnehme, andererseits um einen Lehrplan (Nordrhein-Westfalen, Gymnasium) aus dem Jahre 1963, in den das Konzept zentraler Ideen – und zwar ohne Ausstrahlung auf den nachfolgenden Lehrplan dieses Landes – Eingang gefunden hat. – Mit unterschiedlicher Gewichtung werden von den Verfechtern des "Zentrale-Ideen"-Konzepts drei Motive verfolgt:

(1) Es soll dem so häufig beklagten Phänomen vorgebeugt werden, daß der Mathematikunterricht aus Sicht der Schüler in eine Ansammlung unzusammenhängender Einzelaktivitäten und Einzelstoffe zerfällt. Die Orientierung an zentralen Ideen soll den Schülern helfen, ihren Aktivitäten im Mathematikunterricht einen übergreifenden Sinn zuzumessen, der nicht erst am Ende eines langen Lernprozesses erkennbar wird, sondern diesen Prozeß begleitet und die Bemühungen der Schüler zu motivieren vermag.

(2) Anhand zentraler Ideen sollen die Schüler ein angemessenes Mathematikbild gewinnen, die "Struktur des Faches" erkennen können. Wie in Motiv (1) sollen die zentralen Ideen die häufig isoliert nebeneinander stehenden Einzelstoffe verbinden helfen; doch im Vordergrund steht nicht die Verständnishilfe für die Schüler, sondern der Gedanke, das Spezifische des Faches, die Besonderheiten mathematischen Denkens und mathematischer Begriffsbildung zu verdeutlichen.

(3) Anhand zentraler Ideen soll für die Lernenden sichtbar werden, wie die unterrichtete Mathematik mit der übrigen, von den Schülern erfahrbaren Welt und mit ihrem eigenen Denken zusammenhängt. Gegenüber Motiv (2) liegt der Akzent nicht so sehr auf dem "Besonderen" der Mathematik, sondern auf ihrer Bedeutung und Funktion für die Gestaltung und Erkenntnis der Welt, auf der Ermöglichung der Erfahrung, daß und auf welche Weise Mathematik auch außerhalb mathematischer Spezialisierung relevant ist.

Offensichtlich ist unter der Frage, wie schulischer Mathematikunterricht kulturelle Kohärenz stiften kann, vor allem Motiv (3) von Bedeutung.

*Synopse: Kataloge zentraler Ideen*

| *Quelle* | *Katalog zentraler Ideen* | *Referenz-Autoren, Theoriebasis* | *Rangfolge der Motive* |
|---|---|---|---|
| Whitehead (1913/1962) | • Zahl<br>• Quantität (Messen, funkt. Abh.)<br>• Raum | nicht genannt | (3)–(1)–(2) |
| Bruner (1960/1970) *(Offene Liste z. Erläut. des Konzepts der Fachstruktur und der Curriculumspirale )* | • Zahl<br>• Maß<br>• Wahrscheinlichkeit | Kognitive Psychologie, allgemeine Curriculum-Theorie | (2)–(1)–(3) |
| Richtlinien für den Unterricht in der Höheren Schule – Mathematik (Kultusminister des Landes Nordrhein-Westfalen 1963) | • Zahlbegriff<br>• Grenzwert<br>• Funktion<br>• Abbildung in der Geometrie<br>• Vektor<br>• Menge, Struktur | nicht genannt | (2)-((1))-((3)) |
| Jung (1978) | • Kalkül (oder Algorithmus)<br>• das Unendliche<br>• Messen<br>• ... (Vorschlag: maximal sieben ) | Whitehead, Rumelhart (Schema-Begr.), Vollrath (1978) (negativ abgrenzend) | (3)–(1)–(2) |
| Vollrath (1978) *(Die angegeb. Ideen sind nur analysis-spezifische Beispiele aus einer offenen Liste:)* | • Grenzwert<br>• Konvergenz<br>• Konvergenzgeschwindigkeit<br>• Entwicklung einer Funktion<br>• ... | Rademacher/Toeplitz (1968 [1933]), Wagenschein (1965) [V. beruft sich i. w. auf Mathematiker] | (2)–(1)–((3)) |
| Schreiber (1979) | • Algorithmus (Kalkül)<br>• Exhaustion (Modellieren)<br>• Invarianz<br>• Optimalität<br>• Funktion (Abbildung)<br>• Charakterisierung | Whitehead (1962 [1913]), Bruner (1970) | (3)–(2)–(1) |
| Tietze u. a. (1982) | • Algorithmus<br>• Approximation<br>• Modellbildung<br>• Funktion<br>• Geometrisieren<br>• Linearisieren | Bruner (1970), Heitele (1975), Jung (1978), Vollrath (1979), Schreiber (1979) | (2)–(3)–(1) |
| Baireuther (1990) *(Beispiele aus einer offenen Liste:)* | • Geometrie bildet Realität ab<br>• Geom. ist ein Planungsinstrum.<br>• Zahlen sind sinnvoll, weil an prakt. Bedürfnissen orientiert<br>• Z. werden dezimal geschrieben u. auf Zahlengeraden eingetrag. | nicht genannt | (1)–(3)–((2)) |
| Steen (1990) und Mitautoren | • Dimension<br>• Quantity<br>• Uncertainty<br>• Shape<br>• Change | nicht einheitlich, da verschiedene Autoren | (3)–(2)–(1) |

Schon auf den ersten Blick sieht man, daß die angeführten Kataloge zentraler Ideen nicht ohne weiteres integrierbar sind. Dennoch will ich versuchen, die Kataloge der Synopse gleichsam als "Steinbruch" für einen ersten Entwurf eines weiteren Katalogs zu verwenden, der nun ausdrücklich dem Ziel des Mathematikunterrichts verpflichtet ist, zur Stiftung kultureller Kohärenz beizutragen. Zu diesem Zweck gehe ich die genannten Autoren noch einmal durch, um im Sinne der bereits angestellten Überlegungen Einzelaspekte zu sortieren, hervorzuheben oder zu verwerfen.

Whitehead (1962 [1913]) ist in seinem Grundanliegen, das sich durch eine starke Orientierung an Motiv (3) charakterisieren läßt, auch heute noch zuzustimmen; die von ihm genannten Ideen der Zahl, der Quantität und des Raumes sind jedenfalls auch in einem zeitgemäßen Mathematik-Curriculum durchgängig zu berücksichtigen. Sie stellen gleichsam Archetypen[135] mathematischen Denkens dar, denen, wie aus dem vorangehenden Abschnitt hervorgeht, kulturübergreifende mathematische Basisaktivitäten korrespondieren. Whiteheads Katalog ist allerdings ergänzungsbedürftig, da sich in ihm neuere Entwicklungen der Mathematik, die gesellschaftliche Bedeutung erlangt haben, unzureichend spiegeln.

Bruner (1970 [1960]) – auf den ich mich hier ausdrücklich im Sinne einer nichtfachspezialistischen Interpretation seines Curriculum-Ansatzes beziehe – gibt mit der Nennung der "Wahrscheinlichkeit" bereits einen Hinweis auf eine mögliche sinnvolle Ergänzung des Whiteheadschen Katalogs: Die mathematische Behandlung von Zufallserscheinungen hat eine derartige Bedeutung erlangt, daß ihr im allgemeinbildenden Mathematikunterricht entschiedene Aufmerksamkeit gebührt.

Die Richtlinien von 1963 sind als historischer Versuch zu verstehen, Elemente des "Zentrale-Ideen"-Konzepts explizit in die Lehrplangestaltung aufzunehmen. Zu kritisieren ist die Beschränkung der ausgewählten Grundbegriffe: Hier erscheinen anstelle von integrierenden, über die reine Fachsystematik hinausweisenden Ideen doch im wesentlichen mathematische Begriffe – und die meisten Lehrer und Lehrbuchautoren haben seinerzeit die Anregungen dieses Lehrplans für sich genau in diesem eingeschränkten Sinne ausgelegt: Bestimmte Begriffe seien im Unterricht stärker zu akzentuieren als andere. Damit wird die getroffene Auswahl fragwürdig.

Jung (1978), der in seiner Grundintention den Whiteheadschen Ansatz fortführt, bringt über die bereits genannten Ideen hinaus die des "Kalküls" oder "Algorithmus" sowie die des "Unendlichen" ins Spiel. Kalkül und Algorithmus stehen für einen Aspekt der Mathematik, der durch die Möglichkeiten, Berechnungen und symbolische Manipulationen mit Hilfe von Computern durchzuführen, zunehmend an praktischer Bedeutung gewonnen hat. Im Algorithmus, der sich ohne Verständnis von Menschen und Maschinen abarbeiten läßt, ist die mathematische Intelligenz, die für die Entwicklung des Algorithmus unverzichtbar ist, gleichsam in "kristallisierter" Form gespeichert und verfügbar gemacht. Während im mathematischen Standard-Curriculum das Beherrschen von (mehr oder weniger komplizierten) Kalkülen und Algorithmen oftmals im Vordergrund steht, bietet sich über die Reflexion der Idee des Algorithmus die Chance, daß die Schüler zwischen dem (mathematisch anspruchsvollen) Algorithmieren und dem Abarbeiten von Algorithmen unterscheiden lernen und Einsicht in einen wesentlichen Grund für die universale Rolle der Mathematik in der Gegenwartskultur gewinnen. – Unter den angeführten Autoren findet sich nur bei Jung explizit der Vorschlag, die "Idee des Unendlichen" zentral zu berücksichtigen, was von ihm vor allem wegen der vielfältigen Möglichkeiten einer philosophischen Vertiefung erwogen wird: Es stelle sich die Frage, wie die Idee des Unendlichen in einer endlichen Welt überhaupt zu begreifen sei, in welchem Sinne und mit welcher Berechtigung man von der Existenz des Unendlichen sprechen könne – eine der Streitfragen zwischen Platonikern und Konstruktivisten. Die Bezüge zur Mathematikgeschichte, von den ersten Bemühungen der griechischen Denker über die "Erfindung" der Infinitesimalrechnung bis hin zu den Antinomien der Mengentheorie, erwähnt Jung nicht einmal, aber sie liegen auf der Hand. Kritisch ist zu fragen, ob dem Unendlichen – so tiefsinnige Auseinandersetzungen sich mit philosophisch aufgeschlossenen Heranwachsenden daran anknüpfen lassen – im Rahmen einer "Mathematik für alle" ein so zentraler Stellenwert zukommen sollte, ob damit nicht eher auf ein naheliegendes Additum für die mathematisch besonders interessierten Schüler zu verweisen wäre.

Vollrath (1978) – der nur von Ideen (ohne die Kennzeichnung zentral o. ä.) spricht – verfolgt die Vorstellung, den Ideengehalt mathematischer Begriffe im Unterricht herauszuarbeiten. Zwar schwebt auch ihm vor, auf diese Weise dem Unterricht einzelstoffübergreifende "rote Fäden" einzuziehen, doch da sich bei diesem Vorgehen praktisch jedem mathematischen Begriff von einiger Bedeutung eine "Idee" zuordnen läßt (Beispiele: Idee des Grenzwerts, Idee der Konvergenz), unterscheidet sich so zu erzeugende Ordnung des Gesamt-Curriculums kaum mehr von den üblichen, fachsystematisch begründbaren. Vollrath zielt allerdings auch weniger auf eine solche übergreifende Strukturierung ab, als auf einen geistvollen Umgang mit den üblichen Stoffen und Begriffen im Unterricht. Orientiert sich der Mathematikunterricht auf die von ihm vorgeschlagene Weise an mathematischen "Ideen", wird wohl eher so etwas wie eine innerfachliche Kohärenz gestiftet (an der es dem Standard-Unterricht häufig genug mangelt!), als daß der Beitrag des Mathematikunterrichts zur kulturellen Kohärenz im Sinne der hier angepeilten Aufgabe davon tangiert würde. – Ähnliches trifft auf die Vorschläge von Fischer (1979), Schupp (1984, 1992), Picker (1985b), Hering (1985) und Kütting (1985) zu, die deshalb gar nicht erst in die Synopse aufgenommen wurden: Bei allen stehen Überlegungen zu einem ausgewählten Stoffbereich oder einer einzelnen Idee (z. B. bei Schupp: Optimieren) im Vordergrund, nicht aber die Suche nach einem Set zentraler Ideen für den gesamten Mathematikunterricht. – Lohnend wäre es sicherlich, in weiteren Arbeiten die Frage zu untersuchen, ob und wie sich plausible Hierarchien oder Netze von leitenden Ideen entwickeln ließen, innerhalb derer bereichsspezifische Ideen mit den als zentral herausgestellten vielfach verknüpft würden.

Im Unterschied dazu dienen Schreibers (1979, 1983) Ausführungen erklärtermaßen der Entwicklung einer Gesamtperspektive für das schulische Mathematik-Curriculum. Die von ihm genannten Ideen abstrahieren weitgehend von mathematischen Einzelstoffen. Lediglich die Idee der Funktion verweist unmittelbar auf einen Begriff des Standard-Curriculums. Obwohl sich auch Schreiber auf Whitehead beruft, spielen in seinem Katalog die für den Alltagssachverstand so prominenten mathematischen Aktivitäten des Zählens, Messens und räumlichen Strukturierens keine explizite Rolle: Sie sind unter abstrakteren Gesichtspunkten "aufgehoben", wenn sie nicht gar von ihnen verdeckt werden. Die Gesichtspunkte "Exhaustion", "Invarianz", "Optimalität" und "Charakterisierung" scheinen mir, so erhellend ihre Thematisierung in manchen Zusammenhängen sein mag, schwer als Elemente eines Mathematikbildes vorstellbar, das für alle Heranwachsenden einen Zugang erlaubt. Auf die Bedeutung des Algorithmus wurde schon im Kommentar zu Jung verwiesen. Durchgängig relevant – und Schülern auf vielfältige Weise nahezubringen – dürfte die Idee der Funktion, oder besser: der funktionalen Abhängigkeit sein. Ein Aspekt, den Schreiber nur zur Erläuterung der "Exhaustion" anführt, bedarf m. E. der Aufwertung: Lassen sich in der Idee der "Modellierung" nicht Verbindungen zwischen Mathematik und unmittelbar erfahrbarer Welt, die bereits im Zählen, Messen usw. anklingen, umfassend und schülernah synthetisieren?

Tietze u. a. (1982) teilen ihren Katalog eher beiläufig im Rahmen ihres Lehrbuchs zum Mathematikunterricht in der Sekundarstufe II mit. Sie versuchen, eine Reihe bereichsspezifischer Ideen, mit denen sie sich in verschiedenen Kapiteln befassen, auf einer "höheren bereichsübergreifenden Ebene zusammenzufassen" (a. a. O., S. 41). Ich habe diesen Katalog vor allem in die Synopse aufgenommen, weil er "moderneren" Entwicklungen in der Schulmathematik Rechnung trägt und weil die Idee der Modellbildung explizit genannt wird.

Einen ganz anderen Charakter als bei den bislang kommentierten Autoren haben die zentralen Ideen bei Baireuther (1990). Ihm geht es darum, die Schüler möglichst bei jedem Stoffgebiet in ihrem konkreten Tun einen Sinn erfahren zu lassen; die Ideen, um die Baireuther den Unterricht lokal zu zentrieren vorschlägt, richten sich deshalb ausdrücklich an die Schüler: Die Schüler könnten sie sich zu jeder Unterrichtseinheit als übergreifende Merksätze in ihr Heft notieren. Trotz dieser, wie man sagen könnte, unterrichtsmethodischen Akzentuierung des Ideenkonzepts, und trotz der etwas willkürlichen Auswahl und unterschiedlichen Bedeutsamkeit der von Baireuther formulierten Ideen ist seinem Ansatz unter dem Gesichtspunkt der kulturellen Kohärenz Aufmerksamkeit zu schenken: Es ist Baireuthers Anliegen, die mathematischen Aktivitäten der Schüler, die in ihnen zur Anwendung kommenden mathematischen Begriffe und Techniken immer wieder mit der Erfahrungswelt und dem Vorstellungshorizont von Schülern zu verknüpfen, eben jene Verbindung von mathematischer und außermathematischer Kultur zu pflegen, die im Standard-Unterricht häufig zu kurz kommt. Baireuther regt dazu an, die mathematischen Abstraktionen so oft, so phantasievoll und so vielfältig wie möglich durch konkrete (im Sinne von: den Schülern geläufige oder durch die Schüler sinnlich erfahrbare) Vorstellungen und Handlungen zu illustrieren. Diese Art, mit zentralen Ideen umzugehen, läßt sich m. E. durchaus auf Kataloge übertragen, die ansonsten dem Anspruch, die kulturelle Bedeutsamkeit der Mathematik vor Augen zu führen, überzeugender gerecht werden als die von Baireuther getroffene Auswahl.

Die Veröffentlichung von Steen (1990)[136] repräsentiert die gegenwärtigen US-amerikanischen Bemühungen um eine Erneuerung des Mathematikunterrichts. In fünf jeweils für sich lesbaren Einzelbeiträgen konzentrieren sich verschiedene Autoren jeweils auf eine mathematische Idee, deren integrierende Kraft, gedankliche Tiefe und vielfältige Anwendbarkeit sie mittels vieler Beispiele demonstrieren. Schon aufgrund dieser Anlage des Buches steht weniger die Systematik des damit gegebenen Gesamtkatalogs zentraler Ideen im Vordergrund als die Absicht, für jede der ausgewählten Ideen den Facettenreichtum der daran anknüpfbaren inner- und außermathematischen Beziehungen aufzuzeigen. Weil die den Einzelartikeln vorangestellten Ideen so gewählt sind, daß sie "quer" zur üblichen Fachsystematik liegen, werden manche Themen und Teilgebiete der Schulmathematik (Zahlen, Funktionen, räumliche Gebilde) unter verschiedenen Aspekten aufgegriffen und beleuchtet. Dadurch, daß immer wieder gesellschaftlich relevante und für das Alltagsleben bedeutsame Anwendungen der Mathematik betrachtet werden, erweist sich diese amerikanische Veröffentlichung als ein interessanter, die bislang erörterten Vorschläge auf erfrischende Weise kontrastierender Beitrag zu der Frage, wie der Mathematikunterricht zur Stiftung kultureller Kohärenz beitragen kann – wenngleich diese Frage in jenem Buch nicht ausdrücklich gestellt wird.

### 4.2.4 Zentrale Ideen für den Mathematikunterricht: ein Diskussionsvorschlag

Es wäre eine Illusion zu glauben, es ließe sich nun abschließend ein Katalog zentraler Ideen für einen zeitgemäßen Mathematikunterricht benennen, der die Schwächen der bereits vorliegenden Vorschläge vermeidet, in sich theoretisch konsistent ist und gleichzeitig eine Hilfe für die konkrete Gestaltung von Curricula darstellt. Dennoch möchte ich einen eigenen Formulierungsvorschlag zur Diskussion stellen.

Im Hinblick auf den angestrebten Beitrag des Mathematikunterrichts zur kulturellen Kohärenz ist meine Leitfrage: Anhand welcher Ideen läßt sich Schülern die besondere Universalität der Mathematik verdeutlichen, die auf Abstraktion und symbolischen Techniken beruht, die mittels Abstraktion gewonnen werden? Dabei versuche ich folgende Bedingungen zu beachten: Keine der Ideen soll ausschließlich einen bestimmten mathematischen Stoff repräsentieren. Jede Idee soll auf unterschiedlichen kognitiven Niveaus verdeutlichbar sein und das mathematische Curriculum wie ein roter Faden vom Elementarunterricht bis zur höheren Mathematik durchziehen können (Bruners "Spiralcurriculum"). Die oben diskutierten "kulturübergreifenden mathematischen Basisaktivitäten" sollten, als universale Grundlagen des Mathematiktreibens, in den Ideen zumindest "durchschimmern". Und schließlich sollten sich die Ideen beliebig weit vertiefen lassen: Die Schüler sollten auch dann aus der Beschäftigung mit der betreffenden Idee Gewinn schöpfen können, wenn sie im Unterricht nicht bis zu einem zuvor definierten Endpunkt gelangen.

Zunächst der Gesamtkatalog:
- Idee der Zahl
- Idee des Messens
- Idee des räumliches Strukturierens
- Idee des funktionalen Zusammenhangs
- Idee des Algorithmus
- Idee des mathematischen Modellierens

Jede einzelne dieser Ideen taucht in mindestens einem der vorab diskutierten Kataloge auf. Um zu verdeutlichen, daß sie jede für sich der vorangestellten Leitfrage gerecht werden und darüber hinaus auf vernünftige Weise miteinander kompatibel sind, kommentiere ich sie der Reihe nach.

*Idee der Zahl*

Das Zählen konkreter, unterscheidbarer Objekte findet sich in allen bekannten Kulturen und kann als mathematische "Uraktivität" bezeichnet werden. Kinder in unserer eigenen Kultur lernen es in seinen Anfängen ebenso selbstverständlich wie die Muttersprache, und die Grenze zwischen Umgangssprache und Mathematik ist fließend. Die Abstraktion, die sich darin ausdrückt, daß ich eine Menge konkreter Objekte unter dem Aspekt der "Anzahl" betrachte, bedarf ebensowenig der Reflexion wie die Tatsache, daß ich in Begriffen der Umgangssprache von der Gegenständlichkeit der damit bezeichneten Objekte abstrahiere. Charakteristisch für das Voranschreiten mathematischen Denkens aber ist es, wenn – im nächsten Abstraktionsschritt, dem des Rechnens – die neuen gedanklichen Objekte, die Zahlen, sich verselbständigen und Träger eigener Operationen werden: des Zusammenzählens und Abziehens, des Malnehmens und Teilens, des Vergleichens und Ordnens. Schon auf den bis hierher betrachteten Abstraktionsstufen bestimmt und durchdringt die Idee der Zahl unsere Alltagskultur auf vielfältige Weise – es sei nur an den schon für Vorschulkinder bedeutsamen Umgang mit Zahlen im Zusammenhang mit Zeit und Geld erinnert. Wenn zur Allgemeinbildung die Stiftung kultureller Kohärenz gehört, ist es Aufgabe des Mathematikunterrichts, zur Reflexion über diese weitreichende Bestimmtheit unserer Alltagskultur durch Zahlen anzuregen.

Nur kurz seien wichtige weitere Formen und Stadien der Abstraktionen angedeutet, die sich der "Idee der Zahl" bedienen: Arbeiten mit Zahlen, die keine konkret verfügbaren Objektmengen repräsentieren; Zählen von "abstrakten Objekten", etwa den (vorgestellten) unterschiedlichen Ausgängen eines Zufallsexperiments; Rechnen mit Variablen, in denen von den "konkreten" Zahlen abstrahiert wird; Beschreibung von Gesetzen, die Beziehungen zwischen Zahlen und die mit ihnen möglichen Operationen beschreiben; Zahlbereichserweiterungen – usw. Vielgliedrige Ketten führen vom naiven Umgang mit der Zahl als mathematischer "Urabstraktion" bis hin zu axiomatischen Begründungen der natürlichen oder reellen Zahlen, bis hin zu tiefen Sätzen der Zahlentheorie und algebraischen Strukturen. – Auf einer anderen Ebene kommen Anwendungsmöglichkeiten ins Spiel, die sich dadurch auftun, daß Zahlen über bestimmte Zeichen symbolisch repräsentiert werden: Kennzahlen zum Klassifizieren, Ordnen, Wiedererkennen – wie etwa in Telefonnummern, Hausnummern, Postleitzahlen, Warenkennzeichnungen – sind ein unverzichtbares Hilfsmittel für das Alltagsleben in unserer Gesellschaft geworden.

*Idee des Messens*

Ebenfalls grundlegend, in allen Kulturen verbreitet und in diesem Sinne universell sind Aktivitäten, die sich im weitesten Sinne unter den Begriff des Messens subsumieren lassen. Geht das Zählen zunächst von unterscheidbaren, diskreten Objekten aus, so hat man es beim Messen mit kontinuierlichen Phänomenen zu tun, die zu quantifizieren sind. Die Idee, die dem Messen zugrunde liegt, nämlich der Vergleich des zu Messenden mit einer definierten Einheit, erlaubt dann, auch die Meßergebnisse wieder in Zahlen auszudrücken – eine Erfindung von ungeheurer Tragweite. Und andererseits wirkt die Idee des Messens auf die Idee der Zahl zurück: sie verlangt nach anderen als nur natürlichen Zahlen. Wie das schon bei Euklid behandelte Problem der Inkommensurabilität zeigt, folgt notwendig aus der Annahme der Meßbarkeit beliebiger Strecken, daß es "feinere" Zahlen geben muß als die rationalen Zahlen (oder, um den impliziten Platonismus in dieser Aussage zu vermeiden: daß es vernünftig ist, "feinere" Zahlen als die rationalen zu konstruieren).

Im Messen verknüpft sich die Mathematik auf vielfältige Weise mit der sinnlich erfahrbaren Welt: zunächst ganz offensichtlich da, wo "direkt" gemessen werden kann – etwa in der Längenmessung durch wiederholtes Anlegen eines Maßstabs (z. B. beim Abschreiten einer Strecke im Gelände), beim Flächenmessen durch Parkettierung, beim Zeitmessen durch das Auszählen eines periodisch sich wiederholenden Vorgangs oder beim Wiegen durch das Auswiegen mit Einheitsgewichten. Schon hier kommt deutlich die physikalische Struktur unserer Welt ins Spiel: Wann sind periodische Vorgänge "gleich lang", wie funktioniert die Balkenwaage? Das gilt erst recht auf der nächsten Abstraktionsstufe, wenn indirekt gemessen bzw. mit abgeleiteten Maßen gearbeitet wird: Was hat es beispielsweise mit der "Geschwindigkeit" auf sich, die wir auf dem Tacho eines Autos ablesen können? Die Möglichkeit des Messens erschließt überhaupt erst die Möglichkeit, quantitative Naturgesetze zu formulieren, die exakte Vorhersagen ermöglichen: Die in Abstraktion von der Welt gewonnene Mathematik wirkt konkret in die Welt zurück.

Ähnlich wie die Idee der Zahl durchdringt und prägt die Idee des Messens die gesamte Alltagskultur in unserer Gesellschaft, schon in den Erfahrungsbereichen der Vor- und Grundschulkinder. Doch während die Zahlen überall offensichtlich sind, verbirgt sich die Idee des Messens in der vermessenen Welt: Die Kilo-Pakkungen im Supermarkt sind fertig ausgewogen und abgepackt, die Entfernungen zwischen den Städten auf Schildern angezeigt etc., und alle gebräuchlichen Meßgeräte – die Digitalwaage für Obst und Gemüse, die Digitaluhr, das Fieberthermometer, der Kilometerzähler und der Tacho im elterlichen Personenwagen – zeigen gleich fertige Zahlen an. Wie sie zustande kommen, kann von Kindern nicht mehr anschaulich nachvollzogen werden. Gelegenheiten für elementare Meßerfahrungen und Meß-"Erlebnisse"zu bieten, ist deshalb für die Stiftung kultureller Kohärenz im Mathematikunterricht ebenso wichtig wie, in höheren Klassen, die Erörterung und Reflexion von Theorien des Messens – möglichst fächerübergreifend unter Einbeziehung der Naturwissenschaften oder der empirischen Sozialwissenschaften.

*Idee der räumlichen Strukturierung*

Kulturvergleichende Studien bei Naturvölkern haben den Blick geschärft für die Bedeutsamkeit einer Abstraktionsleistung, die uns oft selbstverständlich erscheint. Diese Abstraktionsleistung liegt verborgen im Übergang vom sinnlich erfahrenen Raum zum "euklidischen Raum", von einem Raum also, in dem ich mich als Mensch bewege, den ich unreflektiert visuell wahrnehme, zu einem Vorstellungsraum, in dem sich die Beziehungen zwischen idealisierten, nur gedanklich konstruierten Objekten wie Punkten, Geraden und Ebenen, Kreisen und Dreiecken, Kugeln und Tetraedern in einer logisch zwingenden Ordnung theoretisch beschreiben lassen. Denjenigen, die zu dieser Abstraktionsleistung fähig sind, steht für ihr mathematisches Denken gleichsam eine "Anschauung zweiter Art" zur Verfügung: Die unübersehbar vielen Zusammenhänge und Entsprechungen zwischen arithmetischen und algebraischen Gesetzmäßigkeiten auf der einen und geometrischen auf der anderen Seite lassen die räumliche Anschauung gleichermaßen zu einem Korrektiv und zu einer Inspirationsquelle auch für mathematisches Denken werden, das sich nicht primär auf geometrische Sachverhalte bezieht. Darauf, daß das geometrische Denken für schöpferische Mathematiker weit über den euklidischen Raum hinausgreifen und für eine "Anschauung dritter Art" sorgen kann, sei nur am Rande verwiesen – für Schüler dürfte der euklidische Raum in der Regel den geeigneten Rahmen darstellen, um der "Idee des räumlichen Strukturierens" teilhaftig zu werden.

Keine andere mathematische Idee hat die bekannten Hochkulturen (nicht nur die abendländische) so offensichtlich – was hier im Wortsinne zu verstehen ist – geprägt wie die des räumlichen Strukturierens: Geometrische Grundformen und Gestaltungsprinzipien wie Symmetrie finden sich weltweit von einfachen alltäglichen Gebrauchsgegenständen bis hin zur sakralen Architektur; ästhetische Prinzipien in der bildenden Kunst (und sogar in einer so "abstrakten" Kunst wie der Musik) lassen sich häufig auf geometrische zurückführen, bis hin zum bewußten konstruktiven Einsatz geometrischen Wissens in der perspektivischen Malerei – wobei dies letzte Beispiel wiederum für eine auf den abendländischen Kulturkreis (mit seiner entwickelten euklidischen Geometrie) beschränkte Entwicklung steht.

Die Idee des räumlichen Strukturierens schlägt sich in den kulturellen Basisaktivitäten des "locating" und des "designing" nieder, die Bishop unterscheidet. Für den Mathematikunterricht scheint mir diese Unterscheidung weniger wichtig. Wichtig wäre es, sowohl den konstruktiven Aktivitäten (zeichnen, gestalten, entwerfen, geometrisch konstruieren) als auch der Pflege der geometrischen Wahrnehmung, der Deutung der Umwelt in geometrischen Begriffen und Beziehungen, hinreichend

Aufmerksamkeit zu schenken. Die von der Sekundarstufe I an übliche Verengung der Geometrie zur ebenen (Zeichenblatt-)Geometrie sollte möglichst oft aufgebrochen werden: Die Idee des räumlichen Strukturierens kann sich nur entfalten, wenn (auch) immer wieder der dreidimensionale euklidische Raum praktisch und vorstellungsmäßig als Referenzrahmen herangezogen wird.

In Verbindung mit den Ideen der Zahl und des Messens läßt sich über das räumliche Strukturieren – welches das geometrische Operieren in der zweidimensionalen Ebene mit umfaßt – eine Fülle von Querverbindungen erschließen. So ist z. B. die Visualisierung von Daten durch unterschiedliche Formen graphischer Darstellung, etwa bei Statistiken und Meßergebnissen, inzwischen ein bestimmendes Element unserer mathematischen Alltagsskultur, zu dessen Erhellung (und Kritik) der allgemeinbildende Mathematikunterricht unter dem Aspekt mathematischer Kulturmündigkeit beizutragen hat.

*Idee des funktionalen Zusammenhangs*

Daß unsere Welt uns nicht nur chaotisch, sondern über weite Bereiche geordnet und in ihrer Entwicklung vorhersehbar erscheint, liegt daran, daß wir zwischen zunächst getrennt wahrnehmbaren Phänomenen Zusammenhänge postulieren können: Wir sind in der Lage, Regelmäßigkeiten und die ihnen möglicherweise zugrunde liegenden Ursachen zu beschreiben, weil auf ähnliche Ereignisse oder ähnliche menschliche Handlungen hin häufig ähnliche Folgen zu verzeichnen sind: Auf den Blitz folgt Donner, auf den Tag die Nacht, auf Essen folgt Sättigung und auf die Aussaat die Möglichkeit der Ernte. Im Wechselspiel von Erfahrung und Reflexion hat sich in allen Kulturen ein reicher Schatz von Wissen herausgebildet, wie man sich diese Regelmäßigkeiten für das Leben und Überleben zunutze machen kann.

Der abendländischen Neuzeit blieb es vorbehalten, die Tragweite dieses Zusammenhangswissens um ein Vielfaches zu vermehren. Die Entdeckung, daß sich gewisse Aspekte unserer Welt isoliert betrachten und quantifizieren lassen und daß sich die Zusammenhänge zwischen diesen quantifizierten Aspekten mit mathematischen Mitteln beschreiben lassen, markierte den Beginn der exakten Wissenschaften im modernen Sinne. Nicht nur die Naturwissenschaften, sondern auch viele sozial- und humanwissenschaftliche Disziplinen machen zunehmend von der Möglichkeit Gebrauch, empirische Zusammenhänge quantitativ zu beschreiben. Über die Idee des Messens hinaus kommt mit der Idee der funktionalen Beziehung zwischen direkt oder indirekt meßbaren Größen eine weitere zentrale Idee ins Spiel, die für das Verständnis der kulturellen Rolle der Mathematik unentbehrlich ist. Naturgesetze im modernen Sinne sind ohne die mathematische Formulierung funktionaler Zusammenhänge schlicht nicht denkbar, und ohne ein Begreifen der Idee des funktionalen Zusammenhangs läßt sich deshalb auch keine tiefere Einsicht in den wissenschaftlichen und gesellschaftlichen Fortschritt gewinnen.

Für die innermathematische Theorieentwicklung hat das Studium von Funktionen (oder Abbildungen) als neuen, im Vergleich zu Zahlen und geometrischen

Gegenständen wesentlich abstrakteren Objekten entscheidende Anstöße gegeben. Die genauere Untersuchung der für die neuzeitliche Mechanik kennzeichnenden funktionalen Zusammenhänge führt Newton und Leibniz zur "Erfindung" der Differential- und Integralrechnung, und die weitere theoretische Durchdringung und Erforschung von Funktionen befruchtet, weit über die unmittelbare Anwendung in der Physik hinaus, auch andere mathematische Gebiete wie Algebra und Geometrie.

Die Idee des funktionalen Zusammenhangs führt stärker als die drei zuvor behandelten Ideen über die mathematische Alltagskultur unserer Gesellschaft hinaus: Funktionen "sieht" man nicht in dem Sinne, in dem jeder Alltagsmensch auf Zahlen, Meßergebnisse und geometrische Formen und Darstellungen stößt. Wenn Heranwachsende mit der Idee des funktionalen Zusammenhangs vertraut sind, steht ihnen ein theoretisches Konzept zur Verfügung, das ihnen beim Aufspüren "latenter" Mathematik in ihrer Alltagswelt helfen kann und sie durchschaubarer macht.

Vertrautsein mit der Idee des funktionalen Zusammenhangs ist etwas anderes als der mathematisch-"handwerklich" korrekte Umgang mit den in der Schule gängigen Funktionstypen: Die Idee des funktionalen Zusammenhangs verknüpft Alltagswissen mit einer mächtigen mathematischen Methode. Schülern muß im Unterricht Gelegenheit gegeben werden, diese Verknüpfung für sich neu zu entdecken oder bewußt nachzuvollziehen: beispielsweise, daß sich eine Beobachtung, die sich zunächst vage durch die Formulierung "je mehr von diesem, desto mehr von jenem" beschreiben läßt, unter bestimmten Bedingungen in einer proportionalen oder linearen Funktion wesentlich präziser beschreiben läßt; oder daß, wenn der Zuwachs einer Größe – wie bei vielen Wachstumsprozessen – proportional zum Wert dieser Größe selbst ist, Exponentialfunktionen diese Art von Zusammenhang auf vernünftige Weise beschreiben. In derartigen Erfahrungen erschließt sich die kulturelle Bedeutung der im Funktionsbegriff gegebenen mathematischen Abstraktion. Die mathematische Formulierung funktionaler Zusammenhänge erweist sich so als ein universelles Mittel, meßbare Veränderungen in unserer Welt theoretisch zueinander in Beziehung zu setzen und symbolisch zu bearbeiten. – Für einen kleinen Teil der Heranwachsenden ist sicher auch dies von allgemeinbildender Bedeutung: Anhand von Funktionen läßt sich das für die höhere Mathematik charakteristische Fortschreiten der Abstraktion nachvollziehen – in Differentialgleichungen stehen die Variablen nicht mehr, wie in den üblichen Gleichungen, für unbekannte Zahlen, sondern für unbekannte Funktionen; und auch Funktionen lassen sich miteinander verknüpfen und als Elemente algebraischer Strukturen auffassen.

Die mannigfachen Querverbindungen zu den Ideen der Zahl, des Messens und des räumlichen Strukturierens sind teilweise schon angeklungen. Funktionen operieren auf Zahlen und produzieren neue Zahlen, beschreiben und deuten Meßreihen, lassen sich durch geometrische Kurven repräsentieren, als solche geometrisch untersuchen und umgekehrt. Die Abbildungen der Elementargeometrie (Verschiebungen, Spiegelungen, Drehungen) können helfen, ein allgemeineres Verständnis funktionaler Zusammenhänge von der Idee des räumlichen Strukturierens her vorzubereiten.

*Idee des Algorithmus*

Ein Algorithmus ist, umgangssprachlich ausgedrückt, eine Folge von eindeutigen Anweisungen, die den Weg zur Lösung eines Problems genau und vollständig beschreiben. Algorithmen gibt es nicht nur in der Mathematik und der Informatik – auch alltägliche Handlungen wie das Suchen einer Telefon-Nummer im Telefonbuch oder das Backen eines Kuchens lassen sich als Algorithmen darstellen –, doch kommt ihnen in der Mathematik und der Informatik eine herausragende Bedeutung zu. Schon der Grundschüler lernt, etwa bei der Aneignung der schriftlichen Grundrechenarten, mit mathematischen Algorithmen umzugehen.

Obwohl das Entwickeln von und Arbeiten mit Algorithmen schon den Babyloniern (Heron-Verfahren) und den alten Griechen (Euklidischer Algorithmus, Sieb des Eratosthenes) bekannt war, und obwohl es spätestens seit Beginn der Neuzeit zu den Standardaufgaben der Mathematiker gehört, wäre gewiß vor noch vierzig Jahren kein Mathematiker, Didaktiker oder Bildungstheoretiker auf den Gedanken verfallen, die "Idee des Algorithmus" als zentrale Idee für ein allgemeinbildendes Mathematik-Curriculum vorzuschlagen. Verstärkte Aufmerksamkeit haben Algorithmen auf sich gezogen, seit programmierbare Computer als mathematische Werkzeuge zur Verfügung stehen. Denn mittels des Computers als "symbolverarbeitender Universalmaschine" (Bussmann/Heymann 1987, S. 15ff) läßt sich im Prinzip jedes algorithmierbare Problem lösen. Daß damit umgekehrt auch die Grenzen des Computers bezeichnet sind, haben Mathematiker wie Gödel und Turing schon frühzeitig in brillanten theoretischen Arbeiten nachgewiesen.

Im herkömmlichen Mathematikunterricht spielt das korrekte Abarbeiten von Algorithmen, bis in die Sekundarstufe II hinein, eine entscheidende Rolle. Ein Beispiel dafür bietet der nach wie vor für Klausur- und Abituraufgaben beliebte Bereich der Funktions- oder Kurvendiskussion. Spätestens, seit ausgereifte Computer-Software verfügbar ist, die für einen gegebenen Funktionsterm alle üblichen Fragen (nach Nullstellen, Extrema, Wendepunkten, Kurvenverlauf über gegebenen Intervallen) beantwortet, ist der Stellenwert entsprechender Aufgaben im Rahmen des allgemeinbildenden Mathematikunterrichts neu zu überdenken.

Das Abarbeiten gegebener Algorithmen beherrschen programmierte Maschinen schneller und zuverlässiger als Menschen; andererseits gibt es schon im herkömmlichen Grundschulunterricht Sach- und Problemaufgaben, die sich nicht algorithmieren lassen. Es ist also grundsätzlich zu unterscheiden zwischen der Ausführung vorgegebener Algorithmen und der kreativen Tätigkeit des Algorithmierens, des Konstruierens von Algorithmen zu einem gegebenen Problem. Nicht, daß das erste in jedem Falle einfacher wäre als das zweite: Einen komplizierten Algorithmus fehlerfrei anzuwenden, kann sehr mühsam sein und hohe Konzentration erfordern. Aber Verständnis für die Idee des Algorithmus wird sich nur einstellen, wenn die Schüler mit beiden Tätigkeiten Erfahrung sammeln und über sie reflektieren können.

Inwiefern steht nun der Algorithmus für eine universelle Idee von kulturerhellender Bedeutung? Anhand von Algorithmen läßt sich exemplarisch die Abspaltung von Anwendungswissen aus dem Erkenntniszusammenhang nachvollziehen: Beim Abarbeiten eines Algorithmus brauche ich mich nicht darum zu kümmern (und auch gar nicht zu verstehen), warum der Algorithmus funktioniert. Die Intelligenz und Kreativität, die in seine Entwicklung gesteckt wurden, sind in ihm gleichsam "gespeichert"; über das Wissen, das in ihn investiert wurde, braucht der Anwender nicht zu verfügen. Das gilt für die Ausführung der schriftlichen Division wie für das Wurzelziehen, für das Lösen einer quadratischen Gleichung wie für das Differenzieren einer gegebenen Funktion. Das gilt aber ebenso für die (im Hintergrund algorithmisch strukturierte) anwenderfreundliche Benutzeroberfläche eines PC und für kommerzielle Software zum Lösen von Standard-Problemen aller Art. Das Prinzip des Algorithmus läßt sich noch einen Schritt weiter verallgemeinern: In ihm spiegelt sich das Prinzip der industriellen Fertigung. Industrielle Produktionsverfahren erlauben es, normierte, qualitativ hochwertige Produkte weitgehend unabhängig vom handwerklichen Sachverstand der beteiligten Arbeiter herzustellen. Der Entwurf eines industriellen Fertigungsverfahrens, in den mathematischer, naturwissenschaftlicher, ökonomischer und handwerklicher Sachverstand einfließt, ist im wesentlichen nichts anderes als die Konstruktion eines Algorithmus. Und umgekehrt ist ein mathematischer Algorithmus nichts anderes als eine (gleichsam industriemäßig standardisierte) Problemlösung für eine Klasse strukturell verwandter Probleme, die man durch gedankliche Anstrengung und mit hinreichend viel Sachverstand auch jedes für sich, d. h. ohne diesen Algorithmus lösen könnte. Erläutert an einem einfachen Beispiel: Eine Divisionsaufgabe, die ich mit dem schriftlichen Algorithmus standardisiert und komfortabel lösen kann, kann ich, wenn ich mathematisch verstanden habe, was eine Division ist, auch "direkt", durch Probieren und kontrollierendes Multiplizieren lösen. In der Idee des mathematischen Algorithmus begegnet den Schülern sozusagen eine der tragenden Ideen der modernen Zivilisation – einschließlich der Grenzen ihrer Anwendbarkeit. Gelingt es im Mathematikunterricht, das zu verdeutlichen, läßt sich damit in der Tat ein wesentlicher Beitrag zur Allgemeinbildung, speziell zur kulturellen Kohärenz erbringen.

*Idee des mathematischen Modellierens*

Auch die Idee des mathematischen Modellierens ist als zentrale Idee für den Mathematikunterricht noch nicht lange in der Diskussion. Sie liegt auf einer anderen Ebene als die zuvor betrachteten Ideen, ermöglicht aber gerade dadurch eine Synthese der bisherigen Überlegungen: Eine tragfähige Vorstellung vom mathematischen Modellieren gestattet es, die eher klassischen Ideen, die ich zunächst erörtert habe, und die Idee des Algorithmus in einen gemeinsamen Rahmen zu stellen.

Der Anwendungs- und Wirklichkeitsbezug von Mathematik läßt sich mithilfe des Modellbegriffs sehr allgemein und gleichzeitig recht elementar beschreiben:[137] Immer, wenn Mathematik zur Beschreibung und Klärung von Sachsituationen und zur Lösung realer Probleme eingesetzt wird, wird ein mathematisches Modell konstruiert (bzw. auf ein bereits vorliegendes Modell zurückgegriffen). Die anhand eines solchen Modells gewonnenen Aussagen über die interessierende Sachsituation oder Lösungen des zu untersuchenden Problems sind nicht losgelöst vom Modell gültig. Sie sind interpretationsbedürftig und müssen auf ihre Sachangemessenheit geprüft werden. – Um diese Überlegungen zu illustrieren, gebe ich zwei einfache Beispiele und beziehe sie auf eine Alltagssituation.

Natürliche Zahlen lassen sich als eigenständige mathematische Objekte betrachten und untersuchen, man kann mit ihnen, innerhalb der als gültig erkannten mathematischen Gesetzmäßigkeiten, beliebig zählen, rechnen, operieren. Sobald man aber reale Gegenstände (z. B. Kartoffeln) zählt, macht man von ihnen als einem mathematischen Modell Gebrauch. Geht es etwa darum, die gezählten Kartoffeln zu kaufen, wird mir mein Zählergebnis vermutlich nichts nützen: Da die Kartoffeln unterschiedlich schwer sind und der Verkäufer sie nach Gewicht eingekauft hat, wird er sie auch nach Gewicht weiterverkaufen wollen (ich könnte mir ja die dicksten aussuchen!). Auch bei korrektem Zählergebnis ist das Zählmodell in dieser Sachsituation also nicht brauchbar, um den zu zahlenden Preis zu ermitteln.

Oder betrachten wir lineare Funktionen: Wir wissen, wie man mathematisch mit ihnen umgeht, welche Operationen zulässig sind und welche nicht. Sobald nun ein in der Realität vermuteter funktionaler Zusammenhang durch eine lineare Funktion beschrieben wird, stellt diese lineare Funktion ein mathematisches Modell jenes Zusammenhangs dar. Beim Kauf von Waren ist es üblich, den zu zahlenden Preis proportional zur Menge oder Quantität der zu erwerbenden Ware anzusetzen. Habe ich – um an obiges Beispiel anzuknüpfen – die Quantität der zu kaufenden Kartoffeln durch Wägung bestimmt ("gemessen"), kann ich mittels einer linearen (hier sogar proportionalen) Funktion aus dem Meßergebnis den zu zahlenden Preis ermitteln. Die Angemessenheit des Modells "proportionale Funktion" wird durch eine *Konvention* garantiert, die in unserer Gesellschaft beim Kauf kleiner Mengen im Einzelhandel generell eingehalten wird (bei größeren Mengen kämen dann Rabatte ins Spiel – das mathematische Modell müßte geändert werden). Berechne ich den Preis per "Dreisatz", mache ich im Prinzip von dem gleichen Modell Gebrauch (oder, wenn man so will, von einer Variante).

Die Betrachtung dieser beiden Beispiele unter dem Aspekt der ihnen zugrunde liegenden mathematischen Modellierungen bliebe, für sich betrachtet, natürlich eine Spielerei, die die Verwendung von Mathematik in Alltagssituationen nur unnötig verkompliziert. Fruchtbar wird die modelltheoretische Betrachtungsweise vor allem in solchen Fällen, in denen das Beziehungsgeflecht zwischen Mathematik auf der einen und "Wirklichkeit" auf der anderen Seite nicht mehr ohne weiteres zu durchschauen ist. In der Stochastik oder bei der Betrachtung von Wachstumsprozessen kommt der Wahl bzw. Konstruktion adäquater mathematischer Modelle erhebliche Bedeutung zu; die Brauchbarkeit der zunehmend für wissenschaftliche Analysen und Prognosen eingesetzten Computer-Simulationen hängt entscheidend von den zugrunde gelegten Modellen ab. Fehl- und Überinterpretationen von Ergebnissen solcher Rechnungen basieren häufig auf ungenügender Einsicht in den Modellcharakter der eingesetzten mathematischen Verfahren: Die interne Rationalität der verwendeten Modelle wird durch die Rationalität der herangezogenen mathematischen Theorien gewährleistet, durch das zuverlässige Funktionieren der in das Modell eingebauten Algorithmen. Doch die Passung von zu untersuchender Fragestellung und hinzuzuziehender Mathematik stellt ein eigenes Problem dar, eben ein Problem der *Modellierung*. Und dieses Problem läßt sich nicht mit mathematischem Sachverstand allein lösen, sondern dazu bedarf es hinreichend subtiler inhaltlicher Kenntnis des zu modellierenden Sachverhalts.

Die Idee der Modellierung erlaubt nicht nur ein besseres Verständnis der Rolle, die die Mathematik bei der Analyse und Lösung einzelner Sachprobleme spielt, sondern sie charakterisiert generell die Vorgehensweise in den exakten Wissenschaften: Die Physiker, die mit Formeln und Gleichungen arbeiten, Größen messen und zueinander in Beziehung setzen, axiomatisierte Theorien für Teilbereiche der Physik entwerfen, konstruieren mathematische Modelle. Ein wesentlicher Teil ihrer wissenschaftlichen Tätigkeit besteht darin, mathematische Modelle zu entwerfen, die mit bekannten empirischen Fakten übereinstimmen, und mittels dieser Modelle Voraussagen zu treffen, die sich wiederum empirisch überprüfen lassen. Ähnliches gilt für andere quantifizierende Wissenschaften. Die Idee des mathematischen Modellierens erweist sich in diesem Sinne tatsächlich als universell, weil sie auf ganz unterschiedlichen Ebenen – vom Kartoffelzählen bis zur relativistischen Quantenmechanik – die Verknüpfungen zwischen "Mathematik" als in sich stimmiger, geistiger Konstruktion mit der sinnlich erfahrbaren oder symbolisch vermittelt wahrnehmbaren "Realität" erhellt.[138] Daß mathematisches Modellieren überhaupt "funktioniert", ist eine andere Formulierung für die zweite Grunderfahrung, die der allgemeinbildende Mathematikunterricht nach Wittenbergs Meinung ermöglichen sollte.

Wie läßt sich nun mit der Idee des mathematischen Modellierens im Unterricht umgehen? Ich beschränke mich hier auf wenige Andeutungen, die ich für wichtig halte, damit das Plädoyer für die Idee des Modellierens nicht mißverstanden wird als Empfehlung, Schüler so oft wie möglich das Wort "Modell" benutzen zu lassen.

Die Einsicht, daß der Wirklichkeitsbezug von Mathematik über Modelle vermittelt ist, kann mathematische Lernprozesse auch dann schon bereichern, wenn der Terminus "Modell" im Unterricht noch gar nicht verwendet wird; in vielen Fällen wird es ausreichen, wenn sich der Lehrer dieses Modellaspekts von Mathematik bewußt ist. Doch mit dem Voranschreiten in der Sekundarstufe I gibt es zunehmend Gelegenheiten, auch ausdrücklich von "Modellen" zu sprechen, beispielsweise im Rahmen der elementaren Geometrie, in der Funktionenlehre (lineare Funktionen, Wachstumsprozesse) und insbesondere in der Stochastik.

Zusammenfassend läßt sich festhalten: Die Idee des mathematischen Modellierens schlägt eine Brücke zwischen der kulturellen Hervorbringung "Mathematik" und der übrigen Kultur unserer westlichen Industriegesellschaft. Anhand der Idee des mathematischen Modellierens läßt sich die zivilisationsgestaltende und -verändernde Potenz der Mathematik verdeutlichen. Und andere, innerhalb des allgemeinbildenden Mathematik-Curriculums als zentral anzusehende Ideen lassen sich mittels der Idee der mathematischen Modellierung vielfältig aufeinander beziehen.

## 4.3 *Weltorientierung im Mathematikunterricht*

### 4.3.1 Mathematik als Teil unserer Welt

Weltorientierung – diese Aufgabe der Schule hatten wir umschrieben mit: Erweiterung des Wahrnehmungs- und Urteilshorizonts, über den Alltagshorizont der Schüler hinaus; Ordnung der Vorstellungen; Aufbau eines differenzierten Weltbildes. Die Schulfächer repräsentieren – allgemein gesprochen – Ausschnitte der Welt, und sie stehen zugleich für Weltsichten, die ergänzungsbedürftig sind. Sie konzentrieren sich auf einen Aspekt der sinnlich erfahrbaren oder symbolisch vermittelten Welt und vertiefen ihn, auf eine für das jeweilige Fach charakteristische Weise. Zur Weltorientierung beizutragen, in einem oder durch ein Schulfach, heißt dann zunächst einmal, eine Brücke vom (objektiven) Weltbezug des Faches zur (subjektiven) Welt der Schüler zu schlagen. Die Schüler sollten das Stück Welt, das ihnen durch das Fach entgegentritt, in ihre subjektive Vorstellung von der Welt integrieren können, es als ein Stück ihrer Welt erkennen und einordnen können. Und das wiederum setzt voraus: Der vom Fach repräsentierte Weltausschnitt darf kein auf die Schule beschränktes Eigenleben fristen, und er darf nicht gänzlich unverbunden neben der erfahrungsgetränkten außerschulischen Alltagswelt der Schüler stehen.

Im Falle der Mathematik ist schon die Bestimmung des "objektiven Weltbezugs" schwieriger als für die meisten anderen Fächer. In erster Annäherung läßt sich diese Schwierigkeit so formulieren: *Mathematik ist Teil unserer Welt und zugleich in ihr verborgen.* Nur zu geringem Umfang ist Mathematik als Teil der Alltagswelt sinnlich erfahrbar, nämlich auf der Ebene der mathematischen Alltagskultur. Auf dieser Ebene ist sie auch für Kinder "real", in Form von Symbolen, denen man in den verschiedenartigsten Situationen begegnet, in Form von Techniken und Handlungen, an die man sich frühzeitig gewöhnt. Soweit diese Mathematik in der Schule gelehrt und gelernt wird, korrespondieren ihr vielfältige Alltagserfahrungen auch außerhalb der Schule. Ihr Weltbezug ist für Kinder und Jugendliche auch dann nachvollziehbar, wenn er im Unterricht nur spärlich thematisiert wird. Wie aber steht es um den Weltbezug der Mathematik *jenseits* der mathematischen Alltagskultur?

Die Ausgangsthese – Mathematik als Teil der Welt und zugleich in ihr verborgen – läßt sich verschärfen und differenzieren: Mathematik ist nicht nur Teil, sie ist *konstitutiv* für unsere Welt. Und sie ist es in doppeltem Sinne: Sie ist konstitutiv für das rationale, durch die modernen Wissenschaften geprägte Weltbild des abendländischen Kulturkreises; und sie ist konstitutiv für die (im weitesten Sinne) technisch konstruierte Lebenswelt, die sich die Menschen des abendländischen Kulturkreises seit Beginn der industriellen Revolution geschaffen haben. Das Verborgensein der Mathematik, ihr Verschwinden hinter den Phänomenen, ist hingegen für beide Bereiche charakteristisch. Ich möchte das, zunächst für den ersten Bereich, erläutern.

Die von den Menschen geschaffene Mathematik hat sich in der Entwicklung der neuzeitlichen Wissenschaften als tiefgreifendes Mittel zur verstehenden Beschreibung (und in der Folge zur Beherrschung) der von den Menschen vorgefundenen natürlichen Welt bewährt. Die Entfaltung der Mathematik und die Ausweitung ihrer Anwendungen erfolgte seit Beginn der abendländischen Neuzeit in enger Wechselbeziehung. Mathematik ist in einem gegenüber der Antike ganz neuem Sinne zum *Erkenntnismittel* geworden. Ein modernes, wissenschaftlich-rationales Weltbild setzt Mathematik als Erkenntnismittel voraus. Die Sicht, die wir als gebildete Abendländer auf die Welt haben, wäre ohne Mathematik nicht denkbar. Aber wir "sehen" in der Regel die Mathematik nicht mehr, die uns unsere Weltdeutung ermöglicht. Wir sehen beispielsweise den Jupiter am Nachthimmel und deuten ihn auf der Basis unseres Wissens vom Sonnensystem als Planeten, der auf einer elliptischen Bahn die Sonne umkreist. Aber wir könnten die Messungen und Berechnungen, die Kepler und andere angestellt haben, um ihr Modell der Planetenbewegung plausibel zu machen, nicht ohne weiteres rekonstruieren. Als Teil unseres Weltbildes ist unser Wissen tragfähig, auch wenn es sich von der Mathematik abgelöst hat, die zu seiner Begründung investiert wurde: Unser Wissen über die natürliche Welt ist in viel höherem Maße Ergebnis des Einsatzes von Mathematik als Erkenntnismittel, als es den üblichen Formulierungen dieses Wissens anzusehen ist.

Zum anderen ist Mathematik Konstruktionsmittel für die von den Menschen geschaffene künstliche Welt: Sie fließt ein in Architektur und Technik, in Institutionen der privaten Wirtschaft und staatlichen Verwaltung, sie prägt die äußere Ordnung und Gliederung unserer Welt: durch Kalender und Uhrzeit, durch Vermessung, Aufteilung und Registrierung von Grund und Boden, durch Codierungssysteme von Telefonnummern über Postleitzahlen bis zur Erfassung persönlicher Daten in privaten und staatlichen Datenbanken. In viele Gegenstände, die wir im Alltag benutzen – Haushaltsmaschinen, Verkehrsmittel, Computer –, ist Mathematik gleichsam unsichtbar eingebaut, ohne daß wir als Nutzer darauf angewiesen wären, diesen Aspekt ausdrücklich zu reflektieren. Es ist gerade der eigentümliche Vorzug der Mathematik, daß ihre technischen Anwendungen unabhängig davon funktionieren, ob der Nutzer sie kennt oder sich ihrer zumindest prinzipiell bewußt ist.

Der Weltbezug der Mathematik ist also ein indirekter. Am deutlichsten läßt sich die Differenz zu anderen Wissenschaften, die direkt auf die Erkenntnis von Welt abzielen, für die "Reine Mathematik" charakterisieren: Ihr Gegenstand ist sie selbst, sie untersucht ihre eigenen Hervorbringungen. Soweit sich der schulische Mathematikunterricht am Ideal der reinen Mathematik ausrichtet, kopiert er diesen Zug – mit dem entscheidenden Unterschied, daß die Gegenstände der Betrachtung nur im Ausnahmefall von den Schülern schöpferisch "hervorgebracht", daß sie stattdessen als bereits fertige vom Lehrer (oder Schulbuch) dargelegt werden.

Selbstverständlich hinterläßt auch die ödeste schulische Beschäftigung mit Mathematik Spuren, bewirkt Änderungen im Schüler-Weltbild. Doch dabei handelt es sich nicht eigentlich um eine Erweiterung des Horizonts, um eine *Bereicherung* des Weltbildes durch eine mathematische Weltsicht, sondern nur um eine *Anreicherung* desselben durch mathematische Gegenstände. Um es in einem Bild auszudrücken: Die Mathematik, die gelernt wird, erweist sich nicht als ein Fenster, das einen anderen, einen neuartigen Blick auf die Welt zuläßt, sondern lediglich als zusätzliches

Möbelstück, das für sich selbst steht und eventuell sogar Platz raubt (für Wichtigeres). Der Ausschnitt der Welt, der durch die Schulmathematik in diesem pädagogisch unbefriedigsten und, gemessen am Allgemeinbildungsanspruch, armseligsten Falle repräsentiert wird, besteht also lediglich aus ihr selbst: der Schulmathematik. Für die Schüler bleibt das Wissen, daß Mathematik eine wichtige Rolle in unserer Welt spielt, blutleer, da sich ihre Erfahrung mit Mathematik (jenseits der mathematischen Alltagskultur) ausschließlich aus der Erfahrung mit Mathematik als Schulfach speist, mit ritualisierten Aufgaben und Unterrichtsabläufen entlang eines vorgeschriebenen Stoffkanons. Die Schulmathematik gerinnt damit zu einem in sich weitgehend abgeschlossenen, vom übrigen Leben isolierten Ausschnitt der Welt.

Wenn die Mathematik, die für unsere Welt konstitutiv ist, weitgehend hinter den Phänomenen verborgen ist, bedarf es eines besonderen Umgangs mit Mathematik im Unterricht, um ihren Weltbezug deutlich werden zu lassen. Daß dabei die Anwendung von Mathematik auf außermathematische Sachverhalte eine wichtige Rolle spielen muß, scheint unbestreitbar. Um so heftiger läßt sich darüber streiten, anhand welcher Beispiele und wie im einzelnen das geschehen soll. In den folgenden Abschnitten untersuche ich, inwieweit gängige Konzepte eines anwendungsorientierten oder umwelterschließenden Mathematikunterrichts dem Anspruch der Weltorientierung gerecht werden.

### 4.3.2 Anwendungsorientierung im Mathematikunterricht

In der Mathematikdidaktik ist, national wie international, in den vergangenen zwei Jahrzehnten dem Thema "Anwendungen" viel Aufmerksamkeit geschenkt worden – eine Fülle von Publikationen und Initiativen gibt davon Zeugnis.[139] Ich gebe einen knappen Überblick, wobei ich in Grundzügen Schupp (1988) folge, der – mit dem Fokus auf die Sekundarstufe I – eine fundierte Zwischenbilanz vorgelegt hat.

Der Terminus "Anwendungsorientierung" ist noch relativ jung. Als er in den siebziger Jahren in Gebrauch kam, signalisierte er eine entschiedene Gegenbewegung zur "Neuen Mathematik". Die Dominanz strukturmathematischer Ideen in der Schulmathematik und die verstärkte Ausrichtung an der Mathematik als Wissenschaft, die ihrerseits meist unhinterfragt mit der "Reinen Mathematik" gleichgesetzt wurde, hatten im Verlauf des vorangegangenen Jahrzehnts dazu geführt, daß mathematischen Anwendungen in Lehrplänen, Schulbüchern und der daran ausgerichteten Unterrichtpraxis nur noch eine randständige Bedeutung zuerkannt wurde.

Die Diskussion um den Stellenwert von Anwendungen im schulischen Mathematikunterricht ist hingegen erheblich älter. An den Volksschulen hat man seit Beginn ihres Bestehens im Rechenunterricht nie ganz auf Anwendungen verzichtet, wenngleich sie häufig in schematischer Erstarrung betrieben wurden und die angestrebte Lebensnähe verfehlten. Bis zum heutigen Tag wird ein beachtlicher Teil des mathematischen Anfangsunterrichts in der Primarstufe als *Sachrechnen* ausgewiesen. – An den Gymnasien kam es im vorigen Jahrhundert unter dem Einfluß des

Neuhumanismus zu einer weitgehenden Zurückdrängung mathematischer Anwendungen, da sie mit der verpönten Zweckbindung der Bildung identifiziert wurden. Weil Allgemeinbildung vorwiegend als Formalbildung verstanden wurde, war es paradoxerweise gerade der Anspruch auf den allgemeinbildenden Charakter des Mathematikunterrichts, der die Tendenzen zu einer fachlich selbstgenügsamen Veranstaltung stärkte. Auf das Ende des 19. Jahrhunderts zu mehren sich endlich Bestrebungen, diese Selbstgenügsamkeit zu durchbrechen. Die zunehmende volkswirtschaftliche Bedeutung des technisch-naturwissenschaftlichen Fortschritts schafft ein Klima, in dem naturwissenschaftliche und technische Interessenverbände gesellschaftlichen Druck ausüben können, und in den Meraner Plänen von 1905 wird vom Mathematikunterricht bereits ausdrücklich die Entwicklung der "Fähigkeit zur mathematischen Betrachtung der uns umgebenden Erscheinungswelt"[140] gefordert. Nach 1925 beginnt das Pendel wieder in die Gegenrichtung auszuschlagen,[141] die Sachwalter der "Reinen Mathematik" und die Anhänger eines formalen Bildungsideals neuhumanistischer Prägung gewinnen erneut Oberhand. Sieht man einmal von den Versuchen der Nationalsozialisten ab, die schulische Mathematik in den Dienst ihrer Ideologie zu stellen (militärtechnische Anwendungen, Biometrie), bleiben Anwendungsthemen bis in die 60er Jahre ein Stiefkind des Mathematikunterrichts. Auch Didaktiker wie Wagenschein und Wittenberg, die sich seinerzeit als entschiedene Gegner einer fachspezialistischen Ausrichtung profilierten, greifen bevorzugt auf innermathematische Themen zurück, um das Bildungspotential der Mathematik zu demonstrieren.[142] Die "New math"-Wende bewirkt dann, wie schon erwähnt, faktisch eine nochmalige Ausdünnung des ohnehin spärlichen Katalogs. Zwar ist in den Präambeln der KMK-Richtlinien zur Modernisierung des Mathematikunterrichts von 1968 durchaus von der Notwendigkeit des "mathematischen Erfassens der Wirklichkeit" die Rede, doch wird dieser Anspruch im Plan selbst an keiner Stelle umgesetzt (Damerow 1977, S. 221ff; Schupp 1988, S. 9).

### 4.3.3 Mathematisches Modellieren als verbindende Perspektive der Anwendungsorientierung

Der jüngste Trend zur Anwendungsorientierung – wie zuvor die "Neue Mathematik" eine internationale Strömung – hat zu einer neuen Qualität der Auseinandersetzung um die Frage geführt, welcher Stellenwert der Behandlung außermathematischer Probleme zukommen sollte. Bei aller Unterschiedlichkeit in den generellen Zielsetzungen wie auch in vielen Details, die sich bei den Befürwortern der Anwendungsorientierung ausmachen lassen – ich werde noch darauf eingehen –, gibt es Gemeinsamkeiten, die auf einen merklichen Fortschritt gegenüber den Diskussionen verweisen, die vor 1960 geführt wurden. Die wichtigste neue Gemeinsamkeit ist die, daß das Anwenden von Mathematik *modelltheoretisch* interpretiert wird. Da ich notwendige allgemeine Informationen zur Verwendung des Modellbegriffs und zum mathematischen Modellieren im Mathematikunterricht am Ende des vorangehenden Unterkapitels gegeben habe, beschränke ich mich hier darauf, einige Grundsätze zu nennen, denen unter Anwendungsdidaktikern übereinstimmend Anerkennung gezollt wird (vgl. dazu auch Schupp 1988, S. 10ff):

- Der betrachteten Sachsituation, dem "realen" Ausgangsproblem ist nicht schon irgendwelche Mathematik immanent, die vom Schüler nur noch zu "entdecken" ist, sondern eine mathematische Betrachtungsweise wird an die Sachsituation herangetragen, kurz: die Sachsituation wird "mathematisch modelliert".
- Alle mathematischen Aktivitäten – logische Schlüsse, geometrische Konstruktionen, Berechnungen usw. – finden innerhalb des mathematischen Modells statt.
- Die (notwendige) Prüfung, wieweit das mathematische Modell der betrachteten Sachsituation bzw. dem Ausgangsproblem gerecht wird, läßt sich nicht mit innermathematischen Mitteln leisten. Der Weg von der Sachsituation zum Modell (wieviel Verkürzung oder Idealisierung verträgt die zugrundeliegende Fragestellung?) wie auch der vom Modell zurück zur Sachsituation (Was bedeuten die mathematischen Ergebnisse für die "Realität"?) erfordern sowohl Sachwissen als auch eine Reflexion über Zweck und Anspruch der Modellierung.

Didaktisch lassen sich aus diesen Grundsätzen interessante Konsequenzen ziehen:

- Das Unbehagen an den herkömmlichen "eingekleideten" Aufgaben wird theoretisch begründbar: Aus modelltheoretischer Perspektive handelt es sich um Versuche, zum Gebrauch von Mathematik in außermathematischen Sachzusammenhängen anzuregen, ohne den Akt der Modellbildung zu reflektieren. Wenn Lehrer sich wundern, weshalb Schüler "nicht genau hingucken" und "einfach sehen", was zu rechnen ist, schwingt dabei die latente Vorstellung mit, die erforderliche Mathematik sei schon in der präsentierten Sachsituation vorhanden und müsse nur noch "entdeckt" werden. Aus der Sicht des Aufgabenkonstrukteurs macht das Bild von der verborgenen Mathematik tatsächlich Sinn: Erfinden eingekleideter Aufgaben heißt ja meist nichts anderes, als ein Stück Mathematik, das gerade geübt werden soll, in einer verbalen Formulierung zu "verstecken". Daß Schüler ihrerseits beim Lösen der Aufgabe auf konstruktive Denkakte angewiesen sind, gerät bei dieser Betrachtungsweise allerdings nicht in den Blick.
- Umgekehrt eröffnet die modelltheoretische Perspektive Wege, wie sich auch mit unzulänglichen Sachaufgaben didaktisch sinnvoll umgehen läßt: Schüler können ermuntert werden, die zugrundeliegenden impliziten Modelle zu explizieren; auf ihre Sachangemessenheit zu untersuchen; durch alternative Modelle zu ersetzen und zu prüfen, ob und wie sich die Lösungen dadurch ändern (vgl. Baireuther 1990, S. 212ff) – im Abschnitt über Textaufgaben komme ich darauf zurück.
- Viele Stoffe der Schulmathematik erhalten einen neuen Sinn, wenn man sie als Standard-Modelle für verbreitete Alltagssituationen interpretiert: so etwa Formeln zur Berechnung von Flächen und Körpern, Proportionalität und Antiproportionalität, lineare Funktionen und Gleichungen (Anwendungen in der Physik, im Wirtschaftsleben usw.), trigonometrische Funktionen (für Schwingungsvorgänge), Exponentialfunktionen (für Wachstumsprozesse), Kenngrößen und Verteilungsfunktionen in der Stochastik.

– Die modelltheoretische Perspektive schafft einen Rahmen, der von schlichtesten Sachrechenaufgaben des Grundschulunterrichts (Winter 1985, S. 31f) über den Gebrauch von Standard-Modellen in der Sekundarstufe I, über anspruchsvolle Mathematisierungsprojekte in der gymnasialen Oberstufe und im Universitätsstudium der Mathematik (Reichel/Zöchling 1990, Knauer 1992) bis zu komplexesten wissenschaftlichen Anwendungen der Mathematik reicht. Das eröffnet didaktisch die Chance, Einsichten in die Beziehungen zwischen Mathematik und außermathematischer "Wirklichkeit" über die ganze Schulzeit hinweg aufzubauen und in einem spiraligen "Anwendungs-Teilcurriculum" altersangemessen, bei steigendem intellektuellem Anspruch, immer weiter zu vertiefen.

Durch aktives mathematisches Modellieren lernen die Schüler etwas über die "Sache", über den Gegenstandsbereich, dem das zu untersuchende Problem entstammt, und sie lernen auch viel Mathematik. Umgekehrt gilt: Erfolgreiches mathematisches Modellieren setzt voraus, daß man von beidem bereits etwas versteht.

Trotz der theoretischen Vereinheitlichung, die sich durch die modelltheoretische Deutung des Anwendens von Mathematik einstellt, gibt es keinen Grund zur Euphorie: Die mit einem anwendungsorientierten Mathematikunterricht verbundenen didaktischen und unterrichtspraktischen Probleme sind keineswegs gelöst. Ein äußeres Indiz dafür ist, daß in der Praxis – trotz überzeugender Plädoyers für eine Berücksichtigung von Anwendungen und einer Fülle interessanter, unterrichtsnah ausgearbeiteter Beispiele[143] – ein anwendungsferner Unterricht nach wie vor dominiert.

Vor einer Diskussion unterrichtspraktischer Aspekte ist allerdings eine grundsätzliche Frage zu klären: Inwieweit werden vorliegende Konzepte eines anwendungsorientierten Unterrichts der Forderung nach Weltorientierung – im Sinne des zugrundegelegten Allgemeinbildungskonzepts – überhaupt gerecht?

### 4.3.4 Anwendungsbezug unter dem Kriterium der Weltorientierung

Haben bisher die Gemeinsamkeiten unter den Verfechtern eines anwendungsorientierten Mathematikunterrichts interessiert, möchte ich nun das Augenmerk auf Unterschiede lenken. Solche Unterschiede bestehen in den generellen Zielsetzungen, in der Gewichtung von Einzelzielen innerhalb eines Gesamtkonzepts vom Mathematikunterricht sowie in Vorstellungen, wie sie im Unterricht umgesetzt werden sollten. Die Frage kann deshalb nicht lauten: Sind Weltorientierung (als bildungstheoretische Vorgabe) und Anwendungsorientierung (als mathematikdidaktische Position) generell kompatibel? Sie muß differenzierter gestellt werden: Welche der Ziele und Konzepte, die unter dem Etikett "Anwendungsorientierung" vertreten werden, versprechen das übergreifende Ziel der Weltorientierung einzulösen?

Gabriele Kaiser-Meßmer (1986, 1989) hat die einflußreichsten didaktischen Positionen, die seinerzeit zum Thema "Anwendungen im Mathematikunterricht" ausgearbeitet vorlagen – im nationalen wie im internationalen Raum –, eingehend analysiert. Sie unterscheidet fünf Richtungen: außerhalb Deutschlands eine "wissenschaftlich-humanistische" (Hauptvertreter: Freudenthal) und eine "pragmatische" (Pollak), sowie innerhalb Deutschlands eine "integrative" (Winter, Wittmann, Blum, Bender, Schupp, G. Becker), eine "wissenschaftsorientierte" (u. a. Fischer/ Malle, Steiner, Steinbring) und eine "emanzipatorische" (Damerow/Keitel, Münzinger, Volk). Für die Zwecke unserer Fragestellung lassen sich die von ihr herausgearbeiteten Zielbündel auf insgesamt drei verdichten:

(1) *Pragmatisch-utilitäre Ziele:* Vermittlung der Fähigkeit, Mathematik in realen Situationen anzuwenden.

(2) *Persönlichkeitsorientierte und gesellschaftskritische Ziele:* Befähigung des Schülers zu mündigem Handeln.

(3) *An der Wissenschaft Mathematik orientierte Ziele:* Vermittlung eines umfassenderen Bildes von Mathematik durch Einbeziehung des Anwendungsaspekts.[144]

Im vorliegenden Zusammenhang sind vor allem die Punkte (1) und (2) von Interesse. Auf sie werde ich ausführlich eingehen. Zu (3) nur ein paar Bemerkungen:

Bei der Erörterung der Wissenschaftsorientierung als didaktisches Leitprinzip (Abschnitt 3.3.1) war betont worden, daß den Heranwachsenden ein Bild zu vermitteln ist von den Gegenstandsbereichen, Zuständigkeiten, Problemlösekapazitäten und spezifischen Weltsichten der wichtigsten Einzeldisziplinen. Soweit die Hineinnahme mathematischer Anwendungen diesen Zielen dient, wird offenbar ein unverzichtbarer Beitrag zur Weltorientierung der Schüler erbracht. Dabei muß als Gefahr im Auge behalten werden: Die unverzichtbare schulische Auseinandersetzung mit Mathematik als anwendbarer Wissenschaft kann selbst wieder in Spezialismus umschlagen – ich werde darauf bei der Erörterung des Zielbündels (1) genauer eingehen. Vom Standpunkt der Allgemeinbildung ist an Konzepte, die sich auf das Zielbündel (3) berufen, stets die Frage zu stellen: Wieviel vom *Speziellen* der Mathematik müssen Schüler verstehen, um erkennen zu können, was an der Mathematik als Teil der verwissenschaftlichten Welt *allgemein bedeutsam* ist? Die Orientierung an zentralen Ideen – gemäß dem Verständnis, das im vorigen Unterkapitel entwikkelt wurde – könnte sich auch für die angestrebte Weltorientierung als geeignete Richtschnur erweisen. – Nun wende ich mich den Zielbündeln (1) und (2) zu.

*Zu (1): "Mathematik anwenden können" als pragmatisch-utilitäres Zielbündel*

Die griffige Formulierung lenkt davon ab, daß unter "Anwenden können" ein Spektrum höchst unterschiedlicher Qualifikationen fällt. Am "unteren" und am "oberen Ende" dieses Spektrums finden sich Fähigkeiten, die mit der angestrebten Weltorientierung nur wenig zu tun haben. Das hängt damit zusammen, daß das Spektrum der zu bewältigenden Situationen eine enorme Spannbreite aufweist: Ich wende (in der Regel unreflektiert) Mathematik an, wenn ich einen Apfel viertele, und ich wende (sehr bewußt) Mathematik an, wenn ich als Mitglied einer Expertenkommission an einer Risikoabschätzung für ein geplantes Kernkraftwerk beteiligt bin.

Betrachten wir zunächst das "untere Ende" des Qualifikationsspektrums. Hier stoßen wir auf die lebensnützliche Mathematik, die ich unter dem Aspekt der Lebenvorbereitung und dem der Fortschreibung der mathematischen Alltagskultur bereits ausführlich erörtert habe. Das Anwenden von Mathematik läuft hier im Kern darauf hinaus, über mathematische Standard-Modelle zu verfügen und sie passend zu Alltagssituationen abrufen zu können. Mathematische Fitneß in Alltagssituationen stellt sich ein, wenn die erforderliche Mathematik mit dem betreffenden Situationstyp gleichsam fest assoziiert ist. Diese Verbindung muß in vielfältigen Lernsituationen gestiftet werden, in denen Mathematik konkret angewendet wird: durch Zählen, Messen, Benennen, Klassifizieren, Zeichnen, Bauen, Abschätzen, durch mathematikhaltiges Kommunizieren, durch Aufschreiben und Symbolisieren.

Solange all diese Aktivitäten pragmatisch in gespielte, vorgestellte oder ernste Handlungssituationen eingebunden bleiben, fehlt ihnen noch die Dimension, um deretwillen die Aufgabe der Weltorientierung in das zugrundegelegte Allgemeinbildungskonzept aufgenommen wurde. Diese Dimension erschließt sich erst, wenn sich der Horizont des Kindes über das unmittelbar Wahrnehmbare hinaus erweitert, wenn das Wissen um die Dinge in der Welt und ihre Zusammenhänge einen Eigenwert gewinnt. Was bedeutet das für mathematische Lernprozesse?

Wenngleich es schwierig ist, präzise zu bezeichnen, wann die Lebensvorbereitung im engeren Sinne umschlägt in Weltorientierung – die Übergänge sind zum Teil fließend, und in praktischen Lernsituationen trifft man häufig eine innige Verschmelzung lebensvorbereitender und weltorientierender Bildungselemente an –, so läßt sich doch als wichtiger Unterschied hervorheben: Zur Fitneß im Alltag, zum sicheren Sich-Bewegen in mathematikhaltigen Standardsituationen tritt ein Moment der Reflexion hinzu, ein theoretisches, anschauendes Moment, durch das das sinnlich Gegebene hinterfragt, in einen größeren Zusammenhang gestellt, in ein Weltbild eingefügt wird. Die betrachtete "Sache" ist dann, mitsamt ihren mathematischen Aspekten, nicht mehr einfach gegeben – z. B. als vom Lehrer gestellte Mathematikaufgabe, oder als Anforderung, beim Einkaufen den richtigen Geldbetrag vor die Kasse zu legen, oder als praktische Frage, mithilfe eines Fahrplans zu entscheiden, welchen Bus ich nehmen muß, um rechtzeitig in der Schule zu sein –, sondern sie wächst gewissermaßen über sich hinaus. So kann ich mich als Schüler bei der Lehreraufgabe fragen, ob sie sich nicht auch ganz anders angehen läßt als über das eingeübte Rechenverfahren; beim Bezahlen, wieso der Maßstab "Geld" gleichermaßen auf die Computer-Zeitschrift wie auf das Brot im Einkaufswagen angewendet wird; beim Busfahren, wie denn wohl trotz Ampeln, Staus und unterschiedlichen Mengen ein- und aussteigender Leute ein so minutiöser Fahrplan aufgeschrieben werden kann, und was daraus für seine Verläßlichkeit folgt.

Derartige Hinterfragungen, Aufweichungen, Umdeutungen von Standard-Situationen sind charakteristisch für diejenigen Varianten der Anwendungsorientierung, die sich im Primar- und frühen Sekundarbereich dem Ziel der *Umwelterschließung* verschrieben haben (Bender 1978, Winter 1985, Floer 1987). Die Pragmatik der Situationsbewältigung tritt hier hinter das Ziel zurück, mittels Mathematik neue Aspekte der behandelten "Sachen" zu erschließen, die Augen zu öffnen für Zusammenhänge, die ohne diese mathematische Betrachtungsweise für die Schüler vermutlich im dunkeln blieben. Eine andere Variante des Mathematikanwendens, die klar der Weltorientierung und nicht der Lebensbewältigung zuzuschlagen ist, kommt in vielen Beispielen von Paulos und Hofstadter zum Ausdruck (Paulos 1990). Hier geht es darum, unsere Umwelt in ihren quantitativen Aspekten besser zu durchschauen: Abschätzungen mit großen Zahlen vorzunehmen, große Zahlen mit konkreten, über Sinneserfahrungen gestützten Vorstellungen zu verbinden, ein-, zwei- und dreidimensionale Quantifizierungen aufeinander zu beziehen (Wie viele Buchstaben enthält dieses Buch? Wie lang wäre ein Güterzug aus Tankwagen, der die Welt-Erdölförderung eines Jahres aufnehmen könnte? usw.). Hier geht simple Mathematik mit Weltwissen eine Verbindung ein: Mathematik wird als *Kommunikationsmedium* für Sachverhalte verwendet, über die man normalerweise im Alltag *nicht* kommuniziert. Gegenstände des Alltags oder Phänomene, die der Alltagswelt mittelbar zuzurechnen sind, erscheinen gleichsam in "mathematischer Beleuchtung". Ob diese mathematische Beleuchtung in jedem Falle zu einer *sinnvollen* Erweiterung des Horizonts führt, ist eine andere Frage, die ich hier zurückstelle.

Zusammengefaßt: Am "unteren Ende" des Spektrums der Qualifikationen, die mit dem Ziel "Mathematik anwenden" assoziiert werden, finden sich lebensnützliche Qualifikationen, die kaum der Weltorientierung im hier zugrundegelegten Sinne dienen. Es läßt sich dann immerhin ein fließender Übergang zu Anwendungen erkennen, die sich zwar ebenfalls noch relativ elementarer Mathematik bedienen, aber pragmatisch-utilitäre Ziele deutlich transzendieren: Vielen Vorschlägen zur *Umwelterschließung* ist gemeinsam, daß es nicht nur um die Mathematik als solche geht, sondern daß Mathematik tatsächlich zum *Erkenntnismittel* wird.

Wie steht es nun um das "obere Ende" des Spektrums? Häufig liegt der Behandlung mathematischer Anwendungen im Unterricht etwa folgende Idealvorstellung zugrunde (vgl. Werge 1987): Gegeben ist ein reales, komplexes Problem; die Schüler treten, mit behutsamer Unterstützung des Lehrers, in einen kreativen Prozeß ein, in dessen Verlauf eine mathematische Modellierung des Ausgangsproblems allmählich Kontur annimmt; die Schüler schöpfen das gesamte Arsenal der bislang kennengelernten Schulmathematik aus, und nötigenfalls erweitern sie, angefeuert durch das konkrete Ziel, selbständig ihre mathematischen Kompetenzen.

Eine Annäherung an diese Idealvorstellung stößt im schulischen Alltag auf erhebliche Probleme. Die Forderung nach möglichst großem Realitätsgehalt kann leicht in eine neue Sackgasse führen. Größere Realitätsnähe geht in vielen Fällen einher mit größerer Komplexität und Undurchschaubarkeit der betrachteten Phänomene und mit enorm wachsenden Ansprüchen an die mathematischen Fähigkeiten. Für mathematisch begabte und interessierte Schüler, vor allem der höheren Jahrgänge, kann das zu einer befruchtenden Herausforderung führen. Für mathematisch weniger empfängliche Kinder und Jugendliche wird die Hürde dagegen unversehens zu hoch – nicht nur, was die mathematischen Fähigkeiten im engeren Sinne betrifft. Auch das systemische Denken, das für die Analyse komplexer Beziehungen innerhalb der originalen Problemsituation, die Konstruktion eines passenden Modells und die Kontrolle der Realität-Modell-Relationen bei anspruchsvollen Anwendungen erforderlich ist, macht diesen Schülern zu schaffen. Der potentiell motivierende Effekt, der gerade für solche Schüler darin liegen könnte, daß Mathematik nicht nur als l'art pour l'art betrieben wird, kommt dann nicht mehr zum Tragen.

Zusammengefaßt: Auch am "oberen Ende" des Spektrums der Qualifikationen, die sich als "Anwenden können" von Mathematik beschreiben lassen, besteht die Gefahr, die angepeilte Weltorientierung zu verfehlen. Die Beziehungen zwischen Mathematik und "Welt" erfordern für ihre Bearbeitung ab einem gewissen Komplexitätsgrad ein Expertenkönnen, mit dem die Mehrheit der Schüler überfordert wäre. Sinnvoll können komplexe Anwendungen als Projekt-Angebote für mathematisch besonders leistungsfähige Schüler sein, beispielsweise im Rahmen von Leistungskursen in der gymnasialen Oberstufe. Weniger geeignet erscheinen sie als Mittel, im Mathematikunterricht für alle die angestrebte Weltorientierung einzulösen. Eine Umsetzung des ersten Zielbündels – "Mathematik anwenden können" – müßte also, wenn sie der Weltorientierung dienen soll, vorwiegend im mittleren Bereich des Spektrums angesiedelt sein. "Anwenden können" ist, jenseits der Teilhabe an der mathematischen Alltagskultur, bildungstheoretisch nur gerechtfertigt, wenn

- sich den Schülern über das mathematische Modellieren exemplarisch neue Sichten auf wichtige Phänomene ihrer unmittelbaren (sinnlich wahrnehmbaren) und mittelbaren (symbolisch vermittelten) Alltagswelt erschließen;
- sich somit ihr Vorstellungshorizont in die Richtung erweitert, daß Teile der "versteckten" Mathematik in ihrer Umwelt für sie wahrnehmbar werden, die "Mathematisierung unserer Welt" (Frey 1967) an nachvollziehbaren Beispielen mit eigenen Erfahrungen verknüpft werden kann;
- das Anspruchsniveau der benötigten Mathematik die intellektuellen Möglichkeiten der Mehrheit der Schüler in den jeweiligen Kursen nicht überschreitet.

*Zu (2): "Befähigung zum mündigen Handeln" als persönlichkeitsorientiertes und gesellschaftskritisches Zielbündel*

Die Vertreter dieses zweiten Zielbündels sehen – im Unterschied zu denen des ersten – einen anwendungsorientierten Mathematikunterricht eingebettet in ein Gesamtkonzept schulischer Bildung unter dem Leitbild der Emanzipation. Theoretische Begründungen dieser Position finden sich bei Damerow (1974, 1984), Münzinger (1977), Keitel (1985) und Volk (1979, 1980, 1995), mit weniger pointiert gesellschaftskritischem Gestus bei Winter (1990). Viele praktische Vorschläge für die Unterrichtsarbeit enthalten die von der MUED angebotenen Materialien.[145] Aber auch an vielen anderen Stellen sind einschlägige Themenvorschläge und Unterrichtsbeispiele publiziert worden (Winter 1990, Th. Jahnke 1993 u. 1995).

Es geht weniger um das Mathematikanwenden als solches, als darum, die Schüler in zukünftigen, komplexen, im Detail noch nicht vorhersehbaren Situationen zu selbständigem, kritischem Denken und Handeln zu befähigen. Es geht um Aufklärung. Im Vergleich zum Zielbündel "Mathematik anwenden können" finden sich also sehr viel weiterreichende Transferhoffnungen.

Schon anhand dieser Kurzcharakterisierung wird deutlich, daß das zweite Zielbündel, bezieht man es auf das zugrundegelegte Allgemeinbildungskonzept, eine starke Affinität zur *Anleitung zum kritischen Vernunftgebrauch* aufweist, auch zur *Stärkung des Schüler-Ichs*. Inwieweit durch einen anwendungsorientierten Mathematikunterricht auch diesen Aufgaben Rechnung getragen werden kann, soll später untersucht werden. Hier beschränke ich mich auf den Aspekt der *Weltorientierung*.

Der Anspruch an die Auswahl der inhaltlichen Probleme, die mittels mathematischer Modellierungen erschlossen und bearbeitet werden sollen, ist ausdrücklich ein anderer als bei pragmatisch-utilitären Zielsetzungen. Die Anwendungen sollen nicht nur lebensnah, mathematisch interessant und für die Schüler bewältigbar sein, sondern auch Möglichkeiten individuellen Engagements und Eingreifens aufzeigen, auf akute oder verdeckte Probleme hinweisen, die der Gesellschaft (oder der ganzen Menschheit) auf den Nägeln brennen. Die folgende Liste von Themen aus MUED-Materialien illustriert diesen Anspruch (MUED 1994a, S 42f, 1994b, S. 46f):

- Temporisiko (Amon);
- Stickoxidminderung durch Tempolimit (Volk);
- Arbeitszeit verkürzen – Arbeitsplätze schaffen (Meyer-Lerch/Volk);
- Das Projekt Wasser (Boer);
- Gesucht: Eine optimale Wärmedämmung (Volk);
- Verkehrsfluß und Geschwindigkeit (Volk/Meyer-Lerch);
- Trassierung von Autobahn-Kreuzen (Volk/Boer).

In Abschnitt 3.3.4 wurde festgehalten, daß eine zeitgemäße Weltorientierung ohne das Aufgreifen "zentraler Zeit- und Weltprobleme", ohne das Thematisieren von "Schlüsselproblemen" im Sinne Klafkis (1985a) durch die Schule nicht zu leisten ist. Unterrichtsvorschläge wie die oben zitierten zeigen, daß sich der Mathematikunterricht an diesem Aspekt der Weltorientierung beteiligen kann. Mit Fächern wie Politik und Sozialwissenschaft, in deren inhaltlichen Kernbereich derartige Probleme gehören, kann das Fach Mathematik dabei sicher nicht konkurrieren. Doch werden im herkömmlichen Mathematikunterricht die bestehenden Möglichkeiten nicht annähernd ausgeschöpft. Ökologische und wirtschaftliche Probleme, Rohstoffverbrauch, Bevölkerungswachstum, Risikoabschätzungen usw. lassen sich relativ ungezwungen mit mathematischen Standardthemen der Sekundarstufe I und II verbinden. Wenn inhaltliche Probleme dieses Zuschnitts nicht lediglich Aufhänger für das Einüben mathematischer Techniken bleiben, sondern umgekehrt deutlich wird, daß die Mathematik dazu dienen kann, diese Probleme genauer zu durchleuchten, Varianten durchzurechnen, Größenordnungen zu veranschaulichen, Alternativen zu herrschenden Trends im Modell durchzuspielen, dann leistet der Mathematikunterricht in der Tat ein Stück Weltorientierung im erläuterten Sinne.

Unterrichtspraktisch ist die Verkoppelung zentraler Zeit- und Weltprobleme mit Schulmathematik dennoch nicht unproblematisch: Die Motiviertheit von Schülern ist der übergeordneten Relevanz der anstehenden Fragen nicht unbedingt proportional, und gesellschafts- oder umweltpolitisch überengagierte Lehrer, denen es an pädagogischem Takt fehlt, erzeugen bisweilen ungewollt Abwehrreaktionen bei

Schülern, die "in Mathe", gemäß frühzeitig ansozialisierter und im Verlauf der Schulzeit tief verankerter Erwartungen, lieber "nur Mathe" treiben wollen.

Halten wir fest: Wenn mathematische Anwendungen unter dem erklärten Ziel in den Unterricht aufgenommen werden, die Schüler zu mündigen, handlungsfähigen Bürgern zu machen, so ist das einerseits als Versuch zu werten, zum kritischen Vernunftgebrauch anzuleiten. Doch da die Verfechter dieses eher formalen Ziels sich in der Regel auf aktuelle, gesellschaftlich relevante Probleme beziehen, bekommt der Mathematikunterricht auch eine außermathematisch materiale Dimension. Es besteht die Chance, durch die Thematisierung zentraler Zeit- und Weltprobleme einen substantiellen Beitrag zur geforderten Weltorientierung zu leisten. Schwierigkeiten ergeben sich bei der unterrichtspraktischen Umsetzung.

Ein eigener didaktischer Problemkreis, der für einen anwendungsorientierten Mathematikunterricht von großer unterrichtspraktischer Relevanz ist, hängt mit dem Aufgabenmaterial zusammen. Es ist nicht nur zu fragen, unter welchen Gesichtspunkten es ausgewählt und gestaltet werden sollte, sondern auch – fast noch wichtiger –, wie im Unterricht damit umzugehen ist.

### 4.3.5 Textaufgaben und Aufgabentexte

Wenn Schüler im herkömmlichen Mathematikunterricht mit "Anwendungen" konfrontiert werden, so geschieht das üblicherweise in Form von Textaufgaben. Selbstverständlich werden auch innermathematische Probleme häufig als Textaufgaben präsentiert. Derartige Textaufgaben klammere ich aus den folgenden Überlegungen aus: Hier geht es um Aufgaben, die einen außermathematischen Bezug herstellen.

Sowohl für als auch gegen Textaufgaben gibt es bedenkenswerte Argumente. Wie sinnvoll sind Textaufgaben in einem Mathematikunterricht, der zur Weltorientierung beitragen will? Sind sie unverzichtbar? Und wie unterscheiden sich eventuell "gute" und "schlechte" Textaufgaben voneinander?

Im herkömmlichen Mathematikunterricht gehört das Lösen von Textaufgaben für viele Schüler zu den unbeliebten Aktivitäten. Das ist verständlich, solange der Mathematikunterricht insgesamt der Erwartung entspricht, "richtiges" Mathematiktreiben sei ein Abarbeiten von Algorithmen. Das "Entkleiden" der "eingekleideten" Aufgaben reduziert sich dann auf das Herausfinden des vom Lehrer oder Lehrbuch unfairerweise versteckten Algorithmus. Da das "Finden des Ansatzes" selbst in der Regel nicht algorithmierbar ist, erscheint vielen Schülern die Präsentation eines Problems in Gestalt einer Textaufgabe als überflüssige Erschwerung, die eigentlich mit der Mathematik, für die man den Mathematikunterricht für zuständig hält, nichts zu tun hat. Zwar ist nicht auszuschließen, daß selbst in einem Unterricht, in dem Textaufgaben als "eingekleidete" Aufgaben einem gerade anstehenden mathematischen Thema lediglich angehängt werden, die eine oder andere Einsicht in den Nutzen von Mathematik für die Erschließung der realen Welt aufblitzt. Doch das Potential der Mathematik beim Lösen außermathematischer Probleme wird in ihnen nicht sichtbar, die fachliche Selbstisolation der Schulmathematik nicht durchbrochen, sondern die Wahrnehmung des Faches von der Warte der Durchschnittsschüler wird allenfalls um ein weiteres obskures Merkmal ergänzt: Im Mathematikunterricht hat man Probleme zu lösen, auf die kein vernünftiger Mensch kommen würde!

Offenbar sind der unbefriedigende Status von Textaufgaben und ihre Unbeliebtheit bei der Mehrzahl der Schüler eng mit generellen Sozialisationswirkungen des Mathematikunterrichts verknüpft. Sinnvoll läßt sich deshalb über das Für und Wider von Textaufgaben gar nicht isoliert diskutieren, sondern nur im Zusammenhang mit weiteren Qualitätsmerkmalen des Unterrichts.

*Typen von Textaufgaben und Bewertungskriterien*

Um zu einer differenzierten didaktischen Bewertung der unterrichtlichen Einsatzmöglichkeiten zu kommen, unterscheide ich drei Typen von Textaufgaben:

A. Als "eingekleidete Aufgaben" seien solche bezeichnet, die gegeben werden, um ein zuvor im Unterricht behandeltes Lösungsverfahren zu üben. Auf derartige Aufgaben stützt sich bereits der Sachunterricht in der Grundschule (Thema Division: "Lars hat einen Bruder und eine Schwester. Oma gibt ihm 15 DM und sagt: 'Teilt euch das Geld!'", und man findet sie noch in der Sekundarstufe II (etwa die Extremwertaufgaben der Art: "Welche Maße muß eine zylindrische Weißblech-Konservendose von 1 l Rauminhalt haben, damit der Materialverbrauch so gering wie möglich bleibt?"). Für Aufgaben dieser Art ist typisch, daß sie mit dem Hinschreiben der "Lösung" als erledigt gelten – allenfalls verlangen Lehrer das Hinschreiben eines ausformulierten Lösungssatzes, was seinerseits von Schülern oft als unnötige Schikane empfunden wird: Hat man den "richtigen Ansatz" gefunden, ist in der Tat fast immer klar, was die "Lösung" bedeutet; warum dann noch das Selbstverständliche in einen Satz gießen – sonst hält man sich in Mathe doch auch eher knapp?! Kurz: Durch die üblichen eingekleideten Aufgaben wird ein außermathematisches Problem seines (potentiellen) lebensweltlichen Kontextes weitgehend beraubt; es wird *isoliert* präsentiert, damit das anstehende mathematische Verfahren in Reinform zum Zuge kommen kann.
B. Eine anspruchsvollere Sorte von Textaufgaben sind solche, die mit der Entfaltung eines ganzen Problembereichs verknüpft sind. Ein Großteil des Textes dient dann dazu, außermathematische Sachinformationen zu geben, die für eine Modellierung benötigt werden, etwa zu Themen wie: Bevölkerungsexplosion; Bremsverhalten von Fahrzeugen; Energieverbrauch und Kosten von "Energiesparlampen" im Vergleich zu herkömmlichen Glühbirnen usw. Solche Texte schließen meist Arbeitsaufträge unterschiedlicher Art in sich ein: Aufforderungen zum eigenen Recherchieren und Sammeln von Daten; Anregungen zu Teilmodellierungen, die schrittweise verfeinert werden können; Anstöße, aus der mathematischen Betrachtung des betreffenden Problems Handlungskonsequenzen zu ziehen, usw. Die "Einzelaufgaben", soweit man sie überhaupt so nennen

kann, werden gerade nicht isoliert dargeboten, sondern bleiben auf einen umfassenderen Problemkontext bezogen. Das Finden einer Lösung signalisiert nicht "Erledigung", sondern ist Anlaß für weitere Fragen und Deutungen, eventuell sogar Anlaß, das Ausgangsproblem umzuformulieren und neu zu betrachten.

C. Ein dritter Typ von "Textaufgaben" kommt gar nicht in Gestalt von "Aufgaben" daher, die für Zwecke des Mathematikunterrichts formuliert wurden, sondern als mathematikhaltiger (d. h. mit Zahlen und/oder graphischen Darstellungen angereicherter) Sachtext. Erichson (1992, 1993) hat diesen Ansatz "zur Erschließung der verschrifteten Umwelt" näher beschrieben und seine Einsatzmöglichkeiten an Beispielen demonstriert. Der Text als Sachtext wirkt zunächst einmal durch sich und zugunsten seines (außermathematischen) Themas; die in ihm zum Ausdruck kommende oder auch versteckte Mathematik hat zunächst einen Status, wie sie ihn vergleichbar im Alltag der Kinder und Jugendlichen hat. In Abwandlung der vielstrapazierten didaktischen Faustregel "den Schüler abholen ..." ließe sich sagen: Die Mathematik wird abgeholt, wo sie tatsächlich vorkommt. Die gemeinsame Befragung solcher Texte erhellt das Gemeinte, deckt verschiedene Deutungsmöglichkeiten auf, schafft Vertrautheit mit dem betrachteten Einsatz mathematischer Mittel und eröffnet darüber hinaus Möglichkeiten, diesen Einsatz kritisch zu betrachten (z. B.: Wird Genauigkeit nur vorgetäuscht? Ist vergleichbar, was verglichen wird? Können die Zahlenangaben stimmen?).

Textaufgaben und mathematikhaltige, probleminitiierende Sachtexte lassen sich anhand der folgenden Kriterien weiter sortieren:

(1) *Lebensnähe*: Spielen die zur Lösung anstehenden Probleme in der Alltagswelt der Kinder oder Jugendlichen eine Rolle? Lassen sich die Verfahren, die zur Problemlösung gebraucht werden, im Alltag einsetzen? Offenbar ist die Grundschulaufgabe unter A. in diesem Sinne lebensnah, die Extremwertaufgabe nicht.

(2) *Realitätsnähe*: Macht das gegebene Problem in einem bestimmten gesellschaftlichen (wirtschaftlichen, ökologischen, naturwissenschaftlichen) Kontext Sinn? Sind die in der Aufgabe mitgeteilten Informationen realistisch (d. h. nicht nur die Daten im engeren Sinne, sondern auch die Informationen über den Sachzusammenhang)? Würden Experten zur Problemlösung ebenfalls auf das zu übende Verfahren zurückgreifen? – Bei älteren Schülern kann die Realitätsnähe wichtiger sein als die Lebensnähe. Die Extremwertaufgabe unter A ist sicher nicht völlig realitätsfremd (es gibt ja Konservendosen dieser Art, und man kann durch eigene Messungen prüfen, wieweit gängige Abmessungen von dem in der Aufgabe zu ermittelnden Wert abweichen); andererseits kann man sich schnell klarmachen, daß Dosendesigner in der Industrie anders vorgehen und daß der Aufgabe eine extrem idealisierte Modellierung zugrundeliegt (vgl. Rentz 1991).

*(3) Bezug auf einen allgemeineren Problemkontext:* Gibt der Aufgabentext Hinweise darauf, weshalb das gestellte Problem von Bedeutung ist? Vor allem bei älteren Schülern und dann, wenn Aufgaben zwar halbwegs realitätsnah, aber nicht

lebensnah sind, sind unter dem Ziel der Weltorientierung Zuordnungen der folgenden Art wünschenswert: In welchen gesellschaftlichen, wissenschaftlichen, beruflichen Kontexten beschäftigt man sich mit solchen Fragen? Welche allgemeineren Probleme verbergen sich hinter dem zu bearbeitenden speziellen?

(4) *Explizitheit der Aufgabenstellung:* Ist die gesuchte Lösung ausdrücklich beschrieben oder dem Aufgabenkontext nur implizit zu entnehmen? Die Grundschulaufgabe ist nur implizit gestellt, die Extremwertaufgabe gehört zum expliziten Typ. Allerdings: Vor dem Hintergrund des vorangegangenen Unterrichts und aufgrund von Erfahrungen mit ähnlichen Formulierungen führen auch implizite Aufgaben oft zu eindeutigen Handlungsaufforderungen; und umgekehrt können Aufgaben, die aus der Sicht des Lehrers explizit formuliert sind, Schüler mit geringerem Verständnishorizont völlig überfordern, da die vermeintlich expliziten Fachausdrücke und Symbole für sie nur einschüchternde Hieroglyphen sind. Mit "Explizitheit" ist also eher eine Oberflächenkategorie bezeichnet, die nur in sehr loser Korrelation zu Verstehensprozessen steht.

(5) *Offenheit der Aufgabenstellung:* Läßt die Aufgabe unterschiedliche Lösungswege und Lösungen zu? Oder ist die Aufgabe schon von der Formulierung her ausschließlich *einem* mathematischen Modell verpflichtet, von dem die Schüler nicht abweichen können, ohne zu riskieren, daß ihre Lösung als falsch gewertet wird? – Die allgemeine Charakterisierung "eingekleideter" Aufgaben impliziert, daß Offenheit bei ihnen die Ausnahme ist: Kommt es doch gerade auf das Aktivieren der zuvor im Unterricht "durchgenommenen" mathematischen Verfahren an. Die beiden Beispielaufgaben sind in diesem Sinne also geschlossen.

### *Didaktische Bewertung*

Ohne Zweifel werden Textaufgaben bzw. Sachtexte des Typs B und C den Anforderungen eines anwendungsbezogenen, weltorientierenden Mathematikunterrichts besser gerecht als herkömmliche eingekleidete Aufgaben. Insbesondere der Bezug auf einen allgemeineren Problemkontext ist mittels der Typen B und C sehr viel leichter zu verdeutlichen als in isolierten Einzelaufgaben, deren Sachbezug vorwiegend vom zu übenden "Stoff" determiniert ist. Das hat auch Auswirkungen auf die erwünschte Lebens- bzw. Realitätsnähe: Bei C ist sie fast von selbst gegeben; bei B kann sie zwar verfehlt werden, doch die Gefahr, daß völlig wirklichkeitsfremde Probleme projektartig aufbereitet werden, ist sicher geringer als die, eine gänzlich wirklichkeitsfremde eingekleidete Aufgabe zu konstruieren. Schließlich bieten B und C mehr Möglichkeiten für offene Aufgabenstellungen, da das "Erledigen" des Problems durch Ermittlung einer eindeutigen Lösung nicht im Vordergrund steht.

Heißt das nun, daß man auf herkömmliche Textaufgaben in einem anwendungsorientierten, deutlicher noch: in einem allgemeinbildend-weltorientierenden Mathematikunterricht verzichten sollte? Ich denke nein. Der wichtigste theoretische Grund für dieses Urteil ist: Eine Textaufgabe determiniert nicht, wie Lehrer und Schüler im Unterricht mit ihr umgehen. Dazu gesellen sich praktische Gründe:

Unter den Randbedingungen begrenzter Unterrichts- und Vorbereitungszeit und angesichts der Tatsache, daß herkömmliche Textaufgaben in gängigen Lehrwerken und eigens dazu erstellten Sammlungen in großer Auswahl angeboten werden, bieten solche Aufgaben die Chance, kleine Brücken zwischen der Schulmathematik und der übrigen Welt auch in Situationen zu schlagen, in denen ansonsten ganz darauf verzichtet werden müßte. Wie aber läßt sich mit Textaufgaben so umgehen, daß dem Ziel der Weltorientierung abschlägige Effekte kompensiert werden?

- Herkömmliche Textaufgaben dürfen nicht den einzigen Zugang zu mathematischen Anwendungen repräsentieren. Schülern sollte hinreichend oft – sagen wir, mindestens einmal in jedem Schuljahr – Gelegenheit geboten werden, in einen für sie sinnhaften Problemzusammenhang einzutauchen, der projektartig bearbeitet wird. Hier können die Schüler Erfahrungen mit schrittweisen, offenen Modellierungen gewinnen, mit der Nützlichkeit, aber auch Begrenztheit der mathematischen Betrachtungsweise im Blick auf praktikable Problemlösungen in außermathematischen Situationen.
- Eingekleidete Aufgaben sind nicht über einen Kamm zu scheren; anhand der oben genannten Kriterien kann entschieden werden, welche Aufgaben sich besser als andere für den Brückenschlag zwischen Mathematik und Welt eignen.
- Ein in der vorliegenden Aufgabe nicht explizierter Problemkontext läßt sich gemeinsam erarbeiten: Der Lehrer kann zusätzliche Informationen geben oder die Schüler zu eigenen Recherchen ermuntern.
- Fehlende Offenheit der Fragestellung läßt sich durch Variation des Aufgabentextes herstellen (an der die Schüler beteiligt werden können!).
- Im Aufgabentext implizit vorausgesetzte Erwartungen an den mathematischen Lösungsweg können gemeinsam mit den Schülern als Modellierungen rekonstruiert und hinterfragt werden. Durch eine kritische Diskussion der von Aufgabenautoren stillschweigend gemachten Annahmen läßt sich sogar ausgesprochen "schlechten" (künstlich konstruierten, realitätsfremden oder überidealisierten) Textaufgaben noch ein Lerngewinn abringen, der den einer glatten erwartungsgemäßen "Lösung" des Problems um ein Vielfaches übertrifft. Wenn die im herkömmlichen Mathematikunterricht kultivierten Aufgaben-Bearbeitungs-Gepflogenheiten immer wieder bewußt durchbrochen werden, dürfte das nicht zuletzt zu einer höheren Immunität gegen die berüchtigten "Kapitänsaufgaben" führen.

Die unter dem letzten Spiegelstrich propagierten Handlungsweisen sind m. E. eine vertiefende Erläuterung wert. Meine These: Ein wesentliches Spezifikum des Modellierungsprozesses – daß Mathematik nicht der betrachteten Sachsituation immanent ist, sondern von Menschen an sie herangetragen oder in ihr entwickelt werden muß – läßt sich ebenso erfolgreich an "guten" wie an "schlechten" Textaufgaben verdeutlichen, wenn Schüler angeregt werden, sie zu variieren, systematisch "mißzuverstehen", gegen den Strich zu bürsten, als selbstverständlich unterstellte Voraussetzungen anzuzweifeln (vgl. Baireuther 1990, S. 217ff). Wie könnte das z. B.

für die unter A zitierten Aufgaben aussehen, also für die Grundschul-Sachaufgabe und die Konservendosen-Optimierung? Bei der Aufteilung von "Omas Geldgeschenk" könnten die Grundschüler sich fragen: Ist eine gleichmäßige Aufteilung in jedem Fall die gerechteste? Was ist, wenn die Schwester schon berufstätig ist und selbst Geld verdient? Und was, wenn der Bruder sich ein Kuscheltier wünscht, das 5,50 DM kostet? Was wäre, wenn Oma Lars 16 DM gegeben hätte? ... – Und zu der Konservendosen-Optimierung ließe sich überlegen: Welche Faktoren könnten in der Praxis von Bedeutung sein (z. B. Minimierung der Abfälle beim Schneiden des Blechs, Verdickungen an den Nahtstellen zwischen Mantel und Boden/Deckel [Untersuchung realer Dosen!], Wahl des Volumens so, daß der Nettoinhalt der Füllung 1 l betragen kann, usw.)? Wie könnten entsprechende Modelle aussehen? Und umgekehrt: Was für ein Optimierungsmodell könnte Dosenmaßen zugrunde gelegen haben, die man gemeinsam empirisch ermittelt hat? ... (vgl. Rentz 1991).

Schon aus Zeitgründen kann nicht jede Textaufgabe so vielperspektivisch auseinandergenommen werden. Doch wenn das von Zeit zu Zeit und exemplarisch geschieht, bauen sich bereits andere Deutungsmuster auf als im traditionellen Mathematikunterricht. Textaufgaben, die lediglich "straightforward" abzuarbeiten sind, können vor einem solchen Hintergrund als begrenzte Übungen und Denkanstöße auch von mathematik-skeptischen Schülern eher akzeptiert werden.

Zusammengefassend: Mit einer Steigerung des Anteils herkömmlicher Textaufgaben allein läßt sich dem Anspruch der Weltorientierung nicht gerecht werden. Es reicht auch nicht aus, "schlechte" Aufgaben durch "bessere" zu ersetzen. Weil herkömmliche Textaufgaben stärker der schulmathematischen Systematik als einem außermathematischen Problemkreis verpflichtet sind, läuft man mit ihnen Gefahr, Probleme aus ihrem Kontext zu reißen und zu isolieren. Der Modellierungsprozeß kommt zu kurz, wenn die Verwendung bestimmter mathematischer Verfahren schon vorgegeben ist. – Problempräsentierende Texte anderen Zuschnitts erschließen überzeugendere Zugänge zu mathematischen Anwendungen. Dennoch sollte man eingekleidete Aufgaben keinem generellen Verdikt unterwerfen: Ob sich mit ihrer Hilfe zur Weltorientierung – und damit zur Allgemeinbildung – der Schüler beitragen läßt, hängt davon ab, wie mit ihnen im Unterricht umgegangen wird.

### 4.3.6 Unterrichtspraktische Aspekte

Im folgenden spitze ich die bisherigen Überlegungen unterrichtspraktisch zu. Was sollte in einem anwendungsbezogenen Mathematikunterricht beachtet werden, der sich die Aufgabe der Weltorientierung ausdrücklich zu eigen macht? Dabei gehe ich von der Prämisse aus, daß nicht der gesamte Mathematikunterricht von Anwendungen her oder auf Anwendungen zu gestaltet werden kann. Aber angesichts der vorherrschenden Praxis, die insgesamt als anwendungsarm bis -abstinent charakterisiert werden muß, ist kaum zu befürchten, daß die Auseinandersetzung mit "reiner Mathematik" zu kurz kommt, wenn der Anwendungsbezug generell gestärkt wird.

Von einer vernünftigen Balance zwischen außermathematischen Anwendungen und innermathematischen Erkundungen sind wir gegenwärtig noch weit entfernt.

Wichtig ist mir zu zeigen: Weltorientierung läßt sich nicht isoliert von den anderen Allgemeinbildungsaufgaben verwirklichen. Wird die Einbeziehung von Anwendungen nicht durch eine "Unterrichtskultur" getragen, die den Schülern Raum für Eigenaktivität läßt (Ich-Stärkung), die der vernünftigen Verständigung über die anstehenden Sachprobleme und ihre Mathematisierung einen hohen Rang einräumt (Anleitung zum kritischen Vernunftgebrauch, Einübung in Verständigung und Kooperation), helfen auch die für sich genommen schönsten Beispiele und interessantesten Modellierungsvorschläge nicht viel. Sie vergrößern dann nur die Stoffülle.

*Ernstnehmen der modelltheoretischen Perspektive*

Als lern- und motivationspsychologische Forderung gilt für innermathematische wie für Anwendungsprobleme gleichermaßen: Ein im Unterricht gestelltes Problem sollte auch *für die Schüler* ein Problem sein; es sollte ihnen als Problem einsichtig und lösenwert erscheinen. Im übrigen gibt es jedoch einen wichtigen Unterschied: Ein innermathematisches Problem ist mit der Ermittlung einer mathematischen Lösung abgeschlossen. Bei Anwendungsaufgaben stellt die Ermittlung der mathematischen Lösung nur einen Teil der Problemlösung dar. Entscheidend ist, daß *vom Problem ausgegangen* und *zum Problem zurückgekehrt* wird (vgl. Volk 1995, S. 45). Es ist zu fragen, was die mathematische Lösung (im einfachsten Fall ein Zahlenwert) für das inhaltliche Problem bedeutet. Was für eine numerische Genauigkeit ist beispielsweise inhaltlich angemessen, und wie verändert sich die Lösung bei einer Variation der Eingangsdaten? Hier gibt es sinnvolle Möglichkeiten, Computer einzusetzen: Wenn das für ein gegebenes Problem entwickelte mathematische Modell als Computerprogramm darstellbar ist, läßt sich ein komfortabler Überblick über die Spannbreite numerischer Lösungen durch eine Variation der Eingangsgrößen gewinnen. Mit älteren Schülern, etwa ab Jahrgang 8, kann nach Ermittlung einer ersten Lösung das Modell selbst neu betrachtet werden: Leistet es das Gewünschte, läßt es sich verfeinern und der Realsituation besser anpassen? Wieder kann ein Computer helfen, indem das Modell (in Gestalt des Computer-Programms) variiert und untersucht wird, wie sich Modifikationen bei gleichen Eingangsdaten auf die Lösungen auswirken. In der Sekundarstufe II bieten sich noch weitergehende Reflexionen an: Welche Aspekte des Problems entziehen sich einer mathematischen Modellierung? Liegt das an den begrenzten (in der Schule zur Verfügung stehenden) mathematischen Mitteln oder enthält das Problem Komponenten, die sich prinzipiell über eine Mathematisierung keiner rationalen Lösung zuführen lassen?

*Modelltheoretisches Metawissen*

Ich warnte bereits davor, das Plädoyer für die Idee des Modellierens mißzuverstehen als Empfehlung, die Schüler so früh und so häufig wie möglich das Wort "Modell" benutzen zu lassen. Häufig wird es ausreichen, wenn sich die Lehrenden, ohne den Teminus "Modell" explizit zu gebrauchen, im Umgang mit Anwendungen von der modelltheoretischen Betrachtungsweise leiten lassen. – Andererseits gibt es zweifellos bereits in der Sekundarstufe I attraktive Gelegenheiten, auch ausdrücklich von "Modellen" zu sprechen: beispielsweise im Rahmen von Anwendungen elementarer Geometrie, in der Funktionenlehre (lineare Funktionen, Schwingungsvorgänge, Wachstumsprozesse) und insbesondere in der Stochastik.

Die Herausbildung von Einsichten in den Modellierungsprozeß auf einer Metaebene sollte Hand in Hand gehen mit dem Sammeln vieler praktischer Erfahrungen, die sich bei der mathematischen Behandlung und Reflexion von Sachproblemen gewinnen lassen. Einer sehr frühzeitigen Thematisierung modelltheoretischen Metawissens ist mit Skepsis zu begegnen. Einsichten dieser Art sinken leicht zu Banalitäten ab, wenn sie sich nicht auf handfeste Kenntnisse und reflektierte Erfahrungen stützen können: Das Ergebnis wäre totes, äußerlich angelerntes Informationswissen.

*Mathematische Voraussetzungen*

Selbst wenn die Erfahrung, wie die zu lernende Mathematik anzuwenden ist, zum Aufbrechen "innermathematischer" Verständnisbarrieren führen kann, so ist doch ein anwendungsorientierter Unterricht – bei vergleichbaren mathematischen Themen – generell anspruchsvoller als ein anwendungsabstinenter. Über das Beherrschen der jeweiligen mathematischen Techniken und Schlußweisen hinaus wird von den Schülern ein Hineindenken in die im Unterricht berührten Sachbereiche verlangt. Die Schüler müssen Strukturen in diesen Sachbereichen erkennen bzw. konstruierend an sie herantragen, und umgekehrt müssen sie mathematische Symbole und Operationen, Terme, Funktionen, Algorithmen, geometrische Objekte und abstrakte Beziehungen inhaltlich interpretieren. Interpretations- und Konstruktionsprozesse sind in beiden Richtungen vonnöten, von Sachzusammenhängen zu mathematischen Formulierungen und wieder zurück zu den Sachzusammenhängen.

Um eine Überforderung zu vermeiden, sind deshalb nötigenfalls Abstriche an den mathematischen Inhalten zu machen. Auch mittels elementarer Mathematik sind interessante Modellierungen möglich. Wenn Schüler anhand sehr unterschiedlicher Probleme und Situationen erfahren können, daß sich viele mathematische Gegenstände des Standard-Curriculums (z. B. lineare Funktionen) als "Standard-Modelle" eignen, wird dem Gesichtspunkt der Weltorientierung eher Genüge getan, als wenn sie vorwiegend Probleme zu bearbeiten haben, für die sie sich zunächst mit großem Aufwand das mathematische Rüstzeug aneignen müssen. Eine aus Schülersicht interessante Anwendung muß nicht unbedingt für einen studierten Mathematiker "mathematisch interessant" sein. Der durch Anwendungen erzielbare Motivationsgewinn wird in der Regel viel deutlicher zum Tragen kommen, wenn nicht Verständnishemmungen den Umgang mit dem erforderlichen mathematischen "Handwerkszeug" erschweren oder gar blockieren. Von besonderem Gewicht sind diese Überlegungen für mathematisch weniger begabte Schüler. Wenn man etwa im Mathematikunterricht der Hauptschule auf Anwendungsorientierung nicht verzichten will – hier tut sie besonders not –, wenn man sich andererseits auch nicht damit begnügen will, den Schülern im Rahmen des hergebrachten Sachrechnens Standardanwendungen als mechanisch zu memorierendes "Wissen" abzuverlangen, wird man viel didaktische Phantasie darauf verwenden müssen, ansprechende Probleme zu präsentieren, die sich auch mittels recht simpler Mathematik modellieren lassen.[146]

So reizvoll der Gedanke ist, daß die Schüler sich die benötigte Mathematik erst in der Auseinandersetzung mit einem Sachproblem aneignen, oder noch weitergehend, daß sie sie in dieser und für diese Situation neu erfinden oder entdecken, so wenig realistisch ist diese Vorstellung. In der Praxis wird ein solches simultanes Vorantreiben von Modellierung und Aneignung neuen mathematischen Wissens die Ausnahme bleiben müssen, schon aus lernpsychologischen Erwägungen. Stützt man sich beispielsweise auf die Theorie "subjektiver Erfahrungsbereiche (SEBs)" (Bauersfeld 1983; 1993, S. 244f), so läßt sich einleuchtend begründen, daß der Modellierungsprozeß jeweils mit dem Aufbau eines neuen SEB einhergeht, auch dann, wenn die benötigten mathematischen Kenntnisse bei den Schülern – organisiert in anderen SEBs – bereits vorliegen. Durch das Anwenden "an sich" schon bekannter Mathematik lernen die Schüler zwar keine neue Mathematik (in Form neuer Begriffe, Techniken usw.), aber sie *lernen* dieses Stück *Mathematik neu*, indem sie es in einen neuen Zusammenhang stellen: Ihr Bild von diesem Stück Mathematik ändert sich, ihr Wissen strukturiert sich durch das aktive Verbinden des neuen mit den alten SEBs um. Ein Zurückschrauben der mathematischen Komplexität zugunsten einer Ausweitung des Anwendungsbezugs führt also keineswegs zu weniger komplexem und anspruchsloserem Lernen, eher umgekehrt: Aktives mathematisches Modellieren ist eine so komplexe und lohnende geistige Tätigkeit, daß keine didaktische Anstrengung gescheut werden sollte, sie auch für weniger begabte Schüler zu einer persönlichen Erfahrung werden zu lassen. Dazu gehört allerdings die vernünftige Selbstbegrenzung eines fachlichen Ehrgeizes, der sich bei Mathematiklehrern häufig aus einem engen Mathematikverständnis speist.

Wenn ein Anwendungsproblem präsentiert wird, sollten in der Regel die mathematischen Kenntnisse und Fertigkeiten, die für eine sinnvolle Modellierung des Problems erforderlich sind, den Schülern prinzipiell vertraut sein. Ich sage bewußt "prinzipiell vertraut" statt "sicher verfügbar": Erstens kann ein akuter Bedarf ein motivierender Anlaß für eine Vergegenwärtigung bzw. Wiederholung sein, und zweitens verbirgt sich hinter der Rede vom "sicheren Verfügbarsein" die Ideologie des Vorratslernens, die aus dem "Gehabt-Haben" eines Stoffes den Anspruch ableitet, dieser müsse für alle Zukunft zum festen Besitz des Schülers gehören. Wie viele Frustrationen könnten sich Lehrer ersparen, wenn sie ernst nähmen, daß dieses mechanistische Lernmodell der Wirklichkeit des Lernens nicht gerecht wird![147]

### *Projektartiges und fächerübergreifendes Vorgehen*

Unterricht in Projektform, der sich auf die Kooperation von Fachlehrern verschiedener Fächer stützt, wäre in vieler Hinsicht ein idealer Weg zu einem weltorientierenden Mathematiklernen. Da dieser Weg aber ausgesprochen schwierig zu begehen ist, möchte ich mich hier eher auf Alternativen konzentrieren, als ein weiteres Mal seine Vorzüge herauszuarbeiten.[148] Unter den Randbedingungen, die an Regelschulen durch Unterrichtsorganisation und Arbeitsteilung zwischen den Fächern gegeben sind, ist die Gefahr im Auge zu behalten, daß eine zu enge theoretische Ankopplung des Ziels der Weltorientierung an ein projektartig-fächerübergreifendes Vorgehen Lehrer entmutigt und letztlich bewirkt, daß weltorientierende Anwendungen weiterhin ein Schattendasein führen. Selbst an einer Versuchsschule wie der Laborschule Bielefeld, zu deren ausdrücklichen Zielen die Integration des "Erfahrungsbereichs Mathematik" mit anderen Erfahrungsbereichen gehört, bedarf es immer wieder besonderer Anstrengungen und überdurchschnittlichen Engagements der beteiligten Kolleginnen und Kollegen, derartige Integrationsprojekte zu verwirklichen – als Mitglied der Projektgruppe "Mathematikunterricht an der Laborschule" spreche ich aus eigener Erfahrung.

Was sind realisierbare Alternativen zum Ideal eines Projektunterrichts, in dem die Fachlehrer mehrerer Fächer kooperativ den Unterricht gestalten? An der Bielefelder Laborschule ist man nach dem unbefriedigenden Verlauf vieler mit zu hohen Ansprüchen belasteten Projektphasen dazu übergegangen, Ideen und Materialien zu bestimmten Themen zunächst in Kooperation zu entwickeln, die entsprechende Unterrichtseinheit dann aber in die Hände eines Fachlehrers zu legen, der sie dann im üblichen Rahmen seines Fachunterrichts durchführt. Dabei lassen sich solche Unterrichtseinheiten bis weit in die Sekundarstufe I hinein sogar so konzipieren, daß offen bleiben kann, ob der Mathematiklehrer oder ein für den außermathematischen Gegenstandsbereich zuständiger Fachlehrer diesen Vorschlag realisiert.[149]

Auch diese "abgespeckte" Projektvariante der Laborschule erfordert noch ein gehöriges Maß an Umdenken. Für Mathematiklehrer, die in der Vergangenheit in ihrem Anwendungsbezug nicht über eingekleidete Aufgaben hinausgekommen sind, kann die Radikalität, mit der die nichtmathematischen Aspekte der Welt ernstgenommen werden, eine große Hürde darstellen. Am Anfang tun es deshalb auch kleine Schritte: Unterrichtsphasen und -einheiten, die eine halbe, eine oder zwei Unterrichtsstunden erfordern, können Sicherheit geben und die Erfahrung vermitteln, daß das insgeheim gefürchtete Chaos nicht ausbricht, können (nicht nur bei den Schülern, sondern auch beim Lehrer) Neugier wecken und den Boden bereiten für umfangreichere mathematische Welterkundungen. Aber auch im "normalen" Fachunterricht, unabhängig von zusammenhängenden, als Ganzes geplanten Anwendungs-Einheiten, lassen sich aus der Situation heraus Gelegenheiten nutzen, einen mathematischen Begriff außerfachlich zu interpretieren, auf Verwendungen in Alltagswelt, Wirtschaft, Technik und anderen Wissenschaften hinzuweisen. Entscheidend für die angepeilte Weltorientierung ist, daß die Öffnung des Faches für die Lebenswelt, seine "fachliche Entgrenzung", das Aufbrechen einer fachsystematisch diktierten Selbstisolation auf eine für die Schüler nachvollziehbare, vielleicht sogar sie in Bann schlagende Weise gelingt; weniger wichtig ist, mit welchem Zeitaufwand und mit wieviel expliziter fächerübergreifender Zusammenarbeit das geschieht.

*Unterrichtskultur*

Ob im und durch Mathematikunterricht so etwas wie Weltorientierung für die Schüler zustande kommt, ist nicht nur eine Frage der Themen, der ausgewählten Wirklichkeitsausschnitte, der zu modellierenden Sachbereiche. Natürlich ist die inhaltliche Dimension in einem anwendungsorientierten Unterricht von großer Bedeutung: Die Mathematisierung von irrelevanten oder gar Scheinproblemen führt zu einem verzerrten Bild von Mathematik und trägt zur (außermathematischen) Welterkenntnis nichts bei. Doch die inhaltliche Dimension ist nicht allein ausschlaggebend. Auch Problemstellungen, die für sich betrachtet lebens- oder zumindest realitätsnah sind und deren Modellierung den Schülern von ihrem Vorwissen her eigentlich keine unüberwindlichen Schwierigkeiten bereiten dürfte, garantieren nicht, daß die erhofften Wirkungen zustande kommen: daß Schüler erkennen, welche Rolle Mathematik in ihrer Lebenswelt spielt und spielen kann, daß sie der praktischen Mächtigkeit dieses Denkmittels Mathematik durch die Untersuchung einleuchtender Beispiele gewahr werden, daß sie durch das Modellieren etwas über die Welt und über Mathematik und über die Grenzen der Mathematisierung lernen.

In den folgenden Unterkapiteln wird sich zunehmend zeigen, daß für sinnhaftes Mathematiklernen die *Unterrichtskultur* von entscheidender Bedeutung ist: Wie gehen Schüler und Lehrer im Unterricht miteinander um, und wie gehen sie gemeinsam mit der Mathematik um? – Die folgenden Setzungen, die mir für den angestrebten Beitrag des Mathematikunterrichts zur Weltorientierung wichtig erscheinen, sind als Elemente einer zu entwickelnden "allgemeinbildenden Unterrichtskultur" zu verstehen. Es handelt sich nicht um didaktisch-methodische Hinweise im engeren Sinne – d. h. es wird Lehrern nicht vorgeschlagen, was sie tun sollten –, sondern es werden Bedingungen unterrichtlicher Kommunikation und individuellen Lernens beschrieben, die als Konsequenzen aus den vorangegangenen Überlegungen zum Anwendungsbezug und zur mathematischen Modellierung anzusehen sind:

- Es sollte ein hinreichender Spielraum für unterschiedliche Varianten der Modellierung gegeben sein. Das kann Entscheidungen betreffen, welche Faktoren der realen Situation vernachlässigt werden können, welche Genauigkeit im Ergebnis angestrebt wird, wie sich die Randbedingungen variieren lassen, wie sich die gefundenen Lösungen verallgemeinern lassen usw.
- Die Schüler sollten viele Gelegenheiten haben, von sich aus aktiv zu werden, sich im Prozeß der Modellierung selbst als schöpferisch zu erleben. Dabei ist zu gewährleisten, daß die Möglichkeiten zu solchen Erfahrungen in Relation zu den unterschiedlichen intellektuellen Fähigkeiten der Schüler variiert werden.
- Es sollte erlaubt sein, querständige Fragen und Zweifel zu artikulieren, auch den Sinn eines gegebenen Anwendungsproblems in Frage zu stellen.
- Es sollte möglich sein, ein gegebenes Problem von ganz verschiedenen Seiten aus anzugehen. Das Vorgehen bei der Lösungssuche (Wahl der Hilfsmittel, Rückgriff auf Veranschaulichungen) sollte nicht von mathematischen Techniken determiniert werden, die gerade vorher im Unterricht behandelt wurden.

## *4.4 Denken, Verstehen und kritischer Vernunftgebrauch im Mathematikunterricht*

Daß man durch die Beschäftigung mit Mathematik seine geistigen Fähigkeiten entwickele, insbesondere denken lerne, ist die traditionsreichste Begründung für Mathematik als allgemeinbildendes Schulfach. Ihre Wurzeln reichen bis zu Platon zurück.[150] Skeptiker wie der Spötter Georg Christoph Lichtenberg haben demgegenüber ins Feld geführt, daß auch (oder gerade) unter Mathematikern sehr begrenzte Geister zu finden seien.[151] Zumindest scheinen sich – das bestätigen Alltagserfahrung wie auch empirische Transferforschung – positive Auswirkungen des Mathematiktreibens auf den Gebrauch der kritischen Vernunft im Alltagsleben nicht automatisch einzustellen. Was läßt sich von der Hoffnung, der Mathematikunterricht befähige zum Denken – oder sogar zum kritischen Denken –, heute noch retten?

Ich erinnere noch einmal an wichtige Ergebnisse aus Kapitel 3, die sich auf die in der Überschrift genannten Begriffe und ihren Zusammenhang beziehen:

- Die Fähigkeit zum kritischen Denken ist keine Eigenschaft, die man ein für allemal erwerben kann; kritisches Denken ist mit der *Haltung* verknüpft, den Dingen auf den Grund gehen zu wollen, und mit der Einsicht, daß die Reichweite des Verstandes begrenzt ist.
- Kritisches Denken ist, wie alles Denken, in hohem Maße *bereichsspezifisch*, an Situationen und Inhalte gebunden; eine Schulung kritischen Denkens ist deshalb ebenfalls nicht inhaltsneutral möglich.
- Kritisches Denken gründet sich auf das *"Verstehen"* der Sachverhalte, mit denen es befaßt ist; es läßt sich nur über verstehensorientiertes Lernen entwickeln.
- Kritisches Denken setzt die Fähigkeit zu unterscheidendem und folgerichtigem Denken voraus; es ist also ohne einen *entwickelten Verstand* nicht vorstellbar.
- Denkenlernen ist immer auch *sozial vermittelt*: Als kommunikative Wesen lernen wir nur im Austausch mit und durch die Rückmeldung von anderen, unser eigenes Denkpotential zu entwickeln und auszuschöpfen.

Zurück zur oben gestellten Frage: Wieweit kann die Annahme, der Mathematikunterricht schule generell das Denken, aufrecht erhalten werden – in Anbetracht der Bereichsspezifität des menschlichen Denkens? Sollten wir überhaupt vom Mathematikunterricht verlangen, die *allgemeine Denkfähigkeit* und das *allgemeine Kritikvermögen* der Schüler zu fördern? Und wenn ja, was müßte dann anders gemacht werden als im herkömmlichen Unterricht, in dem diese Ziele doch offenbar von einer Mehrzahl der Schüler unerreicht bleiben? Oder sollten wir uns lieber mit einem bescheideneren Ziel zufriedengeben: daß wenigstens ein Teil der Schüler *mathematisch denken* lernt? – Verkürzt und zugespitzt: Ist als Effekt des Mathematiktreibens eine *Erweiterung* oder lediglich eine *Spezialisierung* der Denkfähigkeit der Schüler zu erwarten? Und die entsprechende Hintergrundfrage würde lauten: Stellt Mathematik – nach Wittenberg (1963, S. 57) "par excellence das Reich ... der Eigengesetzlichkeit der Vernunft" – eine besonders hohe Stufe vernünftigen Denkens dar, oder steht Mathematik nur für einen recht eigenartigen (wenn auch in manchen Zusammenhängen höchst effektiven) Sonderfall menschlichen Denkens?

Mein Antwortversuch liegt einerseits zwischen den angedeuteten Extrempositionen und geht andererseits über das in ihnen zum Ausdruck kommende Problemverständnis hinaus. Als leitende These formuliere ich: *Im allgemeinbildenden Mathematikunterricht sollten die Schüler erfahren, daß und wie sich Mathematik als "Verstärker" ihres Alltagsdenkens einsetzen läßt.*

Das vorliegende Unterkapitel dient der Explikation und Illustration dieser These. Ich möchte zeigen, daß mit der These das, was gerade der Mathematikunterricht zur fachübergreifenden Aufgabe "Anleitung zum kritischen Vernunftgebrauch" beitragen kann, angemessen beschrieben ist: Es entspricht sowohl den Möglichkeiten der Mathematik als auch den Notwendigkeiten einer allgemeinen Bildung.

Vorab sei die in der These verwendete Metapher des "Verstärkers" kurz erläutert. Mit "Verstärker" ist etwas anderes gemeint als lediglich "Hilfsmittel". Im Zusammenhang mit der Frage nach der lebensvorbereitenden Mathematik hatten wir Mathematik als Werkzeug und als Kommunikationsmedium betrachtet. Dabei kam es im wesentlichen auf die Funktion der betreffenden Mathematik zur Bewältigung von Alltagssituationen an. Das Verhältnis des Mathematik treibenden Subjekts zur Mathematik blieb hingegen ausgeblendet: Ob und in welcher Tiefe die benutzte Mathematik "verstanden" war – im Sinne einer Einsicht in das Warum ihres Funktionierens –, stand nicht im Vordergrund. Mit der Wahl der Metapher "Verstärker" hebe ich genau auf diese Dimension ab. Unverstandene, aber routinemäßig korrekt angewandte Mathematik kann mir das Denken im günstigsten Falle *ersetzen.* Ich kann dann etwa ein praktisches Problem lösen, ohne das Problem wirklich durchschaut zu haben und ohne zu wissen, warum das problemlösende Hilfsmittel funktioniert. Ich kann aber auch bewußt von Mathematik Gebrauch machen, um ein Problem zu analysieren und zu lösen. Der Unterschied zum zuvor beschriebenen Fall ist, daß mir nun mein Tun in einem tieferen Sinne "vernünftig" erscheinen wird. Die Mathematik ist in mein "vernünftiges Nachdenken" über das Problem gewissermaßen integriert. – Zugegeben sind das alles vage und vorläufige Formulierungen, die der Präzisierung bedürfen. An dieser Stelle ist mir nur wichtig, die Richtung anzudeuten, in die ich meine weiteren Überlegungen entwickeln werde.

### 4.4.1 Mathematisches Denken und Alltagsdenken: Zwei Beispiele

Die Einstellung vieler Mitbürger zur Mathematik als "Schule des Denkens" ist zwiespältig. Einerseits erkennen selbst Jugendliche und Erwachsene, die sich eher für mathematisch unbegabt halten, in der Regel an, daß Mathematik etwas mit klarem und folgerichtigem Denken zu tun hat.[152] Andererseits stößt man immer wieder auf irritierende Äußerungen, die in die entgegengesetzte Richtung weisen: Das im Mathematikunterricht erforderliche Denken erscheint vielen, die mit der Mathematik Schwierigkeiten haben, auf eine eigentümliche Weise verschlüsselt, "verdreht", unnatürlich, so daß man ohne weiteres "nicht darauf kommt". Man scheint in der Mathematik "anders denken" zu müssen als im Alltag.

*Beispiel I: Division durch einen Stammbruch*

Eine charakteristische Szene mit meiner Tochter Katharina – seinerzeit 13 Jahre alt und dem Fach Mathematik nicht sonderlich zugetan – illustriert dieses Phänomen und erlaubt zugleich erste Vermutungen darüber, durch welche Mißverständnisse die Kluft zwischen dem mathematischen und dem Alltagsdenken zustande kommt: Katharina hatte, im Rahmen einer Hausaufgabe, unter ordnungsgemäßer Anwendung der Bruchrechenregeln die Zahl 2 durch 1/4 dividiert und kam dann zu mir, weil sie sich über die 8 als Ergebnis wunderte. Wieso konnte das Ergebnis größer sein als der Dividend? Sie hatte doch "geteilt"! Ich versuchte ihr einsichtig zu machen, weshalb das (im Bereich positiver Zahlen) bei Division durch Zahlen, die kleiner als 1 sind, so sein muß. Als Gegenbeispiel hielt sie mir vor, wenn sie einen Apfel "in Viertel" teile, seien die Stücke aber kleiner als der Apfel. Ich wies sie auf den Unterschied zwischen "teilen in" und "teilen durch" hin. Abschließend meinte sie: "Okay, ich weiß jetzt, wie man das rechnen muß. Aber du willst mir doch wohl nicht weismachen, daß man in Mathe logisch denkt!"

Anhand dieses Beispiels lassen sich gleich mehrere Aspekte gut verdeutlichen, die so häufig zu einem Konflikt zwischen dem mathematischen und alltäglichen Denken führen. Ich reihe sie zunächst einfach aneinander.

- Offensichtlich hat zu Katharinas Verwirrung der Umstand beigetragen, daß ein Wort der Umgangssprache in einer fachsprachlichen Bedeutung gebraucht wird. In der Tat wird das Wort "teilen" im Alltag fast immer verwendet, um das Zerlegen einer Gesamtheit in kleinere Bestand"teile" zu bezeichnen. Unterscheidungen wie die zwischen "teilen in" und "teilen durch" müssen Schülern als spitzfindig erscheinen, solange sie einer systematischen Präzisierung alltäglicher Teilungsprobleme durch mathematische Mittel keinen Eigenwert zubilligen – was ja schon eine spezifisch mathematische Haltung voraussetzen würde.
- Das Verfahren der "Division" läßt sich als präzisierendes und vereinheitlichendes Modell in vielen Alltagssituationen einsetzen, in denen es um Teilungsprozesse geht und in denen – als Modellvoraussetzung – die Quantifizierbarkeit des Teilungsprozesses gegeben ist. Für die Modellierung der Prozesse des Verteilens und des Aufteilens reicht in der Tat die Division durch natürliche Zahlen aus; die (innermathematisch konsequente) Erfindung der rationalen Zahlen bringt dann sozusagen gegenüber den "natürlichen" Ausgangssituationen einen enormen Überschuß an Modellierungspotential mit sich. Auch dafür lassen sich "natürliche" Alltagssituationen angeben, in denen dann allerdings umgangssprachlich nicht mehr vom "Teilen" die Rede ist, sondern beispielsweise vom "Passen in": Wie viele Viertel passen in 2 Ganze? Der Denkweg zu derartigen

"Passen in"-Situationen, die für einen erheblich größeren Teil von Divisonsproblemen einen anschaulichen Hintergrund stiften könnten, ist vielen Schülern, die herkömmlich unterrichtet wurden, allerdings versperrt, weil für sie "dividieren" mit "teilen" (im Sinne von "verteilen" und "aufteilen") anschaulich fest assoziert ist, und damit auch mit dem Spezialfall natürlicher Zahlen als Divisoren.

- Damit aber drängt sich die Vermutung auf: Es ist nicht so sehr ein unterschiedliches *Denken*, durch das sich Katharina und ich in der geschilderten Szene unterscheiden, sondern die Interpretation der verwendeten Begriffe. Solange das mathematische "Dividieren" mit dem umgangssprachlichen "Teilen" gleichgesetzt wird, hat Katharina mit ihrer Kritik an der mathematischen Vorgehensweise recht. Denn die Erkenntis, die umgangssprachlich beschrieben wird mit "Teile sind stets kleiner als die Gesamtheit, die geteilt wird", läßt sich zweifellos im Alltag immer wieder durch Beobachtungen bestätigen, ist also hochgradig erfahrungsgesättigt. Wenn nun dieser Sachzusammenhang in der Mathematik (scheinbar) außer Kraft gesetzt wird, muß das jemandem, der von der Gültigkeit dieses Zusammenhangs überzeugt ist, befremdlich, unvernünftig oder eben sogar unlogisch vorkommen. In dem Moment, in dem ein Schüler einsieht, daß das mathematische "Dividieren" ein *verallgemeinertes* alltagssprachliches "Teilen" ist, mit dessen Hilfe sich neben den Spezialfällen des Aufteilens und Verteilens beispielsweise auch Situationen der Art "wie viele x passen in y?" oder – allgemeiner und gleichzeitig auf eine spezialistischere Art mathematisch – "mit welcher Zahl muß x multipliziert werden, daß y herauskommt?" beschreiben lassen, in dem Moment verschwindet der scheinbare Widerspruch, und die mathematische Sprechweise erscheint ganz selbstverständlich: logisch und vernünftig.
- Als letztes möchte ich den Blick auf den motivationalen Auslöser der Episode lenken. Daß Katharina das korrekt errechnete Ergebnis nicht einfach hinnimmt, sondern hinterfragt, weil es einer durch ihre Alltagserfahrungen gestützten Erwartung widerspricht, ist selbst ein Zeichen für kritischen Vernunftgebrauch. Ein Mathematikunterricht, der derartige Fragen abblockt oder für unsinnig erklärt, leistet sicher keinen Beitrag zur Förderung kritischen Denkens.

*Beispiel II: Aufstellung und Interpretation elementarer Gleichungen*

Das zweite Beispiel, das ich zur Illustration heranziehe, entstammt einer Untersuchung von Rosnick/Clement (1980). Es ist in den letzten Jahren vielfach vorgestellt, kommentiert und – in Varianten – neu untersucht worden.[153] Ich halte es für besonders interessant, weil sich daran der unterschiedliche Umgang mit Abstraktionen und Symbolisierungen im mathematischen und alltäglichen Denken aufzeigen läßt.

Studenten (in Folgeuntersuchungen auch Schülern, Lehrern und Universitätsprofessoren) verschiedener Fachrichtungen wurde folgende Aufgabe vorgelegt:

*Schreib eine Gleichung mit den Variablen S und P auf, um folgende Aussage darzustellen: "Es gibt sechs mal so viele Studenten wie Professoren an dieser Universität." Nimm S für die Zahl der Studenten und P für die Zahl der Professoren.*

Der Anteil der richtigen Lösungen lag nur bei etwa 60%, bei Schülern war er noch weit geringer.[154] Fast alle, die die Aufgabe falsch lösten, taten das auf die gleiche Weise: Sie schrieben $P = 6\,S$ statt $S = 6\,P$ oder $S = 6 \cdot P$.

Es ist nicht meine Absicht, die Vielzahl vorliegender Deutungen zu referieren.[155] Stattdessen konzentriere ich mich auf einige Aspekte, die das Verhältnis von mathematischem und alltäglichem Denken betreffen.

Wir können zunächst davon ausgehen, daß so gut wie alle Probanden Fragen der Art *"Wie viele Studenten gibt es, wenn es 50 Professoren gibt?"* richtig beantwortet hätten (teilweise wurde das in den entsprechenden Untersuchungen explizit überprüft). Das Alltagsdenken in Verbindung mit elementarer Arithmetik reicht aus, um die in der Aufgabe genannte Relation in praktische Lösungen umzusetzen. Probleme bereitet hingegen die Formalisierung bzw. der Umgang mit den Symbolen.

In der obigen Aufgabe liegt eine Fehlerquelle darin, daß die Symbole P und S nicht als *Anzahlen*, sondern *Bezeichnungen* oder *Einheiten* aufgefaßt werden. "6 S" wird dann gedeutet als "6 Studenten", so wie "6 cm" für "6 Zentimeter" steht. Interessanterweise liegt auch bei dieser Fehldeutung eine *Abstraktion* vor, die von Variablen Gebrauch macht – wie bei jeder Verwendung übergeordneter Begriffe in der Alltagssprache. "Student" ist (als Begriff) eine Variable, die stellvertretend und von individuellen Eigenschaften abstrahierend für verschiedene konkrete Studenten stehen kann. Und ebenso bereitet es den meisten "Alltagsdenkern" keine Schwierigkeit, diese "Variable" statt durch den üblichen Terminus ("Student") durch ein anderes Symbol ("S" oder "X") zu bezeichnen. Die fehlerproduzierenden Probanden sind also keineswegs unfähig zur Abstraktion oder Symbolisierung, wie es manchmal Personen unterstellt wird, denen "mathematisches" Denken schwer fällt. Sie abstrahieren lediglich von den aus algebraischer Sicht ungeeigneten Objekten: von den konkreten *Personen* statt von den gegebenen *Anzahlen* der Personen.

Eine zweite – und wie sich in den empirischen Untersuchungen herausgestellt hat, wohl entscheidendere – Fehlerquelle betrifft die Interpretation des Gleichheitszeichens. Die oben angegebene "falsche" Lösung ist völlig korrekt, wenn man für "=" liest: "entsprechen" oder "stehen gegenüber". Zusammen mit der Verwendung von *P* und *S* als Bezeichnung ergibt sich dann die sachlich einwandfreie Lesart "Einem Professor *entsprechen* 6 Studenten". Malle (1993, S. 101) weist darauf hin, daß diese Sichtweise im Alltagsdenken sehr verbreitet ist, und führt dafür, auf der Grundlage der Schema-Theorie, den Begriff des *Entsprechungsschemas* ein: "Dieses Schema repräsentiert einfach das Wissen, daß irgendwelche Objekte einer Art irgendwelchen Objekten einer anderen Art gegenüberstehen oder diesen entsprechen. Dieses Schema ist so fundamental und selbstverständlich, daß wir Mühe haben, es überhaupt als ein Schema zu erkennen. Aber es ist ein solches und zwar eines, das unser Verhalten beständig steuert." Den Probanden, die in den meisten Fällen formal durchaus mit Gleichungen umzugehen wissen – das haben sie ja im schulischen Mathematikunterricht hinreichend geübt –, wird die (algebraische) Fehlerhaftigkeit ihrer Lösung häufig bewußt, wenn sie aufgefordert werden, für die Buchstabensymbole Zahlen einzusetzen. Nun erinnern sie sich, daß das Gleichheitszeichen in mathematischen Zusammenhängen für numerische Gleichheit steht und daß das "Entsprechungsschema" in diesem Falle offenbar inadäquat ist – was viele von ihnen nicht hindert, in einer leicht abgewandelten Aufgabe die geforderte Buchstabengleichung wieder nach dem Entsprechungsschema zu konstruieren.

Wie im ersten Beispiel scheint es auch hier, als gebe es zweierlei Arten von Vernunft: Was mathematisch "richtig" ist, scheint einem großen Teil der Probanden im Rahmen ihres Alltagsdenkens nicht als "vernünftig" – und das, obwohl sie unter algorithmischem Aspekt das betreffende Teilgebiet der Schulmathematik, das Umformen und Lösen von linearen Gleichungen, durchaus beherrschen. Dennoch haben sie anscheinend nicht *verstanden*, was aus mathematischer (genauer noch: algebraischer) Sicht Variablen, Terme und Gleichungen eigentlich bedeuten.

Charakteristisch für beide Beispiele, die stellvertretend für eine Fülle verwandter und täglich im Unterricht zu beobachtender Lernschwierigkeiten stehen, scheint ein Konflikt zwischen alltäglichem und mathematischem Denken zu sein. Daß es so etwas wie "Alltagsdenken" und "mathematisches Denken" gibt und daß sich diese Denkformen voneinander unterscheiden, wurde dabei bislang stillschweigend vorausgesetzt. Im Verlauf der weiteren Überlegungen wird sich zeigen, daß diese Unterscheidung in vielen Fällen nicht durchzuhalten und psychologisch und didaktisch nur von begrenztem Erklärungswert ist. Bevor ich jedoch das Problem des Verhältnisses von "alltäglichem" und "mathematischem Denken" systematisch untersuche (in Abschnitt 4.4.4), beschäftige ich mich genauer mit zwei Problemen, die mit dem erstgenannten eng verbunden sind: Was heißt es eigentlich, Mathematik zu "verstehen" (4.4.2), und was sind die Besonderheiten mathematischer Abstraktion (4.4.3)?

### 4.4.2 Verstehen von Mathematik

Im alltäglichen Sprachgebrauch weiß jeder – oder glaubt wenigstens zu wissen –, was mit dem "Verstehen" von Sachverhalten gemeint ist.[156] Daß es im Mathematikunterricht darauf ankommt, die dargebotene Mathematik zu "verstehen", wissen Lehrer wie Schüler: Mathematisches Denken kann ohne das Verstehen mathematischer Begriffe, Probleme, Verfahren, Regeln, Argumente und Sätze nicht funktionieren. Daß andererseits gerade im Mathematikunterricht das Verstehen so häufig verfehlt wird, gehört zu den schmerzlichen Erfahrungen der meisten Schüler und Lehrer. Ohne Zweifel ist in einem Unterricht, der sich der Denkschulung und der Anleitung zum kritischen Vernunftgebrauch verpflichtet weiß, dem Verstehen der thematisierten Mathematik besondere Bemühung zu widmen. Was aber bedeutet diese vage alltagssprachliche Forderung, und was folgt aus ihr?

Eine Fülle wissenschaftlicher Arbeiten hat sich in den letzten zwei Jahrzehnten zum Ziel gesetzt, das "Verstehen von Mathematik" theoretisch und empirisch zu klären. Ein auch nur referierender Überblick über diese Arbeiten, ihre unterschiedlichen Ansätze, ihre Hintergrundtheorien und ihre wichtigsten Ergebnisse würde einen eigenen umfänglichen Artikel erfordern.[157] Trotz dieser intensiv betriebenen

Forschung: Eine allgemein akzeptierte Theorie des Verstehens von Mathematik, die einerseits die mentalen Prozesse bei Lernenden mit zufriedenstellender Genauigkeit beschreibt und andererseits den unterschiedlichen Bedeutungsvarianten des alltäglichen Verstehensbegriffs gerecht wird, ist immer noch nicht in Sicht. Daß sich der Verstehensbegriff gegenüber wissenschaftlichen Explikationsversuchen als widerständig erweist, hängt m. E. damit zusammen, daß man – um überhaupt empirische Forschung möglich zu machen – ein Phänomen subjektiven Erlebens mit "objektiv" beobachtbaren Prozeßmerkmalen zu verknüpfen hat. In der Alltagssprache wird ja der Verstehensbegriff weniger dazu herangezogen, einen Denkprozeß zu beschreiben, als dazu, das Ergebnis (eventuell auch ein Zwischen- oder vorläufiges Ergebnis) eines eigenen Wahrnehmungs- oder Denkprozesses subjektiv zu bewerten. Als verstehende Person *erlebe* ich mein Verstehen; es ist – mehr oder weniger ausgeprägt – von einem Gefühl der Erleuchtung begleitet, mit unterschiedlich intensiven "Aha"-Erlebnissen verbunden. Man kann hier Carnaps Unterscheidung von Ding- und Erlebnissprache aufgreifen: "Verstehen" wäre dann ein Wort der Erlebnissprache. Die Mitteilung "ich verstehe den Sachverhalt X" hätte damit einen vergleichbaren erkenntnistheoretischen Status wie die Mitteilung "ich habe Zahnschmerzen".

Die wissenschaftliche Auseinandersetzung mit Verstehensprozessen hat trotz der genannten Einschränkungen zu einigen Grundeinsichten geführt, über die heute weitgehend Konsens besteht. Ich gebe sie in konzentrierter Form wieder und ergänze sie um ein paar Hinweise auf die Kontroverse zwischen Repräsentationstheoretikern und Konstruktivisten. Anschließend unterscheide ich drei Dimensionen des Verstehens, wobei ich alltagssprachliche Konnotationen des Verstehensbegriffs, die in einem Teil der Forschung vernachlässigt werden, ausdrücklich berücksichtige.

### *Verstehen als mentaler Prozeß*

Kognitionspsychologisch gut begründet ist die Aussage, daß immer, wenn Verstehen stattfindet – genauer: wenn jemand subjektiv ein "Verstehenserlebnis" hat –, eine neue Verknüpfung zwischen Wissenselementen (Kognitionen) hergestellt wurde. In der Regel wird dabei neue Erfahrung mit vorhandenem Wissen bzw. vorausgehender Erfahrung in Beziehung gesetzt. Eine Variante ist: Zwischen bisher voneinander getrennten Wissenselementen wird eine neue Verbindung gestiftet. Dabei wird häufig – darauf haben schon die Gestaltpsychologen hingewiesen (Duncker 1945) – nicht nur dem vorhandenen Wissen etwas hinzugefügt, sondern das vorhandene Wissen wird im Prozeß des Verstehens umstrukturiert. Diese beiden Varianten des Verstehens könnte man, in Anlehnung an Piagets Terminologie, als "assimilierendes" bzw. "akkommodierendes Verstehen" bezeichnen.

Auf dieser Grundlage wird eine weitere, in der kognitiv orientierten Verstehensforschung allgemein akzeptierte Hypothese plausibel: Ein Sachverhalt X ist desto besser verstanden, je mehr Verbindungen das lernende Individuum zwischen seiner Vorstellung von X (seiner Kognition von X) und anderen, bereits vorher verstandenen Sachverhalten A, B, C, ... konstruiert hat bzw. konstruieren kann.

Die Explikation von Verstehen als "Herstellen kognitiver Verknüpfungen" erklärt allerdings noch nicht, unter welchen Bedingungen sich das (subjektive) Erlebnis des Verstehens einstellt. Bisher wurden nur notwendige, aber keine hinreichenden Bedingungen für Verstehen beschrieben: Wenn Verstehen stattgefunden hat, kann man davon ausgehen, daß dem die Herstellung einer neuen Verknüpfung vorausgegangen ist. Der Umkehrschluß ist im allgemeinen nicht zulässig.

Ein weiterer Punkt, in dem Konsens besteht, ist die Auffassung, daß Verstehen mit dem *Erleben von Sinn* einhergeht, daß deshalb das Bemühen um Verstehen, die geistige Anstrengung, die ihm oft vorausgeht, von der Suche nach Sinn in Gang gehalten wird. Die Charakterisierung des Verstehensprozesses als Streben nach Sinn hat, in der kognitiv orientierten Psychologie und über sie hinaus, eine lange Tradition. Im englischen Sprachraum ist meist vom "making sense" die Rede.[158]

Soweit die Gemeinsamkeiten unter den Verstehensforschern. Etwas vereinfachend lassen sich nun zwei Hauptrichtungen unterscheiden, die auf unterschiedlichen theoretischen Hintergrundannahmen basieren: eine *repräsentationstheoretische* und eine *konstruktivistische*. Die Repräsentationstheoretiker (etwa Hiebert/ Carpenter 1992) gehen davon aus, daß außerhalb des Individuums existierende Strukturen intern kognitiv repräsentiert werden. Ein Individuum versteht deshalb beispielsweise einen Begriff X um so besser, je genauer die interne Repräsentation von X, samt ihrer Verknüpfungen mit anderen Repräsentationen, ein Abbild jener externen Begriffsstruktur darstellt, in die X eingebunden ist. Verstehen wird also als ein Prozeß der Angleichung einer intern-kognitiven an eine (als objektiviertes Wissen beschreibbare) externe Struktur aufgefaßt. – Die Konstruktivisten (etwa Glasersfeld 1987a, Cobb u. a. 1992) hingegen verzichten darauf, eine externe Struktur zu postulieren; sie gehen davon aus, daß das Individuum sich sein Wissen so konstruiert, daß es damit leben kann und "klar kommt" (Kriterium der "Viabilität", der Lebbarkeit). Wissen, das diese Bedingung erfüllt, wird als sinnhaft erlebt. Konstruktivisten sagen, im Verstehensprozeß konstruiere das Individuum Sinn.[159]

Im folgenden verknüpfe ich die bereits angesprochenen Merkmale des Verstehensprozesses mit drei Dimensionen des Verstehens.

### *Zur Erlebnisdimension von Verstehen*

In der Selbstreflexion des Menschen als eines erkennenden Wesens nimmt der Verstehensbegriff eine einzigartige Stellung ein. Wer sagt oder denkt, "ich verstehe den Sachverhalt X", registriert sozusagen ein "mentales Erlebnis": Er erlebt sich als "erkennend". Und gleichzeitig nimmt er eine Bewertung eines kognitiven Prozesses in sich selbst vor. Niemand anders kann ihm diese Bewertung abnehmen: Nur ich selbst kann wissen, ob ich verstanden habe – und zwar unabhängig davon, ob sich dieses Verständnis in Zukunft bewährt, und unabhängig davon, ob andere (ein Gesprächspartner, ein Lehrer, ein Prüfer) ebenfalls der Meinung sind, daß ich verstanden habe. Natürlich gibt es den Fall, daß ich zweifle, daß ich mir nicht sicher bin, ob ich verstanden habe. Aber auch diese Bewertung kann nur ich selbst vornehmen.

Halten wir uns einige Beispiele vor Augen, wie erfolgtes Verstehen eines mathematischen Sachverhalts X von reflektierten Personen kommentiert wird:

"Ich kenne jetzt die Gründe für X"; "ich weiß jetzt, warum X so formuliert ist"; "ich weiß jetzt, wie man X anwenden kann"; "ich weiß jetzt, wie X funktioniert"; "ich kann mir jetzt X jederzeit selbst ableiten"; "X erscheint mir jetzt einleuchtend"; "X erscheint mir jetzt vernünftig"; "X ergibt jetzt Sinn für mich".

Allen Äußerungen ist gemeinsam, daß damit eine Änderung in der eigenen Person kundgetan wird. X ist das von außen Gesetzte, mit dem ich konfrontiert werde, das mich eventuell irritiert und befremdet. Und nun, in der Auseinandersetzung mit X, vollzieht sich *in mir* eine Änderung, durch die X *für mich* etwas anderes wird: Ich "sehe" X "mit anderen Augen". Und dieses "Sehen mit anderen Augen" erfolgt bewußt und hat eine positive emotionale Tönung.

An einem konkreten Beispiel erläutert: Wenn ich mich als Schüler um das Verstehen der Regel zur Addition von Brüchen bemühe, probiere ich vielleicht zunächst herum, beobachte, was meine Sitznachbarin macht, versuche die Hinweise der Lehrerin zu deuten. Dabei bemühe ich mich mehr oder weniger intensiv und erfolgreich, Verbindungen herzustellen zwischen dem, was ich über das Addieren natürlicher Zahlen weiß, über die Äquivalenz von Brüchen, über die unterschiedliche Bedeutung von Zähler und Nenner usw. Gelingt es mir schließlich, solche Verbindungen auf geeignete Weise herzustellen, "sehe" ich plötzlich (oder auch allmählich) Sinn in der zunächst befremdlich kompliziert erscheinenden Regel: Ich *verstehe* sie. Ich werde für meine geistige Anstrengung, die auf die Sache gerichtet war, durch das Erleben von Sinn belohnt.

Zusammenfassend halte ich zur Erlebnisdimension von Verstehen fest: Im Verstehen eines Sachverhalts erfährt das lernende Subjekt durch das *Erleben von Sinn* eine Bestätigung seines Denkens, seiner sachgerichteten kognitiven Bemühung. Diese subjektive, emotional positiv getönte Empfindung von Sinn stellt eine autonome, nicht direkt willentlich beeinflußbare Funktion des kognitiven Apparats dar.

### *Zur Gegenstandsdimension von Verstehen*

Zum Erkennen gehört neben dem erkennenden Subjekt das, was erkannt wird. Verstehen wird sich nur bewähren, wenn es in irgendeiner Weise einem Gegenstand oder Zusammenhang gerecht wird, den das erkennende Subjekt außerhalb seines Ichs wahrnimmt. Verstehen ist für das verstehende Subjekt Weltaneignung. Der Bezug zwischen "Ich" und "Welt" ist aus dem Verstehen nicht wegzudenken. Natürlich kann der Lerner im nachhinein feststellen, daß er sich geirrt hat, daß er lediglich geglaubt hat, einen Sachverhalt X richtig erfaßt zu haben. Wenn er seinen Irrtum einsieht, wird er sein vorgängiges Urteil widerrufen: "Ich glaubte nur, verstanden zu haben", oder: "Mein Verständnis ging von falschen Voraussetzungen aus".

In der repräsentationstheoretischen Sichtweise von Verstehen wird diesem Aspekt des Verstehens Rechnung getragen, indem angenommen wird, daß außerhalb des lernenden Subjekts existierende Gegebenheiten (im weitesten Sinne) in einem mentalen Modell abgebildet werden. Durch das Konstruieren von Verbindungen zwischen den Repräsentationen wahrnehmbarer oder selbst schon konstruierter Elemente werden solche mentalen Modelle an die Realität angepaßt. Ein radikaler Konstruktivist würde die Abbildungsfunktion der mentalen Modelle abstreiten und lediglich davon sprechen, daß die mental konstruierten Modelle "viabel" seien, d. h. praktisches Überleben ermöglichen (v. Glasersfeld 1987b). Doch dieser Unterschied ist momentan nicht von Belang: Wichtig ist, daß durch die Anpassung der inneren Modelle an eine äußere Welt (im weitesten Sinne) eine Beziehung zwischen dem lernenden Subjekt und etwas außerhalb seines Ichs hergestellt wird. – Es ist schwierig, für die Kennzeichnung dieser Dimension ein treffendes Wort zu finden. Da es um die Verbindung des Subjekts mit etwas geht, das ihm "gegenübersteht", spreche ich von der "Gegenstandsdimension des Verstehens".

Weshalb ist Verstehen gerade für das Lernen von Mathematik von so zentraler Bedeutung? Die Aneignung von Mathematik läßt sich sehr weitgehend als ein verstehendes (Re-)Konstruieren begreifen. Die logische Kohärenz der Mathematik – die ihr unabhängig davon zuzuschreiben ist, ob man sie eher als platonisches Reich von Ideen, als soziale Konstruktion, als Konglomerat naturgesetzlich gegebener Denknotwendigkeiten oder als abstrahierenden Niederschlag von Handlungserfahrungen deutet – verhindert, daß das lernende Subjekt bei seinen mathematischen (Re-)Konstruktionen der subjektiven Beliebigkeit verfällt. Das Auftreten von Widersprüchen (die "keinen Sinn machen") stellt gleichsam eine Selbstkorrektur des mathematischen Erkenntnisprozesses dar, die nur um den Preis des Verlusts von Verstehen ignoriert werden kann. Einfacher ausgedrückt: Die Aneignung von Mathematik kann nur auf der Basis von bereits verstandener Mathematik erfolgen; und subjektiv verstandene Mathematik ist, als kodifizierbares Wissen, partiell strukturgleich – zumindest aber strukturverwandt – mit Fragmenten der intersubjektiv akzeptierten, offiziellen, "objektiven" Mathematik. Als weitreichende Konsequenz aus diesen Überlegungen behaupte ich: Im Unterschied zu empirischen Wissensgebieten garantiert – im Prinzip und auf lange Sicht – das Verstehen von Mathematik die "Richtigkeit" des Verstandenen, die Stimmigkeit der begrifflichen Konstruktion. Und wenn man einmal versuchsweise, zugegeben spekulativ, die soeben herausgearbeiteten Erkenntisse auf die wissenschaftliche Mathematik projiziert, erscheint folgende Deutung plausibel: Die Methode des Beweisens ist das Mittel, mit dessen Hilfe die wissenschaftliche Mathematik das zu Verstehende auf bereits Verstandenes zurückführt und mit dessen Hilfe mathematische Erkenntnisse gleichzeitig von subjektiven Momenten des Verstehens befreit, also quasi "objektiviert" werden.

Die Behauptung "Verstehen garantiert Richtigkeit" gilt natürlich nur im Prinzip, gibt eine Tendenz an. Im schulischen Mathematikunterricht (und überhaupt beim Gewinnen neuer mathematischer Erkenntnisse) lassen die Lücken im Verstehen beliebig viele Irrtümer zu. Um so dringlicher scheint es aus didaktischer Sicht, durch einen verstehensorientierten Unterricht das Verstehen in seiner Gegenstandsdimension zur Entfaltung zu bringen und die der Mathematik immanente Folgerichtigkeit lernfördernd zum Tragen kommen zu lassen.

Zusammenfassend zur Gegenstandsdimension von Verstehen: Verstehen stellt einen konstruktiven Akt dar, durch den sich das Subjekt einen Sachverhalt, einen "Gegenstand" zu eigen macht, der ihm "von außen" gegenübertritt. Verstehen stiftet so eine Beziehung zwischen "Ich" und erlebter äußerer "Welt". Neue Erfahrungen werden verstehend angeeignet, indem in dem fließenden und dynamischen kognitiven Gefüge, das dem vorgängigen Wissen des Individuums entspricht, neue Wege gebahnt und alte modifiziert werden, neue Verbindungen gestiftet und eventuell alte durchtrennt werden. Für die Aneignung von Mathematik, die sich als objektiviertes System von Verstandenem auffassen läßt, ist ein sukzessives, aufeinander aufbauendes Verstehen für jeden Lern- und Erkenntnisfortschritt unabdingbar.

*Zur Sozialdimension von Verstehen*

Die Vergewisserung, ob ein Sachverhalt X "richtig" verstanden wurde, erfolgt explizit oder implizit über soziale Kommunikation, insbesondere über den gemeinsamen Umgang mit der im Unterricht anstehenden Mathematik. Der Austausch mit anderen, die ebenfalls zu verstehen versuchen oder, in welchem Ausmaß auch immer, bereits verstanden haben, stellt eine wichtige Hilfe für das eigene Verstehen dar. Das Verstehen des mathematischen Sachverhalts X ist dabei systematisch mit dem Bemühen verkoppelt, andere Personen zu verstehen: Wenn ich Sachverhalt X verstehen will, versuche ich zu verstehen, was eine andere Person, die mir X zu erklären versucht (ein Mitschüler, Lehrer oder auch ein Lehrbuchautor), mit ihren Äußerungen meint. Ich versuche die "Gedankengänge nachzuvollziehen", die ein anderer, der sich mir gegenüber als jemand einbringt, der den betreffenden Sachverhalt X bereits verstanden hat, in Worte kleidet. Das im Zusammenhang mit dem Lernen von Mathematik unter Schülern verbreitete Urteil, ein Lehrer oder ein Mitschüler könne "gut erklären", bezieht sich so gesehen auf die Ermöglichung von Verstehen. Häufig wird zwar von Schülern die Fähigkeit des Erklärenkönnens naiv im Sinne eines Transport-Modells interpretiert (man denke an die ebenfalls unter Schülern beliebte verräterische Formulierung, ein Lehrer könne "den Stoff gut 'rüberbringen"). Auf Grund der vorausgehenden Überlegungen scheint es jedoch plausibler, diese Fähigkeit als eine komplexe Verbindung von fachlicher mit sozialer Kompetenz zu deuten. Wer erklären kann, dem gelingt es, sein eigenes Verstehen als Prozeß neu lebendig werden zu lassen, Gedanken als Anknüpfungspunkte wieder hervorzuholen und zu "veröffentlichen", die für ihn selbst, für seinen gegenwärtigen Wissensstand vielleicht längst unwesentlich geworden sind, die aber für andere auf Wege, Zugänge, Verknüpfungen zwischen dem noch nicht verstandenen Neuen und dem möglicherweise bereits Vertrauten hindeuten. Und in diesem Zusammenhang wird auch deutlich, weshalb es für den Erklärenden so wichtig ist, seine Sprache am aktuellen Verständnishorizont der Lernenden auszurichten, der im Dialog stets neu zu erkunden ist: Im Zweifelsfall werden sich Zugänge immer eher durch den Rückgriff auf alltagssprachliche als auf fachsprachliche Formulierungen erschließen lassen.

Von der Sozialdimension des Verstehens läßt sich noch in einem weiteren Sinne sprechen. Das meiste, was in der Schule – und besonders im Mathematikunterricht – zum Verstehen ansteht, ist etwas, das von anderen vorgedacht ist. Das Verstehen eines "mathematischen Sachverhalts X" läuft meist auf das Verstehen von etwas hinaus, das sich andere Menschen "ausgedacht" haben: Ein Begriff, ein Stück Theorie, eine Regel, eine Symbolisierung, eine konventionelle Bezeichnungsweise. Die verstehende Aneignung derartiger Sachverhalte bedeutet keine unmittelbare Aneignung von Welt, sondern zunächst die Aneignung fremder Aneignungen von Welt: Viele andere haben die Welt interpretiert, mit einem Netz von begrifflichen Konstruktionen überzogen. Der lernende Mensch, ob Kind, Jugendlicher oder Erwachsener, setzt sich mit diesen Interpretationen auseinander, die seine eigenen spontanen Interpretationen mehr und mehr überformen. Im Mathematikunterricht stehen dann eben *mathematische* Interpretationen im Mittelpunkt, vordergründig als "Stoff" deklariert. Wenn Verstehen gelingt, wird die von anderen erfundene begriffliche Konstruktion dann allerdings zu einer eigenen. Im verstehenden Nachvollzug erscheint die fremde Konstruktion vernünftig, wird vermittels der fremden Konstruktion und durch sie hindurch Welt "begriffen". Im besonderen mathematische Konstruktionen sind dadurch ausgezeichnet, daß sie in der verstehenden Aneignung als vernünftig, als denknotwendig erlebt werden können.

Verstehen ist nicht immer das Verstehen von vorgängig Gedachtem. Die eigene Kreativität erlebt man als Lernender (oder als Forschender oder ganz einfach als Handelnder) am intensivsten, wenn man einen Zusammenhang, eine Problemlösung, eine mögliche Modellierung *neu entdeckt.* Die von Archimedes mit dem Ausruf "heureka" kommentierte naturwissenschaftliche Entdeckung des Zusammenhangs zwischen spezifischem Gewicht von Wasser und schwimmenden bzw. nicht schwimmenden Körpern ist – ungeachtet der historischen Verbürgtheit dieser Szene – das klassische Beispiel für solches Verstehen. Sein Verständnis bezog sich auf neues Wissen, das in dieser Gestalt von niemand anders vorgedacht worden war und in diesem Sinne auch kein sozial vermitteltes war. Daß diesem zunächst nur subjektiv zuschreibbaren Wissen auch heute noch im Prinzip physikalische Gültigkeit attestiert wird, wäre wieder ohne soziale Kommunikation nicht denkbar.

Zu betonen ist noch: Wenn jemand einen Sachverhalt gründlich verstanden hat und dem eigenen Denken hinreichend traut, ist er gegen soziale Anfechtungen seiner Erkenntnis in hohem Grade immun. Er wird sich auch dann nicht ohne weiteres beirren lassen, wenn seiner Erkenntnis in seiner sozialen Umgebung widersprochen wird. Leider gilt nicht der Umkehrschluß: Hartnäckig vertretene Überzeugungen lassen, wie man weiß, keineswegs darauf schließen, daß ihnen gültige Erfahrungen und vernünftige Urteile zugrundeliegen.

### *Zusammenfassung*

Im Verstehen mathematischer Sachverhalte verbinden sich eine Erlebnis-, eine Gegenstands- und eine Sozialdimension miteinander:

Aus subjektiver Sicht liegt Verstehen vor, wenn ein zuvor fremdartiger mathematischer Sachverhalt "Sinn macht". Das Verstehen bzw. der Sinn, der sich damit einstellt, geht mit einem mehr oder minder intensiven "Aha"-Erlebnis einher und wird als Belohnung für die vorausgegangene geistige Bemühung erlebt, manchmal auch als Geschenk (Intuition). Verstehen steht also für ein emotional positiv getöntes subjektives Erleben eines kognitiven Prozesses.

Die Gegenstandsdimension des Verstehen beinhaltet, daß Verstehen auf Erkenntnis, auf die Aneignung von Sachverhalten, von "Gegenständen" außerhalb des "Ichs" zielt. Die Aneignung geschieht dadurch, daß neue Erfahrungen in einem konstruktiven Akt mit vorhandem Wissen vernetzt werden. Da sich Mathematik als ein objektiviertes Netz von Verstandenem auffassen läßt, ist ihre Aneignung, genauer: ihre subjektive (Re-)Konstruktion unabdingbar auf Verstehen angewiesen.

Praktisch ist das nur unter Einbeziehung der Sozialdimension von Verstehen möglich. Zum einen ist das Kulturprodukt Mathematik selbst eine soziale Errungenschaft. Zum anderen kommt im Unterricht dem gemeinsamen Umgang mit der zu lernenden Mathematik eine Schlüsselfunktion für das Verstehen zu. Ob dadurch letztlich dem Einzelnen die Erfahrung des Verstehens zuteil wird, entzieht sich zwar der sozialen Einflußnahme; andererseits sind die soziale Umgebung und das Ausmaß, in dem sie einen Austausch von sachbezogenen Erfahrungen, Deutungen, Vermutungen und Erfindungen zuläßt (kurz: die Unterrichtskultur), eine entscheidende Bedingung für die Ermöglichung von Verstehen.

### 4.4.3 Zu einigen Besonderheiten der mathematischen Abstraktion

Die Feststellung, daß ein Sachverhalt X desto besser verstanden ist, je mehr Verbindungen das lernende Individuum konstruieren kann zwischen seiner Kognition von X und den Kognitionen, die sich auf andere, bereits verstandene Sachverhalte beziehen, gilt prinzipiell auch für das Mathematiklernen. Sie bleibt in dieser abstrakten Formulierung jedoch unbefriedigend, wenn es darum geht, Konsequenzen für einen verstehensorientierten Mathematikunterricht zu beschreiben:

- Inhaltlich bleibt völlig offen, welches Vorwissen für das Verstehen relevant ist.
- Die Eigenheiten mathematischen Wissens, die es von gegenständlichem Wissen in anderen Wissensgebieten unterscheiden, bleiben unberücksichtigt.

Beide Punkte sind aber von großer Bedeutung, wenn der Zusammenhang zwischen mathematischem und alltäglichem Denken weiter geklärt werden soll.

*Mathematische Abstraktion und Abstraktion in anderen Sachbereichen*

Viele Schüler, die Schwierigkeiten haben, Mathematik zu verstehen, klagen über ihre "Abstraktheit".[160] Damit drücken sie unter anderem aus, daß es ihnen nicht gelingt, zwischen den Erfahrungen, die ihnen im Alltagsleben wichtig sind, und der Mathematik, wie sie ihnen im Unterricht entgegentritt, Verbindungen herzustellen. Abstraktheit als solche ist jedoch, wie wir sehen werden, kein Hinderungsgrund für

Verstehen. Um den verbreiteten Verständnisproblemen auf die Spur zu kommen, ist es nötig, die besondere Art und Weise zu betrachten, auf die Mathematik abstrakt ist. Vor allem dem Doppelcharakter der Mathematik als ein abstraktes referentielles und abstraktes formales System ist Beachtung zu schenken. Dieser Doppelcharakter der Mathematik, deren Begriffe und Regeln einerseits Merkmale realer Gegenstände und deren Beziehungen "abbilden", die als formales System aber andererseits sich selbst genügt und lediglich den in sich selbst angelegten Denknotwendigkeiten gehorcht, ist – in unterschiedlichen Terminologien und auf der Basis unterschiedlicher Philosophien – häufig beschrieben worden.

Daß Wittenberg (1963) diesen Doppelcharakter zum Kern seines Konzepts mathematischer Bildung erklärt, wurde bereits dargelegt. Hier möchte ich ihn weniger unter einem epistemologischen als unter einem lernpsychologischen Interesse in den Blick nehmen. Inhaltlich und terminologisch lehne ich mich dabei teilweise an Resnick u. a. (1987b) an, die am Beispiel der elementaren Algebra ausgearbeitet haben, wie sich die spezifische Abstraktheit der Mathematik und der skizzierte Doppelcharakter auf das Lernen und Verstehen von Mathematik auswirken.

Resnick u. a. betonen zu Recht, daß das Besondere mathematischen Wissens gegenüber begrifflichem Wissen in anderen Sachbereichen nicht in der Abstraktion an sich liegt. Begriffliches Wissen ist immer abstrakt. Auch die Begriffe der normalen Sprache – z. B. Baum, grün, Sprache, Freiheit – beruhen darauf, daß von konkreten Objekten, Prozessen oder Merkmalen abstrahiert wird. Und selbst bei Begriffen wie Freiheit, bei denen es nicht möglich ist, auf individuelle Repräsentanten der durch diesen Begriff definierten Klasse zu zeigen, läßt sich der Begriff induktiv über das Sammeln von Beispielen definieren. Mathematische Abstraktion scheint hingegen anders geartet zu sein. Das läßt sich schon an so elementaren mathematischen Objekten wie den natürlichen Zahlen verdeutlichen: Eine beliebige Menge von drei konkreten Gegenständen ist einerseits sicher ein physikalischer Repräsentant der Zahl 3 (wenn man sie als Kardinalzahl auffaßt). Aber dieser Menge kommen nicht in einem vergleichbaren Sinne die Eigenschaften der Zahl 3 zu wie – sagen wir – einem beliebigen konkreten Baum die Eigenschaften, die im Begriff Baum zusammengefaßt sind. Auf eine der drei Birken vor meinem Haus kann ich zeigen und sagen: "Das ist ein Baum". Aber es macht wenig Sinn, auf alle drei Birken zu zeigen und zu sagen: "Das ist eine 3". Resnick u. a. signifizieren den an solchen Beispielen demonstrierbaren Unterschied mit der Feststellung, daß selbst ein so elementarer mathematischer Begriff wie der einer Zahl als "strictly *cognitive* entity" konstruiert werden müsse, daß sich also mathematisches Denken von vornherein mit Objekten befassen müsse, die "nur als mentale Abstraktionen existieren" (a. a. O., S. 170).

An dieser Stelle sollte man die Überlegungen von Resnick u. a. durch den Hinweis auf eine allgemein verbreitete Erfahrung ergänzen: Interessanterweise erlangen derartige mentale Abstraktionen mit zunehmender Vertrautheit für die Person, die mit ihnen umgeht, den Status einer "Quasi-Konkretheit". Schon für Kinder, die über eine entsprechende Praxis im Zählen und Rechnen verfügen, werden Zahlen gleichsam zu Objekten, denen ebensoviel "Realität" zukommt wie Bäumen und

Häusern (die ja als Begriffe der Alltagssprache ebenfalls für das Subjekt zunächst nichts anderes sind als mentale Abstraktionen – nur daß ihnen eben konkrete Repräsentanten entsprechen). In dieser durch praktische Vertrautheit gestifteten "Verdinglichung" der mentalen Abstraktionen, die sich beim intensiven Mathematiktreiben offenbar leicht einstellt, dürfte letztlich die Wurzel für die platonistische Auffassung der Mathematik zu suchen sein: die Auffassung der Mathematik als eine quasi-empirische "Realität" eigener Art, in der mathematische Objekte unabhängig vom Menschen existieren und untersucht werden können. Wie man bei Davis und Hersh (1986, S. 334ff) nachlesen kann, ist der mathematische Platonismus – trotz seiner erkenntnistheoretischen Probleme – unter Mathematikern nach wie vor als "informelle und stillschweigend geduldete Arbeitsphilosophie" verbreitet.

Die herausgestellten Eigenheiten spezifisch mathematischer Abstraktion wirken sich auch auf die Verkettung oder Stufung von Abstraktionen aus und führen dadurch zu besonderen Lernschwierigkeiten. Wenn wir eine Abstraktionskette in der Alltagssprache betrachten – z. B. Bello (als Name für ein konkretes Individuum), Dackel, Hund, Säugetier, Lebewesen –, so ist diese Kette in dem Sinne transparent, daß Bello auch ein Repräsentant für den allgemeinsten Begriff bleibt: Bello ist ein Dackel, ein Hund, ein Säugetier *und* ein Lebewesen. Kontrastierend sei eine charakteristische (recht elementare) mathematische Abstraktionskette untersucht: endliche Menge, zugehörige Kardinalzahl, Variable für natürliche Zahlen. Zwar steht in gewissem Sinne die Kardinalzahl (als "Abstraktum") für verschiedene konkret gegebene oder vorstellbare Mengen, und die Variable steht in gewissem Sinne auch für verschiedene denkbare Zahlen, die sie "verallgemeinernd" vertritt. Aber die Menge *ist* nicht eine Zahl oder ein Beispiel für diese Zahl (das hatten wir schon erörtert), und die Zahl *ist* nicht eine Variable oder ein Beispiel dafür. Und schon gar nicht ist die Menge eine Variable oder ein Beispiel dafür. Was eine Variable ist, läßt sich nicht durch "Hinzeigen" auf einzelne Repräsentanten induktiv definieren. Hinzeigen ließe sich höchstens auf das zugehörige Symbol (wie bei der Erläuterung, was eine Zahl ist) – aber das kann Mißverständnisse ganz anderer Art aufwerfen, die ebenfalls häufig mathematisches Verstehen verhindern: die Verwechselung von Symbol und Begriff. Damit ist es an der Zeit, näher auf den Doppelcharakter der Mathematik als referentielles und formales System einzugehen.

### *Mathematik als referentielles und formales System*

Mathematik bezieht ihre Potenz aus der Möglichkeit, mathematische Objekte und Beziehungen zwischen ihnen symbolisch darzustellen und mit diesen Symbolen formal, nach festgelegten Regeln umzugehen. Die Reichweite mathematischer Schlüsse, die ausschließlich "im Kopf" vollzogen werden, ist sehr begrenzt. Durch Symbolisierung und Formalisierung werden diese Grenzen gesprengt. Zwischenschritte und Zwischenergebnisse lassen sich so fixieren, daß jederzeit wieder auf sie zurückgegriffen werden kann. Und zugleich können die Ergebnisse mathematischen Denkens "veröffentlicht" und intersubjektiv diskutierbar gemacht werden. Im

Extremfall läßt sich Mathematik als ein formales Spiel ohne inhaltliche Bedeutung sehen: Undefinierte Grundbegriffe werden nach Regeln, die in Axiomen festgelegt sind, und nach rein logischen Regeln manipuliert. Bezogen auf die elementare Algebra: Was eine Gleichung ist, läßt sich formal beschreiben, und die Umformungsregeln für Gleichungen, die dafür sorgen, daß aus einer zulässigen Gleichung stets wieder nur zulässige Gleichungen gewonnen werden, lassen sich rein formal handhaben. Da die formalistische Interpretation die Mathematik weitgehend bedeutungsleer macht, bietet sie eine denkbar schlechte Grundlage für ein verstehensorientiertes Lernen: Kognitive Vernetzungen lassen sich (offiziell) lediglich zwischen den kognitiv repräsentierten Elementen des formalen Spiels knüpfen. Die Kompetenz, die sich bei einer strengen Beschränkung auf den formalen Charakter der Mathematik gewinnen läßt, ist damit lediglich die einer Beherrschung von komplizierten Spielregeln.

Praktische Bedeutung gewinnt Mathematik dadurch, daß sie über ihren unverzichtbaren formalen Charakter hinaus als referentielles System interpretierbar ist. Ich beschränke mich wieder auf die elementare Algebra, die gleich in doppeltem Sinne referentiell ist: innermathematisch und außermathematisch. Innermathematisch gewinnen die Regeln der Algebra und algebraische Ausdrücke Bedeutung, weil sie sozusagen Operationen mit Zahlen in verallgemeinerter Form darstellen. Durch das Einsetzen konkreter Zahlen für Variablen wird diese Art von Bedeutung für denjenigen nachvollziehbar, der sich mit Zahlen und den zwischen ihnen zulässigen Operationen auskennt. So kann ich mich beispielsweise an die Bedeutung von $x-(y+z)=(x-y)-z$ herantasten, indem ich etwa nachrechne $17-(8+3)=17-11=6$ sowie $(17-8)-3=9-3=6$; Beispiele dieser Art beweisen zwar mathematisch nichts, bereiten aber möglicherweise der Einsicht Bahn: Welche (natürlichen, ganzen, später vielleicht rationalen) Zahlen ich auch immer einsetze – solange ich bei gleichen Symbolen die gleiche Zahl nehme, kommt rechts und links immer das gleiche Ergebnis heraus. Berechne ich nun noch kontrastierend die Variante $17-(8-3)=17-5=12$, entsprechend dem Term $x-(y-z)$, so sehe ich möglicherweise, daß die allgemeine Regel zum Auflösen einer Klammer, vor der ein Minuszeichen steht, meinen Erfahrungen beim Zahlenrechnen gerecht wird. Verfüge ich überdies über ein inneres Bild der Zahlengeraden und weiß ich, wie sich Addition und Subtraktion auf der Zahlengeraden darstellen lassen, so kann ich mir die unterschiedlichen Operationen auch visuell vergegenwärtigen und auf die allgemeine algebraische Formel beziehen. Gegenüber einer rein formalen Betrachtungsweise algebraischer Regeln kann die angedeutete Rückführung auf das Rechnen mit Zahlen und korrespondierende geometrische Operationen, als innermathematische Referenzen, bereits eine wichtige Verstehenshilfe darstellen.[161]

Die zweite Quelle, aus der heraus arithmetische und algebraische Regeln und Ausdrücke Bedeutung gewinnen, stellen außermathematische Situationen dar. Vor allem das Erfinden von "Rechengeschichten" zu gegebenen Ausdrücken (die "Umkehrung" der üblichen Anwendungsaufgaben also) eröffnet interessante Zugänge. Ich variiere ein Beispiel von Resnick u. a. (a. a. O., S. 173): Dem arithmetischen

Ausdruck $17 - (8 + 3)$ könnte als "Rechengeschichte" entsprechen: "Maria hat 17 Bonbons. Sie gibt 11 ihren Freunden, nämlich 8 Sandra und 3 Thomas." Für $(17 - 8) - 3$ ließe sich diese Geschichte wie folgt abwandeln: "Maria hat 17 Bonbons. Sie gibt 8 Sandra. Später gibt sie Thomas 3 Bonbons." Durch Abzählen läßt sich feststellen, daß Maria in beiden Fällen 6 Bonbons übrig behält – was der Gleichheit der beiden arithmetischen Ausdrücke entspricht.

Bevor wir uns fragen, auf welche Situationen sich die entsprechenden algebraischen Ausdrücke als Referenzen beziehen könnten, sei auf einige Probleme hingewiesen, die sich schon bei der Zuordnung von arithmetischen Ausdrücken und "Rechengeschichten" ergeben. Ob eine Rechengeschichte "paßt" oder nicht, läßt sich häufig erst beurteilen, wenn man bereits ein Grundverständnis der Arithmetik gewonnen hat. Ein Beispiel: Als Rechengeschichte zu $17 - (8 - 3)$ bietet sich, ganz auf der Linie der vorigen Geschichten, die folgende an: "Maria gibt Sandra 8 Bonbons, und Sandra gibt 3 Bonbons an Thomas weiter." Das arithmetische Ergebnis *12* ist in dieser Geschichte jedoch nicht unterzubringen, die Situation "paßt" nicht. Diese hingegen "paßt": "Maria gibt Sandra 8 Bonbons, und Sandra gibt ihr 3 Bonbons zurück." Explizit zu machen, gar in einer für Schulkinder verständlichen Sprache, warum die zweite Situation paßt und die erste nicht, ist schwierig. Günstiger und erfolgversprechender ist es, Kinder an einer Vielzahl von Verbindungen zwischen arithmetischen Ausdrücken und Situationen erfahren zu lassen, was funktioniert und was nicht. Das Verstehen der zugehörigen Mathematik und ihres Referenzcharakters läßt sich also keineswegs durch die Verkopplung von mathematischen Ausdrücken und Referenzsituationen induzieren. Es entwickelt sich bestenfalls schrittweise und als Folge einer Wechselwirkung, im Hin- und Hergehen zwischen mathematischer und außermathematischer Welt.

Wie kann nun auf der nächsten Abstraktionsstufe, der algebraischen, durch Betrachtung passender Situationen die referentielle Bedeutung formaler mathematischer Ausdrücke aufgezeigt werden? Was die elementare Algebra für außermathematische Anwendungen so interessant macht, ist – um es pointiert zu formulieren – der durch sie ermöglichte *operative Umgang mit Nichtwissen*: Ich rechne mit Zahlen, die ich noch nicht kenne, aber gerne wüßte, wie mit konkret gegebenen Zahlen. Und wenn ich das geschickt anstelle, weiß ich die gesuchte Zahl hinterher.

Zur Demonstration der Situationsreferenz eines algebraischen Ausdrucks ist die oben betrachtete Formel $x - (y + z) = (x - y) - z$ nicht sehr geeignet, weil sie als algebraische Umformungsregel vor allem ein innermathematisches Anwendungsfeld hat. Betrachten wir als Beispiel stattdessen die lineare Gleichung $10 - 4x = 4$. Eine "passende" Situation (wenn auch im Alltag niemand so rechnet) wäre: "Maria wird mit einem Zehner losgeschickt, um 4 Flaschen Sprudel zu kaufen. Sie gibt ihrer Mutter 4 Mark zurück. Mutter möchte wissen, was eine Flasche Sprudel gekostet hat." Würde diese Rechengeschichte als "eingekleidete Aufgabe" gestellt, wäre sie genau ein Beispiel für die lebensfremden Scheinanwendungen, die vielen Schülern die Mathematik so sehr vergällen. Als Situationsfindungsaufgabe, in der anderen Richtung gestellt, kann sie helfen, das Feeling für den Referenzcharakter der

Algebra zu stärken. Und wenn man sich schon auf solche Situationsfindungsaufgaben einläßt, ist es von Reiz, nicht von vornherein nur "richtige" Deutungen einer Gleichung, sondern bewußt ganz unterschiedliche Interpretationen zu erfinden, die in irgendeiner Hinsicht plausibel sind. Die Prüfung, welche davon mit dem algebraischen Sprachspiel verträglich sind, wäre dann ein zweiter Schritt, der Versuch einer algebraischen Modellierung der als "unpassend" aussortierten Interpretationen ein interessanter dritter. Um auch hierzu ein Beispiel zu geben: Für die obige Gleichung könnte der Vorschlag unterbreitet werden: "Aus einer Kasse, die 10 DM enthielt, hat jemand viermal unbekannte Beträge herausgenommen. Jetzt sind nur noch 4 DM darin." Während die erste Interpretation durch die stillschweigende Annahme, daß jede Sprudelflasche gleichviel kostet, zu der Gleichung paßte, ist in der zweiten Interpretation die Bedingung verletzt (zumindest nicht klar erfüllt), daß innerhalb einer Gleichung für die gleiche Variable (es gilt ja $4x = x + x + x + x$) überall der gleiche Wert eingesetzt werden muß. Die neu vorgeschlagene Situation wiederum könnte durch die Gleichung $10 - x - y - z - u = 4$ modelliert werden. Mit dem Wechselspiel von Situationsfindungs- und Rückmodellierungsaufgaben, mit den zugehörigen Prüfungen und argumentativen Abwägungen eröffnet sich ein weites Feld zum Erfinden, Konstruieren, Probieren und Diskutieren, das im herkömmlichen Algebraunterricht meist völlig unbeackert bleibt.[162]

Ein "Feeling" für den Referenzcharakter der Algebra – und weiterer Gebiete der Schulmathematik – wird unumgänglich, sobald anspruchsvollere Modellierungen anstehen. Am Beispiel der Studenten-Professoren-Aufgabe (4.4.1) war ja schon frappierend deutlich geworden, daß die technische Beherrschung der elementaren Algebra keineswegs die Fähigkeit impliziert, auch nur zu einfachen quantitativen Sachzusammenhängen ein algebraisches Modell zu konstruieren. Die Abneigung so vieler Schüler gegen Sachaufgaben läßt sich nicht nur mit deren Realitätsfremdheit erklären – auf die realitätsfremdesten Computerspiele lassen sich Kinder und Jugendliche mit Freuden ein –, sondern sie ist Ausdruck eines berechtigten Widerstandes dagegen, etwas Schwieriges zu tun, das man nicht gelernt hat. Im herkömmlichen Unterricht wird hauptsächlich der formale Charakter der Algebra herausgestellt, d. h. es wird die Umformung von Termen und Gleichungen geübt. Die Demonstration des Referenzcharakters der Algebra, wenn sie überhaupt Gegenstand des Unterrichts wird, beschränkt sich meist auf innermathematische Referenzen: Algebra als verallgemeinerte Arithmetik. Der Umgang mit Algebra als einem System, dessen Ausdrücke sich auch außermathematisch sinnvoll interpretieren lassen, kommt hingegen in der Regel erst über nachgeschaltete Anwendungsaufgaben ins Spiel, also dann, wenn er eigentlich schon beherrscht werden müßte.

Resnick u. a. (1987b, S. 173) beschreiben die Herausforderung, die sich aus dem formal-referentiellen Doppelcharakter der Algebra für das Lernen ergibt, als ein Paradox: "Auf der einen Seite erhalten formale Ausdrücke ihre Bedeutung teilweise von den Situationen, für die sie gelten. Auf der anderen Seite zieht die Algebra ihre Kraft daraus, daß sie sich von solchen Situationen unabhängig macht." Das gilt sinngemäß auch für andere Gebiete, die für die Schulmathematik relevant sind: für die elementare Arithmetik (s. o.), für die Geometrie mit ihrem Bezug auf natürliche Raumerfahrung und Gestaltung des Raumes, für die Stochastik mit ihrer Konzeptualisierung von Unsicherheit und Zufall, für die Analysis mit ihrem Bezug auf fließende Änderungen in der Natur und im sozialen und ökonomischen Bereich.

Daß im herkömmlichen Unterricht meist der formale Charakter der Schulmathematik gegenüber ihren referentiellen Aspekten im Vordergrund steht, hängt u. a. mit folgendem zusammen: Formale Regeln lassen sich leichter "lehren", wenn man das Lehren im traditionellen Sinne versteht. Sie lassen sich explizit formulieren, an die Tafel und ins Merkheft schreiben, auswendig lernen und abfragen; den Gebrauch von Regeln kann man vor- und nachmachen; die Einhaltung formaler Regeln läßt sich problemlos überprüfen und nach dem Richtig-Falsch-Schema bewerten. Der "Stoff" des Unterrichts ist eindeutig bestimmt; der Lehrer kann abhaken, was davon schon "dran" war und was noch "durchgenommen" werden muß.

Eine stärkere Berücksichtigung des referentiellen Charakters der Schulmathematik setzt voraus, daß sich der Unterricht öffnet für Erkundungsprozesse, für unterschiedliche Interpretationen und ihre Erörterung, für die Tolerierung von Zwischenstufen zwischen "richtig" und "falsch". Die neuen Verbindungen, die Schüler für sich herstellen, wenn sie verstehen, weshalb ein bestimmter algebraischer Ausdruck zur Modellierung einer bestimmten Situation taugt und ein anderer nicht, lassen sich häufig nicht in einem Maße explizieren, die eine unmittelbare Bewertung des Lernfortschritts von außen erlauben. Vom Lehrer verlangt ein solcher Unterricht daher mehr Sensibilität, mehr Gespür für individuelle Unterschiede, mehr Flexibilität und Phantasie. Und der Anspruch, Schülerleistungen kontinuierlich zu bewerten, muß, wenn nicht aufgegeben, so doch phasenweise zurückgestellt werden.

### *Zusammenfassung*

In einem verstehensorientierten Mathematikunterricht sind die Besonderheiten mathematischer Abstraktion als mögliche Quelle von Verstehensschwierigkeiten im Blick zu behalten: Abstrakte Begriffe in der Mathematik lassen sich häufig nicht, wie in anderen Sachgebieten, durch den Verweis auf Repräsentanten, die einer niedrigeren Abstraktionsklasse zuzuordnen sind, induktiv definieren. Erst vielfältige Erfahrungen im Umgang mit neu zu lernenden Begriffen und ihren Verwendungsmöglichkeiten führen zu der nötigen Vernetzung mit vorhandenem Vorwissen, durch die sich jene Vertrautheit einstellt, die Verstehen signalisiert.

Weiter ist der Doppelcharakter der Mathematik als abstraktes formales und abstraktes referentielles System zu berücksichtigen. Zwar beruht die Mächtigkeit der Mathematik, ihre universelle Anwendbarkeit einerseits gerade darauf, daß in ihr von situationsspezifischen Besonderheiten abgesehen werden kann und daß mit ihren Symbolen rein formal operiert werden kann. Andererseits kommt mathematischen Ausdrücken neben ihrer formalen eine referentielle Bedeutung zu, die sich erst in situativen Interpretationen erschließt. *Verstehen mathematischer Sachverhalte heißt deshalb nicht zuletzt, die formale und die referentielle Bedeutung aufeinan-*

*der beziehen zu können.* Für mathematisches Modellieren ist diese Verbindung unverzichtbar. Im herkömmlichen Unterricht wird der formale Aspekt meist überbetont. Eine stärkere Berücksichtigung des referentiellen Aspektes bedarf einer entsprechend entwickelten Unterrichtskultur.

### 4.4.4 Mathematisches Denken und Alltagsdenken systematisch betrachtet

Die Schwierigkeiten, die in den Beispielen des Abschnitts 4.4.1 geschildert wurden, lassen sich durchaus so deuten, daß mit den in den Aufgaben genannten Begriffen und Symbolen im Modus des Alltagsdenkens umgegangen wird, obwohl sie vom Aufgabensteller mathematisch gemeint waren: Die mathematische Operation des Dividierens wurde von der Schülerin Katharina im Lichte von Alltagserfahrungen mit dem Teilen interpretiert (Beispiel I); Variablen für Anzahlen wurden als Namen gedeutet, und die numerische Gleichheitsbeziehung wurde im Sinne des Entsprechungsschemas aufgefaßt (Beispiel II). In welchem Verhältnis stehen nun aber eigentlich mathematisches und alltägliches Denken zueinander?

*Zwei konträre Annahmen zum Verhältnis der beiden Denkmodi*

Idealtypisch läßt sich dieses Verhältnis auf zwei diametral entgegengesetzte Weisen interpretieren, die unterschiedliche didaktische Konsequenzen nach sich ziehen:

*Differenzannahme:* Alltägliches und mathematisches Denken sind grundverschieden. Das Alltagsdenken ist – wie die Alltagssprache, auf die es sich stützt – vage, unpräzise und führt zu keinen klaren Ergebnissen. Eine Ursache von Fehlern ist, daß die Schüler ihrem Alltagsdenken verhaftet bleiben. Im Mathematikunterricht ist jedoch die mathematische Denkweise die allein angemessene. Ein vorrangiges Ziel des Mathematikunterrichts muß es sein, das Alltagsdenken der Schüler möglichst weitgehend durch mathematisches Denken zu ersetzen. Schülern, denen das "Umschalten" auf das mathematische Denken nicht gelingt, ist die Unvollkommenheit und Problemunangemessenheit des Alltagsdenkens zu demonstrieren.

*Kontinuitätsannahme:* Das mathematische Denken stellt gleichsam eine systematische Fortschreibung des Alltagsdenkens dar: Das Alltagsdenken wird durch Schärfung seiner Begrifflichkeit und durch systematische und bewußte Anwendung bestimmter Schlußweisen und Strategien, die im Prinzip (aber häufig eben inkonsequent) auch im Alltagsdenken schon nachweisbar sind, für ein bestimmte Klasse von Problemen (eben die sogenannten "mathematischen" Probleme) effektiviert. Zwischen dem Alltagsdenken (bzw. der Alltagssprache) und dem mathematischen Denken (bzw. der Fachsprache) gibt es eine Fülle von Zwischenstufen, die für das Mathematiklernen wichtig sind. Mathematisches Lernen hat desto größere Erfolgschancen, je weniger die Lernenden zwischen ihrem Alltagsdenken und dem im Unterricht geforderten mathematischen Denken eine Kluft empfinden.[163]

Beide Annahmen haben einen empirischen Kern: sie geben Erfahrungen, die man im Mathematikunterricht häufig machen kann, eine unterschiedliche generalisierte Deutung. Es handelt es sich jedoch nicht im engeren Sinne um empirische Hypothesen, deren Gültigkeit sich ohne weiteres durch empirische Untersuchungen überprüfen ließe. Den Annahmen kommt eher der Status von "Meta-Hypothesen" zu, von Hintergrundannahmen, die gleichzeitig für ein bestimmtes Paradigma von Unterricht stehen. In der Gegenüberstellung kommt nicht zuletzt der Unterschied zwischen einer eher *fachorientierten* und einer eher *schülerorientierten* Konzeption des Mathematikunterrichts zum Ausdruck.

Insbesondere der herkömmliche Mathematikunterricht am Gymnasium steht traditionell der Differenzannahme und der damit verbundenen fachorientierten Konzeption nahe. Dagegen weist die Kontinuitätsannahme ersichtlich eine hohe Affinität zu dem hier vertretenen Allgemeinbildungskonzept auf. Im Unterschied zur Differenzannahme ist sie mit der Zielvorstellung kompatibel, Schüler erfahren zu lassen, wie sich Mathematik als *Verstärker* ihres Alltagsdenkens einsetzen läßt.

Trotz der Probleme, unmittelbare empirische Belege für eine der beiden "Meta-Hypothesen" finden zu können – auch empirische Befunde hängen in hohem Maße von der Voreinstellung des Forschers und der Konzeption des untersuchten Unterrichts ab –, lassen sich viele Forschungsresultate aus den letzten Jahren mittels der Kontinuitätsannahme sehr viel plausibler und konsistenter deuten. Unter Einbeziehung meiner Überlegungen zum "Verstehen" und zur "mathematischen Abstraktion" möchte ich das in den folgenden Abschnitten vor Augen führen.

### *Mathematisches und alltägliches Denken: ein Explikationsversuch*

Zunächst ist eine genauere Unterscheidung der beiden Denkformen nützlich. Ich gebe eine Explikation, die sich auf drei äußere Merkmale stützt und mit der umgangssprachlichen Verwendung der Begriffe verträglich ist.

- Das *mathematische Denken* operiert mit mathematischen Begriffen (sowie darauf bezogenen Regeln und zugeordneten Symbolen), die als Elemente der mathematischen Fachsprache fungieren und in einem gegebenen mathematischen Kontext klar definiert sind, sowie mit einem vielfältigen Spektrum ihrer möglichen Bedeutungen in andersartigen inner- und außermathematischen Kontexten; das *Alltagsdenken* stützt sich hingegen auf Begriffe der Alltagssprache, die in der Regel ein breites Bedeutungsspektrum aufweisen.
- Handlungen, die im Zusammenhang mit *mathematischem Denken* anfallen (z. B. Rechnungen, Symbolisierungen, Modellierungen), zeichnen sich dadurch aus, daß gewisse formale Regeln nachprüfbar eingehalten werden, die selbst zum Korpus mathematischen Wissens gehören;
  für konkrete Handlungen, die auf *alltägliches Denken* zurückgehen, lassen sich entweder gar keine expliziten Regeln formulieren, oder aber sie sind nicht-mathematischer Natur (z. B. grammatische Regeln bei Schreibhandlungen).
- Erfolgreiches *mathematisches Denken* äußert sich im erfolgreichen Lösen mathematischer Probleme (was angemessene Modellierungen primär nicht-mathematischer Probleme einschließt);

erfolgreiches *Alltagsdenken* äußert sich im erfolgreichen Lösen alltagspraktischer Probleme ohne Verwendung spezifisch mathematischer Mittel.

Ich verzichte bewußt darauf, den beiden Denkformen unterschiedliche Schlußweisen oder gar eine unterschiedliche Logik zuzusprechen. Auch die Verwendung gewisser Prinzipien und Strategien[164], die häufig mit mathematischem Denken in engen Zusammenhang gebracht werden – z. B. Abstrahieren und Konkretisieren, Analogisieren, Verallgemeinern und Spezialisieren, Variieren, Klassifizieren, Systematisieren – klammere ich als potentielle Unterscheidungsmerkmale aus, um für die weiteren Überlegungen keinerlei Präjudizien zu schaffen.

Die Frage, ob die herausgestellten Unterschiede zwischen dem mathematischen und dem alltäglichen Denken es rechtfertigen, tatsächlich von einem unterschiedlichen "Denken" zu sprechen, ist damit allerdings noch nicht beantwortet.

*Zum Begriff des Denkens: Präzisierende Überlegungen*

In der Alltagssprache unterscheidet man nicht klar zwischen dem Denken als einem kognitiven Operieren mit Repräsentationen von Inhalten (so könnte eine weitgefaßte kognitionspsychologische Definition lauten) auf der einen Seite und den Voraussetzungen, Gegenständen und Ergebnissen des Denkens auf der anderen. So sagt man etwa "ich denke anders als du" und meint, daß man andere Fakten in Betracht zieht, die Fakten anders gewichtet oder von anderen Wertmaßstäben ausgeht. Ähnlich ist es, wenn wir von Angehörigen anderer Kulturen oder Subkulturen behaupten "sie denken anders": Wir meinen dann z. B., daß sie aufgrund anderer Erfahrungen urteilen, daß sie andere Vorurteile, Blickweisen und Wertvorstellungen haben.

Fassen wir Denken hingegen im engen Sinne auf, als ein kognitives Operieren, so denken alle geistig gesunden und in einer halbwegs zuträglichen Umgebung aufgewachsenen Menschen im wesentlichen auf die gleiche Art. Sie sind – aufgrund einer Interaktion ihrer genetischen Ausstattung mit der Denksozialisation ihrer alltäglichen Umgebung – intuitiv zu einfachen logischen Schlüssen fähig und zu einem Denken in einfachen Kausalzusammenhängen. Die Entwicklung des Denkens verläuft dabei in engem Bezug auf die Entwicklung des Sprachvermögens in der Muttersprache (vgl. etwa Dichgans 1994). Die damit beschriebene Basis entspricht – in der Terminologie von Bruner – dem Erreichen der sprachlich-symbolischen Ebene, die in unserem Kulturkreis etwa im Alter von sechs bis acht Jahren ausgebildet ist. Was zu dieser Basis hinzukommt und sich etwa in unterschiedlichen Fähigkeiten äußert, mit sehr abstrakten Begriffen adäquat zu operieren (Denken in formalen Operationen), komplexe Kausalnetze statt lediglich lineare Kausalketten zu berücksichtigen, sehr schnell und sicher weitreichende Schlüsse zu ziehen oder über breite Assoziationsfelder zu verfügen, ist in hohem Maße von der inhaltlichen Struktur des bis dahin Gelernten abhängig: von den – repräsentationstheoretisch gesprochen – mentalen Modellen, über die die betreffende Person verfügt, sowie von den aktivierbaren internen Verknüpfungen zwischen derartigen Modellen.

Oder, wenn wir versuchen, die wahrnehmbaren Differenzen in der Theorie "subjektiver Erfahrungsbereiche" (SEBe) zu beschreiben: von der Vielfalt und Reichhaltigkeit der vorhandenen SEBe, von der Fähigkeit, leicht neue SEBe zu bilden sowie von der Flüssigkeit, mit der von einem SEB zum anderen gewechselt werden kann (vgl. Bauersfeld 1993, S. 244ff). Das bedeutet dann aber: Was man normalerweise als unterschiedliches Denken bei unterschiedlichen Personen registriert, läßt sich im wesentlichen damit erklären, daß sich das Denken auf eine unterschiedliche Wissensbasis (hinsichtlich Eigenart, Vielfalt und Grad der Vernetzung) stützt, die mit unterschiedlicher Effektivität genutzt werden kann.

Wenn man das hier grob skizzierte Modell menschlichen Denkens zugrunde legt, gibt es keinen Grund zu der Annahme, daß die Denkakte selbst – im engeren Sinne des kognitiven Operierens – von grundsätzlich unterschiedlicher Qualität sein müßten. Dieses Ergebnis gibt Anlaß zu einer differenzierteren Sicht der wahrnehmbaren Unterschiede zwischen mathematischem und alltäglichem Denken.

*Mathematisches und alltägliches Denken – neu betrachtet*

Wer in einem neu gelernten Teilgebiet der Mathematik Erfolge aufweisen kann, dem gelingt es, die Denkoperationen, die ihm in vertrauten Sachgebieten zur Verfügung stehen, auch auf die Sachverhalte des betreffenden mathematischen Teilgebiets anzuwenden. Dazu muß er – wie wir gesehen haben – diese Sachverhalte in hinreichendem Maße "verstanden" haben: er muß sie hinreichend vielfältig mit seinem Wissen in bereits vertrauten Sachgebieten verknüpft haben. Zu diesem "vertrauten" Wissen gehört, mit fortschreitender mathematischer Bildung, einerseits die bereits zuvor verstandene Mathematik, einschließlich des einschlägigen prozeduralen, Strategie- und Metawissens. Andererseits gehört für alle Lerner zu ihrem "vertrauten" Wissen ein großer Wissenspool, den sie sich im Zusammenhang mit ihren Alltagserfahrungen aufgebaut haben, kurz: ihr Alltagswissen. Wie dieses Alltagswissen im einzelnen strukturiert ist, in welche Bereiche es zerfällt und wie diese untereinander vernetzt sind, ist individuell sehr unterschiedlich.

Die Unterschiede zwischen Schülern, die von sich selbst, von ihren Lehrern, Mitschülern und eventuell auch Eltern als "gute mathematische Denker" oder "mathematisch begabt" eingestuft werden und solchen, die von sich selbst und anderen als "schwache mathematische Denker" oder "unbegabt" bezeichnet werden, lassen sich dann idealtypisch wie folgt beschreiben:

– Beim "guten mathematischen Denker" ist sein mathematisches Wissen (in den Bereichen, in denen er erfolgreich ist) sowohl intern, aber darüber hinaus auch mit seinem *individuellen Alltagswissen* vielfältig verknüpft. Mit vielen mathematischen Gedankengängen hat er keine Schwierigkeiten, weil er sie zu vertrauten Phänomenen strukturell in Beziehung setzen kann, weil er über erfahrungsgetränkte Bilder, Modelle, Analogien, Metaphern verfügt, die einen Brückenschlag zu dem anstehenden mathematischen Sachverhalt erlauben. Für ihn sind die formale und die referentielle Seite der Mathematik nicht isoliert voneinander, und er ist deshalb in der Lage, auch außermathematische Probleme zu modellieren (in schulmathematischer Alltagssprache: "Ansätze zu finden").

– Beim "schwachen mathematischen Denker" gibt es kaum Verknüpfungen zwischen seinem schulmathematischen und seinem Alltagswissen. Da er sich die von ihm mehr schlecht als recht "beherrschte" Mathematik lediglich als formale und rezepthaft zu handhabende Technik angeeignet hat, profitiert er auch nicht von ihrer referentiellen Bedeutung. Er assoziiert mit ihr keine brauchbaren Bilder, Modelle und Analogien, sie bleibt für ihn, da sie nicht mit lebendigen Erfahrungen verknüpft ist, gewissermaßen tot. Sein schulmathematisches Wissen ist deshalb intern ebenfalls viel schwächer vernetzt. Es zerfällt in getrennte Erfahrungsbereiche, deren Verbindungen bestenfalls auf den im Unterricht explizit hervorgehobenen Zusammenhängen beruhen. So bildet das schulmathematische Wissen des "schwachen mathematischen Denkers" kein Netz, sondern eine fragile lineare Struktur, die zusammenbricht, wenn einzelne Verbindungen durch längeren Nichtgebrauch und Vergessen verloren gehen. Die Abgespaltenheit dieses brüchigen Wissens von der übrigen Erfahrungswelt wird als unzureichendes Verstehen, fehlender Sinn und als Kluft zwischen dem "normalen" und dem im Mathematikunterricht verlangten Denken erlebt.

Vereinfachend bleibt diese Unterscheidung in zweierlei Hinsicht: Zum einen ist das weite Feld zwischen dem "guten" und dem "schwachen mathematischen Denker" durch Schüler mit den unterschiedlichsten Lernstärken und -schwächen besiedelt, denen keine der beiden idealtypischen Charakterisierungen gerecht wird. Zweitens sind die Zuordnungen natürlich relativ; wer als guter mathematischer Denker angesehen wird, hängt in hohem Maße vom Unterricht, von den mathematischen Anforderungen und vom sozialen Umfeld ab. Mancher Hauptschüler, der als "guter mathematischer Denker" auf das Gymnasium wechselt, stellt zu seinem Leidwesen fest, daß er im neuen Klassenverband vielleicht nur noch zum unteren Mittelfeld zählt. Und mancher mathematisch "Begabte", der sich entschließt, Mathematik zu studieren, macht an der Universität vergleichbare Erfahrungen.[165]

*Zwischenbilanz*

Die Sprechweise vom "mathematischen Denken" ist oft mit der Vorstellung verbunden, es handele sich dabei um einen prinzipiell anderen Modus des Denkens als den, der in anderen Sachzusammenhängen üblich ist. Empirisch besser gestützt ist die Vorstellung, daß das, was man umgangssprachlich – und vielfach auch in der mathematischen Fachdidaktik – als Fähigkeit zum "mathematischen Denken" bezeichnet, auf einer dichteren Vernetzung mathematischer Wissenselemente untereinander sowie mit nicht-mathematischem Wissen beruht. Eine gewisse Disposition, solche Verknüpfungen leicht, schnell und flexibel herstellen zu können, scheint angeboren zu sein. Die Entfaltung der entsprechenden Fähigkeiten zum Denken ergibt sich beim einzelnen Lerner als Wechselwirkung dieser Disposition mit der allgemeinen Denksozialisation, genauer: mit den Anlässen und Anreizen, die die schulische und außerschulische Umgebung zum Denken bietet, mit den Vorbildern, an denen man sich beim Denken orientieren kann, mit den Möglichkeiten, im eigenen Denken auf eine Weise aktiv zu werden, daß dabei Sinn erlebt werden kann. Will der Mathematikunterricht einen Beitrag zur Schulung des Denkens leisten, kann er das nur über eine entsprechende Denksozialisation. Er wird sich u. a. darum zu bemühen haben, mathematisches Wissen nicht vom Alltagswissen zu isolieren, sondern im Gegenteil immer wieder Anlässe zur Verknüpfung wahrzunehmen.

Wenn ich im weiteren Verlauf dieser Arbeit vom "mathematischen Denken" oder von der "Förderung mathematischen Denkens" spreche, geschieht das auf dem Hintergrund der vorangegangenen Explikation. "Mathematisches Denken" steht also – etwas vereinfachend – als Kürzel für "adäquater denkender Umgang mit mathematischen Sachverhalten", unter Einbeziehung ihres referentiellen Charakters.

Damit ist aber im Streit zwischen der *Differenz-* und der *Kontinuitätsannahme* eindeutig zugunsten der letzteren Stellung zu beziehen: Mathematisches Denken setzt nicht ein "Umschalten" vom üblichen Denken voraus oder gar sein "Ausschalten"; sondern es steht für einen *systematischeren Gebrauch* des üblichen Denkens und für seine Ausweitung auf neue, mit dem Alltagswissen vielfältig vernetzte Wissensbereiche – den Wissenskorpus der Mathematik – sowie für eine effektive Nutzung der in diesen neuen Wissensbereichen bereitgestellten Denkwerkzeuge. Die metaphorisch formulierte Forderung, die ich diesem Unterkapitel als leitende These vorangestellt habe – Schüler sollten im allgemeinbildenden Mathematikunterricht erfahren, daß und wie sich Mathematik als "Verstärker" ihres Alltagsdenkens einsetzen lasse –, gewinnt damit eine sehr viel präzisere Bedeutung.

### *Mögliche Einwände: Ein fiktiver Dialog*

Wenngleich das bis hierher entworfene – und vereinfachend in der *Kontinuitätsannahme* skizzierte – Bild vom Zusammenhang des mathematischen mit dem alltäglichen Denken viel eher mit den gegenwärtigen kognitiv-psychologischen Mainstream-Theorien kompatibel ist als die *Differenzannahme*, so läßt sich dennoch nicht behaupten, es sei empirisch zweifelsfrei bestätigt. Wie schon erwähnt, hängt das damit zusammen, daß es sich bei den beiden konträren Annahmen nicht um empirische Hypothesen im strengen Sinne handelt, sondern eher um "Meta-Hypothesen", um Interpretationsprinzipien mit empirischem Gehalt. Ich möchte mich deshalb abschließend mit einigen potentiellen Gegenargumenten auseinandersetzen, die man, jetzt weniger aus streng erfahrungswissenschaftlicher Sicht als unter Berufung auf allgemein zugängliche Alltagsbeobachtungen, gegen die Kontinuitätsannahme ins Feld führen könnte. Ich gestalte diese Auseinandersetzung als einen Dialog, in dem P (der Proponent) ein Verfechter der Kontinuitätsannahme ist und O (der Opponent) sie anzweifelt. Stellen wir uns vor, P habe den bisherigen Inhalt des Unterkapitels 4.4 für O vorgetragen.

O: Hält man Ihre Charakterisierung des herkömmlichen Unterrichts und Ihre Beschreibung des mathematischen Denkens nebeneinander, fragt man sich fast, wieso es überhaupt Menschen gibt, die mathematisch denken können. Offensichtlich bringt doch ein traditionell fachorientierter Mathematikunterricht, in dem auf die Verknüpfung von Mathematik und Alltagswissen kein besonderer Wert gelegt wird, Schüler hervor, die "mathematisch denken" können.

P: Mir scheint das kein Widerspruch. Vieles spricht dafür, daß mathematisch begabtere Kinder und Jugendliche in einem Unterricht, der ein vorwiegend fachorientiertes mathematisches Denken und Sprechen kultiviert, von sich aus Brükken zu ihrem Alltagsdenken bauen. Von schöpferischen Mathematikern ist bekannt, daß sie mit einer Fülle von visuellen Vorstellungen, Metaphern, Analogien operieren, die keineswegs Bestandteil der "offiziellen" Mathematik sind. Auf den Unterricht gewendet: Was der Lehrer nicht ausspricht, konstruieren begabtere Schüler, bewußt oder unbewußt, aus eigenem Antrieb. Die Bahnen, die von einem systematischen Herangehen an Alltagsprobleme zu einer mathematischen Systematik führen, scheinen für solche Schüler in beide Richtungen flüssiger durchlaufbar zu sein.

O: Angenommen, Sie hätten recht. Wie sieht es dann aus mit einem eher schülerorientierten Unterricht, in dem versucht wird, anschaulich zu unterrichten, an Alltagsvorstellungen der Schüler anzuknüpfen und auf diese Weise Verstehen zu fördern. Daß man das alles tun soll, ist ja keine neue fachdidaktische Forderung Und es gibt doch viele Versuche, einen solchen Unterricht zu realisieren. Ist dieser Unterricht denn nun tatsächlich erfolgreicher als der "fachorientierte"? Über den Lernerfolg ihrer Schüler klagen alle! Mein Eindruck ist: Hier steht einfach Ideologie gegen Ideologie, eine traditionell wissenschaftsorientierte Gymnasialdidaktik gegen eine vermeintlich schülerfreundlichere Grund-, Haupt- und Gesamtschuldidaktik. Und so recht funktioniert keine von beiden!

P: Über die didaktisch-methodische Umsetzung eines denkfördernden Mathematikunterrichts habe ich noch gar nichts gesagt. Ich bin in der Tat davon überzeugt, daß es mehr Schüler zu Erfolgen im mathematischen Denken bringen können, wenn es im Unterricht gelingt, sensibler mit den Zwischenstufen zwischen einem entwickelten mathematischen Denken und Vorformen dazu umzugehen.

O: Aber m. E. ist doch zumindest eines offensichtlich: daß im Schnitt die "fachorientiert" unterrichteten Gymnasiasten die besseren Lernergebnisse verzeichnen!

P: Was den Lernerfolg angeht, dürfen Sie erstens nur Schüler mit ähnlichen Voraussetzungen vergleichen, also beispielsweise den durchschnittlichen Gymnasiasten, der einen "fachorientierten" Unterricht absolviert, mit dem durchschnittlichen Gymnasiasten, der eher "schülerorientiert" unterrichtet wird, und zwar bei ähnlichem intellektuellen Anspruchsniveau des Unterrichts. Zweitens ist zu beachten, daß Absicht und Realisierung häufig weit auseinanderfallen. Ein schülerorientierter Unterricht erfordert viel mehr Sensibilität für die Schülerunterschiede als ein fachorientierter. Forschungen zur Interaktion im fragend-entwikkelnden Mathematikunterricht haben gezeigt, wie häufig Lehrer ihren eigenen

Absichten zuwider handeln, indem sie ungewollt normierend steuern, mit subtilen Mitteln aus Schülern die Antworten hervorlocken, die sie für den Unterrichtsfortgang zu brauchen glauben, wie sie zusammen mit ihren Schülern zu Opfern einer undurchschauten Interaktionslogik werden.

O: Sie kommen vom Thema ab! Es ging darum, ob das Anknüpfen an das Alltagswissen der Schüler eine notwendige (oder zumindest förderliche) Voraussetzung für das Erlernen mathematischen Denkens ist.

P: Ich war noch nicht fertig. Denn: Gerade das "Anknüpfen an Alltagswissen" verkommt in der Unterrichtspraxis leicht zu einem Ritual, das der "eigentlichen" Mathematik vorgeschaltet wird, in dem lediglich für alle verbindlich gemacht wird, was im vorliegenden Zusammenhang als Alltagswissen zu gelten hat. Aber das Alltagswissen, auf das es hier ankommt, das jeder einzelne Lerner mit dem neuen mathematischen Wissen auf seine persönliche Weise zu verknüpfen hat, ist ja höchst idiosynkratisch. Die entscheidenden Anstöße eines denkfördernden und verstehensorientierten Unterrichts dürften deshalb indirekte sein. Es kommt an auf die rechte Balance zwischen Freiräumen für eigene geistige Aktivität, äußeren Anreizen für sachgemäßes Denken und Handeln und gezielten Hilfen und Ermutigungen für einzelne, wenn Lernprozesse ins Stocken geraten.

O: Erzählen Sie das dem Kollegen, der morgen einer unmotivierten Bande von 30 Pubertierenden beibringen will, was eine Äquivalenzumformung ist!

P: Wenn für ihn das wichtigste Ziel ist, diesen Begriff formal sauber einzuführen, hat er schon verloren. Aber ich kann anderen nicht ihre Ziele vorschreiben!

O: Lassen wir die Ideologien auf sich beruhen. Ich möchte lieber einer weiteren für mich offensichtlichen Unstimmigkeit in Ihrem Konzept nachgehen. Sie haben sinngemäß behauptet, daß die Differenzannahme zur Hintergrundtheorie des herkömmlichen gymnasialen Mathematikunterrichts gehöre und mit seiner Fachorientierung kompatibel sei. Andererseits behaupten Sie, daß bei mathematisch begabten Personen ihr mathematisches und ihr alltägliches Denken besser integriert sei, ja, daß darin gerade ein wichtiger Grund für ihre mathematische Überlegenheit liege. Und daß eine Kluft zwischen ihrem mathematischen und ihrem alltäglichen Denken eher von den schwachen mathematischen Denkern empfunden werde. Nun frage ich Sie: Wollen Sie den gymnasialen Mathematiklehrern unterstellen, sie seien eher unbegabt? Oder gar, sie wüßten selbst nicht, wie ihr mathematisches Denken funktioniert?

P: Lachen Sie nicht: das Zweite. Die Annahme, daß für mathematisch begabtere Personen die besagte Kluft nicht besteht, impliziert keineswegs, daß das ihrer bewußten Selbstwahrnehmung entspricht. "Gute" mathematische Denker haben wenig Anlaß, über die von uns diskutierte Verbindung zwischen mathematischem und alltäglichem Denken zu reflektieren. Die Zusammenhänge werden vermißt, wenn sie fehlen: Erst wenn prinzipielle Verstehensschwierigkeiten auftreten, wenn also auch bei intensivem subjektiven Bemühen um ein mathematisches Problem kein Sinn mehr erfahren wird, wird das subjektiv als eine Abspaltung des mathematischen vom alltäglichen Denken erlebt.

O: Aber was folgt aus Ihrer Theorie für einen fachorientierten Gymnasiallehrer? Warum hängt er der Differenzannahme an, wenn die Kontinuitätsannahme zutrifft? Ich verstehe nicht, was ihn dazu bewegen sollte, die Abspaltung, die Ihrer Meinung nach doch nur von schwachen mathematischen Denkern als solche empfunden wird, zur Basis seiner subjektiven didaktischen Theorie zu machen.

P: Versetzen Sie sich in seine Lage. Er erfährt täglich, daß ein Teil der ihm anvertrauten Kinder und Jugendlichen mit Denkakten, die ihm vertraut und selbstverständlich sind, große Schwierigkeiten hat. Er erlebt des weiteren, daß andere, von ihm als begabt wahrgenommene Schüler, die im Unterricht geforderten Denkschritte schnell nachvollziehen und adaptieren. Diese Erfahrungen deutet er für sich so (und bestätigt damit scheinbar die Differenzannahme): Er selbst und einige "begabte" Schüler nehmen die Fachsprache ernst und lassen sich auf ein "echt mathematisches" Denken ein. Die anderen Schüler klammern sich hingegen an ihre unbrauchbaren Alltagskonzepte und sperren sich gegen ein fachlich solides mathematisches Vorgehen. Wenn es ihnen nicht schlicht an der nötigen Intelligenz fehlt (sie gehören dann eigentlich gar nicht auf das Gymnasium), muß man ihnen die Vorzüge der mathematischen Fachsprache und des mathematischen Denkens immer wieder an fachlich einwandfreien Beispielen demonstrieren. – Soweit die Sicht dieses Lehrertyps. Das ist doch eine in sich stimmige Deutung, die mit meiner Theorie voll kompatibel ist.

O: Sie sehen halt die ganze Welt durch die Brille Ihrer Theorie! Eine kompatible Deutung beweist gar nichts!

Ich breche den fiktiven Dialog ab und überlasse dem Leser die Urteilsbildung.

*Zusammenfassung*

Die Zusammenfassung bezieht sich auf den bisherigen Teil des Unterkapitels 4.4, also den Gesamtkomplex der Überlegungen zum Verstehen, zur Abstraktion und zum Verhältnis von mathematischem und alltäglichem Denken.

Personen mit häufigen Mißerfolgen beim Lernen und Anwenden von Mathematik empfinden zwischen ihrem Alltagsdenken und dem von ihnen geforderten mathematischen Denken oft eine Kluft. Sie machen subjektiv die Erfahrung, daß sie mit dem Denken, das sie aus ihrem Alltagsleben und aus nichtmathematischen Sachgebieten gewohnt sind, bei mathematischen Aufgaben nicht zu Rande kommen. Bestärkt werden sie in der Wahrnehmung einer solchen Kluft noch, wenn sie von mathematisch überlegenen Personen (z. B. Lehrern) zu hören bekommen, daß man in der Mathematik anders denken müsse.

Neuere Theorien vom menschlichen Lernen und Verstehen sowie empirische Befunde der letzten Jahrzehnte sprechen dagegen, daß die Mathematik eine qualitativ andere Art des Denkens erfordere. Die kognitiven Operationen, die für das entwickelte Alltagsdenken charakteristisch sind, finden sich im Prinzip auch in der Mathematik. Unterschiedlich sind allerdings die Begriffe, auf die sich das Denken in der Mathematik bezieht, und ihre Vernetzung untereinander. Mathematik stellt in gewisser Hinsicht eine andere Sprache dar, die nicht nur einer anderen Grammatik gehorcht als die natürlichen Sprachen, sondern deren Begriffe großenteils auf eine andere Art abstrakt sind.

Da die Mathematik nicht nur ein formales System mit einer anderen "Grammatik" ist, sondern auch ein referentielles, gibt es eine Fülle von Verbindungen zwischen ihr und den Gegenständen und Situationen, auf die sich das Alltagsdenken bezieht. Verstehen von Mathematik kann sich nur ereignen, wenn diese Verbindungen – die für die "außermathematische Bedeutung" der entsprechenden mathematischen Begriffe, Operationen, Gesetze usw. stehen – mitgelernt werden können. Bleiben diese Verbindungen im Kopf des Lernenden unterrepräsentiert, werden auch die kognitiven Strukturen in Mitleidenschaft gezogen, die für die innermathematische Vernetzung der zu lernenden Mathematik stehen. Die nur oberflächlich und einseitig begriffenen mathematischen Fragmente bleiben isoliert voneinander und können nicht mehr als sinnvoll erlebt werden: Verstehen bleibt aus.

Das Besondere der Mathematik, das sie als "Verstärker" des Alltagsdenkens geeignet macht, läßt sich von Lernenden nur erkennen und nutzen, wenn sie hinreichend verstanden ist. In einem verstehensorientierten Mathematikunterricht ist dafür Sorge zu tragen, daß die Schüler zwischen der jeweils thematisierten Mathematik und ihrem vertrauten Vorwissen, ihren tiefverwurzelten Alltagsvorstellungen Brücken schlagen können.

Die folgenden Abschnitte beziehen sich deutlicher als die vorangehenden auf die unterrichtliche Umsetzung der bislang herausgearbeiteten Einsichten: Wie kann Unterricht gestaltet werden, um die Chance des Verstehens von Mathematik zu vergrößern? Wie kann dem Auseinanderfallen von mathematischer und alltäglicher Vernunft entgegengewirkt werden? Und schließlich: Auf welche Weise kann der Mathematikunterricht zum *kritischen* Vernunftgebrauch anleiten?

### 4.4.5 Wagenscheins verstehensorientierter Mathematikunterricht: Genetisches und sokratisches Lehren neu betrachtet

Den Bemühungen von Martin Wagenschein um einen verstehensorientierten Mathematik- und Physikunterricht ist im deutschen Sprachraum ein besonderer Rang zuzusprechen. Wenngleich sein Ansatz heute schon als historisch zu bezeichnen ist und manche seiner Überlegungen einer Relativierung, Ergänzung und Neubewertung bedürfen, scheinen bei ihm doch viele Erkenntnisse zum Lernen, die erst in den vergangenen zwei Jahrzehnten eine breitere theoretische und empirische Grundlage erhalten haben, intuitiv vorweggenommen. Das in den letzten Jahren neu entflammte Interesse an Wagenscheins Ideen läßt eine Auseinandersetzung mit seinem didaktischen Konzept auch aus aktuellem Anlaß für geboten erscheinen.[166]

Zentral für Wagenscheins Denken ist seine Forderung nach dem "Vorrang des Verstehens" (1974).[167] Er betont, daß es ihm nicht um das Verstehen geht, "wie etwas gemacht wird", also um das Beherrschen von (mentalen) Fertigkeiten, Algorithmen, technischen Prozeduren, sondern um Verstehen im Sinne von "Selber einsehen, 'wie es kommt'" (1975, S. 100). Als zentrale didaktische Prinzipien verficht er das genetische, das sokratische und das exemplarische Prinzip. Zwar ist er nicht der erste, der sich für diese Prinzipien einsetzt (vgl. Schubring 1978). Doch werden sie durch Wagenschein besonders eindringlich ausgedeutet und anhand engagiert vorgetragener Unterrichtsbeispiele illustriert. So, wie Wagenschein sich dieser Prinzipien bedient, zielen sie unmittelbarer als viele andere, in der Terminologie "moderner" anmutende – "Problemorientierung",[168] "entdeckendes Lernen",[169] "kommunikatives Lernen" – auf die Freisetzung der kritischen Vernunft der Schüler.

Die Schriften Wagenscheins üben eine eigenartige Faszination aus, der sich viele Fachdidaktiker und Erziehungswissenschaftler nicht entziehen können; gleichzeitig tun sich die offiziöse Fachdidaktik und Erziehungswissenschaft schwer, sie ernst zu nehmen, weil sie, zumindest auf den ersten Blick, eine anachronistische Vorstellung von Didaktik zu vertreten scheinen. Wagenscheins didaktische Überlegungen stellen weder eine Didaktik im üblichen Sinne dar – einen theoretischen Entwurf, wie Unterricht generell anzulegen wäre –, noch ein umfassendes Konzept für einen allgemeinbildenden Fachunterricht. Im Zweifelsfall hat er immer eher vom Beispiel her argumentiert als aus einem theoretischen Zusammenhang heraus – und damit übertrug er, was er für den mathematisch-naturwissenschaftlichen Unterricht forderte, auf seine pädagogisch-didaktische Argumentation. Die Auseinandersetzung mit seinen Überlegungen dient mir dazu, das eigene Konzept eines allgemeinbildenden Mathematikunterrichts in einem zentralen Punkt – *Verstehen ermöglichen und zum kritischen Denken anleiten* – schärfer zu konturieren.

Den Ansatz Wagenscheins einer Gesamtwürdigung zu unterziehen, würde den gegebenen Rahmen sprengen.[170] Ich beschränke mich – da das exemplarische Prinzip eher die Stoffauswahl strukturiert, als daß es im engeren Sinne auf Verstehen und vernünftiges Denken gerichtet wäre[171] – auf eine Nachzeichnung und Befragung der Grundideen des genetischen und des sokratischen Lehrens.

### *Genetisches Lehren*

Die Grundidee des genetischen Lehrens ist: Theoretisches Wissen sollte nicht "fertig" gelehrt werden, ohne Bezug auf eine lösungsbedürftige Frage oder ein lösungsbedürftiges Problem, auf das es "antwortet"; für den Lernenden sollte die Entstehung des theoretischen, begrifflich abstrahierenden Wissens aus einer zunächst noch ungelösten, aber für ihn plausiblen Frage deutlich werden.[172] Wagenschein hebt hervor (ich komprimiere seine Überlegungen in meinen Worten): Viel theoretisches Wissen wurzelt in Alltagsphänomenen, die für jeden offen liegen, der sich wach in seiner Welt umsieht, in Phänomenen, über die man sich umgangssprachlich verständigen kann und die Fragwürdiges, Erstaunliches, scheinbar Widersprüchliches in sich bergen. Theoretisches, begriffliches Wissen erwächst aus dem Befragen solcher Phänomene, aus dem Hinterfragen des scheinbar schon Gewußten, der gängigen "Vor"-Urteile: Wieso kann man sich sicher sein – um nur zwei Beispiele zu nennen –, daß die Erde tatsächlich rotiert, oder daß man nach sechsmaligem Abtragen des Radius auf dem Kreisumfang wieder exakt auf dem Ausgangspunkt landet? Durch solches Fragen und Hinterfragen stellt sich das Ausgangsphänomen oft in einer neuen Perspektive dar. Es ergeben sich Vermutungen, die sich als falsch erweisen können, und in einem windungsreichen, notwendig auch Irrtümer einschließenden Lernprozeß schälen sich neue Einsichten heraus, die wir nicht glauben müssen, weil Autoritäten behaupten, es sei so, sondern weil uns das eigene Nachdenken, Prüfen, Handeln, Darüber-Reden, erneute In-Frage-Stellen von der Richtigkeit dieser Einsichten überzeugt hat. Durch das mühevolle, bisweilen zeitraubende Überwinden naheliegender Vorurteile schärft sich unser Blick für das Wesentliche, werden die gewonnenen Einsichten zum unverlierbaren geistigen Besitz.

Genetischer Unterricht bemüht sich, das Wissen, wie etwas ist, auf die Einsicht zu gründen, warum es so ist und nicht anders; seine "Methode" besteht darin, den Entstehungszusammenhang dieses Wissens für die Schüler erfahrbar zu machen. In fast dichterisch anmutender pädagogischer Prosa beschreibt das Heinrich Roth so: "Alle methodische Kunst liegt darin beschlossen, tote Sachverhalte in lebendige Handlungen zurückzuverwandeln, aus denen sie entsprungen sind: Gegenstände in Erfindungen und Entdeckungen, Werke in Schöpfungen, Pläne in Sorgen, Verträge in Beschlüsse, Lösungen in Aufgaben, Phänomene in Urphänomene."[173]

Nicht alles, was wissenswert ist, läßt sich auf die von Wagenschein und anderen Befürwortern des genetischen Unterrichts bevorzugte Weise an Phänomene und Probleme rückkoppeln, so daß Schülern durch eigene Bemühung, eigenen geistigen Nachvollzug, durch kritische Untersuchung und vernünftige Betrachtung dieser Phänomene und Probleme Verstehen zuwächst. Die Wagenscheinschen Beispiele – es ist nicht von ungefähr eine begrenzte, wenngleich sicher (auch im Hinblick auf andere Fächer) deutlich vergrößerbare Anzahl – stellen Glücksfälle dar, die selbst exemplarisch zu nennen sind: für die Möglichkeit weitgehenden, häufig überraschenden Verstehens anstelle oberflächlichen Übernehmens. Ihre unterrichtliche Realisation verlangt zweifelsohne vom Lehrer didaktische Kunst.

Genetisches Lehren im Sinne Wagenscheins ist sicher nicht der einzige Weg, Schüler zu einer "verstehenden" Teilhabe am Unterricht anzuleiten. Aber diese Einschränkung spricht nicht gegen das genetische Lehren, sondern hilft, seinen Stellenwert genauer zu bestimmen und es vor überzogenen Erwartungen zu schützen.

*Sokratisches Lehren*

Die Grundidee des sokratischen Lehrens läßt sich in folgenden Maximen einfangen: Nimm deinen Gesprächspartner ernst als jemanden, der des selbständigen Denkens und des kritischen Vernunftgebrauchs fähig ist; mach von deiner Erfahrung und deinem eventuell überlegenen Wissen nicht als Autorität Gebrauch, belehre deinen Gesprächspartner nicht, überrede ihn nicht, sondern gib ihm Anstöße – vornehmlich durch Fragen –, sich der Gründe für seine eigenen Urteile bewußt zu werden.

Gegenstand sokratischen Lehrens können somit keine Fakten sein, kein empirisches Wissen im weitesten Sinne. Und sokratisches Lehren konstituiert eine *pädagogische* Situation, weil die Gesprächspartner als solche zwar gleichberechtigt, aber nicht in gleichem Maße kundig sind. Das unterscheidet das sokratische Lehrgespräch vom "rationalen Diskurs" (Alexy 1978), vom "herrschaftsfreien Diskurs" (Habermas) und von anderen Verfahren rationaler Kommunikation, die auf einen Konsens zwischen idealiter in jeder Hinsicht gleichberechtigten Personen abzielen.

Beinhaltet die Idee des genetischen Lehrens in erster Linie, wie die Begegnung der Schüler mit den zu vermittelnden Inhalten zu "verstehender" Aneignung führen kann, so enthält die Idee des sokratischen Lehrens eine Idealvorstellung von der im Gespräch herzustellenden Beziehung zwischen dem Lehrer als dem schon "Wissenden" und den Schülern als den "Noch-Nicht-Wissenden". In ihr steht also nicht die Beziehung "Schüler-Sache", sondern die Beziehung "Lehrer-Schüler" im Vordergrund, im weitesten Sinne somit die soziale Dimension des Unterrichts. Das Ziel, Verstehen zu ermöglichen, verbindet das genetische mit dem sokratischen Lehren.

Die Idee des sokratischen Lehrens ist immer wieder Mißverständnissen ausgesetzt. Die überlieferten Platonischen Dialoge des Sokrates mit seinen Zeitgenossen können durchaus nicht in jeder Hinsicht als Muster eines "sokratischen" Unterrichtsgesprächs gelten. Gerade der für die Mathematikdidaktik interessanteste, der Menon-Dialog (in dem Sokrates einen Sklaven "selbst entdecken" läßt, daß sich zu einem gegebenen Quadrat ein neues mit doppelter Fläche konstruieren läßt, indem man eine Diagonale des Ausgangsquadrats zur Seite des neuen macht), läßt sich in vielerlei Hinsicht kritisieren: Sokrates legt seinem Schüler Antworten in den Mund, drängt ihn so in die Enge, daß er eine andere als die von Sokrates erhoffte Antwort gar nicht mehr geben kann (Struve/Voigt 1988; Bodenheimer 1984, S. 25ff). Kurz: die originalen sokratischen Dialoge lassen viele der Verengungen und Bevormundungen erkennen, die für den "fragend-entwickelnden" Unterricht, wie er tagtäglich an unseren Schulen stattfindet, so typisch sind (vgl. Bauersfeld 1978, Voigt 1984a/b, Bauersfeld u. a. 1988).

Über der berechtigten Kritik an den Verkürzungen, die sich in der kommunikativen Oberflächenstruktur der Platon-Dialoge aufweisen lassen, wird häufig vergessen, gegen welche Unterrichtspraktiken sich die Idee des sokratischen Lehrens richtet: gegen die Einweg-Kommunikation, die einseitige Belehrung, die das "fertige" Wissen des Lehrenden dem Schüler "eintrichtert"; gegen die Praxis, dem Schüler auch das vorzukauen, auf das er durch gelinde Bemühung seines eigenen Denkvermögens selber kommen könnte; gegen die Entmündigung, die darin liegt, ernstgemeinte Gedankengänge von Schülern, wenn sie zu anderen Ergebnissen führen als die offiziell geltende Lehrmeinung, nicht im Gespräch zu prüfen, sondern als falsch zu klassifizieren. Pointiert: Alle Spielarten eines "fragend-entwickelnden" Unterrichts, in denen Lehrer versuchen, aus Schülern herauszulocken, was man ihnen einfach sagen könnte, in denen nur die äußeren Merkmale des "Nicht-Belehrens" verwirklicht werden, in denen Schüler auf subtile Weise durch suggestive Fragen dahin gedrängelt werden, wo der Lehrer sie hinhaben will – all diese unterrichtlichen Spielarten haben mit der Idee des sokratischen Lehrens so viel gemeinsam wie ein auf eine Betonwand aufgemaltes Fenster mit einem wirklichen Fenster.

Wie schon für das genetische Prinzip beschrieben, setzt auch ein sinnvoller Einsatz der sokratischen Methode didaktische Kompetenz, Erfahrung und pädagogisches Einfühlungsvermögen voraus. Es obliegt im Einzelfall dem Lehrer, die angemessene Entscheidung zu treffen: Wann ist es angebracht, Schüler über empirische Fakten oder gängige Konventionen schlicht zu informieren, wann hingegen sollte man sich Antworten auf eine anstehende Frage durch das gemeinsame Erwägen von Gründen nähern? Wann ist es wichtiger, auf äußere Disziplin oder ein striktes Vorangehen in der Sache zu drängen, und wann läßt die Situation in einer Klasse es zu, daß man ein Gespräch unter quasi Gleichberechtigten wagen kann?

Daß ein sokratisches Gespräch, wenn es gelingt, die kritische Vernunft der Schüler stärker hervorlockt und freisetzt als viele andere Unterrichtsformen, daß mit ihm, wenn überhaupt "Unterricht" sein soll, die (angestrebte oder unterstellte) Mündigkeit der Schüler besser respektiert wird als durch belehrende, gängelnde, nur informierende oder von oben herab "aufklärende" Maßnahmen, versteht sich nach allem zuvor Gesagten von selbst.

*Bewertung*

Daß von der generellen Zielsetzung her eine hohe Kompatibilität von Wagenscheins Vorstellungen mit dem hier zugrunde gelegten Allgemeinbildungskonzept besteht, insbesondere mit der als "Anleitung zum kritischen Vernunftgebrauch" gekennzeichneten Aufgabe, bedarf keiner ausführlichen Begründung. Viele der in Abschnitt 3.4.5 referierten kognitionspsychologischen Befunde zum Denkenlernen sowie der in den vorangehenden Abschnitten herausgearbeiteten Folgerungen für den Mathematikunterricht finden sich bei Wagenschein wieder, wenn nicht explizit, so zumindest implizit. Ich liste die wichtigsten Übereinstimmungen stichwortartig auf:

- Dem Verstehen des jeweils anstehenden Stoffes ist Vorrang vor seiner technischen Bewältigung zu geben: Obschon Wagenschein seinen Verstehensbegriff nicht expliziert, läßt sich doch seinen Beispielen entnehmen, daß ihm die in Abschnitt 4.4.2 herausgearbeiteten Dimensionen (Erlebnis-, Gegenstands- und Sozialdimension) inhärent sind.
- In Wagenscheins Konzeption des sokratischen Lehrens wird dem sozialen Austausch, der wechselseitigen Vergewisserung über die zu verstehenden Phänomene oder Sachverhalte entscheidende Bedeutung zugeschrieben; neben dem Bemühen um rationale Argumentation soll Raum sein für Vermutungen, für subjektive Interpretationen und Zweifel sowie für die soziale Bewertung all dieser Aktivitäten: Damit wird (zumindest ein Stück weit) der Bedeutung der sozialen Umgebung für das Denkenlernen Rechnung getragen.
- Unterrichtlichen Fragestellungen sollen aus Phänomenen oder Vorstellungen entwickelt werden, die im Alltagswissen der Schüler verwurzelt bzw. ihrem All-

tagsdenken zugänglich sind: Wagenscheins Ansatz erweist sich hier als verträglich mit der Kontinuitätsannahme aus dem vorangehenden Abschnitt. Und damit zusammenhängend: Wagenscheins Konzept stützt sich auf die Annahme, daß dem Argumentieren in der Umgangssprache für die Initiierung von Verstehensprozessen gegenüber dem frühzeitigen Gebrauch der Fachsprache der Vorzug zu geben ist: "Die Muttersprache ist die Sprache des Verstehens, die Fachsprache besiegelt es, als Sprache des Verstandenen" (Wagenschein 1980, S. 137).
- Schließlich ist Wagenscheins Unterrichtsbeispielen zu entnehmen, wie weitgehend bei ihm – durch die ständige Ermutigung der Schüler zum eigenen Denken anhand konkreter Phänomene und Inhalte – die so wichtige Verbindung kognitiver Fähigkeiten mit der Motivation, von ihnen Gebrauch zu machen (vgl. Abschnitt 3.4.5), berücksichtigt wird.

Diesen Übereinstimmungen, in denen sich Wagenscheins Aktualität spiegelt, stehen einige Merkmale gegenüber, die – aus der Perspektive des hier vertretenen Allgemeinbildungskonzepts und vor dem Hintergrund neuerer Forschungen – die Ergänzungsbedürftigkeit seiner Überlegungen signalisieren:

- Stofflich beschränken sich Wagenscheins mathematikbezogene Beispiele auf wenige Gebiete der "reinen" Mathematik: Euklidische Geometrie und elementare Zahlentheorie (diese Begrenzung trifft auch auf Wittenberg zu); Möglichkeiten, mittels anwendungsorientierter Mathematik an Alltagserfahrungen anzuknüpfen und das Nachentdecken von Mathematik durch das Neuerfinden von Modellierungen praktischer Probleme zu ergänzen, werden nicht diskutiert.
- Wagenscheins Beispiele zeigen, daß er insgesamt eher an einem gymnasialen Level mathematischen Verständnisses orientiert ist (auch das gilt, sogar noch deutlicher, für Wittenberg).
- Der informellen Ebene des Unterrichts, dem impliziten Lernen und den indirekten Auswirkungen unterrichtlicher Sozialisation wird keine ausdrückliche Beachtung geschenkt; Wagenscheins Aufmerksamkeit gilt der Ebene bewußten didaktisch-methodischen Handelns.[174]
- Auch Wagenschein neigt zu der (in der älteren Didaktik häufig anzutreffenden) Gleichsetzung der Erkenntnisfortschritte der Klasse als ganzer – als einem dem Lehrer gegenüberstehendes Kollektiv, mit dem er im Unterrichtsgespräch kommuniziert – mit den Erkenntisfortschritten ihrer einzelnen Mitglieder.[175] Was in einer kleinen Gruppe eventuell noch annähernd realisiert werden kann, daß nämlich alle Schüler auf jeder Stufe des Verständnisses bzw. des Problemlösens vergleichbare Chancen haben, sich zu äußern, läßt sich bei den üblichen Klassenstärken unseres allgemeinbildenden Schulsystems kaum realisieren.

Wagenschein selbst hat zugestanden, daß ein genetischer Unterricht der Ergänzung bedürfe durch Phasen eines eher informierenden, systematische Übersichten bereitstellenden Unterrichts. Solche Phasen solle man sich als Brücken ("luftigere Bögen") denken zwischen "Pfeilern" (auch: "Inseln", "Plattformen"), in denen durch eine intensive Auseinandersetzung mit exemplarisch behandelten Themen um ein vertieftes Verständnis gerungen werde (Wagenschein 1975, S. 10f).

Etwas nüchterner läßt sich für das sokratische und das genetische Lehren festhalten: Sie lassen sich im Schulalltag selten in idealer Form realisieren. Bei vielen Inhalten und in vielen Situationen wäre das auch gar nicht anstrebenswert. Die Ideen des sokratischen bzw. des genetischen Lehrens repräsentieren in erster Linie Orientierungswissen, erst in zweiter Verfügungswissen:[176] Versuche, sie in didaktisch-methodische Handlungsrezepte umzusetzen, durch die "Verstehen" garantiert werden könnte, unterliegen der Gefahr, das Gemeinte zu verfehlen.

Unter Beachtung dieser Einschränkungen läßt sich resümieren: Ein Mathematikunterricht, in dem auf selbständiges Denken – und mithin auf einen verstehenden Umgang mit Mathematik – Wert gelegt wird, kann ohne Elemente genetischen und sokratischen Lehrens im Sinne Wagenscheins, angepaßt selbstverständlich an die jeweiligen personalen und curricularen Gegebenheiten, nicht auskommen.

### 4.4.6 Denkenlernen, kritischer Vernunftgebrauch und Unterrichtsinhalte

Zwei Gesichtspunkte, die bisher eher beiläufig anklangen, möchte ich abschließend systematischer behandeln. Ich formuliere als Leitfragen:

- Welche *Anforderungen* sind in einem Mathematikunterricht, in dem die Entwicklung der Denkfähigkeit und der kritischen Vernunft ein besonderes Anliegen ist, *an die Inhalte* zu stellen?
- Welche *Anforderungen* sind in einem solchen Mathematikunterricht *an den Umgang mit den Inhalten* zu stellen?

Um die erste Frage geht es im vorliegenden Abschnitt. Die zweite wird im darauffolgenden zwar noch nicht detailliert untersucht, zumindest aber in ihren systematischen Bezügen andiskutiert werden.

Daß Denken an Inhalten gelernt wird, genauer noch, daß die Entwicklung von Denkfähigkeit und Denkfertigkeiten ohne Bindung an bestimmte Inhalte nicht möglich ist, wurde schon mehrfach hervorgehoben. Mathematisches Denken – als adäquater denkender Umgang mit mathematischen Sachverhalten – läßt sich zwar im Prinzip anhand sehr unterschiedlicher mathematischer Inhalte lernen. Aber das Ergebnis wird, je nach der Eigenart dieser Inhalte und ihrer Verknüpfungsmöglichkeit mit anderen, inner- und außermathematischen Inhalten, ebenfalls ein unterschiedliches sein: Es wird dem Lerner unterschiedliche Anwendungsmöglichkeiten, unterschiedliche Chancen für Transfer bieten, und es wird deshalb unterschiedlich wertvoll für ihn sein. Inhalte und die an ihnen erworbenen formalen Qualifikationen bleiben mehr oder weniger eng miteinander verbunden. Deshalb ist die vorangestellte Leitfrage ausgesprochen bedeutsam. Eine befriedigende Antwort kann nur gefunden werden, wenn auch auf die anderen Aufgaben des zugrunde gelegten Allgemeinbildungskonzepts zurückgegriffen wird.

Ich diskutiere der Reihe nach drei Thesen, mit deren Hilfe sich eine (natürlich nur recht grobe) Stufung von Inhalten vornehmen läßt, anhand derer mathematisches Denken (im explizierten Verständnis) gelernt werden kann:

*These 1: Mathematisch denken* lernen läßt sich an *jedem* mathematischen Inhalt, sofern es gelingt, ihn so zu unterrichten, daß er verstanden wird.

*These 2:* Unter den insoweit in Frage kommenden Inhalten gibt es solche, die für die Förderung der *allgemeinen* Denkfähigkeit mehr versprechen als andere.

*These 3:* Und unter diesen Inhalten gibt es solche, die nicht nur der allgemeinen Denkschulung dienen, sondern darüber hinaus in spezifischem Sinne Anlässe und Anreize für *kritisches* Denken bieten.

*Zu These 1: Inhalte für einen Mathematikunterricht, der Verstehen ermöglicht*

These 1 ist eine Konsequenz aus den Überlegungen in den Abschnitten 4.4.2 bis 4.4.5: Unverstandene, nur oberflächlich als Technik oder als hersagbar memoriertes Wissen angeeignete Mathematik bietet für verständiges Denken in und mit ihr keine Basis. Damit scheint der Kreis der Inhalte, der gemäß dieses Kriteriums in Frage kommt, zunächst sehr weit gezogen. Doch die Rahmenbedingungen sind im Auge zu behalten: Es geht ja um Inhalte für einen allgemeinbildenden Mathematikunterricht, und deshalb steckt in These 1 implizit die Forderung: Die Inhalte müssen sich unter den Bedingungen des schulischen Alltags so unterrichten lassen, daß sie von der überwiegenden Mehrheit der jeweiligen Lerngruppe verstanden werden können. Oder als Ausschlußkriterium formuliert: Inhalte, die sich unter Alltagsbedingungen nicht so unterrichten lassen, daß sie von der Mehrzahl der Schüler verstanden werden, sind für einen denkfördernden Mathematikunterricht ungeeignet.

Nun läßt sich dieses Kriterium leider (vielleicht auch glücklicherweise) nicht zum gleichsam mechanischen Sortieren mathematischer Inhalte nach Geeignetheit oder Ungeeignetheit verwenden. Da das Verstehen eines neuen mathematischen Sachverhalts davon abhängt, welche Inhalte schon vorher verstanden wurden und in welchem Maße sie flüssig verfügbar und untereinander vernetzt sind, erweist sich die Entscheidung, ob das in These 1 enthaltene Kriterium auf einen bestimmten Inhalt zutrifft oder nicht, als abhängig vom Gesamtcurriculum. Und auf eine weitere wichtige Nebenbedingung sei hingewiesen: Die Verstehbarkeit eines Inhalts korreliert – ceteris paribus – mit der Zeit, die im Unterricht auf ihn verwendet wird. Als sicher kann deshalb gelten, daß Stofffülle – sie verknappt die Zeit für jeden einzelnen Inhalt – ein hemmender Faktor für einen verstehensorientierten Unterricht ist.

Die Abhängigkeit der Verstehbarkeit eines Inhalts von seiner Stellung im Gesamtcurriculum bedeutet natürlich auch, daß die Beachtung einer innermathematischen Systematik nicht belanglos ist. Verstehbarkeit heißt ja unter anderem: Neues Wissen muß auf der Basis von bereits vorhandenem, vertrautem Wissen interpretierbar sein, muß mit ihm vernetzt werden können. Wichtige Begriffe können oft nicht verstanden werden, wenn nicht zuvor ein Grundverständnis von anderen, logisch vorgeordneten und in sich weniger komplexen Begriffen gewonnen wurde.

Wer – beispielsweise – nicht verstanden hat, was man mit natürlichen Zahlen außer Zählen machen kann, wie man damit rechnet, wird keine Chance haben zu verstehen, was Brüche bedeuten und wie man damit rechnen kann; und er wird erst recht keinen verstehenden Zugang zu Variablen finden. In den gewünschten Vernetzungen werden sich also allemal auch innermathematische Zusammenhänge spiegeln.

Daraus, daß eine Systematik bei der Aneignung mathematischer Begriffe ermöglicht werden sollte, folgt selbstverständlich nicht, daß es die herkömmliche Systematik der Schulmathematik sein muß, und erst recht nicht, daß sie die günstigste oder gar die einzig brauchbare wäre.[177] Die Mathematik ist kein streng hierarchisches System, sondern bietet Anlaß für viele unterschiedliche, jeweils in sich logisch stimmige Ordnungen, schon in überschaubaren Teilbereichen. Und weiter muß eine Ordnung oder Systematik keineswegs von außen vorgegeben sein, sondern sie kann von Schülern, mit Unterstützung durch den Lehrer, selbst *konstruiert* oder als sinnvolle Möglichkeit *entdeckt* werden (je nach erkenntnistheoretischem Standpunkt). Freudenthal (1973, S. 126ff, S. 142) argumentiert für eine solche Vorgehensweise, die er als *lokales Ordnen* bezeichnet. Und die von Wittenberg (1963, S. 68ff) vorgestellte und nach der *Themenkreismethode* entwickelte Unterrichtsreihe zu einem "wiederentdeckenden" Geometrieunterricht stellt ein instruktives Beispiel für ein solches lokales Ordnen dar: für die Gewinnung einer Systematik aus dem Prozeß des stufenweisen verstehenden Erschließens von Mathematik.

Letztlich erweist sich das in These 1 enthaltene Kriterium für die nähere Eingrenzung denkfördernder Inhalte als recht weich, da viele Faktoren eine Rolle spielen, die nicht primär von den Inhalten als solchen abhängen. Die Anwendung des Kriteriums ist nur unter Rückgriff auf empirische Erfahrungen sinnvoll. Immerhin: Die zu Beginn dieses Unterkapitels berichteten Defizite im Umgang mit Mathematik (die ja nur stellvertretend für eine fast beliebig verlängerbare Liste stehen) sprechen dafür, daß viele Inhalte der gegenwärtigen Schulmathematik einer anderen curricularen Einbettung bedürften – was vermutlich ohne erhebliche Umgewichtungen und auch Streichungen in den Lehrplänen nicht zu bewerkstelligen ist.

*Zu These 2: Inhalte für einen Mathematikunterricht, der allgemein Denken schult*

Auch These 2 basiert auf den Überlegungen der Abschnitte 4.4.2 bis 4.4.5: Wenn die Übertragbarkeit der Denkfähig- und -fertigkeiten von den Inhalten abhängt, anhand derer sie im Unterricht entwickelt werden, so müssen die Inhaltsbereiche im Blick darauf ausgewählt werden. Insbesondere folgt daraus: Wenn es um einen Brückenschlag zwischen mathematischem und alltäglichem Denken geht, muß dieser Brückenschlag in der Vernetzung der thematisierten Inhalte bereits angelegt sein. Daher ist eine Mathematik, die sich – von den Schülern aus gesehen – mit ihrem übrigen Leben verbinden läßt, für die Entwicklung einer allgemeinen Denkfähigkeit vielversprechender als solche, die hauptsächlich aus innermathematischen Gründen interessant ist. An dieser Stelle lassen sich alle Argumente erneut anführen, die in den vorangehenden Abschnitten für das Beschreiten der Zwischenstufen zwischen dem Alltagsdenken und dem mathematischen Denken vorgebracht wurden. Das Finden solcher Zwischenstufen ist nun aber nicht bei jedem mathematischen Inhalt auf die gleiche Weise möglich. Denjenigen mathematischen Gebieten, Themen und Darstellungsmitteln, bei denen der referentielle Charakter der Mathematik ohne allzu große Anstrengungen und Winkelzüge deutlich gemacht werden kann, ist im Zweifelsfall der Vorzug zu geben.

Und hier läßt sich zum Zwecke einer weiteren Konkretisierung auf das zugrundegelegte Allgemeinbildungskonzept zurückgreifen. Denn die Feststellung, die Mathematik, die für das Denkenlernen vielversprechender sei, sei eine, die sich mit dem übrigen Leben der Schüler verbinden lasse, läßt sich durch die übrigen sechs Aufgaben der Schule, die in meinem Allgemeinbildungskonzept beschrieben sind, genauer spezifizieren: Jede dieser Aufgaben steht für eine Spielart der Verbindung von inhaltsgebundenen Qualifikationen, Stoff, Unterrichtsinhalten, Kulturgütern etc. auf der einen Seite mit der Lebenswelt der Schüler auf der anderen. Die an die Inhalte (übrigens nicht nur im Mathematikunterricht) heranzutragende Forderung "für die allgemeine Denkschulung vielversprechend" deckt sich über weite Strecken mit der scheinbar viel allgemeineren Forderung "unter allgemeinbildendem Aspekt belangvoll". Explizit folgt daraus: Die in einem denkfördernden Mathematikunterricht behandelten Inhalte sollten – über ihre Verstehbarkeit im Sinne von These 1 hinaus, und soweit es sich mit einer vernünftigen innermathematischen Systematik vereinbaren läßt – mindestens einer der folgenden Bedingungen genügen. Diese Bedingungen können dabei auf einen in Erwägung zu ziehenden Inhalt bzw. Inhaltsbereich in beliebigen Kombinationen oder auch alternativ zutreffen.

Inhalte für einen allgemeinbildenden Mathematikunterricht, in dem nicht primär die Förderung spezieller (ausschließlich in Teilgebieten der Mathematik brauchbarer), sondern allgemeiner Denkfähig- und -fertigkeiten angezielt wird, sollten

- unmittelbar lebensnützlich, d. h. für den privaten und beruflichen Alltag der Mehrheit brauchbar sein (vgl. 4.1); und/oder
- exemplarisch für Mathematik als kulturelle Errungenschaft sein, etwa für eine oder mehrere der zentralen Ideen, die Schnittstellen zwischen der mathematischen und der außermathematischen Kultur bezeichnen (vgl. 4.2); und/oder
- viele Gelegenheiten zu Anwendungen bzw. Modellierungen in außermathematischen Sachzusammenhängen bieten, zumindest aber charakteristische Züge der Wissenschaft Mathematik als Teil unserer Welt aufzeigen (vgl. 4.3).

Und wenn ich hier auf die Unterkapitel 4.5 und 4.6 und die dort zu behandelnden subjektiven und sozialen Momente des Mathematiklernens vorgreifen darf, ist unbedingt zu ergänzen: Zusätzlich sollten sie

- Möglichkeiten zu einem lebendigen Unterricht eröffnen: zu sachlicher Verständigung, kooperativem Arbeiten, praktischem Tun, selbstverantwortlichem Handeln, sinnlichem Erfahren, kreativem Erfinden, spielerischem Problemlösen.

Umgekehrt heißt das: *Für Inhalte, die keiner dieser Bedingungen genügen, ist in einem allgemeinbildenden Mathematik-Curriculum kein Platz.* Der Hinweis, daß man auch an anderen mathematischen Inhalten Denken lernen könne, ist zwar nicht falsch, aber unter der Allgemeinbildungsperspektive irreführend. Die Unterstellung, daß jegliche Beschäftigung mit (irgendwelcher) Mathematik per se bildend und denkfördernd sei, stellt sich gegenüber den herausgearbeiteten Ansprüchen einer mathematischen Bildung *für die Mehrheit* der Kinder und Jugendlichen blind. Sie öffnet dem schon von Whitehead (1913 [1962]) gegeißelten Hang zum fachlichen Spezialismus und zur Esoterik Tor und Tür. Schließlich gibt es genug gute, beziehungsreiche, verstehbar zu unterrichtende Mathematik von unterschiedlichstem intellektuellem Anspruchsniveau, die den aufgeführten Bedingungen genügt. Greift man auf diesen Pool zurück, läßt sich die für das Fach Mathematik verfügbare Unterrichtszeit in allen Schulformen unseres Schulsystems auf sinnvolle Weise nutzen.

Die Umsetzung dieser Überlegungen in handfeste curriculare Vorschläge bedarf vieler Abwägungen, Abstimmungen und Detailüberlegungen, die durch einen einzelnen Autor nicht zu leisten sind. Deshalb deute ich nur einige Tendenzen an, die m. E. zum Ausgangspunkt weiterer Diskussionen zu machen wären: Welche Inhalte sollten, im Blick auf eine "Mathematik für alle", verstärkt behandelt und welche könnten zurückgedrängt werden? Geht man vom gegenwärtigen Standard-Curriculum der Sekundarstufe I und II aus, so wären z. B. mehr Statistik, Datenanalyse, alltagsbezogene Stochastik, Geometrie unter Bezug auf Raumerfahrung wünschenswert; Abstriche böten sich an bei "nackten" Termumformungen und vergleichbaren Drillthemen (Teile der Bruchrechnung), bei quadratischen Gleichungen, Potenzen und Logarithmen, Trigonometrie (es sei denn jeweils in engem Bezug zu Anwendungen), bei geometrischen Themen ohne Bezug auf Raumerfahrung (endlose Dreieckskonstruktionen in der Sek I, abstrakte Lineare Algebra in der Sek II) und bei der Analysis (Verzicht auf ihre systematische Behandlung in Grundkursen).[178]

### *Zu These 3: Inhalte für einen Mathematikunterricht, der zum kritischen Vernunftgebrauch anleitet*

Eine entwickelte Denkfähigkeit, ein entwickelter Verstand sind zwar eine notwendige, aber keine hinreichende Voraussetzung für kritischen Vernunftgebrauch. Eine analoge Aussage läßt sich auf der Ebene der Inhalte treffen: Ein Unterrichtsgegenstand, der zur Entwicklung des Denkvermögens taugt, bietet noch nicht unbedingt Anlaß zum *kritischen* Denken im Sinne der Aufklärungsidee. Zu fragen ist also, ob sich unter den mathematischen Inhalten, die nach These 2 für einen denkfördernden Mathematikunterricht in Betracht kommen, solche ausmachen lassen, die in spezifischem Sinne das *kritische* Denken anregen können. Genaugenommen ist dabei zu unterscheiden, ob Mathematik vorwiegend als *Mittel* ("Verstärker") oder als *Gegenstand* kritischen Denkens fungiert oder ob beides kombiniert wird:

- Erstens kann Mathematik dazu dienen, Behauptungen, Sachverhalte, natürliche Phänomene, von denen unser Leben bestimmt wird, und gesellschaftliche Verhältnisse (im weitesten Sinne) zu durchleuchten und rational aufzuklären. Das geschieht, wie schon hinreichend oft erläutert, durch Konstruktion bzw. reflektierte Anwendung geeigneter mathematischer Modelle. Mathematik ist hier Mittel ("Verstärker") des kritischen Denkens.

- Zweitens kann die Verwendung bestimmter mathematischer Modelle, die in unserer Gesellschaft zur Darstellung von Informationen und zur Entscheidungsfindung herangezogen werden, kritisch untersucht werden. Die "Aufklärung" würde dann darin bestehen, den verbreiteten Mißbrauch (d. h. die unreflektierte oder sogar bewußt irreführende Anwendung) mathematischer Modelle aufzudecken und den naiven Glauben zu erschüttern, daß Informationen, die in mathematischer Gewandung daherkommen, mehr zu vertrauen sei als anderen. Hierbei ist Mathematik Mittel *und* Gegenstand kritischen Denkens.[179]
- Drittens kann über die Mathematik selbst reflektiert werden, über ihre Tragweite, über die Grenzen der Modellierbarkeit, kurz, über die Relation von Mathematik und "übriger" Welt. Mathematik wird hier zum Gegenstand des (philosophisch-)kritischen Nachdenkens.[180]

Alle drei Aspekte wurden in Abschnitt 4.3.4 bereits angesprochen. Dort hatte ich darauf hingewiesen, daß sie sich sowohl unter dem Stichwort "Weltorientierung" als auch unter dem der "Anleitung zum kritischen Vernunftgebrauch" erörtern lassen. Mögliche Themen und Inhalte für den Mathematikunterricht waren ebenfalls schon zur Sprache gekommen. Ich erspare mir Wiederholungen und beschränke mich im vorliegenden Zusammenhang auf zwei illustrierende Beispiele und einige wenige ergänzende Hinweise. Die Beispiele sollen verdeutlichen, daß die Anleitung zum kritischen Vernunftgebrauch auch den ganz alltäglichen Mathematikunterricht durchdringen kann. Im Prinzip bedarf sie weder aufwendiger Projekte noch eines besonders fortgeschrittenen mathematischen Könnens auf seiten der Schüler.[181]

*Beispiel I*

Das dritte Zitat, das Kapitel 4 als Motto vorangestellt ist (S. 131), läßt sich Schülern, die bereits mit Prozenten und einfachen Brüchen rechnen können, unkommentiert zur Stellungnahme vorgeben: "Fuhr vor einigen Jahren noch jeder zehnte Autofahrer zu schnell, so ist es mittlerweile 'nur noch' jeder fünfte. Doch auch fünf Prozent sind zu viele, und so wird weiterhin kontrolliert, und die Schnellfahrer haben zu zahlen."[182] Die Untersuchung dieses Textes fällt in die mittlere der drei obigen Kategorien. Weltwissen spielt für seine Untersuchung keine nennenswerte Rolle, da lediglich der Kollision der verwendeten mathematischen Modelle nachgespürt werden muß, die zum Widerspruch führt. Wichtig ist hingegen das (implizite) Wissen um die referentielle Bedeutung von Anteilen, Brüchen und Prozentangaben.

*Beispiel II*

In meiner regionalen Tageszeitung[183] fand ich zum Thema "Weltbevölkerungskonferenz" eine Graphik (s. nächste Seite) und einen Kommentar. Beides hätte ich spontan gern Schülern etwa ab Klasse 9 vorgelegt. Der Kommentar beginnt mit den Worten: "Jede Sekunde werden auf der Erde drei Kinder geboren – die meisten im südlichen Teil der Erdhalbkugel. Aber jede Sekunde rollt auch ein neues Auto vom Fließband, fast immer in den Ländern des Nordens: Es sind die knapp 920 Millionen Menschen in den Industriestaaten, die 70% der Energie verbrauchen ... ."

Ich liste einige Fragen auf, die sich daran anknüpfen lassen – wünschenswert wäre, daß die Schüler wenigstens einige dieser Fragen von sich aus stellen:

- Kann die Information "Zahl der Geburten weltweit" stimmen? Wie passen die Zahlenangaben zu dem, was wir über die Gesamtbevölkerung der Erde und ihre Zunahme in den letzten Jahrzehnten wissen (der zugehörige Zeitungstext beziffert die momentane Bevölkerungszahl auf 5,7 Milliarden, den jährlichen Zuwachs auf 94 Millionen)? Was ist mit den Menschen, die sterben? (Stichwort: Geburtenüberschuß vs. Geburtenzahl)
- Hilft der Kegel (die umgestülpte "Tüte") in der Graphik auf irgendeine Weise, sich die angegebenen Zahlen bzw. Zahlenverhältnisse besser vorzustellen? Wie verhalten sich die Zahlen zu den entsprechenden Ausschnitten der Kegeloberfläche (des Kegelvolumens)? (Stichwort: Anforderungen an hilfreiche geometrische Veranschaulichungen)
- Wie lange dauert eine Geburt? Ist es sinnvoll, davon zu reden, daß in einer Sekunde so und so viele Kinder geboren werden? Wie kommen solche Zahlenangaben wie "jede Sekunde drei Geburten" zustande? (Stichworte: Rückrechnung zum Zwecke einer (fragwürdigen) Veranschaulichung; Überwucherung der realen Prozesse durch das Modell)
- Welche angemesseneren Veranschaulichungen lassen sich finden, sowohl für den relativen Zuwachs als auch für die absoluten Zahlen? (Stichworte: Umrechnung des relativen Zuwachses auf die eigene Gemeinde, ...)
- Kommen in gleichen Zeitabschnitten tatsächlich im Schnitt gleich viele Menschen hinzu? (Stichworte: linearer versus exponentieller Zuwachs; Grenzen der "exakten" Modellierung)

Und wenn man dann den Kommentar hinzunimmt:

- Wie viele neue Autos kommen auf einen neugeborenen Menschen? Ist bei der Zahlenangabe zu den Autos eventuell ebenfalls nur der Überschuß (nun natürlich über die verschrotteten) gemeint?
- Was für eine Relation zwischen neuen Autos und Neugeborenen ergibt sich, wenn man nur die Menschen in den Industrieländern berücksichtigt?
- Wie verhält sich der Pro-Kopf-Energieverbrauch eines durchschnittlichen Industrieland-Bewohners zu dem eines Bewohners der Dritten/Vierten Welt? Welche Unterschiede bleiben in so einer Rechnung unberücksichtigt?

Und wenn dann noch die eigene konkrete Lebenssituation mit ins Spiel gebracht wird, kann sich im Anschluß an den aktuellen Zeitungsausschnitt tatsächlich ein kleineres oder größeres Erkundungsprojekt entwickeln:

- Wie groß ist der Geburtenüberschuß in den Familien der Schüler der Klasse, gerechnet über die letzten 30 Jahre? Wie groß war er eine Generation zuvor?
- Wie groß ist mein persönlicher (als Schüler, als Lehrer) Pro-Kopf-Energieverbrauch im Jahr bzw. am Tag (direkter und indirekter Verbrauch – z. B. Busfahrten, Schulheizung –; schätzen und überschlagen, was man nicht exakt berechnen kann)? Was verbrauchen wir zusammen im Mittel? Was stünde (unter Zugrundelegung der groben Relation "Industrieländer – Dritte Welt") einem einzelnen Menschen in der dritten Welt zu Verfügung? Welche energieverbrauchenden Handlungen oder Genüsse könnte er sich im Durchschnitt an einem Tag leisten?
- Wenn alle so viel verbrauchen würden wie ich: Was für Auswirkungen hätte das auf den weltweiten Energieverbrauch und die entsprechenden Rohstoffreserven?

Ich breche hier die Reihe der möglichen Fragen ab. Das Beispiel – dessen unterrichtliche Behandlung angesichts fehlender Kontext-Informationen (Lerngruppe, Vorwissen etc.) nicht zur Debatte stand – verdeutlicht, daß die hier vertretenen Forderungen an Inhalte bisweilen schon an *einem* Thema erfüllt werden können. Das Beispiel bietet einerseits eine Fülle von Gelegenheiten, unter Einbeziehung mathematischer Erwägungen kritisch zu denken. Aber mehr noch: Ganz nebenbei läßt sich ein lebenspraktisch nützlicher Umgang mit Mathematik üben (schätzen, überschlagen, Vorstellen und Visualisieren großer Zahlen; mehrere der zentralen Ideen aus Abschnitt 4.2.4 (Zahl, Messen, mathematisches Modellieren, eventuell funktionaler Zusammenhang) lassen sich thematisieren; und der Beitrag zur Weltorientierung steht, angesichts der unvermeidlichen Auseinandersetzung mit den angesprochenen *Schlüsselproblemen* (vgl. 4.3.4), außer Frage.

Primär fachlich orientierte Mathematiklehrer und Didaktiker werden vermutlich einwenden, daß das Beispiel und die daran geknüpften Fragen für Neun- bis Dreizehnkläßler – zumal am Gymnasium – viel zu wenig "anspruchsvolle" Mathematik enthielten. Vielleicht wären sie allenfalls geneigt, den Zeitungsausschnitt als "motivierenden" Aufhänger zu Einführung der Exponentialfunktion zu akzeptieren. Beide (nur hypothetischen?) Reaktionen wären m. E. fatal. Zu einem allgemeinbildenden Mathematikunterricht gehören solche Beispiele und Denkanlässe wie das Salz zur Suppe. Und diese Metapher trägt in doppeltem Sinne: Niemand wird satt von Salz allein, doch ohne mundet die nahrhafteste Speise fade. Ein allgemeinbildender Mathematikunterricht läßt sich nicht allein auf der Basis von Beispielen und Themen wie den angeführten gestalten. Aber wenn er nicht immer wieder Anreize bietet, Alltagsvernunft und mathematisches Denken aufeinander zu beziehen, besteht die Gefahr – und darin hat der Mathematikunterricht eine unglückliche Tradition –, daß einer Mehrzahl von Schülern ein Denken aufgepfropft wird, mit dem sie sich nicht identifizieren können. Pointiert gesagt leistet der Mathematikunterricht dann keinen Beitrag zur Weckung, sondern zur Einschläferung der kritischen Vernunft.

### 4.4.7 Denkenlernen, kritischer Vernunftgebrauch und Unterrichtskultur

So falsch es im Blick auf die angezielte Anleitung zum kritischen Vernunftgebrauch wäre, die Inhalte zu vernachlässigen – entscheidend ist, wie im Unterricht damit umgegangen wird. Dabei läßt sich der eine Aspekt gegen den anderen nicht ausspielen, weil sie im Unterricht auf verschiedenen Ebenen zum Tragen kommen: Ein Inhaltskatalog (oder genauer: ein noch so detailliert ausgearbeitetes Fachcurriculum) determiniert nicht, was im Unterricht daraus wird. Die curricular vorgegebenen Fachinhalte werden erst im Unterrichtsprozeß als Lerninhalte konstituiert.

Im Unterkapitel 3.4 habe ich dargelegt – dort noch unabhängig von den Besonderheiten des Faches Mathematik –, wie wichtig für das Denkenlernen, insbesondere aber für die Entfaltung von kritischer Vernunft und Reflexivität des Denkens, eine *Unterrichtskultur* ist, in der die subjektiven Denkbemühungen der Schüler zum einen zugelassen sind und zum anderen auch soziale Resonanz finden. Ich will mich hier nicht im Detail wiederholen. Stattdessen erinnere ich lieber durch eine stichwortartige Aufzählung an Schwerpunkte meiner früheren Ausführungen:

- Schüler müssen andere gleichsam beim Denken beobachten können.
- Sie sind darauf angewiesen, daß ihre eigenen Denkprodukte und Denkzwischenprodukte sozial bewertet werden – von Lehrpersonen wie auch von Mitschülern.
- Die angestrebte Förderung kritischen Denkens ist nicht lediglich über direkte pädagogische und didaktische Maßnahmen zu erzielen; die zu schaffende Unterrichtskultur muß die informelle (sozialisierende) Ebene des Unterrichts mit umfassen. Ein "vernünftiger Umgang" miteinander muß kultiviert werden.
- In diesen vernünftigen Umgang miteinander muß der Umgang mit den Unterrichtsgegenständen eingebunden werden: Soziales und fachliches Lernen lassen sich nicht voneinander abspalten. Wie mit den Inhalten im Rahmen sozialer Interaktion umgegangen wird – was als richtig akzeptiert wird, welche Interpretationen, Assoziationen und Abschweifungen erlaubt sind, ob und wie vom Lehrer die Definitionsgewalt wahrgenommen wird –, färbt auch auf die inhaltlichen Konzepte der Schüler ab, unter anderem auf ihr "Bild" von Mathematik.

Es wäre nun der Frage nachzugehen, wie sich diese allgemeinen Forderungen im Umgang mit mathematischen Gegenständen umsetzen lassen. Da ich den ganzen Themenkomplex, der die Entwicklung einer allgemeinbildenden Unterrichtskultur des Mathematikunterrichts betrifft, im Unterkapitel 4.6 systematisch behandeln werde, begnüge ich mich hier mit den obigen Vorüberlegungen.

### 4.4.8 Zusammenfassung und Fazit

Die Beschäftigung mit Mathematik führt nicht per se zu einer Verbesserung der allgemeinen Denkfähigkeit. Erst recht kann nicht die Rede davon sein, daß Mathematikunterricht ohne weiteres zum kritischen Vernunftgebrauch befähigt. Allzu viele Kinder, Jugendliche und Erwachsene gewinnen aus ihren Schulerfahrungen den

Eindruck, daß zwischen ihrem vernünftigen Denken im Alltag und dem im Unterricht erwarteten "mathematischen Denken" eine tiefe Kluft besteht. Empirische Untersuchungen zeigen, daß selbst bei vielen Personen, die an der Schulmathematik nicht offenkundig scheitern, mathematische und alltägliche Konzepte kollidieren.

Ein denkfördernder Mathematikunterricht muß verstehensorientiert sein. Aus subjektiver Sicht stellt sich Verstehen ein, wenn ein zuvor fremdartiger Sachverhalt als sinnvoll erlebt wird. Verstehen läßt sich nicht von außen erzwingen. Es lassen sich aber Bedingungen schaffen, die dem Verstehen förderlich sind. Einige hat Wagenschein mit seinem genetisch-sokratischen Unterrichtskonzept beschrieben.

Zum Verstehen eines neuen mathematischen Sachverhalts gehört u. a., daß er mit vorhandenem Wissen verknüpft werden kann. Ein verstehensorientierter Mathematikunterricht hat größere Realisierungschancen, wenn Denkstrategien und Heuristiken, Vorstellungsbilder und Metaphern des Alltagsdenkens für die Mathematik fruchtbar gemacht werden, wenn neben dem formalen Charakter der Mathematik ihrem referentiellen Charakter genüge getan wird, wenn immer wieder "Brücken" zwischen dem mathematischen und dem alltäglichen Denken geschlagen werden. So wird Schülern die Chance gegeben, mit den Besonderheiten mathematischer Abstraktion schrittweise vertraut zu werden. Erst auf der Basis hinreichend verstandener Mathematik können Schüler erfahren, daß mathematische Begriffe und Techniken in vielen Situationen als "Verstärker" ihres Alltagsdenkens taugen. Und auf dieser Basis erst kann Mathematik auch als Mittel zur Aufklärung bzw. als Gegenstand kritischen Hinterfragens erlebt werden.

Das Verstehen der im Unterricht anstehenden Mathematik ist eine notwendige, jedoch keine hinreichende Voraussetzung für die angestrebte Anleitung zum kritischen Vernunftgebrauch. Da Denken immer inhaltsgebunden ist, hängt die Förderung kritischen Denkens auch von der Wahl der Inhalte ab. Gewiß läßt sich scharfsinniges Denken mittels Mathematik schulen. Soll dieser Scharfsinn nicht auf die Mathematik beschränkt bleiben, ist die erwünschte Übertragung immer wieder anhand beziehungsreicher Themen zu üben, in denen Mathematik und übrige Welt aufeinander bezogen werden. Fast noch bedeutsamer als die Themenwahl scheint, daß Kinder und Jugendliche den Umgang mit Mathematik und interessanten mathematischen Anwendungen in einer gelebten sozialen Praxis vernünftigen Argumentierens, Befragens, Anzweifelns und Begründens erfahren können. Die Forderung nach der Entwicklung einer mathematisch-allgemeinbildenden Unterrichtskultur meint nichts anderes als die Kultivierung einer solchen Praxis.

Ob Mathematikunterricht mit Recht eine Schule des Denkens, vielleicht sogar des kritischen Denkens genannt werden kann, hängt also von einer Reihe von Randbedingungen ab, die im herkömmlichen Unterricht aller Schultypen und Altersstufen nur allzu oft verletzt werden. Ein Mathematikunterricht, in dem das Einschleifen der gängigen Standard-Lösungswege der etablierten Schulmathematik den Vorrang hat vor Verstehen, vor bewußtem Bemühen um Transfer, vor ausdrücklichen Herausforderungen der Kritikfähigkeit auf seiten der Lernenden, trägt eher zur Einschläferung der kritischen Vernunft bei als zu ihrer Mobilisierung.

## *4.5 Mathematikunterricht unter sozialethischen und personbezogenen Zielsetzungen: Verantwortung, Verständigung und Kooperation, Stärkung des Schüler-Ichs*

### 4.5.1 Fachliches und soziales Lernen

Von den zugrunde gelegten sieben Aufgaben allgemeinbildender Schulen habe ich den ersten vier im vorliegenden Kapitel 4 jeweils ein eigenes Unterkapitel gewidmet. Daß ich nun die letzten drei gebündelt behandle, damit also die Systematik, der ich bislang gefolgt bin, ein wenig lockere, sei kurz begründet.

Die Beziehung des Faches Mathematik zu den bislang abgehandelten Allgemeinbildungsaufgaben wies deutlich inhaltliche Komponenten auf:

- Es gibt einen spezifisch mathematischen Beitrag zur Bewältigung alltäglicher Lebenssituationen.
- Mathematik ist als hochrangige kulturelle Hervorbringung Teil unserer Kultur.
- Mathematik ist über ihre Anwendungen vielfältig in unsere Welt verflochten.
- Vernünftiges Denken ist gewissermaßen das Medium, durch das Mathematik als schöpferische Leistung des Menschen überhaupt erst in die Welt treten kann.

Hingegen hat Mathematik mit den in der Überschrift genannten sozialethischen und auf die Person des Schülers bezogenen Aufgaben der Schule inhaltlich zunächst nichts zu schaffen. Darin zeigt sich unübersehbar ein Unterschied vielen anderen Schulfächern: In Fächern wie Politik, Sozialwissenschaft, Rechtskunde, Religion, ja, auch im Deutsch-, im Kunst-, im fremdsprachlichen Unterricht lassen sich diese drei Aufgaben, zumindest Teilaspekte davon, *inhaltlich* thematisieren. Sie kommen grundsätzlich als *Gegenstand* fachbezogener Erörterung und Reflexion in Betracht.

Das Fehlen eines *inhaltlichen* Bezugs zwischen den drei hier zu behandelnden Allgemeinbildungsaufgaben und dem Fach Mathematik mag mit dazu beitragen, daß im Mathematikunterricht häufig eine besondere Spannung zwischen pädagogischen und fachlichen Ansprüchen spürbar ist.[184] Offenbar tun sich Lehrer, sobald sie Mathematik unterrichten, schwerer als in den meisten anderen Schulfächern, sich am allgemeinen erzieherischen Auftrag der Schule zu beteiligen. Auch dann, wenn sie diese Verpflichtung prinzipiell bejahen, bleibt vielfach ihr spezifisch pädagogisches Handeln vom fachunterrichtlichen Handeln stärker getrennt als in anderen Fächern. Unterricht und Erziehung bilden keine Einheit.

Bestimmte Eigenheiten des Schulfaches Mathematik, wie es üblicherweise von Lehrern und auch Schülern wahrgenommen wird, scheinen potentiell mit allen drei hier zu erörternden Allgemeinbildungsaufgaben in Konflikt zu geraten: sowohl mit der Weckung von Verantwortungsbereitschaft, mit der Einübung in Verständigung und Kooperation wie auch mit der Stärkung des Schüler-Ichs. Es ist nicht etwa so, daß diese Ziele von Mathematiklehrern, die ja häufig auch andere Fächer unterrichten, generell nicht angestrebt oder erreicht würden. Aber sogar dann, wenn in dieser Richtung besondere Bemühungen und auch Erfolge zu verzeichnen sind, ergibt sich bei nüchterner Betrachtung von außen häufig der Eindruck, daß die Erfolge nicht *durch* den Fachunterricht, sondern *trotz* des Faches zustande gekommen sind.

Die leitende These des vorliegenden Unterkapitels läßt sich pointiert so formulieren: Wenn im Mathematikunterricht sozialethische und personbezogene Zielsetzungen wie Entfaltung von Verantwortungsbereitschaft, Einübung in Verständigung und Kooperation sowie Stärkung des Schüler-Ichs ernstgenommen werden, hat das auch erhebliche Konsequenzen für den gemeinsamen Umgang mit der Mathematik im Unterricht: Denn *sozial* lernt man vor allem durch die Art, *wie* man zusammen mit anderen *fachlich* lernt.

In den vorangehenden Unterkapiteln ist deutlich geworden, in welch entscheidendem Maße auch das kognitive Lernen – unter mathematisch-fachlichem wie unter allgemeinbildendem Aspekt – von einer angemessenen sozialen Ausgestaltung der Lernumgebung abhängt. Eine hinreichend entwickelte Unterrichtskultur wurde deshalb immer wieder als wichtige Voraussetzung für gelingendes fachliches Lernen angeführt.

Hier nun lautet die Fragestellung anders herum: Wie läßt sich fachliches Lernen gestalten, damit Verantwortungsbereitschaft, Verständigung und Kooperation unter den Schülern gefördert werden und gleichzeitig ihre Persönlichkeit gestärkt wird? Welche Merkmale der herkömmlichen Unterrichtskultur des Mathematikunterrichts sind bei der Verwirklichung dieser Ziele eher hinderlich? Durch die Auseinandersetzung mit diesen Fragen lassen sich der angestrebten "allgemeinbildenden Unterrichtskultur" des Mathematikunterrichts noch schärfere Konturen geben.

Aller Unterricht – und somit selbstverständlich auch Mathematikunterricht – ist nicht nur ein gegenstandsbezogenes, sondern zugleich ein interaktives Geschehen. Und durch dieses interaktive Geschehen wird nicht nur die Gegenstandsauffassung der Schüler, die sich durch den Unterricht (oder zumindest anläßlich des Unterrichts) entwickelt, auf eine spezifische Weise geprägt, sondern die Schüler lernen gleichzeitig – und zwar unvermeidbar – etwas über ihre Mitschüler und Lehrer und über sich selbst: Sie lernen, welchen sozialen Umgangsformen und sozialen Normen in der betreffenden Gruppe Geltung zukommt; sie lernen – mehr oder weniger erfolgreich –, wie man mit den thematisierten Gegenständen in der sozialen Situation des Unterrichts umzugehen hat; und sie lernen, wie sie selbst ankommen, was an ihnen von anderen als Stärke oder Schwäche wahrgenommen wird, was sie von sich selbst, von ihren Ideen, Fragen, Zweifeln und Ängsten verstecken müssen und was sie nach außen tragen dürfen, wenn sie im Unterricht "überleben" möchten. Unterricht sozialisiert also *immer*, ob sich die Beteiligten dessen bewußt sind oder nicht, ob Lehrer das beabsichtigen oder zu vermeiden suchen.

Verfechter eines Unterrichts, der ausschließlich auf sachliche Instruktion abzielt, tendieren dazu, das nicht unmittelbar gegenstandsbezogene Lernen zu ignorieren oder als marginal abzuwerten. Durch den Verzicht auf pädagogische Intentionen geben sie die Sozialisationswirkungen des Unterrichts der Beliebigkeit preis.

Umgekehrt ist es mit gutem pädagogischen Willen allein nicht getan. Es ist geradezu charakteristisch für pädagogische Prozesse, daß sich die Folgen, die den pädagogischen Intentionen der Erziehenden entsprechen, oftmals nicht einstellen. In einem "erziehenden Unterricht"[185] sollten Unterrichten und Erziehen nicht nur additiv aufeinander bezogen sein. Wichtig für seine Verwirklichung ist nicht nur die Sensibilität der Lehrenden für das, was im Unterricht geschieht, ihre situative Wachheit und Spontaneität, ihr Blick für die Eigenarten einzelner Schüler und ihr Wissen um Stärken und Schwächen der eigenen Person, sondern auch ihr Wissen um Interaktionsstrukturen und Handlungszwänge im alltäglichen Unterricht. Es gibt zwar keine Rezepte, die nichtgewollte Nebenwirkungen didaktischen und pädagogischen Handelns prinzipiell vermeiden helfen. Doch wenn Lehrer wissen, mit welchen ungewollten Nebenwirkungen ihres Handelns im Mathematikunterricht besonders zu rechnen ist, können sie sich wappnen und fallweise bewußt gegensteuern.

Ich betrachte nun genauer drei potentielle Ursachenkomplexe für die besondere Spannung zwischen fachlichen und pädagogischen Ansprüchen. Anschließend gehe ich auf die drei Allgemeinbildungsaufgaben, die hier anstehen, jeweils kurz ein und stelle hemmende und förderliche Faktoren im Mathematikunterricht heraus.

### 4.5.2 Drei Ursachenkomplexe für die besondere Spannung zwischen fachlichen und pädagogischen Ansprüchen im Mathematikunterricht

Die im folgenden betrachteten Ursachenkomplexe liegen zwar auf drei unterschiedlichen Ebenen, stehen aber miteinander in Wechselwirkung und stabilisieren sich in den Folgen. Ich diskutiere der Reihe nach Besonderheiten der üblichen Interaktionsstruktur im Mathematikunterricht, der fachspezifischen Sozialisation von Mathematiklehrern und des Mathematikbildes von mathematischen Laien.

*Zur Interaktionsstruktur im herkömmlichen frontalen Mathematikunterricht*

Mathematikunterricht aller Stufen ist gekennzeichnet durch die Vorherrschaft von Frontalunterricht, meist in Gestalt des fragend-entwickelnden Unterrichts[186] (Hopf 1980, Maier 1986, Maier/Voigt 1992). Wie empirische Untersuchungen zeigen, hat sich auch in den letzten Jahrzehnten an der grundsätzlichen Dominanz dieser Unterrichtsform kaum etwas geändert.[187] Insbesondere ist ihre Vorherrschaft in Phasen zu verzeichnen, in denen etwas mathematisch Neues eingeführt wird.

Die Interaktionsstruktur im fragend-entwickelnden Unterricht läßt sich formal als eine Abfolge von Dreischritten beschreiben (Voigt 1984, Maier/Voigt 1992, Maier 1994):

- *1. Schritt:* eine Frage oder ein Impuls mit Aufforderungscharakter seitens der Lehrperson;
- *2. Schritt:* ein oder mehrere Schülerbeiträge als Reaktion(en) auf die vorgegebene Frage bzw. den vorausgegangenen Impuls;
- *3. Schritt:* ein Lehrerkommentar, der sich auf den bzw. die vorausgegangenen Schülerbeiträge bezieht und der Bewertung, Evaluation, Korrektur oder Ergänzung dient.

Selbstverständlich kann Unterricht, der formal diese Struktur aufweist, im Einzelfall von höchst unterschiedlicher inhaltlicher Qualität sein. Auch die Qualität der Interaktion kann innerhalb der beschriebenen formalen Struktur erheblich variieren: von einer eher schematisch-starren Abfolge der Einzelschritte und sehr engen Lehrervorstellungen, was die erwarteten Schülerbeiträge betrifft, bis hin zu einem großen Abwechslungsreichtum in der Gestaltung der Impulse und Fragen durch den Lehrer und einem großen Spielraum für die Schülerreaktionen, die aus seiner Sicht als akzeptabel gelten. Und dennoch – dominiert die beschriebene Interaktionsstruktur in dem Maße, wie sich das in empirischen Erhebungen immer wieder herausgestellt hat, so führt sie unweigerlich zu Begrenzungen und Verengungen, die die Realisierung der angepeilten sozialethischen und personbezogenen Ziele wenn nicht verhindern, so doch enorm erschweren.[188] Als wichtigster Einzelfaktor erscheint dabei die übermächtig dominante Lehrerrolle: Nahezu ausschließlich der Lehrer steuert das "offizielle" Interaktionsgeschehen, und fast ausschließlich an ihn sind die offiziellen verbalen und nonverbalen Beiträge der Schüler gerichtet. Er entscheidet als fachliche Autorität, was richtig und falsch ist, was mathematisch relevant und was irrelevant ist. Er verkörpert sozusagen in seiner Person und in seinem Unterrichtshandeln das Fach Mathematik. Die subjektiven Vorstellungen der Schüler davon, was Mathematik ist – ihr "Mathematikbild" –, werden deshalb in hohem Maße geprägt von Interaktionserfahrungen, die ihrerseits an die jeweiligen Lehrer gebunden sind. Je ausgeprägter und gleichsinniger das unterrichtliche Interagieren der verschiedenen Mathematiklehrer, denen Kinder und Jugendliche im Laufe ihrer Schulzeit begegnen, Züge der oben beschriebenen Interaktionsstruktur aufweist, desto enger dürfte – ceteris paribus – das daraus resultierende Mathematikbild sein.

*Fachspezifische Sozialisation*

In den siebziger Jahren gab es vielversprechende Ansätze, den Zusammenhang zwischen universitärer Fachausbildung und Persönlichkeitsstruktur von Mathematiklehrern auf der einen Seite und der Unterrichtskultur[189] des herkömmlichen Mathematikunterrichts auf der anderen Seite mittels sozialisationstheoretischer Konzepte genauer aufzuklären (Bürmann 1977, Reiß 1975 u. 1979; Heymann 1984). Generell ist die Theorie der fachspezifischen Sozialisation seitdem zwar weiter ausdifferenziert worden, und es gibt auch vergleichende empirische Beschreibungen unterschiedlicher Fachkulturen an der Hochschule.[190] Doch speziell zum Hochschulfach Mathematik und vor allem zu den Auswirkungen des mathematischen Hochschulstudiums auf das Lehrerverhalten im schulischen Mathematikunterricht gibt es meines Wissens seit dem Überblicksartikel von Reiß keine fundierten neueren Forschungsbeiträge.[191] Insofern sind die folgenden Ausführungen als plausible Verallgemeinerungen der vorliegenden empirischen Arbeiten zu betrachten. Durch die Alltagserfahrung werden sie m. E. gut gestützt. Ausdrücklich weise ich darauf hin, daß sich die folgenden Überlegungen auf Lehrer und Lehrerstudenten für die Sekundarstufen beziehen, in erster Linie auf Gymnasiallehrer.

Ein Hauptunterschied zwischen den geistes- und sozialwissenschaftlichen Fächern und der mathematisch-naturwissenschaftlichen Fächergruppe scheint zu sein: In den ersteren gibt es eine "weitgehend unbegrenzte Interpretationsherrschaft über die wissenschaftlichen Gegenstände, die Forschungsfragen und die Ausbildungsinhalte. ... die Kriterien für Inhaltsauffassungen und für Fortschritte im Erkenntnis- und Problemlösungsprozeß werden weitgehend in den jeweiligen Interaktionssituationen erst ausgehandelt. ... in den mathematisch-naturwissenschaftlichen Disziplinen haben soziale Interaktion und Kommunikation nicht nur eine weitaus geringere, sondern auch eine qualitativ andere Bedeutung. ... Über Kriterien für Inhaltsauffassungen und für Fortschritte im Erkenntnisprozeß gibt es einen höheren Grad an vorgängigem Konsens unter den Beteiligten, so daß die Kommunikation darüber einen relativ geringen Raum einnimmt." (Reiß 1979, S. 282) Mathematikstudenten, die als Lehrer im Sekundarbereich tätig werden wollen, haben im Studium eher Erfolg, wenn sie sich mit ihrem Kommunikationsverhalten an die vorgegebenen und eingespielten Regelsysteme anpassen. Der Verzicht auf das Sprechen "über" Mathematik und die in Lehrveranstaltungen praktizierte weitgehende Ausklammerung von Reflexionen über Sinn und Bedeutung der Studieninhalte wird als adäquater Umgang mit dem Fach und seinen Inhalten verinnerlicht.[192] Selbst Studenten, die neben Mathematik ein geistes- oder sozialwissenschaftliches Fach studieren, scheinen eher zum "Umschalten" zwischen den entgegengesetzten Fachkulturen zu neigen als zu einer wechselseitigen Übertragung von Stilelementen.

Da das pädagogische Begleitstudium in den geistes- und sozialwissenschaftlichen Bereich fällt, wundert es nicht, daß Lehrer der mathematisch-naturwissenschaftlichen Fächer sich mit pädagogischen Inhalten und der pädagogischen Fachkultur häufig nicht identifizieren können. Damit würde sich auch erklären lassen, daß Mathematik- und Naturwissenschaftslehrer auf der Dimension "fachliche vs. pädagogische Orientierung" stärker als Lehrer anderer Fächer zum ersten Pol neigten (nach einer älteren Untersuchung, vgl. Koch 1972, S. 126; nach Reiß 1975, S. 302). Die pädagogische Fachkultur mit ihren "weichen" Deutungen, Interpretationen, Wert- und Zielaushandlungen wird als fremd, dem eigenen Wissenschaftsverständnis entgegenstehend erlebt.[193] Die in älteren empirischen Untersuchungen ermittelte Neigung der Mathematik- und Naturwissenschaftslehrer zum Konservativismus in pädagogischen Fragen (vgl. Reiß 1975, S. 303) ist dann ebenfalls nicht überraschend. Sie dürfte in der Tendenz auch heute noch nachweisbar sein.

Die Fachsozialisation der Mathematiklehrer beginnt keineswegs erst mit dem Hochschulstudium: In der Regel entscheiden sich für ein Mathematikstudium nur Abiturienten, die mit dem schulischen Mathematikunterricht keine großen Probleme hatten, die sich also gewisse Stilelemente des üblichen Umgangs mit Mathematik schon während ihrer Schulzeit erfolgreich angeeignet haben. Darüber hinaus gibt es Hinweise, daß diese Personengruppe auch von ihrer Persönlichkeitsstruktur her stärker zu einem "nur sachlichen", in der kommunikativen Vielfalt eingeschränkten Arbeitsstil neigt. Bei derartigen Vorprägungen wirkt das Studium vor allem stabilisierend. Die typische Interaktionsstruktur im herkömmlichen Mathematikunterricht, die ausgeprägte Fachorientierung vor allem der gymnasialen Mathematiklehrer, ihre Scheu, sich auf genuin pädagogische Sichtweisen einzulassen, ihre Neigung, Fragen zu Sinn und Bedeutung der thematisierten Mathematik in ihrem Unterricht auszuklammern – all das könnte also zu einem Gutteil mit dem sich selbst stabilisierenden Zirkel schulischer und universitärer Fachsozialisation zu erklären sein.

Die beschriebene Dichotomie "geistes- u. sozialwissenschaftlich vs. mathematisch-naturwissenschaftlich" weist viele Parallelen auf zur Dichotomie "weiblich vs. männlich", wie sie in unserer Gesellschaft üblicherweise wahrgenommen wird. Die noch immer deutliche Unterrepräsentation von Frauen in den mathematisch-naturwissenschaftlichen Fächern könnte ein Indiz dafür sein, daß ihre Entfaltungsmöglichkeiten durch die mathematisch-naturwissenschaftlichen Fachkulturen stärker beschnitten werden als die von Männern.[194] Umgekehrt könnte es Mathematiklehrerinnen leichter fallen als ihren männlichen Kollegen, die in diesem Buch angestrebte "mathematisch-allgemeinbildende Unterrichtskultur" zu entwickeln.

Ein weiterer Aspekt der fachspezifischen Hochschulsozialisation, der zumindest eine beachtliche Teilgruppe der zukünftigen Lehrer betrifft, soll nicht unerwähnt bleiben. Viele Lehrerstudenten, die sich für Mathematik als Fach nicht zuletzt deshalb entschieden haben, weil sie gute Mathematikschüler waren, fühlen sich im Studium unversehens sehr hohen fachlichen Ansprüchen ausgesetzt und partiell überfordert.[195] Daß man *während* einer Vorlesung oder eines Seminars den abstrakt, deduktiv und formalistisch vorgetragenen Lehrstoff in zufriedenstellendem Maß versteht, ist eher die Ausnahme. Sehr häufig "hinkt" man dem Stoff "hinterher". Die Hochschulmathematik steht dem Einzelnen wie eine gefährliche Hochgebirgslandschaft gegenüber, die er mit unzureichender Ausrüstung zu durchqueren hat. Gewiß führt jede überwundene Steilwand auch zu einem Erfolgserlebnis. Aber insgesamt verfestigt sich während des Studiums bei vielen nicht-hochbegabten Studierenden der Eindruck, daß man es als verletzliches Subjekt mit einer Wissenschaft zu tun hat, aus der alles Subjektive verbannt ist, die in ihrer "Objektivität" bedrohlich wirkt, die eher persönliche Opfer erfordert als Anlässe gibt, die eigene Kreativität zu entfalten. Diese Personengruppe holt im Studium eine Erfahrung nach, die ihr während der Schulzeit erspart geblieben ist.

Derartige Erfahrungen tragen vermutlich mit dazu bei, daß auch viele Mathematiklehrer dazu neigen, mit Mathematik als etwas im wesentlichen "Fertigem" und Vorgegebenem umzugehen. Die Einseitigkeit eines solchen Mathematikbildes verbindet diese Lehrer – bei allen Unterschieden in der fachlichen Kompetenz – mit den meisten mathematischen Laien.

### *Zum Mathematikbild von mathematischen Laien*

Während für viele schöpferische Mathematiker die Mathematik eine eigene Welt voller Fragen, Geheimnisse und Überraschungen darstellt, die sich, je tiefer man in sie eindringt, als desto reichhaltiger offenbart und immer wieder neue Zusammenhänge erkennen läßt, sehen viele mathematischen Laien in der Mathematik einen festgefügten, unveränderbaren Block von Wissen.[196] Die grundlegende Begegnung mit der Mathematik findet in unserer Gesellschaft in der Schule statt. Das Bild von der Mathematik, das für die meisten Mitbürger ein Leben lang bestimmend bleibt, wird durch ihre schulischen Erfahrungen bestimmt.

Was erfährt die Mehrzahl der Schüler im Mathematikunterricht? Um der Deutlichkeit willen gebe ich einige pointierte Antworten (vgl. Brückner u. a. 1983): Mathematisches Wissen tritt den Schülern, und zwar deutlich mehr als das Wissen, um das es in den meisten anderen Fächern geht, als fertiges und abgeschlossenes Wissen gegenüber. Es ist in Lehrbüchern fixiert. Auf jede mathematisch zulässige Frage gibt es genau eine richtige Anwort. Meinungen zählen nicht.[197] Mathematik scheint unbestechlich, streng und objektiv zu sein. Richtig gelöste Aufgaben signalisieren gelungene Aneignung des "fertig" vorgefundenen Wissens, falsch gelöste legen das eigene Ungenügen unbarmherzig bloß.

Diesem Bild von der Mathematik ist die beschriebene vorherrschende Interaktionsstruktur des üblichen Mathematikunterrichts durchaus adäquat. Sie stellt die "Form" dar, die zu diesem "Inhalt" gehört, sie ist der "Rahmen", in dem das beschriebene "Bild" der Mathematik zur Geltung kommt. Form und Inhalt, Bild und Rahmen stabilisieren sich gegenseitig. Die Erwartungen der Schüler passen sich diesem Bild im Laufe der Schulzeit so sehr an, daß Abweichungen nur irritieren. Wie immer wieder von Lehrerinnen und Lehrern berichtet wird, die es wagen, Mathematikunterricht inhaltlich einmal ganz anders zu gestalten – offene Probleme bearbeiten zu lassen, über Mathematik zu philosophieren, mit mathematischen Fragen experimentell umzugehen, Alltagsprobleme aufzugreifen –, sind Schüler schnell mit Fragen bei der Hand wie: "Ist das überhaupt richtige Mathe?"[198]. Ähnliches ist zu beobachten, wenn andere als die gewohnten Methoden praktiziert werden: wenn überwiegend in Gruppen gearbeitet wird, wenn Schülerdiskussionen angeregt, wenn aufsatzartige Auseinandersetzungen mit dem gerade aktuellen mathematischen Thema verlangt werden. Es bedarf großer Geduld, Schüler mit den üblichen Vorerfahrungen und entsprechend verfestigten Erwartungen gegenüber dem Fach davon zu überzeugen, daß ein ganz anderer Umgang mit Mathematik möglich ist, daß Mathematik auch noch andere Seiten hat als die normalerweise überbetonten formalen und algorithmischen Züge. Schritte in diese Richtung sind gleichbedeutend mit der Entwicklung einer anderen Unterrichtskultur. Dieser Prozeß benötigt Zeit und Geduld. Denn eine andere Unterrichtskultur kann sich nur dadurch entfalten, daß für das gemeinsame Handeln im Unterricht wie für das individuelle Lernen von Mathematik andere Normen und Bewertungen akzeptiert werden.

Die Schüler tragen also mit ihrer Erwartungshaltung und ihrem Mathematikbild, das als Niederschlag ihrer Unterrichtserfahrungen zu betrachten ist, zur Stabilisierung der vorherrschenden Unterrichtspraxis bei, unabhängig davon, ob sie das Fach persönlich wertschätzen, ob sie zu den mathematisch leistungsfähigen und erfolgreichen Schülern zählen oder zu denen, die mit Mathematik eher Schwierigkeiten haben. Die ersteren können mit dem dargestellten "Sozialcharakter" des Fachs überwiegend gut leben; sie haben keinen Anlaß, ihn zu problematisieren. Für die anderen, die sich selbst mangelnde mathematische Begabung attestieren, ist der "Sozialcharakter" fest mit dem Fach und ihren eher negativen Erfahrungen verknüpft.

*Zusammenfassung und Fazit*

Der herkömmliche Mathematikunterricht verläuft meist als frontal geführter fragend-entwickelnder Unterricht, mit wenig direkter Kommunikation unter den Schülern und starker Fixierung auf die dominante Rolle des Lehrers. Diese vorherrschende Interaktionstruktur "paßt" in vieler Hinsicht zu dem recht einseitigen Mathematikbild der meisten Schüler und vieler Mathematiklehrer, für die mathematisches Wissen objektiv, nicht anzweifelbar und fest vorgegeben ist. Die Interaktionsstruktur ist Element der "normalen" Unterrichtskultur und Ausdruck des "Sozialcharakters" des Fachs Mathematik. Für die überwiegende Zahl der Schüler gilt, daß ihre Erwartungshaltungen gegenüber dem Fach Mathematik durch das Erleben dieses Sozialcharakters tiefgreifend geprägt sind.

Stabilisieren sich der Sozialcharakter des Fachs und das vorherrschende Mathematikbild der meisten Schüler bereits wechselseitig, so tritt – im Sekundarbereich – als weiterer stabilisierender Faktor die fachspezifische Sozialisation der Mathematiklehrer hinzu. Die Erfahrungen an der Hochschule, insbesondere der dort gepflegte Umgang mit der Hochschulmathematik, verstärken möglicherweise Persönlichkeitszüge, in denen sich Studierende der Mathematik ohnehin tendenziell von ihren Altersgenossen unterscheiden. Als solche Züge seien genannt: Hang zur vorwiegend sachbezogenen Kommunikation, weitgehendes Ausblenden persönlicher Angelegenheiten aus Arbeitszusammenhängen, Verzicht auf ein Hinterfragen fachlicher Normen, Neigung zum Konservativismus, Skepsis gegenüber pädagogisch oder sozialwissenschaftlich inspirierten Reformvorstellungen.

Die drei betrachteten Faktoren sind natürlich in jedem Einzelfall, für jede konkret gegebene Konstellation von Lehrer und Schulklasse, unterschiedlich ausgeprägt und determinieren keineswegs, was im Unterricht geschieht. Doch mit dem Zusammenwirken dieser Faktoren läßt sich zu einem Gutteil erklären, weshalb der Mathematikunterricht stärker als die meisten anderen Fächer gegen pädagogisch inspirierte Reformen immun zu sein scheint.

Jeder der drei vorangestellten Aufgaben der allgemeinbildenden Schulen wende ich mich nun noch einmal einzeln zu. Da ich bei der generellen Erörterung dieser Aufgaben in Kapitel 3 bereits vieles angesprochen habe, was im Prinzp *auch* für den Mathematikunterricht Gültigkeit haben sollte, fasse ich mich kurz.

### 4.5.3 Verantwortungsbereitschaft: Hemmende und förderliche Faktoren

Für die Entfaltung von Verantwortungsbereitschaft im Rahmen der Schule sind vor allem drei Aspekte von Bedeutung:

- Der erste betrifft die Vorbildrolle der erwachsenen Lehrer: Verantwortungsbereitschaft als unaufdringlich und glaubwürdig vorgelebte Haltung ist von größerem Gewicht für die moralische Erziehung als alle verbale Belehrung. Da das für alle Fächer und auch für außerunterrichtliche Situationen des Schullebens gilt, gehe ich nicht weiter darauf ein.

- Der zweite betrifft die schulischen Themen: Bieten sie, wenigstens ab und an, Gelegenheit zu verantwortlicher Reflexion? Da unter diesem Aspekt für den Mathematikunterricht im Prinzip Themen in Frage kommen, wie sie im vorangehenden Unterkapitel im Zusammenhang mit der Anleitung zum kritischen Vernunftgebrauch erörtert wurden, gehe ich auch darauf nicht noch einmal neu ein.
- Der dritte Aspekt betrifft die Frage, ob es für die Schüler in der Schule bzw. im Mathematikunterricht überhaupt in nennenswertem Ausmaß Gelegenheiten zu verantwortlichem Handeln gibt. Auf diesen Aspekt konzentriere ich mich nun.

Im Unterricht kann sich aktives verantwortliches Handeln vor allem auf Mitschüler und auf den eigenen Lernprozeß beziehen. Welche Chancen gibt der Mathematikunterricht den Schülern, Verantwortung aktiv zu übernehmen?

Beginnen wir mit der Verantwortung für den eigenen Lernprozeß. Die Struktur des traditionellen kleinschrittigen Unterrichtsgesprächs legt Schülern nahe, Verantwortung lediglich punktuell zu übernehmen. Sie erstreckt sich – vorausgesetzt, man "beteiligt" sich gerade aktiv – von der jeweiligen Lehrerfrage oder -aufgabenstellung bis zum (dem Lehrer) mitgeteilten Lösungsversuch, von dem der Schüler dann erwartet, daß er vom Lehrer als richtig oder falsch bewertet wird.

Um hingegen Verantwortung für den eigenen Lernprozeß übernehmen zu können – und zwar in zunehmendem Maße mit fortschreitendem Alter –, müßten Schüler, unterstützt von ihren Lehrern, altersangemessene Vorstellungen vom Ziel des eigenen Lernens entwickeln können: Worauf kommt es beim Mathematiklernen an, sowohl allgemein wie auch auf das gerade anstehende Thema bezogen? Und damit einhergehend müßten sie eigene Maßstäbe entwickeln dürfen, anhand derer sich auch unabhängig vom Lehrer prüfen läßt, ob und wieweit sie sich dem angestrebten Ziel genähert haben. Schließlich – vielleicht am wichtigsten – müßte es "Oasen selbstbestimmten Lernens" geben, in der eine altersgemäße Verantwortung für den eigenen Lernprozeß *praktisch* werden kann. Auch individualisierte Unterrichtsphasen können unter sehr unterschiedlichen Rahmenbedingungen stattfinden: Die herkömmliche Einzel- und Partnerarbeit dient meist dem Abarbeiten vorgegebener Aufgabensequenzen zur "Festigung" des zuvor dargebotenen Stoffs. Sollen Schüler erfahren, daß sie ihren eigenen Lernprozeß selbstbestimmt gestalten können, muß es für sie auch Gelegenheiten zu eigenen Entscheidungen geben: welche Schwerpunkte man setzt, was man vertieft, wie lange man für sich allein an Problemen "bosselt", wann man sich besser mit Fragen an Mitschüler oder den Lehrer wendet.

Daß der Mathematikunterricht im Rahmen seiner herkömmlichen Interaktionsstruktur zur Verantwortung für Mitschüler nur wenig Gelegenheit bietet, ist kaum zu bestreiten. Wohlverstanden: Es gibt sicher nicht wenige Lehrer, die es als ihre pädagogische Aufgabe ansehen, Schüler zu verantwortlichem Handeln gegenüber Mitschülern anzuhalten, etwa zu allgemeiner Hilfsbereitschaft, wenn jemand krank, behindert oder benachteiligt ist. Doch solches Bemühen ist in der Regel nicht in den Fachunterricht integriert, sondern ereignet sich gewissermaßen außerhalb: Es kommt darin dann die schon erwähnte Kluft zwischen fachlichem und sozialem Lernen, zwischen fachlichen und allgemeinen pädagogischen Zielen zum Ausdruck.

Eine elementare Voraussetzung dafür, daß ich als Schüler im Fachunterricht für einen Mitschüler Verantwortung zeigen kann, ist, daß mir der Unterricht Raum läßt, direkt mit ihm zu interagieren. Genau dafür ist im herkömmlichen Mathematikunterricht aufgrund der zentralen Rolle des Lehrers, über den alle Kommunikation läuft und der jede Äußerung bewertet, nur wenig Gelegenheit. Unter den Bedingungen der vorherrschenden Kommunikationsstruktur ist also eine grundlegende Voraussetzung für die Übernahme von Verantwortung für Mitschüler – als Einzelperson oder als Gruppe – nicht erfüllt.

Es gibt Unterrichtsformen, die wesentlich bessere Voraussetzungen dafür bieten. Wird Gruppenarbeit durchgeführt, deren Ergebnisse gemeinsam verantwortet werden, übernimmt jedes Gruppenmitglied auch Verantwortung für das, was die anderen tun. Dazu bedarf es aber geeigneter Arbeitsaufträge, die sich etwa auf die gemeinsame Bearbeitung *offener* Problemstellungen beziehen können: innermathematische Erkundungen von Zahleigenschaften oder geometrischen Sachverhalten, Modellierungen von außermathematischen Situationen, die nicht durch "Tricks", sondern durch vielfältige Annäherungen erbracht werden können, usw. Daß eine ungeeignete Gruppenzusammensetzung die sozialen Vorteile dieser Arbeitsform aufheben kann – wenn z. B. mathematisch leistungsfähigere oder wortgewandtere Schüler die Gesamtverantwortung an sich reißen –, muß nicht betont werden. Weiter sei auf die Möglichkeit hingewiesen, Schüler als "Tutoren" einzusetzen, die damit Mitverantwortung für den Lernprozeß schwächerer Mitschüler übernehmen.

Diese Anregungen machen nur einen kleinen Teil dessen aus, was einfallsreiche Lehrer und Didaktiker an kooperativen Arbeitsformen bereits ausgearbeitet, ausprobiert und veröffentlicht haben (vgl. z. B. Davidson 1990). Deutlich geworden ist hoffentlich, daß das Bemühen um Verantwortungserziehung Konsequenzen auch für das fachliche Lernen hat: Soziales und fachliches Lernen lassen sich nicht trennen; andere Akzente im Bereich des sozialen Umgangs miteinander ziehen einen anderen Umgang mit der Mathematik nach sich – und damit wirken sie sich auch auf das aus, was die Schüler an und über Mathematik lernen.

### 4.5.4 Verständigung und Kooperation: Hemmende und förderliche Faktoren

Ich gehe zunächst auf die *Kooperations*möglichkeiten im herkömmlichen Mathematikunterricht ein; die allgemeinere Frage, auf welche Weise und in welchem Maße *Verständigung* im angezielten Sinne möglich ist, erörtere ich anschließend.

Daß die während der Frontalunterrichts-Phasen im Mathematikunterricht vorherrschende Kommunikationsstruktur den Schülern kaum Raum für eine fachbezogene Kooperation läßt – man denke etwa an wechselseitig unterstützendes Einarbeiten in neue Sachverhalte oder gemeinsames, eventuell auch arbeitsteiliges Erkunden und Lösen von mathematischen Problemen –, ist offensichtlich. Kooperation können die Schüler in der Regel nur auf vom Lehrer unerwünschte Weise praktizieren: nämlich auf der inoffiziellen Ebene des Unterrichts, etwa durch Vorsagen, Schummeln, "Schiffe versenken", Briefe schreiben und dergleichen Aktivitäten mehr, mit denen sich die offizielle Konkurrenzorientierung unterlaufen läßt. Kooperatives Lernen im hier interessierenden Sinne ist auf die Möglichkeit einer direkten Kommunikation zwischen den Schülern angewiesen, die der lehrerzentrierte Frontalunterricht nur in Ausnahmefällen bietet. Sozialformen wie Gruppen- und Partnerarbeit sind deshalb für intensivere kooperative Arbeitsphasen eine *conditio sine qua non*.

Bleiben wir beim Frontalunterricht und fragen nach den Möglichkeiten, die er für die Einübung in *Verständigung* zwischen den Unterrichtsteilnehmern bietet, und zwar insbesondere für die Verständigung über die im Unterricht anstehenden mathematischen Inhalte. Hier fällt die Antwort differenzierter aus, weil die Qualität der Kommunikation innerhalb des Klassenverbandes entscheidend ist. Nach der üblichen Klassifikation von Sozialformen (etwa nach Meyer 1987, S. 136ff) besagt ja "Frontalunterricht" zunächst ganz formal und ohne inhaltliche Wertung, daß es nur *einen* offiziellen Kommunikationsstrang gibt, der sich auf die gesamte Lerngruppe bezieht. Auch ein gelungenes sokratisches Gespräch im Sinne Wagenscheins würde damit unter die Rubrik "Frontalunterricht" fallen. Verständigung und Frontalunterricht schließen sich also keineswegs prinzipiell aus. Nichtsdestoweniger: Die Kommunikationsmuster im real zu beobachtenden Frontalunterricht, die den Beteiligten häufig gar nicht bewußt sind, erschweren sehr oft die Verständigung über die thematisierte Mathematik – und in der Folge auch das Verstehen dieser Mathematik.

Es wurde bereits herausgearbeitet (Abschnitt 3.6.4), welch große Bedeutung in einer modernen demokratischen Gesellschaft der Verständigung zwischen Experten und Laien zukommt. Daran knüpfte sich die Überlegung, daß ein wichtiges Kennzeichen für Allgemeinbildung, sowohl auf der Seite des Experten wie auch auf der des Laien, die Fähigkeit zu derartiger Verständigung sei. Im Blick auf mögliche Umsetzungen habe ich dann darauf hingewiesen, daß die Konstellation "Lehrer–Schüler" gewissermaßen als Spezialfall der allgemeineren Konstellation "Experte–Laie" interpretierbar ist. Durch die Art, wie der Lehrer sich als Experte mit seinen Schülern verständige, biete er ein Modell, anhand dessen Schüler viel über die zwischen Experten und Laien mögliche Verständigung lernen könnten.

Nun ist kaum zu bezweifeln: Tritt der Lehrer, wie so oft im Mathematikunterricht zu erleben, als fachliche Autorität auf, die sich hinter ihrem Fachwissen verschanzt, stellt er genau das Gegenmodell des "allgemeingebildeten" Experten dar. Die Schüler bekommen so nachdrücklich demonstriert, daß (zumindest) mathematisches Expertenwissen nicht auf vernünftige Weise hinterfragbar ist. Zu der erwünschten Einübung in die Verständigung zwischen Experten und Laien leistet der Mathematikunterricht dann einen eher negativen Beitrag.

Wie für die Erziehung zur Verantwortung gilt auch für die Einübung in Verständigung und Kooperation: Andere Sozial- und Arbeitsformen könnten ein erster

Schritt sein, diesem Ziel besser gerecht zu werden. Beispiele habe ich gegeben. Aber die Realisierung anderer Arbeitsformen sollte Hand in Hand gehen mit einem anderen Umgang mit Mathematik. Eine andere Unterrichtskultur müßte dadurch gekennzeichnet sein, daß auch unfertige Gedanken ausgesprochen und echte Fragen gestellt werden dürfen, ohne daß die betreffenden Schüler Gefahr laufen, ihr Gesicht zu verlieren; es sollte möglich sein, sich mit anderen zusammen auf Mathematiklernen als einen Erkundungsprozeß einzulassen und gemeinsam mit dem Lehrer – und durchaus auf unterschiedlichen intellektuellen Niveaus – über das zu reflektieren, was konkret mathematisch getan wird.

### 4.5.5 Stärkung des Schüler-Ichs: Hemmende und förderliche Faktoren

Ich beginne mit einem Beispiel. Seit mehreren Semestern habe ich Lehrerstudenten mit unterschiedlichen Hauptfächern die Frage vorgelegt: Welche Situation aus Ihrer Schulzeit ist Ihnen als besonders unangenehm, belastend, erniedrigend oder peinlich im Gedächtnis geblieben?

Häufiger als irgendeine andere wurde, in unterschiedlichen Varianten, eine Situation aus dem Mathematikunterricht beschrieben: Man soll an der Tafel eine Aufgabe vorrechnen, fühlt sich blockiert und versagt. Selbst wenn der oder die Betroffene nicht noch zusätzlich vom Lehrer vor der ganzen Klasse gedemütigt wird – auch das gibt es nach wie vor –, stellt sich meist ein starkes Gefühl der Bloßstellung ein. Die eigene Person wird in dieser Situation auf das Vollbringen einer kognitiven Leistung reduziert. Kann man der Erwartung nicht genügen, scheint das eigene Denken entwertet, die eigene Person als Ganzes abgewertet. Es gibt nur wenige vergleichbare Situationen im Unterricht, in denen derart unausweichlich – wie viele es empfunden haben – ein persönlicher Mangel zur Schau gestellt wird.

Auf den ersten Blick könnte man vermuten, daß sich Szenen wie die geschilderte vermeiden lassen, wenn die verantwortliche Lehrperson mehr pädagogisches Feingefühl, mehr pädagogischen Takt entwickelt. Man könnte eine solche Situation zum Anlaß nehmen, ganz unabhängig vom Fach, einen pädagogischen Appell auszusprechen: Achte die Person des Schülers, stelle niemanden bloß. Dabei würde man aber verkennen, daß gerade der Umgang mit Fehlern zum Sozialcharakter des Faches Mathematik gehört. Baruk (1989) hat eine beeindruckende Fülle von Beispielen zusammengetragen, die belegen, wie sehr im Mathematikunterricht die Neigung besteht, Fehler lediglich als Indikatoren für Mißerfolg zu interpretieren.[199] Ich entwickle deshalb meine Überlegungen zur Stärkung des Schüler-Ichs im Mathematikunterricht zunächst exemplarisch am Problem des Umgangs mit Fehlern.

Ein anderer Umgang mit Fehlern setzt vor allem voraus, daß sie anders interpretiert werden: nämlich nicht als Mißerfolgsindikatoren, sondern als notwendige Begleiterscheinungen eines jeden Lernprozesses (vgl. Führer 1984). Lehrer können besser verstehen, was in den Köpfen von Kindern und Jugendlichen vorgeht, wenn sie den Ursachen von Fehlern nachgehen. Und für Schüler ist es oft hilfreicher, wenn sie sich – unterstützt vom Lehrer oder von Mitschülern – auf ihre eigenen Fehler einen Reim machen können, als daß ihnen jemand die "richtige" Lösung vormacht. Ein anderer Umgang mit Schülerfehlern setzt ein anderes Bild vom Lernprozeß voraus: Mathematik ist etwas, das jedes Individuum für sich neu konstruieren muß, und nicht ein fertiges Gefüge objektiven Wissens, das lediglich von außen in die Köpfe hineinzubringen ist. Erfahren das Schüler auch im alltäglichen Mathematikunterricht immer wieder, wird ihre Leistungsfähigkeit zwar nicht automatisch wachsen, doch es besteht die Chance, daß die so häufig erlebten Gefühle des Versagens und der Demütigung einem realistischeren Umgang mit den eigenen Schwächen weichen, daß mehr Mut zum eigenen Denken entwickelt wird und sich schließlich auch mehr Erfolgserlebnisse einstellen: Stärkung des Schüler-Ichs.

Ein solch anderer Umgang mit Fehlern setzt allerdings auch andere Interaktionsstrukturen als die üblichen voraus. Gewiß lassen sich manche Fehler und ihre vermuteten Ursachen im Klassengespräch aufgreifen und mit Gewinn für die gesamte Lerngruppe besprechen. Doch in vielen Fällen wäre das wenig effektiv, unter Umständen auch belastend für die "Fehlerproduzenten". Bessere Möglichkeiten, auf einzelne Schüler und ihre Probleme einzugehen, bieten individualisierende Unterrichtsphasen. Und im Gruppenunterricht, beim gemeinsamen Lösen von Aufgaben und Erarbeiten neuer Begriffe und Zusammenhänge, gibt es viel mehr Möglichkeiten zu direkter Kommunikation unter den Schülern, mehr Anlässe und Gelegenheiten zu "echten" Fragen (in Unterscheidung zur prüfenden Frage des längst wissenden Lehrers) und zur wechselseitigen Klärung von Sachverhalten als im Klassenverband. Alle genannten Bedingungen sind Merkmale einer Unterrichtskultur, die dem Anspruch der Persönlichkeitsstärkung in der Tendenz besser gerecht wird.

Weitere Bedingungen und Merkmale, die viele Schüler im Mathematikunterricht als einschränkend erfahren – obschon sie sie in der Regel als selbstverständlich für dieses Fach hinnehmen –, seien nur kurz angerissen:

- Es gibt nur selten Gelegenheiten, die eigene Phantasie und Kreativität zu entfalten. Der Unterricht verläuft meist in vorhersehbaren Bahnen und läßt wenig Raum für persönliche Initiative.
- Die Beiträge, die man selbst einbringen kann, werden im wesentlichen als außengesteuert erlebt, als Antwort auf die Anforderungen des Lehrers.
- Persönliche Fragen nach Sinn und Bedeutung dessen, was man im Mathematikunterricht zu lernen hat, sind im Unterricht kein Gegenstand.
- In höheren Klassen macht man die Erfahrung, daß es kaum möglich ist, fachliche Normen und Konventionen zu hinterfragen.

Durch mehr "offene Aufgaben", Zulassen individuell unterschiedlicher Lösungswege, Gelegenheit zum spielerischen Umgang mit Mathematik, Aufgreifen auch ungewöhnlicher Ideen sowie – in höheren Klassen – durch eine Öffnung des Mathematikunterrichts für philosophische und wissenschaftstheoretische Fragestellungen ließe sich diesen einschränkenden Bedingungen durchaus entgegenwirken.

Die so häufig im Mathematikunterricht zu beobachtende Spannung zwischen fachlichen und pädagogischen Ansprüchen ist also keineswegs unüberbrückbar. Es ist durchaus ein Umgang mit Mathematik vorstellbar, in dem diese Ansprüche keinen strikten Gegensatz verkörpern. Primär fachorientierte Mathematiklehrer, vor allem am Gymnasium, neigen dazu, Mathematik so weiterzugeben, wie sie sie selbst gelernt haben. Solche Lehrer scheinen zu befürchten, die "harte" Mathematik, an der sie sich im Studium bewährt haben und die sie deshalb schätzen, zu sehr "aufzuweichen" und ihr auf diese Weise zu schaden, wenn sie sich pädagogischen Überlegungen öffnen. Dem ist entgegenzuhalten: Eine allgemeinbildende Unterrichtskultur, in der die hier formulierten pädagogischen Ziele ernstgenommen werden und in der fachliches und soziales Lernen auf die beschriebene Weise aufeinander abgestimmt sind, eröffnet auch Schülern die Chance zur Begegnung mit Mathematik, denen sie in ihrer "harten" Gestalt ihr Leben lang fremd bleiben würde.

## *4.6 Merkmale einer neuen Unterrichtskultur*

Eines ist in den vorangehenden Abschnitten immer wieder deutlich geworden: Ob schulischer Mathematikunterricht nennenswert zur Allgemeinbildung im hier zugrunde gelegten Verständnis beiträgt oder nicht, ist nur zum Teil eine Frage des "Stoffs", der mathematischen Inhalte, die im Unterricht thematisiert werden. Entscheidend ist letztlich, wie Lehrer und Schüler im Unterricht mit den mathematischen Inhalten und miteinander umgehen. Anders gesagt: Allgemeinbildung im Mathematikunterricht ist eine Frage der *Unterrichtskultur*.

### 4.6.1 Möglichkeiten zur Veränderung der Unterrichtskultur

Was ich in dieser Arbeit unter dem Begriff "Unterrichtskultur" verstehe, habe ich erstmals in Abschnitt 3.4.6 erörtert und später weiter ausdifferenziert, vor allem in den Abschnitten 4.3.6, 4.4.7 und 4.5. Um der besseren Präsenz willen liste ich noch einmal einige zentrale Gedanken auf:

- Wie der allgemeine Kulturbegriff läßt sich der Begriff der Unterrichtskultur in einem *deskriptiven* und in einem *normativen* Sinne gebrauchen.
- Im *deskriptiven* Sinne kommt jedem Unterricht *seine* spezifische Unterrichtskultur zu: als charakteristisches Gefüge von eingespielten Handlungs- und Interaktionsmustern, entsprechenden Wertvorstellungen, Sichtweisen und Erwartungen der Unterrichtsteilnehmer – und zwar unabhängig von der fachlichen, didaktischen oder pädagogischen Qualität des betreffenden Unterrichts und auch unabhängig davon, in welchem Maße die entsprechenden Muster, Werte, Sichtweisen und Erwartungen den Handelnden bewußt sind.
- Im *normativen* (oder präskriptiven) Sinne steht der Begriff der Unterrichtskultur für die angestrebte Kultiviertheit des Unterrichts; er ist dann gekoppelt an ein

bestimmtes Unterrichtskonzept, in dem Vorstellungen enthalten sind, wie Unterricht sein *soll*. Wenn von der Entwicklung einer "allgemeinbildenden (oder mathematisch-allgemeinbildenden) Unterrichtskultur" die Rede ist, so verrät der Kontext, daß es um diese normative Bedeutungsvariante geht. Eine solche Unterrichtskultur steht somit für ein Gefüge von Handlungs- und Interaktionsmustern sowie entsprechenden Handlungserwartungen, Sichtweisen und Werten, von denen begründet angenommen werden kann, daß sie für das Mathematiklernen im Sinne des zugrunde gelegten Allgemeinbildungskonzepts förderlich sind.

- Der Begriff der Unterrichtskultur umfaßt damit – und zwar in seiner deskriptiven wie normativen Variante – sowohl die offizielle (formelle) als auch die inoffizielle (informelle) Handlungsebene des Unterrichts; er umfaßt Elemente bewußten didaktischen und methodischen Handelns ebenso wie "Atmosphärisches", etwa das emotionale Klima des Unterrichts.
- Last not least bezieht sich die Unterrichtskultur auf fachliches und soziales Lernen; sind diese Momente voneinander abgespalten, so ist das, deskriptiv gesehen, *ein* Merkmal der Unterrichtskultur des betreffenden Unterrichts – ebenso wie im entgegengesetzten Falle ihre Integration ein solches Merkmal wäre. Als wichtiges Kennzeichen der angestrebten "allgemeinbildenden Unterrichtskultur" ist jedenfalls die Überwindung dieser weitverbreiteten Abspaltung zu sehen.

Einem Mißverständnis möchte ich vorbeugen: Wenn der Begriff der Unterrichtskultur hier in Verbindung mit dem Attribut "allgemeinbildend" *normativ* verwendet wird, besagt das keineswegs, daß eine solche Unterrichtskultur in irgendeinem Sinne *normiert* oder *normierend* sein müßte. Denn das würde darauf hinauslaufen, alte verkrustete Strukturen – die des "herkömmlichen" Mathematikunterrichts – durch neue Festschreibungen zu ersetzen. Der Begriff der mathematisch-allgemeinbildenden Unterrichtskultur steht stattdessen für eine Öffnung des Mathematikunterrichts: für weniger Normierung in den zugelassenen Handlungen und Sprechweisen, für ein Heraustreten aus allzu engen Vorstellungen von Mathematik, für ein bewußtes Zulassen von mehr Subjektivität bei Lernenden und Lehrenden, für eine größere Vielfalt unterschiedlicher individueller Zugänge zur Mathematik, für mehr Freiräume zum eigenen Erkunden, für einen konstruktiveren Umgang mit Fehlern, für ein intensiveres Einlassen auf das, was andere denken und wie sie denken, für mehr Sensibilität gegenüber individuellen Denkakten und den damit verbundenen Gefühlen einzelner Schüler – kurz: für mehr Lebendigkeit.

Zu bedenken ist allerdings: Selbst bei Lehrern, die im Prinzip innovationswillig sind, könnte eine solche Wunschliste anstrebenswerter Veränderungen Gefühle der Überforderung und sogar Lähmung auslösen. Deshalb sei einem zweiten möglichen Mißverständnis begegnet: Eine "alte", über Jahre eingeschliffene Unterrichtskultur läßt sich nicht von heute auf morgen durch eine "neue" ersetzen. Es kann sich dabei nur um einen evolutiven Prozeß handeln. Häufig wird es Zwischenstufen und fließende Übergänge geben zwischen dem, was man – als Lehrer, aber auch als Schüler, wenn man in einen solchen Prozeß eingebunden ist – einerseits immer schon

Tab. 1: Merkmale allgemeinbildender und herkömmlicher Unterrichtskultur

(Fortsetzung auf der

| | **Merkmale einer "allgemeinbildenden Unterrichtskultur" des Mathematikunterrichts** | **Lv** | **kK** | **Wo** | **kV** |
|---|---|---|---|---|---|
| A1 | Schüler kommunizieren direkt miteinander | □ | | | |
| A2 | Schüler stellen "echte" Fragen an Lehrer und Mitschüler, geben Mitschülern "echte" Antworten (d. h. nicht nur auf den Lehrer schielend), erörtern untereinander Argumente | □ | | | ■ |
| A3 | Das Verstehen mathematischer Sachverhalte wird ihrer technischen Beherrschung übergeordnet; es zeigt sich für den Lehrer nicht zuletzt daran, wieweit Schüler über das reflektieren können, was sie mathematisch tun | | | | ■ |
| A4 | Formalisierung ist niemals Selbstzweck, sondern in manchen Phasen des Unterrichts eine willkommene Hilfe, um Gedachtes und Verstandenes verfügbar zu halten und damit operieren zu können | | | | ■ |
| A5 | Fehler werden zum Anlaß genommen, über Gründe für diesen Fehler nachzudenken | □ | | | ■ |
| A6 | Es gibt verschiedene Stufen der Annäherung an Erkenntnis, Hypothesen, Teillösungen usw. | ■ | | □ | ■ |
| A7 | Fehler werden als notwendige Begleiterscheinungen von Lernprozessen akzeptiert | ■ | | | ■ |
| A8 | Es gibt Raum für Umwege, ungewöhnliche Ideen, Offenheit für unterschiedliche Verläufe des Unterrichts | | | | ■ |
| A9 | Individuell unterschiedliche Lösungswege werden nicht nur akzeptiert, sondern als besondere Zugangsweisen begrüßt | | | | □ |
| A10 | Mathematiklernen wird häufig als ein Erkundungsprozeß erfahren, der allein oder gemeinsam mit anderen in intensivem Austausch von Ideen und Argumenten vollzogen werden kann | | | □ | |
| A11 | Schüler und Lehrer scheuen sich nicht, auch unfertige Gedanken in eigenen Worten wiederzugeben und anderen mitzuteilen | □ | | | ■ |

*Legende*: **Lv**: Lebensvorbereitung im engeren Sinne; **kK**: Stiftung kultureller Kohärenz, einschließlich Orientierung an zentralen Ideen; **Wo**: Weltorientierung, einschließlich Anwendungsbezug; **kV**: Anleitung zum Denken, Verstehen und kritischen Vernunftgebrauch;

und ihr Bezug zu den zugrunde gelegten Allgemeinbildungsaufgaben
nächsten Doppelseite)

| Vb | VK | SI | Mb | | Merkmale der "herkömmlichen Unterrichtskultur" des Mathematikunterrichts |
|---|---|---|---|---|---|
| □ | ■ | | | H1 | Schüler kommunizieren vorwiegend mit dem Lehrer bzw. über den Lehrer miteinander |
| □ | ■ | ■ | | H2 | Das vorherrschende Interaktionsmuster läßt sich als Dreischritt "Lehrerimpuls – Schülerantwort(en) – Lehrerkommentar" beschreiben |
| | | □ | ■ | H3 | Das Beherrschen eines mathematischen Gebiets wird durch den Lehrer über das Einfordern korrekter Lösungen zu vorgegebenen Aufgaben kontrolliert |
| | | | ■ | H4 | Auf eine wissenschaftsnahe, abstrakte Sprechweise und einen hohen Grad der Formalisierung wird viel Wert gelegt |
| □ | | □ | ■ | H5 | Fehler werden sofort korrigiert |
| | | □ | ■ | H6 | Es gibt nur richtige und falsche Antworten |
| | | ■ | □ | H7 | Fehler werden als Indikatoren für Mißerfolg gedeutet |
| | □ | ■ | □ | H8 | Schülergedanken, die aus Sicht des Lehrers vom offiziellen Thema wegführen, werden nicht weitergeführt |
| □ | | ■ | ■ | H9 | Es gibt immer nur einen zugelassenen Lösungsweg |
| | ■ | ■ | ■ | H10 | Mathematiklernen wird von den Schülern als das Nachvollziehen vom Lehrer vorgegebener Wege erlebt |
| | ■ | □ | □ | H11 | Im wesentlichen werden nur die Ergebnisse des Denkens mitgeteilt und für die anderen Unterrichtsteilnehmer "veröffentlicht" |

**Vb**: Entfaltung von Verantwortungsbereitschaft; **VK**: Einübung in Verständigung u. Kooperation; **SI**: Stärkung des Schüler-Ich; **Mb**: Entwicklung des Mathematikbildes. – Das Symbol ■ zeigt eine hohe, Symbol □ eine partielle Relevanz für die betreffende Allgemeinbildungsaufgabe an.

| | **Merkmale einer "allgemeinbildenden Unterrichtskultur" des Mathematikunterrichts** (Fortsetzung) | **Lv** | **kK** | **Wo** | **kV** |
|---|---|---|---|---|---|
| A12 | Es gibt offene Aufgaben und Probleme, denen man sich auf sehr unterschiedliche Weise nähern kann, mit mehr als einer "vernünftigen" Lösung | □ | | ■ | ■ |
| A13 | Schüler erproben auf spielerische Weise in mathematikhaltigen Situationen ihre Phantasie und Kreativität | | | | ■ |
| A14 | Im Unterricht sind Neugier, Spannung, Engagement, Überraschung, Lust am Denken und mathematischen Tun nichts Ungewöhnliches | | | | ■ |
| A15 | Es wird gemeinsam über das reflektiert, was mathematisch getan wird | | | □ | ■ |
| A16 | Sinn und Bedeutung der jeweils anstehenden Mathematik werden thematisiert | | ■ | ■ | ■ |
| A17 | Vernetzungen zwischen mathematischen Teilgebieten werden herausgearbeitet, der Bezug zu zentralen Ideen wird verdeutlicht | | ■ | □ | ■ |
| A18 | Den Sinn von Anwendungsaufgaben (bzw. der dahinter stehenden Modellannahmen) zu diskutieren, ist substantieller Bestandteil des Mathematikunterrichts | ■ | □ | ■ | ■ |
| A19 | Die scheinbaren Selbstverständlichkeiten und Konventionen der Schulmathematik werden durchaus hinterfragt und angezweifelt | | | □ | ■ |
| A20 | Die Schüler übernehmen Verantwortung für ihren eigenen Lernprozeß | ■ | | | |
| A21 | Die Schüler haben häufig Gelegenheit, von sich aus aktiv zu werden, sich mit einem Problem zu identifizieren | | | | □ |
| A22 | Es ist selbstverständlich, Mitschülern beim Verstehen zu helfen und sich selbst, wenn nötig, helfen zu lassen | | | | □ |
| A23 | Es gibt immer wieder Gelegenheit, gemeinsam mit anderen an Probleme heranzugehen, sich über Ziele und Strategien zu verständigen, wechselseitig Schwächen auszugleichen und Stärken zu bündeln (Partner- und Gruppenarbeit) | ■ | | | □ |
| A24 | Der andere – Schüler wie Lehrer – wird als Mensch ernst genommen; die Fähigkeit zum vernünftigen Denken wird ihm unterstellt | □ | | | □ |
| A25 | Die Qualität eines Arguments hat mehr Gewicht als der soziale Status der Person, die es vertritt | □ | | | ■ |

| Vb | VK | SI | Mb | | Merkmale der "herkömmlichen Unterrichtskultur" des Mathematikunterrichts (Fortsetzung) |
|---|---|---|---|---|---|
| | | | ■ | H12 | Die im Unterricht gestellten mathematischen Aufgaben und Probleme sind eindeutig und nur auf eine Weise lösbar |
| | | ■ | ■ | H13 | Die Beschäftigung mit Mathematik wird überwiegend als anstrengend, knochentrocken, ernst, phantasietötend erlebt |
| | | ■ | ■ | H14 | Der Unterricht verläuft in vorhersehbaren Bahnen, emotionale Betroffenheit durch die anstehenden Themen ist kaum auszumachen |
| | ■ | | ■ | H15 | Reflexion über Mathematik spielt keine Rolle |
| | | □ | ■ | H16 | Fragen nach Sinn und Bedeutung der Mathematik sind nicht Gegenstand des Mathematikunterrichts |
| | | | ■ | H17 | Jedes mathematische Teilgebiet steht im wesentlichen isoliert für sich |
| | □ | □ | ■ | H18 | Anwendungsaufgaben werden genauso wenig hinterfragt wie innermathematische Aufgaben |
| | □ | □ | ■ | H19 | Der Unterschied zwischen mathematischen Notwendigkeiten und Konventionen wird nicht thematisiert |
| ■ | | ■ | | H20 | Verantwortlich für das Lernen der Schüler ist der Lehrer |
| | | ■ | □ | H21 | Die Schüler erleben ihre unterrichtliche Arbeit im wesentlichen als außengesteuert, als Antwort auf die Anforderungen des Lehrers |
| ■ | ■ | | | H22 | Der Mitschüler wird im wesentlichen als Konkurrent betrachtet |
| □ | ■ | | | H23 | Jeder Schüler erlebt sich als Einzelkämpfer, "Kooperation" findet lediglich auf der informellen Ebene des Unterrichts statt (Mogeln) |
| □ | ■ | ■ | | H24 | Der Lehrer nutzt die ihm gegebene institutionelle Gewalt, um die Schüler nach seinen Vorstellungen zu steuern |
| □ | | ■ | ■ | H25 | Im Zweifelsfall hat der Lehrer qua Amt recht |

gemacht hat, und andererseits den Veränderungen, die man als wünschenswert ins Auge faßt. In der Praxis kommt es darauf an, bewußt kleine Schritte zu wagen und die Spannung zwischen gewohnter Alltagspraxis und herausfordernder Utopie produktiv zu nutzen – ich werde auf diesen Gedanken zurückkommen (4.6.3).

### 4.6.2 "Neue" (allgemeinbildende) und "alte" Unterrichtskultur: eine idealtypische Gegenüberstellung

Beim Lesen der Gegenüberstellung in Tabelle 1 (S. 264ff) sollte man also stets im Kopf haben, daß im realen Unterricht die aufgelisteten Merkmale in "Reinkultur" nur selten anzutreffen sein werden. Differenzierte Beschreibungen konkret beobachteten Unterrichts werden häufig auf Merkmale zurückgreifen müssen, die sich nicht eindeutig der linken oder der rechten Spalte zuschlagen lassen. Die Auflistung beansprucht auch keine Vollständigkeit. Ich habe nur Wert darauf gelegt, daß die wichtigsten Charakteristika einer mathematisch-allgemeinbildenden Unterrichtskultur, die im bisherigen Text bereits angesprochen wurden, hier wiederkehren.

Die Merkmale in der linken Spalte sind Indikatoren für die angestrebte Unterrichtskultur; ihre Summe ist nicht mit dieser Unterrichtskultur gleichzusetzen. Erst recht lassen sich diese Merkmale nicht in Rezepte ummünzen, deren Anwendung die Realisierung der angestrebten Unterrichtskultur notwendig zur Folge hätte. Mit einiger Plausibilität gilt aber der Umkehrschluß: Ein Unterricht, in dem ein vernünftiger Umgang miteinander und mit den zu verhandelnden "Sachen" kultiviert wird, ein Unterricht, in dem die Lehrenden sensibel sind für mathematische Lernprozesse von Kindern und Jugendlichen, für das Bedürfnis, zu verstehen und im unterrichtlichen Tun Sinn zu sehen, ein solcher Unterricht müßte in der Tendenz eher die links aufgeführten Merkmale erkennen lassen als die aus der rechten Spalte.

Die tabellarische Übersicht dient noch einem weiteren Zweck: Die Hinweise auf die substantielle Bedeutung der Unterrichtskultur für einen allgemeinbildenden Mathematikunterricht, die ich an verschiedenen Stellen der vorliegenden Arbeit gegeben habe, werden noch einmal systematisch sichtbar gemacht. Dazu dienen die acht Spalten in der Mitte der Tabelle: Sieben von ihnen sind den zugrunde gelegten Allgemeinbildungsaufgaben in ihrer mathematikspezifischen Auslegung gewidmet (s. Legende auf der Doppelseite 264f), die achte – optisch abgesetzt – dem Gesichtspunkt "Gewinnung eines angemessenen Mathematikbildes".

Diese letzte, zu den anderen gewissermaßen querliegende Kategorie wurde im Verlauf des bisherigen Textes mehrfach angesprochen, und zwar im Zusammenhang mit der Lebensvorbereitung, der kulturellen Kohärenz, der Weltorientierung und dem kritischen Vernunftgebrauch. Ich zolle diesem Gesichtspunkt aus einem Grund, der im vorausgehenden Unterkapitel erörtert wurde, hier noch einmal besondere Aufmerksamkeit: Das Mathematikbild, das Kinder und Jugendliche während ihrer Schulzeit aufbauen, wird mitgeprägt von den konkreten Erfahrungen, wie im Unterricht mit Mathematik umgegangen wird. Wenn viele Erwachsene in der

Mathematik ein abgeschlossenes, starres System von abstrakten Regeln, seltsamen Symbolen und angsteinflößenden Formalismen sehen, so nicht, weil sie dies jemand *ausdrücklich* gelehrt hätte, sondern weil sie es, aufgrund der Erfahrungen, wie im Unterricht mit Mathematik umgegangen wurde, stillschweigend und unterderhand mitgelernt haben: Ihr subjektives Bild der Mathematik läßt nicht zuletzt als Niederschlag der Unterrichtskultur deuten, an der sie teilhatten.

Abschließend noch eine Anleitung zum richtigen Lesen der Tabelle:

- Die beiden Doppelseiten sind jeweils als Einheit zu betrachten. Insbesondere erfolgte die Aufteilung der sieben plus eins Kategorienspalten in vier linke und vier rechte allein aus drucktechnischen Gründen.
- Die Markierungsquadrate zeigen die grundsätzliche Relevanz der betreffenden Merkmalsdimension für die jeweilige Allgemeinbildungsaufgabe an.
- Die A-Merkmale (A für "allgemeinbildend") sind für die betreffende Aufgabe positiv zu bewerten, die H-Merkmale (H für "herkömmlich") negativ.

Ich erläutere das am Beispiel der Merkmale A11 und H11:

- Große Markierungsquadrate ( ■ ) sind in den Spalten "kV" und "VK" eingetragen. In Worten formuliert: Das "Veröffentlichendürfen" auch unfertiger Gedanken (A11) kommt sowohl der Denkerziehung als auch der Verständigung zwischen den Unterrichtsteilnehmern im allgemeinen zugute. Die Beschränkung auf die Mitteilung von "fertig" Gedachtem (H11) steht beiden Zielen im Wege.
- Kleine Markierungsquadrate ( ▫ ) stehen in den Spalten "Lv", "SI" und "Mb". In Worten: Das "Veröffentlichendürfen" unfertiger Gedanken kann auch für die Lebensvorbereitung und die Entwicklung der Schülerpersönlichkeit bedeutsam sein; und was das Mathematikbild betrifft, trägt es möglicherweise dazu bei, daß Mathematik nicht nur als "Fertiges", sondern auch als "Werdendes" erfahren werden kann. Die Beschränkung auf die Mitteilung von Denk-Ergebnissen hingegen kann sich hemmend auf die Verwirklichung dieser Ziele auswirken.

### 4.6.3 Allgemeinbildende Unterrichtskultur als Vielfalt von Unterrichtskulturen

Die Wege, die sich beschreiten lassen, um die umrißhaft beschriebene allgemeinbildende Unterrichtskultur des Mathematikunterrichts mit Leben zu füllen, sind vielfältig. Durch die beispielhafte Skizze einiger solcher Wege mache ich sinnfällig, daß die Forderung nach Entwicklung einer solchen Unterrichtskultur alles andere bedeutet als eine Normierung, daß ganz im Gegenteil ein weites Feld eröffnet wird für die Konkurrenz von Unterrichtskonzepten, die im Detail höchst unterschiedlich und jedes auf seine eigene Weise interessant und anregend sind.

*Kernideen und Reisetagebücher (Gallin/Ruf)*

Ich beginne mit der kurzen Beschreibung eines Unterrichtskonzepts, das in starkem Kontrast zum herkömmlichen Mathematikunterricht in der Sekundarstufe I steht. Entwickelt wurde es in fast zwanzigjähriger Zusammenarbeit von zwei didaktisch kreativen Schweizer Lehrern, dem Mathematiker Peter Gallin und dem Germanisten Urs Ruf (Gallin/Ruf 1990, 1993a, 1993b, 1995). Es wurde in Volksschul- wie Gymnasialklassen erprobt.

Eine Grundidee der beiden Didaktiker ist, Konzepte des muttersprachlichen Unterrichts – das Erzählen, das Verschriftlichen von Erlebtem und Gefühltem, die genaue Beschreibung sachlicher Zusammenhänge in der Alltagssprache – für das Mathematiklernen fruchtbar zu machen und so dem Phänomen beizukommen, daß Mathematik von vielen Schülern als etwas von ihrer Person völlig Abgespaltenes wahrgenommen wird. Wie Wagenschein versuchen sie, "die singuläre Sprache des Verstehens zum Ausgangspunkt für den langen Weg zur regulären Sprache des Verstandenen" zu machen (Gallin/Ruf 1995, S. 65). Sie betrachten die "fachliche Fremdperspektive", hier des Germanisten, als "Voraussetzung für die Ermittlung der allgemeinbildenden Aspekte des Mathematikunterrichts" (a. a. O., S. 58).

Ich beschränke mich darauf, das praktische Vorgehen von Gallin und Ruf in den Grundzügen knapp zu skizzieren – das Innovationspotential ihres Unterrichtskonzepts läßt sich so am besten nachvollziehen. Weitere theoretische Begründungen, Durchführungsdetails (z. B. die Praxis der Bewertung) und konkrete Unterrichtsbeispiele entnehme man den genannten Veröffentlichungen der beiden Autoren.

Jeder Schüler führt im Mathematikunterricht ein einziges Heft, in dem er seine individuellen Lernerfahrungen dokumentiert, das "Reisetagebuch": "Im Reisetagebuch wird alles fortlaufend notiert, was im Unterricht anfällt: singuläre Nachforschungen, Übungen, Hausaufgaben, Lehrerkommentare und zusammenfassende Theorie. Das Reisetagebuch ist insbesondere der Ort, wo die singuläre Sprache der Lernenden zum Zug kommt." (a. a. O., S. 73) Jeder Schüler fixiert also schriftlich seine ganz individuellen Gedanken zum "Stoff", mit dem er sich auseinandersetzt, einschließlich gefühlsmäßiger Bewertungen und mathematiküberschreitender Assoziationen. Der Lehrer liest regelmäßig die Reisetagebücher jedes Kindes und gibt dazu Rückmeldungen; auch die gegenseitige Lektüre der Eintragungen durch die Schüler wird praktiziert. Der Stoff seinerseits wird jedoch nicht einfach vorgegeben, sondern geht von "Kernideen" aus, mit denen sich die Schüler identifizieren können. Die Kernidee soll "attraktiv, authentisch und handlungswirksam" sein, gleichzeitig darf sie "provisorisch und unpräzis" sein; sie soll aufhorchen lassen und Überblick verschaffen, sie soll "zünden" und die Lernenden zum sachbezogenen Handeln bewegen (S. 67). "Bei dieser ersten Begegnung mit dem Stoff, und darauf kommt es an, wird nicht erklärt, sondern erzählt. Auch hier lernt der Mathematikunterricht von der Literatur. Erklären erzeugt Druck, Erzählen setzt in Freiheit" (S. 67). Gallin und Ruf sprechen von "möglichen Welten des Verstehens", durch die der Lehrer als Erzählender, auf eigene Erfahrungen zurückgreifend, seine Schüler führt. Die Kernidee verdichtet sich sodann, wenn sie erst einmal im Unterricht Fuß gefaßt hat, zu einem Auftrag. Von diesem Auftrag verlangen die Autoren, daß er das "gesamte Begabungsspektrum der Klasse berücksichtigt und intensive Leistungen auf unterschiedlichen Niveaus ermöglicht" (S. 67). Aufträge beziehen sich häufig auf vom Lehrplan vorgegebene Themen, intensivieren aber die Verbindung zur Erfahrungswelt der Kinder. Außerdem sollen sie ein lohnendes Ganzes vor Augen führen und längeres individuelles Arbeiten im Reisetagebuch ermöglichen. Der erste Kontakt mit quadratischen Gleichungen z. B. wird mit einem Arbeitsblatt geschaffen, mit dem die Schüler die Theorie von der quadratischen Ergänzung bis zur Lösungsformel auf eigenem Weg erkunden können (S. 69).

In einem zweijährigen Schulversuch mit insgesamt sieben Schulklassen erzielten die beiden Autoren bemerkenswerte Erfolge. Es gelang ihnen offenbar, mathematisches Interesse, Verständnis und Leistungen vor allem bei schwächeren und mittelmäßigen Schülern zu steigern (vgl. Gallin/Ruf 1991).

Nun ist es schwierig, allein anhand der Schilderung eines Unterrichtskonzepts zu beurteilen, inwieweit es der Forderung nach einer "allgemeinbildenden Unterrichtskultur" gerecht wird (übrigens verwenden Gallin und Ruf den Terminus "Unterrichtskultur" nicht explizit). Jedenfalls lassen sich viele der Merkmale aus Tabelle 1 in ihrem hochgradig individualisierenden Unterrichtskonzept wiederfinden. Insbesondere fast alle "A"-Merkmale, die mit der Stärkung des Schüler-Ichs verknüpft sind (A5 - A11, A13, A14, A20, A21, A24 und A25) oder mit der Anleitung zum kritischen Vernunftgebrauch (zusätzlich zu den bereits genannten A3, A4, A12, A15 - A17), sind für das Unterrichtskonzept von Gallin und Ruf zentral. Auch wenn man darauf verzichtet, beckmesserisch Merkmal um Merkmal durchzugehen, erkennt man, daß dieses Konzept vieles vom Geist einer "allgemeinbildenden Unterrichtskultur" in sich enthält, und zwar auf sehr originelle Weise.

Kritik ließe sich anbringen an dem curricularen Konservativismus von Gallin und Ruf, die sich im großen und ganzen an geltenden Lehrplänen orientieren. Denn auch in der Schweiz offerieren diese eine Variante des international verbreiteten Standard-Curriculum für den Bereich der Sekundarstufe I. Akzente, die m. E. im Blick auf die Lebensvorbereitung und Weltorientierung (sensu Anwendungsorientierung) für einen "allgemeinbildenden Mathematikunterricht" unverzichtbar sind, fehlen deshalb – oder vorsichtiger: sind zumindest nicht ohne weiteres in den Ausführungen der beiden Autoren zu erkennen. Allerdings ist die Unterrichtskultur, die Gallin und Ruf beschreiben, gegenüber einer Einbeziehung dieser Aspekte offen. Die Frage nach der Angemessenheit dieser Unterrichtskultur für einen allgemeinbildenden Mathematikunterricht stellt sich hingegen unabweisbar in einem anderen Punkt: Wird durch die starke Betonung der Einzelarbeit und der schriftlichen Darstellung nicht der kommunikative Austausch in der Lerngruppe zu sehr eingeschränkt? Welche Rolle spielt das verbale Argumentieren gegenüber den Mitschülern, die Auseinandersetzung mit den anstehenden mathematischen Sachverhalten im Unterrichtsgespräch? Gallin und Ruf sind sich dieses möglichen Einwandes gegen ihr Konzept bewußt und betonen, daß die starke Betonung der Schriftlichkeit "keineswegs als Entwertung des mündlichen Diskurses" verstanden werden dürfe: Der mündliche Austausch gewinne, im Gegenteil, auf der Basis individueller Reflexion und Notierung an "Farbigkeit und Dynamik" (1995, S. 73).

Ich lasse die Frage offen, wieweit dieses alternative Konzept eines "allgemeinbildenden Mathematikunterrichts" – mit Ansätzen zu einer sehr eigenwilligen, aber faszinierenden Unterrichtskultur – ein Modell für andere Lehrer abgeben kann. Seine Entstehung ist zutiefst mit der persönlichen Biographie der beiden Autoren und einer in dieser Form unwiederholbaren Zusammenarbeit verwoben. Vielleicht bestünde sogar die Gefahr, daß Versuche einer unmittelbaren Übertragung letztlich auf die Einführung von "Reisetagebüchern" beschränkt blieben, dem am ehesten "hart" zu machenden methodischen Element der Gesamtkonzeption. Durch eine solche Reduktion würde aber der Geist von Gallins und Rufs Vorgehensweise gewiß verfehlt werden, der Charme ihrer unterrichtlichen Bemühungen verlorengehen. Auch in dieser Hinsicht fühlt man sich an Wagenschein erinnert.

Im vorliegenden Zusammenhang scheint mir die Frage der Übertragbarkeit nicht entscheidend. Wichtig war mir zu zeigen, auf wie ungewöhnliche Weise – gemessen an den üblichen Vorstellungen, wie Mathematikunterricht abzulaufen hat – man sich der Verwirklichung einer "allgemeinbildenden Unterrichtskultur" nähern kann.

*Sanfter Mathematikunterricht (Andelfinger)*

Einer der ersten deutschen Mathematikdidaktiker, der bewußt den Begriff der Unterrichtskultur verwendet hat, um die Besonderheit seines Unterrichtskonzepts herauszustellen, ist Bernhard Andelfinger (1989, 1993). Sein Konzept des "sanften Mathematikunterrichts" wurde in Kooperation mit Lehrern entwickelt und ausgestaltet, die aus Unzufriedenheit mit dem herkömmlichen Mathematikunterricht nach Alternativen suchten. Zentral für dieses Konzept ist die Idee der gegenseitigen Aufklärung und das wechselseitige Ernstnehmen von Schülern und Lehrern.

Andelfinger beschreibt, anders als Gallin und Ruf, nicht eine konkrete Vorgehensweise im Unterricht. Er benennt abstrakt eine Reihe von Merkmalen des ihm vorschwebenden "sanften Mathematikunterrichts" und sucht dann nach gelungenen unterrichtlichen Konkretisierungen. In dieser Hinsicht (d. h. vom Abstraktionsniveau her) ist sein Konzept eher mit hier vertretenen Konzept eines "allgemeinbildenden Mathematikunterrichts" zu vergleichen als mit dem von Gallin und Ruf.

Als Ausgangspunkt dient Andelfinger die Gegenüberstellung einer "kartesischen" und einer "gaiatischen" Weltdeutung (von griech. "gaia": "Erde"). Der herkömmliche Mathematikunterricht wird als Ausdruck der ersteren betrachtet, der gesuchte "sanfte" soll letzterer gerecht werden. Der theoretische und ideologische Hintergrund ergibt sich aus ökologisch-alternativem Gedankengut und einer aus diesen Quellen inspirierten grundsätzlichen Zivilisationskritik.[200] Andelfinger kennzeichnet das "gaiatische" und im Kontrast dazu das "kartesische Paradigma, das (auch) als Grundlage technologisch-industrieller Herrschaft über die Welt dient" (Andelfinger 1989, S. 28; auch 1993, S. 4 u. S. 9), indem er ihnen polare "Kategorien, Methoden und Merkmale" zuweist, etwa:

| | | |
|---|---|---|
| – vernetzt-fließgleichgewichtlich | versus | linear-kausal; |
| – erkundend-ausbauend | vs. | schließend; |
| – dialogisch-sensibel | vs. | technisch-instrumentell; |
| – füllig-vielfältig | vs. | reduktionistisch; |
| – fehlerfreundlich | vs. | fehlerfeindlich; |

- subjektiv-verwickelt vs. distanziert;
- mehrdeutig-vielfältig vs. eindeutig-klar; (usw.)

Zusammenfassend definiert er: "Sanfter Mathematikunterricht ist eine Kultur, in der gaiatisches Denken sich mit kartesisch-baconschem Denken offen auseinandersetzen kann. Die Auseinandersetzung muß so erfolgen, daß sie den Grundsätzen von 'Frieden', 'Gerechtigkeit' und 'Bewahrung der Gaia' entspricht." (1993, S. 2)

Zur theoretischen Begründung dieses Konzepts läßt sich einiges kritisch anmerken. Zu untersuchen wäre beispielsweise, ob die in Kapitel 2 vorgebrachten Argumente gegen radikalere Formen einer Ökopädagogik – daß die Schule in ihnen als Vehikel für gesellschaftliche Umlernprozesse instrumentalisiert und damit letztlich überfordert werde – nicht auch hier zutreffen. Weiter lassen sich Zweifel anmelden, ob durch die Polarisierung der Sichtweisen und die Radikalität der geforderten Umorientierung nicht reale Wege zur Veränderung des Schulalltags versperrt werden, zu deren Beschreitung in kleinen Schritten man Lehrer ermutigen könnte und müßte. Doch unabhängig von dieser Kritik läßt sich die Frage stellen, welche konkreten Vorstellungen von einer neuen Unterrichtskultur in Andelfingers Überlegungen zum Ausdruck kommen. Und dann zeigt sich, daß vieles mit dem kompatibel ist, was ich in Abschnitt 4.6.2 als "allgemeinbildende Unterrichtskultur" beschrieben habe. Wenn auch die "A"-Merkmale aus Tabelle 1 nicht alle explizit und mit gleichem Gewicht in Andelfingers Ausführungen auftauchen, gibt es doch keines, das den Charakterisierungen der Unterrichtskultur des "sanften Mathematikunterrichts" widerspräche. Insofern läßt sich dieses Konzept als ein weiteres – und ganz anders als das von Gallin und Ruf geartetes – Beispiel anführen, wie sich die Forderung nach einer allgemeinbildenden Unterrichtskultur mit Leben füllen läßt.

*Weitere Konzepte*

Mühelos ließen weitere Beispiele referieren. Ohne Anspruch auf Vollständigkeit seien wenigstens noch einige angetippt. Dabei mische ich – um die große Spannbreite zu verdeutlichen – bewußt Beispiele unterschiedlichen theoretischen Anspruchs und unterschiedlicher Tragweite. Elemente der von mir beschriebenen allgemeinbildenden Unterrichtskultur finden sich (explizit oder implizit) etwa bei

- Heinrich Winter (1989), der das Konzept des "entdeckenden Lernens" für den Mathematikunterricht zusammenhängend aufgearbeitet hat; schon seine einführende Gegenüberstellung von "Lernen durch Entdeckenlassen" und "Lernen durch Belehren" (a. a. O. , S. 4) läßt eine Reihe von Gemeinsamkeiten mit meiner Gegenüberstellung in Tabelle 1 erkennen;
- Dieter Volk (1995), der sich einem emanzipatorischen Konzept lebensnaher Anwendungen verpflichtet sieht und anhand vieler Beispiele die Unterrichtskultur eines "aufklärungskräftigen" Mathematikunterricht beschreibt;
- Hartmut Spiegel (1989), der aus seinen sokratischen Gesprächen über mathematische Themen mit Erwachsenen erstaunliche Erfahrungen mitteilt, wie sich durch einen ganz anderen Umgang mit Mathematik und ein bedingungsloses

wechselseitiges Ernstnehmen der Gesprächspartner unerwartete Wege zum Verstehen von Mathematik erschließen lassen.

- Martin Winter (1989, 1994, 1995), der mehrfach anhand anregender Unterrichtsverläufe gezeigt hat, daß auch unter den Rahmenbedingungen der Regelschule die mathematische Unterrichtskultur entwickelbar ist; vor allem demonstrieren seine Beispiele aus dem "ganz normalen" Schulalltag überzeugend, wie sehr der Gewinn, den Schüler für sich persönlich aus dem Mathematikunterricht ziehen können, von der verwirklichten Unterrichtskultur abhängt.

Einzelelemente einer allgemeinbildenden Unterrichtskultur, wie sie hier beschrieben wurde, findet man selbstverständlich auch schon bei älteren Autoren, etwa bei Wagenschein, Wittenberg und Freudenthal. Bei diesen mathematikdidaktischen "Klassikern" ist zwar einschränkend festzustellen, daß der sozialen, vor allem der informellen Seite des Unterrichts kein systematisches Interesse entgegengebracht wird. Das ist jedoch nicht verwunderlich, weil ein Großteil der Kenntnisse über das Verwobensein individuellen Lernens mit der Interaktionsstruktur schulischen Unterrichts, auf die wir uns heute stützen können, auf kognitionspsychologische und mikrosoziologische Forschungen der letzten beiden Jahrzehnte zurückgeht. Um so mehr ist anzuerkennen, wie vehement sich die drei genannten Autoren gegen die behavioristisch verkürzenden Lernmodelle ihrer Zeit gestemmt und in ihren didaktischen Konzepten so manches intuitiv vorweggenommen haben, was heute unter aufgeklärten Pädagogen und Fachdidaktikern als *state of the art* gilt.

*Realisationsmöglichkeiten*

Daß die Verwirklichung einer anderen und – im Sinne des hier entwickelten Verständnisses – mehr "allgemeinbildenden" Unterrichtskultur im Mathematikunterricht auf sehr unterschiedliche Weise denkbar ist, mag an den bisherigen Beispielen deutlich geworden sein. Die Idee einer "allgemeinbildenden Unterrichtskultur" normiert nicht, sondern eröffnet Optionen auf eine Vielfalt von im Detail sehr unterschiedlichen Unterrichtskulturen, die sich ihrerseits an unterschiedliche mathematikdidaktische Leitideen und an durchaus verschiedene persönliche Vorlieben und Stärken der Lehrenden und Lernenden anschließen können.

Ähnlich wie bei dem zugrunde gelegten Allgemeinbildungskonzept als ganzem und ähnlich wie bei seiner fachspezifischen Konkretisierung im Konzept eines "allgemeinbildenden Mathematikunterrichts", handelt es sich auch bei dem Entwurf einer "allgemeinbildenden Unterrichtskultur" um einen *pädagogischen Orientierungsrahmen.* Die in diesem Buches zusammengetragenen Charakterisierungen der "allgemeinbildenden Unterrichtskultur" ergänzen und konkretisieren das Konzept des "allgemeinbildenden Mathematikunterrichts" auf der Handlungsebene. Als Elemente eines Orientierungsrahmens geben diese Charakterisierungen im großen eine klare Richtung an, in der die Unterrichtskultur zu entwickeln ist. Im einzelnen hingegen lassen sie für das Unterrichtshandeln viel Freiheit. Schritte in Richtung auf eine neue Unterrichtskultur können deshalb auch von einzelnen Lehrern – besser natürlich von Lehrergruppen – aus ihrer ganz persönlichen Situation heraus getan werden. Die meisten der oben angeführten Unterrichtskonzepte sind aus persönlichen Konstellationen heraus entwickelt und erst anschließend – zum Zwecke der Erfahrungsmitteilung an andere – in geschriebene Worte gefaßt worden.

Viele der in Tabelle 1 aufgelisteten "A"-Merkmale sind geeignet, für kleine Schritte im Unterrichtsalltag als Kompaß zu dienen. Vorsätze, ab morgen alles anders machen zu wollen, münden ohnehin meist vorzeitig in eine resignative Rückkehr zur gewohnten Praxis. Zwischen alter und angestrebter neuer Unterrichtskultur muß es Überlappungen geben – ein Strukturmerkmal aller evolutiven Prozesse, die dann im Endeffekt durchaus zu etwas qualitativ Neuem führen können. Realer Unterricht, auch wenn er im wesentlichen nach herkömmlichen, eingeschliffenen Mustern abläuft, trägt immer Keime zu möglichen Veränderungen in sich, die es aufzuspüren gilt, die sich entwickeln und im Wortsinne "kultivieren" lassen.

Nun sind selbst kleine Schritte nicht unbedingt leichte Schritte. Guter Wille allein reicht nicht. Wer sich als Lehrer vornimmt, seinen bisherigen Umgang mit den Schülern und mit der Mathematik in Richtung auf einzelne Merkmale einer allgemeinbildenden Unterrichtskultur hin zu ändern, muß hinreichend sensibel sein für das, was im Unterricht abläuft, für das, was sich, einer direkten Beobachtung unzugänglich, in den Köpfen seiner Schüler abspielt. Er braucht ein entwickeltes Unterscheidungsvermögen im Blick auf die unterrichtliche Interaktion, ein Sensorium, dessen Ausdifferenzierung und Handhabung im Rahmen der üblichen Lehrerausbildung, solange Fachorientierung und Produktfixierung überwiegen, vernachlässigt wird. Darüber hinaus braucht er ein entsprechendes Handlungsrepertoire, für dessen Ausformung er im Rahmen seiner regulären Ausbildung oft nur wenige Anregungen und Hilfen bekommt. Gewiß, manchen Unterrichtenden fällt es von Anfang an leichter als anderen, das nötige Gespür und hinreichende Empathie aufzubringen, sich mit den Schwierigkeiten ihrer Schüler beim Lernen von Mathematik zu identifizieren und eine Lernumgebung zu gestalten, in der sich ein verstehender Umgang mit Mathematik für fast alle Schüler entfalten kann. Doch den Schülern wie auch einer Mehrzahl der werdenden und praktizierenden Lehrer hilft der Fingerzeig auf pädagogische Naturbegabungen wenig.

Auf das, was im Rahmen der Lehrerbildung getan werden könnte, kann ich hier nicht näher eingehen (vgl. Biehler u. a. 1995). Nur ein Hinweis sei gegeben. Die Integration von Methoden der interpretativen Unterrichtsforschung in die Lehreraus- und -fortbildung scheint angehenden Lehrern Chancen zu eröffnen, zu einer anderen Wahrnehmung des eigenen Handelns im Unterricht vorzustoßen und für Prozesse sensibel zu werden, denen unter dem Handlungsdruck des Unterrichtsalltags nicht genügend Aufmerksamkeit gezollt werden kann (vgl. Bauersfeld 1986, Harten/Steinbring 1991, Jungwirth u. a. 1994). Die Selbstwahrnehmung aus der Fremdperspektive, die durch Video-Feedback und Interpretation von Unterrichtstranskripten ermöglicht wird, bietet Ansatzpunkte, auch verfestigten Selbsttäuschungen über das eigene Unterrichtsverhalten den Boden zu entziehen. Ähnliche Erfahrungen habe ich im Zusammenhang mit Forschungen zu "Subjektiven Theorien" von Mathematiklehrern machen können. Die Sensibilisierung und Änderung der Selbstwahrnehmung bei den Lehrern, die damals mitarbeiteten, schienen mir bisweilen bemerkenswerter als die generalisierbaren Ergebnisse, die sich aus meinen empirischen Untersuchungen ableiten ließen (Heymann 1982, S. 162ff; 1984, S. 108f).

### 4.6.4 Zusammenfassung und Fazit

In welchem Ausmaß Mathematikunterricht allgemeinbildend ist, entscheidet sich erst auf der Handlungsebene. Was an und über Mathematik und ihren Zusammenhang mit der übrigen Welt gelernt wird, hängt in hohem Maße davon ab, wie im Rahmen der unterrichtlichen Interaktion mit Mathematik umgegangen wird. "Allgemeinbildender" Mathematikunterricht bedarf einer entsprechenden Unterrichtskultur, in der soziales und fachliches Lernen nicht voneinander abgespalten sind. In einer solchen Unterrichtskultur ist Raum für die subjektiven Sichtweisen der Schüler, für Fragen nach Sinn und Bedeutung, für Umwege, alternative Deutungen, Ideenaustausch, spielerischen Umgang mit Mathematik und eigenverantwortliches Tun. Kognitionspsychologische und mikrosoziologische Forschungen, die in den letzten beiden Jahrzehnten zu differenzierteren Vorstellungen vom Lernen allgemein und von den Lernprozessen im Mathematikunterricht im besonderen geführt haben, unterstreichen die Bedeutung der genannten Akzentuierungen.

In vielen neueren mathematikdidaktischen Konzepten finden sich Elemente, die mit den hier entwickelten Vorstellungen kompatibel sind. Das Konzept einer allgemeinbildenden Unterrichtskultur stellt, wie auf einer allgemeineren Ebene das zugrunde gelegte Allgemeinbildungskonzept, einen pädagogischen Orientierungsrahmen dar. Als solcher normiert es Unterricht nicht. Es kann durch eine Vielzahl konkreter Unterrichtskulturen ausgefüllt werden, in denen sich situative und institutionelle Besonderheiten wie auch die Individualität der Beteiligten widerspiegeln.

Die bislang noch vorherrschende Unterrichtskultur des herkömmlichen Mathematikunterrichts mit ihren oft starren Interaktionsmustern, ihrem häufig einseitigen, auf Produkte fixierten Mathematikbild, ihrer Ignoranz gegenüber individuellen Unterschieden (Ausnahme: Leistungsunterschiede) der lernenden Kinder und Jugendlichen läßt sich nicht von heute auf morgen in eine "allgemeinbildende" Unterrichtskultur transformieren. Und im realen Mathematikunterricht gibt es selbstverständlich eine Fülle von Zwischenstufen und Übergängen. Änderungen der Unterrichtskultur im Schulalltag sind auf viele kleine Schritte angewiesen, auf einen evolutiven Innovationsprozeß. Außer wissenschaftlicher, d. h. vor allem didaktischer und pädagogischer Aufklärung, außer einer Identifikation der praktizierenden Lehrer mit solchen Zielen bedarf es, auf lange Sicht, günstigerer institutioneller Rahmenbedingungen und einer anders akzentuierten Lehreraus- und -fortbildung.

# 5. Konturen eines allgemeinbildenden Mathematikunterrichts

*Es ist ... schlecht, wie wir zulassen, daß Lehrer die Mathematik unserer Kinder zu schmalen und fragilen Türmen und Ketten formen, statt zu widerstandsfähigen querverbundenen Netzen. Eine Kette kann an jedem Glied zerbrechen, ein Turm kann beim leichtesten Stoß umfallen. ... Weshalb lernen so viele Schulkinder die Mathematik fürchten? Vielleicht teilweise deswegen, weil wir versuchen, ihnen diese formalen Definitionen beizubringen, die entworfen wurden, um zu Bedeutungsnetzwerken zu führen, die so knapp und dünn wie möglich sind. ... Wir sollten ihnen lieber helfen, in ihren Köpfen widerstandsfähigere Netzwerke zu knüpfen.*[201]

Marvin Minsky, 1985

Ausgangspunkt dieses Buches war eine These, die sich durch eine Vielfalt beobachtbarer Phänomene abstützen läßt und der deshalb ein hohes Maß an Plausibilität zukommt: Der übliche Mathematikunterricht an allgemeinbildenden Schulen wird weder für die Zukunft wichtigen gesellschaftlichen Anforderungen noch den individuellen Bedürfnissen und Qualifikationsinteressen einer Mehrzahl der Schülerinnen und Schüler gerecht.

Die Notwendigkeit eines für alle verbindlichen Mathematikunterrichts wird in diesem Buch nicht prinzipiell in Frage gestellt. Aber sie läßt sich nicht allein durch den Hinweis auf den Wert und die Bedeutung der Mathematik als solcher rechtfertigen; insbesondere kann die Mathematik als Wissenschaft keine Antwort auf die Frage geben, welche Mathematik auf welche Weise von allen Heranwachsenden gelernt werden sollte. Für die Auseinandersetzung mit dem angerissenen Fragenkomplex bedarf es eines entschieden *pädagogischen* Standpunktes, eines Standpunktes *außerhalb* des Faches Mathematik.

Um einen solchen Standpunkt zu gewinnen, wurde – unter Bezug auf traditionelle bildungstheoretische Ansätze wie auf die jüngere Diskussion zu Bildung und Allgemeinbildung – ein zeitgemäßes Konzept von Allgemeinbildung ausgearbeitet, das eine differenzierte Vorstellung davon vermittelt, was im Rahmen schulischen Lernens für alle Kinder und Jugendlichen wichtig sein könnte. Die leitende Idee dabei war, dieses Konzept als pädagogischen "Maßstab" heranzuziehen, an dem auch das einzelne Schulfach, in diesem Falle also der Mathematikunterricht, zu messen sei. Denn damit würde sich die weitere Untersuchung unter die Frage stellen lassen: Inwieweit ist der herkömmliche Mathematikunterricht allgemeinbildend im zuvor explizierten Sinne, und wie könnte Mathematikunterricht gestaltet werden, damit er dem Anspruch der Allgemeinbildung besser gerecht wird?

Die Ausarbeitung des Allgemeinbildungskonzepts erfolgte im einzelnen durch die Beschreibung und Begründung sieben zentraler Aufgaben der allgemeinbildenden Schulen, die ich noch einmal stichwortartig nenne: Lebensvorbereitung, Stiftung kultureller Kohärenz, Weltorientierung, Anleitung zum kritischen Vernunftgebrauch, Entfaltung von Verantwortungsbereitschaft, Einübung in Verständigung und Kooperation sowie Stärkung des Schüler-Ichs.

Im Hinblick auf jede dieser Allgemeinbildungsaufgaben wurde gefragt, was der Mathematikunterricht üblicherweise zu ihr beiträgt, welche seiner Merkmale der Erfüllung der betreffenden Aufgabe eher im Wege stehen und schließlich, durch welche innovativen Merkmale ihr der Mathematikunterricht besser entsprechen könne. Von der bestehenden Praxis ausgehend – und unter Einbeziehung aktueller fachdidaktischer Konzeptionen – wurde nach Veränderungsmöglichkeiten Ausschau gehalten, mit dem zugrunde gelegten Allgemeinbildungskonzept als Leitlinie. So ließen sich Schritt für Schritt Konturen eines im Wortsinne "allgemeinbildenden Mathematikunterrichts" herausarbeiten.

Als wichtige Akzente, die ein "allgemeinbildender Mathematikunterricht" im Vergleich zum herkömmlichen Unterricht zu setzen hätte, ergaben sich schließlich die folgenden (dabei komprimiere ich sehr stark und orientiere mich in der Reihenfolge an den zugrunde gelegten Aufgaben der allgemeinbildenden Schulen):

- Unmittelbar lebensnützliche Alltagsaktivitäten wie Schätzen, Überschlagen, Interpretieren und Darstellen sowie die verständige Handhabung technischer Hilfsmittel sollten im Mathematikunterricht aller Stufen, bei steigendem Anspruchsniveau, häufiger und intensiver thematisiert, mathematisch reflektiert und geübt werden. Generell sollte der verbindliche Stoffkanon stärker auf diejenigen Schüler Rücksicht nehmen, die später keinen mathematiknahen Beruf ausüben. (Stichwort: Lebensvorbereitung)
- Zentrale Ideen, in deren Licht die Verbindung von Mathematik und außermathematischer Kultur exemplarisch deutlich wird, sollten als einzelstoff-übergreifende "rote Fäden" dienen und in bestimmten Zusammenhängen auch explizit thematisiert werden – in Verbindung mit aktivem mathematischen Tun und mit Blick auf ihre historische Genese. Zentrale Ideen dieser Art könnten sein: Zahl, Messen, räumliches Strukturieren, funktionaler Zusammenhang, Algorithmus, mathematisches Modellieren. (Stichwort: Stiftung kultureller Kohärenz)
- Es sollten vielfältige Erfahrungen ermöglicht werden, wie Mathematik zur Deutung und Modellierung, zum besseren Verständnis und zur Beherrschung primär nicht-mathematischer Phänomene herangezogen werden kann. Der Enge herkömmlicher Anwendungen der Schulmathematik, die insbesondere in den traditionellen "eingekleideten Aufgaben" deutlich werden, sollte durch einen reflektierteren Umgang mit den betrachteten Problemen begegnet werden. (Stichwort: Weltorientierung)
- Den Schülern sollte genügend Zeit und Gelegenheit gegeben werden, den eigenen Verstand aktiv konstruierend und analysierend einzusetzen, um Mathematik

zu verstehen und sich ihrer zur Klärung fragwürdiger Phänomene bedienen zu können – gleichsam als "Verstärker" ihres Alltagsdenkens. Der Unterricht sollte den Besonderheiten mathematischer Abstraktion und den dadurch bedingten Schwierigkeiten des Mathematiklernens entschiedener Rechnung tragen; von den Lehrenden ist zu bedenken, daß neu zu lernende Mathematik den Schülern häufig als etwas Fremdes und Unbekanntes gegenübertritt, mit dem sie sich nur im aktiven Gebrauch vertraut machen können, als Widerständiges, das bewältigt, als Noch-nicht-Vorhandenes, das erst konstruiert werden muß. Und Mathematik sollte auch in aufklärender Funktion, als Mittel kritischen Denkens erfahren werden können. (Stichworte: Anleitung zum Verstehen, Denken und kritischen Vernunftgebrauch)
- Der unterrichtliche Umgang mit Mathematik ist in vieler Hinsicht entscheidender für die allgemeinbildenden Wirkungen des Mathematikunterrichts als der behandelte Stoff. Im Blick auf die sozialethischen und personbezogenen Aufgaben der Schule, aber auch zugunsten einer angemesseneren Förderung kognitiver Ziele, wäre eine Unterrichtskultur zu entwickeln, in der mehr Raum ist für die subjektiven Sichtweisen der Schüler, für wechselseitige Verständigung über die anstehenden mathematischen Themen, für die produktive Auseinandersetzung mit Fehlern, für Umwege und alternative Deutungen, für lebendigen Ideenaustausch, für spielerischen und kreativen Umgang mit Mathematik, für eigenverantwortliches Tun. Innere Differenzierung und vielfältige Arbeitsformen können helfen, allzu eintönige Ablaufrituale zu durchbrechen und der Unterschiedlichkeit individueller Zugänge zur Mathematik besser gerecht zu werden. (Stichworte: Verantwortungsbereitschaft, Verständigung und Kooperation, Stärkung des Schüler-Ichs)

Keine dieser Forderungen ist für sich betrachtet gänzlich neu. Doch unter Beachtung ihrer vielfältigen Querverbindungen und Vernetzungen, deren Herausarbeitung im vorliegenden Buch besondere Aufmerksamkeit gewidmet wurde, und durch den konsequenten Bezug auf den Gedanken einer zeitgemäßen Allgemeinbildung könnten sie dem schulischen Mathematikunterricht neue Konturen geben.

Für den abendländischen Kulturkreis ist seit der Antike kennzeichnend, daß einer reflektierten und aufgeklärten Daseinsweise im Prinzip eine höhere Wertschätzung entgegengebracht wird als einer unreflektierten. Diese Wertung schlägt sich auch in den Vorstellungen von Bildung und schulischer Allgemeinbildung nieder. Wenn heute von der allgemeinbildenden Schule erwartet wird, daß sie der nachwachsenden Generation grundlegende Fähigkeiten und Fertigkeiten vermittelt, so schließt diese Erwartung die Entwicklung von Reflexionsfähigkeit und die Ausformung eines über die unmittelbaren Alltagsgeschäfte hinausreichenden Vorstellungshorizonts mit ein. Beides ist in unserer so tiefgreifend von Mathematik mitgeprägten Gegenwartsgesellschaft nicht denkbar, wenn die Heranwachsenden nicht zumindest exemplarisch erfahren können, wie das eigene Denken durch die in der Mathematik entwickelten formalen Mittel verstärkt werden kann – indem man sich deren Eigengesetzlichkeit zunutze macht – und wie sich diese formalen Mittel auf die gegenständlich erlebte Welt beziehen lassen. Werden derartige Erfahrungen auf eine Weise ermöglicht, daß die Lernenden sie sich zu eigen machen und in ihre individuellen Weltbilder integrieren können – auf unterschiedlichen intellektuellen Anspruchsniveaus, versteht sich –, leistet schulischer Mathematikunterricht zur allgemeinen Bildung einen wichtigen Beitrag.

Zur Verwirklichung eines im Wortsinne allgemeinbildenden Mathematikunterrichts gehört auf seiten der Lehrenden neben der Begeisterung für ihr Fach auch Bescheidenheit: die Einsicht nämlich, daß Mathematik nicht für alle Schülerinnen und Schüler gleich wichtig sein kann. Meines Erachtens ist es hilfreich, sich ab und zu klar zu machen: Kaum eines der ungelösten Probleme, mit denen wir uns als Menschen im globalen Rahmen konfrontiert sehen (und im privaten Bereich gilt das nicht minder), ist darauf zurückzuführen, daß zu viele von uns zu wenig Mathematik können.

Im Einklang mit der Überlegung, daß die Idee der Allgemeinbildung vermittelt zwischen dem Recht des Einzelnen auf seine Personwerdung einerseits, der allgemeinen Kultur und gesellschaftlichen Notwendigkeiten andererseits, eröffnet das hier entwickelte Konzept einen Horizont pädagogisch begründeter Möglichkeiten. Es umreißt einen Handlungsraum, in dem mögliche Schritte in Richtung auf einen pädagogisch stimmigeren Mathematikunterricht erkennbar werden: auf einen Mathematikunterricht, der einerseits – und zwar in einem höheren Maße, als es gegenwärtig der Fall ist – legitimen gesellschaftlichen Anforderungen entspricht, der andererseits sehr unterschiedlichen Kindern und Jugendlichen gerecht wird und von ihnen mehrheitlich als sinnvoll erfahren werden kann.

# Anmerkungen

1 Whitehead (1962, S. 259).
2 Aus einer Befragung von Studienanfängern für das Primarstufen-Lehramt (Spiegel 1988, S. 5)
3 Von nun an stehen in diesem Buch, solange der Kontext nichts anderes signalisiert, die Begriffe "Schüler" und "Lehrer" (u. ä.) für Personen beiderlei Geschlechts (vgl. auch Plöger 1994).
4 Vgl. als nur ein Beispiel die von Howson (1984) diskutierten Befunde aus dem englischen CSMS-Projekt. Als aktuelles Schlaglicht ein Ergebnis aus einer repräsentativen Umfrage des Bielefelder Emnid-Instituts zum Allgemeinwissen der Deutschen (Der Spiegel, 19. 12. 94, S. 100): Auf die Frage "Was ist preisgünstiger beim Kauf eines Waschmittels, ein 10-Kilo-Paket für 13,99 DM oder ein 3-Kilo-Paket für 3,99 DM, oder sind beide Pakete gleich günstig?" (es durfte schriftlich gerechnet werden) gaben nur 38 % der Befragten die richtige Antwort.
5 Auseinandersetzungen um das Problem schulischer Allgemeinbildung, mit vielen Parallelen zur neueren deutschen Bildungsdiskussion, gab es in den letzten anderthalb Jahrzehnten auch in anderen "westlichen" Industriestaaten. Exemplarisch seien genannt Kirk (1986) [Großbritannien und Australien], Hirsch (1987), Westbury/Purves (1988) [USA], College de France (1987) [Frankreich]; daneben ist – und zwar ähnlich wie in Deutschland weitgehend unabhängig von der allgemeinen Zieldiskussion – in vielen Ländern eine Grundsatzdiskussion über eine Reform des Mathematikunterrichts geführt worden, aus der sich ablesen läßt, daß die Orientierungskrise des Mathematikunterrichts ein international verbreitetes Phänomen darstellt. Wieder nur an ausgewählten Publikationen exemplifiziert: Cockroft u. a. (1982) [Großbritannien], Howson/Wilson (1986) [international], National Council of Teachers of Mathematics (1989), The Journal of Mathematical Behavior (1994), Heft 1 [USA].
6 Daß es immer wieder Ausnahmen gab und gibt (in den letzten Jahren etwa: Plöger 1989, Lohmann 1990, Keck/Köhnlein/Sandfuchs 1990, Meyer/Plöger 1994), setzt die allgemeine Richtigkeit dieser Feststellung nicht außer Kraft.
7 Diese (wertkonservativ auf die Idee der Aufklärung setzende) Grundhaltung macht vielleicht verständlich, weshalb ich mich auf die Postmoderne-Debatte, an der sich in den letzten Jahren viele Pädagogen intensiv beteiligt haben (vgl. z. B. Heft 1/87 der Zeitschrift für Pädagogik), nicht explizit einlasse. Meines Erachtens krankt diese Debatte an einer modisch überzogenen Stilisierung einiger Krisensymptome der (dialektisch fortschreitenden) Modernisierungsprozesse in den Gesellschaften des abendländischen Kulturkreises. Diese Stilisierung überwuchert dann leider auch Reflexionen, die für sich genommen hochinteressant sind. Im Bewußtsein, daß das folgende pointierte Urteil in manchem Einzelfall ungerecht sein mag: Gegenüber drängenden Problemen der Moderne verharrt der postmoderne Theoretiker in der Rolle des intellektuell gewitzten, ästhetisierenden Glasperlenspielers, der am Ende lediglich "besser" zu wissen glaubt als andere, daß man nichts mehr wissen kann (vgl. dazu aus pädagogischer Sicht Göstemeyer 1993; aus soziologischer Sicht: Alheit 1994, besonders S. 127ff).
8 Paulsen (1903, S. 658).
9 Heimann (1962, S. 214).
10 Klafki (1985a, S. 13).
11 Zur Kritik dieser Auffassung vgl. Hansmann (1988).
12 Im vorliegenden Zusammenhang ist es nicht von Bedeutung, ob und inwieweit diesen Grundströmungen, deren globale Charakterisierung ohnehin auf Vereinfachungen angewiesen ist, eine ursächliche Funktion für die Initiierung und Verlauf der Bildungsreform zuzuschreiben ist oder ob sich in ihnen nur Modernisierungsprozesse zeitgeistkonform spiegelten, die aus ganz ande-

ren Gründen in der Gesellschaft abliefen.Tenorth (1988, S. 272) weist auf die Rolle demographischer Faktoren und die sich ändernde Bildungsmotivation in der Bevölkerung als verursachende Faktoren der Bildungsexpansion hin. Ähnlich argumentiert Müller-Rolli (1987, S. 12).

13 Zur Terminologie vgl. Spies (1976, S. 9), grundsätzlicher Mittelstraß (1982, S. 43).

14 Ähnlich äußern sich z. B. H.-G. Roth (1975, S. 32) oder, von einem explizit konservativen Standpunkt aus, Geißler (1977) und Heitger (1979). Vgl. auch Otto/Schulz (1986, S. 58f).

15 Als frühe engagierte Stellungnahmen seien Hentig (1984) sowie verschiedene Beiträge in den Sammelpublikationen "Bildschirm" (Friedrich-Verlag 1985) und Rolff/Zimmermann (1985) genannt. Siehe auch Bussmann/Heymann (1985, 1987).

16 Bei dieser These handelt es sich in gewisser Hinsicht um eine Variante der Autonomiethese der geisteswissenschaftlichen Pädagogik (vgl. Weniger 1975 [1929]).

17 Nach der Beendigung der Ost-West-Konfrontation hat dieser Punkt, angesichts des weltweiten Aufloderns regional begrenzter Kriege und Bürgerkriege, eine andere, aber sicher nicht geringere Bedeutung bekommen: Einerseits ist ein atomarer Holocaust – 1986 noch die Hauptbefürchtung – weniger wahrscheinlich geworden, andererseits wurden seitdem die Ohnmacht und Hilflosigkeit der führenden Industrienationen und der UNO im Hinblick auf notwendige Friedensstiftungsprozesse (Bosnien, Kaukasus, Ruanda, Somalia etc.) erschreckend deutlich.

18 Vgl. etwa Kern/Wittig (1982), Röhrs (1983), Dick u. a. (1986), Heitkämper/Huschke-Rhein (1986), Osthoff (1986), Becker/Ruppert (1987), Dick (1987), Bernhard/Sinhart-Pallin (1989), Buddrus/Schnaitmann (1991), Kleber (1993).

19 Göppel (1991) argumentiert fundiert gegen "eine angstmachende 'Katastrophenpädagogik' oder eine auf Schuldgefühle bauende 'Moralpädagogik'" (a. a. O., S. 26), zu denen die Konzentration auf die existentiellen Gefährdungen der Menschheit leicht führe. Vgl. auch Kahlert (1991) sowie die Kontroverse zwischen Heid (1992) und Krol (1993).

20 Eine Auswahlbibliographie für die Jahre 1978 - 1988 findet sich in Heymann/van Lück (1990, S. 131-154). Als wichtige Publikationen, die Zugänge zur einschlägigen Literatur der letzten Jahre erschließen, sei auf Seibert/Serve (1994) und Tenorth (1994) hingewiesen. – Eine Auszählung auf der Basis der Dokumentation pädagogischer Literatur des Landesinstituts für Schule und Unterricht (LSW) in Soest ergab, nach Erscheinungsjahren aufgeschlüsselt, folgende Verteilung, mit einem deutlichen Gipfel im Jahr 1989 (Stand: Herbst 1994):

| *Jahr* | 78 | 79 | 80 | 81 | 82 | 83 | 84 | 85 | 86 | 87 | 88 | 89 | 90 | 91 | 92 | 93 | 94 | *Summe* |
|---|---|---|---|---|---|---|---|---|---|---|---|---|---|---|---|---|---|---|
| *Anzahl* | 4 | 4 | 13 | 8 | 24 | 17 | 12 | 13 | 52 | 69 | 64 | 86 | 64 | 56 | 34 | 48 | >35 | >600 |

Insgesamt betrug die Anzahl der unter den Begriffen Bildung und/oder Allgemeinbildung in der LSW-Dokumentation verschlagworteten Publikationen fast das Dreifache der angegebenen Zahlen. Gezählt wurden jedoch nur Publikationen, von denen angenommen werden konnte, daß sie Bildung bzw. Allgemeinbildung als zentrale pädagogische Kategorien substantiell thematisieren. Die für den Zeitraum von 1978 bis 1988 berücksichtigten Titel sind in der Auswahlbibliographie von Heymann/v. Lück (1990, S. 131-154) explizit angegeben.

21 Zur Begründung dieser These verweise ich auf die Überlegungen von Leschinsky und Roeder (1976, S. 17ff, insbes. S. 31f), die sich komprimiert mit Ansätzen radikaler Schulkritik auseinandersetzen. Eine fundierte Argumentation findet sich auch bei Tenorth (1994, S. 180ff). – Selbstverständlich impliziert die These nicht, daß, wie in Deutschland, der Staat der (fast) alleinige Träger des öffenlichen Schulsystems sein muß. Doch auch weitgehend autonome Schulen in freier Trägerschaft bedürfen eines gesellschaftlich konsentierten Rahmens, wie die entsprechende Diskussion in den USA und Großbritannien zeigt (Rhyn 1994; vgl. auch Richter 1994).

22 Und die zuletzt beschriebene Situation mündete gewissermaßen, ohne daß zwischenzeitlich eine merkliche Konsolidierung eingetreten wäre, in die Umbruchsituation Ende der achtziger, Beginn der neunziger Jahre ein; Stichworte: Vereinigung Deutschlands mit allen Folgeproblemen, neue Rolle Deutschlands und Westeuropas in einer Welt, die sich nach dem Ende der Ost-West-Konfrontation vielfältigen neuen Krisen ausgesetzt sieht. Sicher auch ein Grund dafür, daß die neue Bildungsdiskussion – wider manche Prognose, es handle sich um eine kurzlebige Modeerscheinung – bis heute nicht abgebrochen ist.

23 Eine Auseinandersetzung mit und Zurückweisung von Fischers Position leistet Tenorth (1990).

24 Der Bericht von Pleines (1987) über die Arbeitsgruppe "Pädagogik und Philosophie" während des 10. Kongresses der DGfE bietet eine Reihe von Beispielen für eine Allgemeinbildungs-Diskussion, die unter dem Deckmantel philosophischer Tiefe ins Esoterische abirrt. Im Rahmen der neuen Bildungsdiskussion wird dann beispielsweise argumentiert: Weil es unmöglich sei zu bestimmen, was heutzutage "das Allgemeine" für alle Menschen sei, seien alle Versuche, eine zeitgemäße Allgemeinbildung zu beschreiben, zum Scheitern verurteilt. So etwa lautet die Quintessenz bei Fischer (1986), dieser Arbeitsgruppe das Einleitungsreferat hielt.

25 Diese Vielfalt wird in den Sammelbänden von Hansmann/Marotzki (1988, 1989) sichtbar.

26 Mittelstraß entwickelt die These, daß neben dem für "technische Kulturen" wie der unseren notwendigen Verfügungswissen, das auf "technischer Rationalität" basiere, in alten wie in modernen Gesellschaften ein Orientierungswissen unabdingbar sei (1982, S. 61f); dieses aber sei im Schwinden begriffen: "Die modernen Industriegesellschaften bieten ... zunehmend, mit der Konsequenz wachsender individueller Glücklosigkeit, nur noch ein (potentielles) Verfügungswissen über Natur und Gesellschaft, kein (universales) Orientierungswissen in Natur und Gesellschaft mehr an; Wissenschaft läßt unter dem gesellschaftlich über sie verhängten Paradigma technischer Rationalität kritische und Orientierungspotentiale degenerieren" (a. a. O., S. 7).

27 Vgl. etwa die Thesen des Bonner Forums "Mut zur Erziehung", abgedruckt in der Zeitschrift für Pädagogik 24 (1978), S. 235 - 240. Eine politische Fehleinschätzung der neuen Bildungsdiskussion scheint mir allerdings vorzuliegen, wenn sie generell als "neokonservativ" abgestempelt wird, wie etwa durch Bracht/Zimmer (1989). Dazu auch Tenorth (1994, S. 2f).

28 Auch die explizit auf innerwissenschaftliche Klärung angelegte zweibändige Sammlung "Diskurs Bildungstheorie" (Hansmann/Marotzki 1988/89), das wohl ehrgeizigste Unternehmen dieser Art, dokumentiert diese Heterogenität eher, als daß sie sie überwindet.

29 Ein gutes Beispiel dafür ist der aktuelle Streit um die Reform der gymnasialen Oberstufe, in dem konservative wie linke Bildungspolitiker auf den Allgemeinbildungsbegriff rekurrieren: Ist für die einen die Abwendung vom traditionellen Fächerkanon gleichbedeutend mit der Preisgabe höherer Allgemeinbildung überhaupt, so ist für die anderen diese Abwendung notwendige Vorbedingung für eine "wirkliche", nämlich nicht elitär ausgrenzende Allgemeinbildung, weil nur die gleichberechtigte Einbeziehung neuer (z. B. beruflicher) Bildungsinhalte einen effektiven Abbau der herkömmlichen Sozialbarrieren gewährleiste.

30 In diesem Abschnitt orientiere ich mich in loser Form an einem gemeinsam mit M. Meyer, Th. Schulze, H.-E. Tenorth und W. v. Lück verfaßten Text (Heymann u. a. 1990).

31 Eine hervorzuhebende Ausnahme stellt die Arbeit von Sühl-Strohmenger (1984) dar, dessen Unterscheidungslinien weitgehend mit denen kompatibel sind, die hier gezogen werden.

32 Ein prominentes Beispiel: Klafki (1985a) beginnt mit Reflexionen zum Bildungsbegriff und leitet recht lapidar zum Allgemeinbildungsbegriff über: "Eine der zentralen Bestimmungen des Bildungsbegriffs der deutschen Klassik und gegenwärtiger, dort anknüpfender bildungstheoretischer Bemühungen besteht darin, daß Bildung als *Allgemeinbildung* ausgelegt wird" (S. 17).

33 Zu diesem Befund kommt eine empirische Untersuchung des Instituts für Demoskopie Allensbach (Bundesminister für Bildung und Wissenschaft 1986c).

34 Erwähnenswerte Ausnahmen: Lohmann (1990), Meyer/Plöger (1994).

35 Schon für den innerwissenschaftliche Diskurs gilt nach Ansicht des Sprachphilosophen v. Savigny (1976, S. 25): "Eine Festsetzung dient der Verständigung nur dann, wenn sie ankommt. Es hat keinen inneren Wert, vor dem staunenden Leser ein Begriffsgerüst aufzubauen, mit dem dieser nichts anzufangen weiß. ... Man gibt einer Wissenschaftssprache keine Regeln, indem man sie hinschreibt und in einer angesehenen Zeitschrift veröffentlicht; die Wissenschaftssprache hat die Regel erst, wenn die Wissenschaftler sich tatsächlich an sie halten." Für den Diskurs zwischen Wissenschaft und Öffentlichkeit ist das Bemühen um Verständlichkeit erst recht zu fordern (vgl. v. Hentig 1972).

36 Am Begriff der Bildung verdeutlicht dieses Phänomen Kade (1983, S. 859).

37 Hier ist nicht der Ort, auf die kritischen Einwände gegen die geisteswissenschaftliche Lehrplantheorie Wenigers einzugehen, die nicht zuletzt von seinen eigenen Schülern vorgetragen wurden (vgl. Dahmer/Klafki 1968). Im vorliegenden Argumentationszusammenhang können sie m. E. vernachlässigt werden.

38 Zu Beginn unseres Jahrhunderts schreibt Friedrich Paulsen (1968 [1911], S. 48) bei einer Erörterung des "vulgären Begriffs der allgemeinen Bildung im Verhältnis zum echten": "Bildung besteht nach dem im allgemeinen Sprachgebrauch laufenden Begriff in dem Besitz eines bestimmten Maßes von Kenntnissen, historischen und naturwissenschaftlichen, sprachlichen und literarischen Kenntnissen; wer sie aufweisen kann, ist ein gebildeter Mann; wer dagegen dies oder das nicht weiß, wer von Homer und den Perserkriegen, von Kopernikus und Darwin nicht gehört hat, wer nicht Französisch versteht, der kann auf Bildung nicht Anspruch machen".

39 Die m. W. einzige empirische Untersuchung zum Gebrauch der Begriffe Bildung und Allgemeinbildung in der deutschen Alltagssprache (Bundesminister für Bildung und Wissenschaft 1986c) beschränkt sich auf die Produktauffassung: Die Probanden werden nach Merkmalen "gebildeter" bzw. "allgemeingebildeter" Personen (aus einer vorgelegten Liste) befragt.

40 Genaugenommen handelt es sich zunächst natürlich nur um das veränderte Selbstverständnis einer geistigen Elite, die über ihre Stellung in der Welt reflektiert.

41 Damit ist auch in etwa der Höhepunkt der Aufklärungsepoche markiert (Blankertz 1982, S. 21ff) und zugleich der Beginn dessen, was aus heutiger Sicht als "Projekt der Moderne" bezeichnet wird (vgl. Schulze 1990b, S. 94).

42 Genaugenommen unterschied Humboldt drei Arten von Unterrichtsfächern: den "gymnastischen" Unterricht (Leibeserziehung), den ästhetischen und den "didaktischen", dem das Hauptgewicht zuerkannt wurde. Der "didaktische" (heute würde man sagen: wissenschaftsbezogene) Unterricht sollte Philosophie und Mathematik umfassen, die Philosophie wiederum Sprache und "historisch-philosophischen" Unterricht, einschließlich des naturwissenschaftlichen. Zu den eigentlichen Hauptfächern des Gymnasiums wurden aber lediglich Latein, Griechisch, Deutsch und Mathematik erklärt, die nach Humboldts Auffassung den geeignetsten Nährboden für die von ihm angestrebte formale allgemeine Bildung darstellten. Humboldt legte seinen Begriff von allgemeiner Bildung also keineswegs enzyklopädisch aus. (Vgl. Blankertz 1982, S. 122ff)

43 Darin nähert er sich dem Bedeutungsspektrum von "general education" und "liberal education" im englischen Sprachraum an.

44 Abgedruckt z. B. in Benden (1982, S. 70 - 75).

45 Einen konzentrierten Überblick geben Leschinsky/Roeder (1981).

46 Bei K. Beck (1987) finden sich methodologische Vorüberlegungen dazu; die Grenzen einer solchen (traditionsignoranten) Operationalisierung sind unübersehbar.

47 Pascal (1987, S. 26).

48 Goethe (1977, S. 282).

49 Russell (1974 [1961], S. 261); in dieser deutschen Übersetzung steht statt "Bildung" das Wort "Erziehung" (für "education"); "Bildung" scheint mir im Kontext der zitierten These treffender.

50 So geht z. B. Sühl-Strohmenger (1984) vor: An eine Darstellung der wichtigsten bildungstheoretischen Ansätze seit dem 2. Weltkrieg schließt sich ein eigener Syntheseversuch des Autors an (S. 303ff). Dieser Syntheseversuch bleibt ein wenig blaß, weil er unter dem Anspruch steht, sich aus den referierten, z. T. von widersprüchlichen Voraussetzungen ausgehenden Theorien abzuleiten, und weil Sühl-Strohmenger in dem Bemühen, diese Widersprüche durch ein ausgewogenes Nebeneinander aufzufangen und auszugleichen, Einzeleinsichten der verschiedenen referierten Autoren von W. Flitner bis H. v. Hentig in zu beliebiger Weise aneinanderreiht.

51 Ein imponierendes Beispiel dafür, wie – in einem Wechselwirkungsprozeß – schulisch vermittelte Qualifikationen selbst zukunftsgestaltend und gesellschaftsverändernd wirken, stellt die Geschichte der Alphabetisierung dar.

52 Als (hier nur kleine) Literaturauswahl: Bundesminister für Bildung und Wissenschaft (1986a), Meisel u. a. (1989), Calchera/Weber (1990), Scheilke (1991), Wilsdorf (1991), Projektgruppe Schlüsselqualifikationen in der beruflichen Bildung (1992).

53 Zu solchen kulturspezifischen Irrtümern ist u. a. der Glaube an die prinzipielle Überlegenheit der eigenen Kultur, Weltanschauung oder Rasse zu zählen, von milden Formen eines Eurozentrismus bis hin zu extremen Zuspitzungen wie der nationalsozialistischen Ideologie.

54 Prägnanter als in vielen wissenschaftlichen Publikationen findet sich diese Kritik in der Satire "Das Säbelzahn-Curriculum" von Peddiwell (Pseudonym des amerikanischen Erziehungswissenschaftlers Benjamin; 1972 [1938]).

55 Dieser Gedanke ist von Philosophen und Pädagogen immer wieder variiert worden. Martin Buber (1969 [1935], S. 42) beispielsweise schreibt: "Der ... zeitgerechte Bildungsbegriff muß auf der Einsicht begründet sein, daß um irgendwo hinzugelangen es nicht genügt, auf etwas zuzugehen, sondern daß man auch von etwas ausgehen muß. Und nun verhält es sich so, daß das 'Auf was zu' von uns selbst ... gesetzt werden kann, nicht aber das 'Von wo aus'."

56 Mead (1973, S. 27) beschreibt "postfigurative Kulturen" wie folgt: "In einer postfigurativen Kultur geht der Wandel so langsam und unmerklich vonstatten, daß die Großeltern sich für ihre neugeborenen Enkel keine andere Zukunft vorstellen können als ihre eigene Vergangenheit. Die Vergangenheit der Erwachsenen ist die Zukunft einer jeden neuen Generation" Moderne Gesellschaften hingegen repräsentieren einen "kofigurativen" Kulturtyp: "Eine kofigurative Kultur ist eine Kultur, ... wo man allgemein die Erwartung teilt, daß die Angehörigen einer Generation ihr Verhalten an dem ihrer Zeitgenossen ... orientieren werden und daß sich ihr Verhalten von dem ihrer Eltern und Großeltern unterscheiden wird ..." (a. a. O., S. 61).

57 Paulsen (1885) folgerte aus seinen schulgeschichtlichen Studien, daß die Schule generell um eine Generation hinter der gesellschaftlichen Entwicklung hinterherhinke, d. h. nach der hier zugrundegelegten Definition überhaupt keine aktuellen Bildungsinhalte vermittle.

58 Um die vorgeschlagene Einteilung operational zu machen, wären noch eine Menge Detailfragen zu klären: Ist ein Inhalt noch der gleiche, wenn er didaktisch-methodisch anders ("moderner") aufbereitet wird? Sind nicht unterschiedliche Lernziele zu berücksichtigen, steht nicht vielleicht – um ein Beispiel zu nennen – Goethes "Erlkönig" für ganz unterschiedliche Inhalte, je nachdem, ob das Gedicht auswendig rezitiert oder interpretiert werden soll? Usw.

59 Ein äußerer Grund für die Kontinuität der schulischen Curricula ist darin zu sehen, daß sich Lehrplankommissionen im Zweifelsfall eher für die konservative Lösung entscheiden: Wenn keine schwerwiegenden Einwände dagegen sprechen, wird an dem betreffenden Inhalt auch für die Zukunft festgehalten.

60 Viele Gemeinsamkeiten mit dem hier vertretenen Konzept einer *reflektierten kulturellen Identität* weist Löwischs (1989, vor allem S. 51ff) Konzept der *Kulturmündigkeit* auf.

61 Eine andere Formulierung dieses Gedankens enthält das Kapitel 3 vorangestellte Russell-Zitat.

62 Als typischer Vertreter einer solchen Fächer- und Wissenschaftsorientierung sei Wilhelm (1982, S. 66ff; 1985, S 143ff) genannt.

63 Das zeigt eine Allensbach-Umfrage von 1985 (Bundesmin. f. Bild. u. Wiss. 1986c, S. 7ff).

64 Viele der im folgenden dargelegten kritischen Argumente gegenüber der Wissenschaftsorientierung finden sich sinngemäß auch bei Menze (1980) und Klafki (1985b).

65 Vgl. als Überblick Gerner (1970). Auch die seinerzeit diskutierten Kategorien des "Klassischen", des "Fundamentalen", des "Repräsentativen" und des "Elementaren" (vgl. Klafki 1964, 1965b) lassen sich der Denkfigur des exemplarischen Prinzips zuordnen.

66 Für eine Renaissance des exemplarischen Prinzips plädiert auch Klafki (1985c).

67 Diese Wortprägung von Wilhelm (1969) gibt die anzupeilende Zielvorstellung m. E. gut wieder, und es läßt sich an ihr auch dann festhalten, wenn man der von Wilhelm selbst bevorzugten Auslegung auf eine "Wissenschaftsschule" hin nicht zu folgen vermag.

68 Unter dem Stichwort "Allgemeinbildung als Grenzüberschreitung" thematisiert Schulze (1990a, S. 30ff) Grenzübergänge, "die aus einem Spezielleren in ein Allgemeineres" führen, als entscheidendes Merkmal einer neuen Allgemeinbildung.

69 Insbesondere konservative Pädagogen weisen auf die Gefahr des Umschlagens von Pluralismus in Halt- und Bindungslosigkeit hin, vgl. etwa die Thesen des Forums "Mut zur Erziehung" (ZfPäd 24 (1978), S. 235 - 240). Allerdings ist die vorgeschlagene Therapie, die Rückkehr zu klar konturierten Weltbildern, sicher keine angemessene Antwort auf das Problem.

70 An diesem, von Klafki 1985 an erster Stelle genannten Problem läßt sich deutlich machen, daß sich Schlüsselprobleme dieser Art nicht kanonisieren lassen: Die dramatische politische Entwicklung in Osteuropa hat zu einer damals kaum vorstellbaren Verschiebung der Prioritäten geführt. Gegenwärtig (1995) würde man die (weiterhin aktuelle) Friedensfrage vorwiegend an den Kriegen in Bosnien, im Kaukasus und verschiedenen Regionen Afrikas erörtern.

71 Die gegenaufklärerischen Tendenzen, die die allmähliche Durchsetzung der allgemeinen Schulpflicht in Deutschland im 19. Jh. begleiteten und auf eine regelrechte Elimination allen kriti-

schen Denkens aus der Schule zielten, erreichten in Preußen einen Höhepunkt mit den Stiehlschen Regulativen von 1854 (vgl. Reble 1971a, S. 262f; 1971b, S. 472).

72 Kant 1968, Bd. VIII, S. 35. Auf die (ebenfalls auf Kant zurückgehende) Unterscheidung von Verstand und Vernunft, die in dem Zitat nicht zum Tragen kommt, gehe ich noch ein.

73 In Wittenbergs (1963, S. 7 u. 16ff) Allgemeinbildungskonzept sind "Wahrheitsliebe" und, korrespondierend, "Wahrheitsverpflichtung" noch zentrale Begriffe.

74 Vgl. etwa die Schriften von Heydorn. Auch bei Blankertz gewinnt in seiner These, daß die Eigenstruktur der Erziehung emanzipativ sei und Bildung deshalb gleichsam mit Emanzipation identisch sei (zugespitzt etwa in Blankertz/Born 1978, S. 42ff), der Emanzipationsbegriff eine alles andere überragende Bedeutung.

75 Daß im Blick den materialen und den formalen Gesichtspunkt schulischer Allgemeinbildung zwischen der Weltorientierung und dem kritischen Vernunftgebrauch Komplementarität zu konstatieren ist, wird auch von anderen Autoren hervorgehoben. Hardörfer (1978) z. B. macht die wechselseitige Ergänzungsbedürftigkeit dieser beiden Pole unter den Stichworten "Denkenlernen" und "Gesamtorientierung" zur Basis seines Allgemeinbildungskonzepts.

76 Vor einem Vierteljahrhundert waren viele Pädagogen überzeugt, daß man marxistische Gesellschaftskritik in diesem Sinne vermitteln müsse (für viele andere: Gamm 1972). Inzwischen hat die (aufklärerische!) Überzeugung, daß der Sachverhalt der Bevormundung oder Indoktrination auch dann vorliegt, wenn der Bevormundende sich im Besitz der besseren Wahrheit glaubt, glücklicherweise wieder an Boden gewonnen.

77 Hentig (1989, S. 316). Ergänzend sei auf seine ausführlichere Auseinandersetzung mit den Themen "Aufklärung" und "Vernunft" aus pädagogischer Sicht hingewiesen, die er unter dem Titel "Die Menschen stärken, die Sachen klären" veröffentlicht hat (Hentig 1985a).

78 Komplikationen, die sich aus der Vermengung dieser Theorieebenen im Radikalen Konstruktivismus ergeben, werden von Nüse/Goeben/Freitag/Schreier (1991) beschrieben.

79 Bezogen auf den Mathematikunterricht gehörten zu den ersten Arbeiten dieser Art Bauersfeld (1978) und Voigt (1984b); als Sammelband mit neueren Arbeiten sei Maier/Voigt (1994) genannt. Diese Forschungsarbeiten haben sich vor allem "mikroanalytischer" Verfahren bedient: Videoaufzeichnungen realen Unterrichts werden transkribiert und einer qualitativ-interpretativen Analyse unterzogen. Als Einführung und Überblick: Maier/Voigt (1991).

80 Im vorliegenden Zusammenhang kann auf die Debatte, die im letzten Jahrzehnt um Sinn und Notwendigkeit einer schulischen Moral- oder Werterziehung wieder neu entbrannt ist, nicht im Detail eingegangen werden. Eine konzentrierte Übersicht über Probleme und Positionen findet sich bei Terhart (1989). – Weil ich im vorliegenden Unterkapitel weitgehend auf explizite Referenzen verzichte, sei angemerkt, daß meine Überlegungen zur schulischen Förderung von Verantwortungsbereitschaft im großen und ganzen mit Kohlbergs Theorie zur Entwicklung der moralischen Urteilsfähigkeit kompatibel sein dürften (vgl. Kohlberg 1981, 1984, 1986).

81 Vgl. dazu Merten (1994), der der häufig leichtfertig in die öffentliche Diskussion geworfenen Behauptung entgegentritt, heutige Kinder und Jugendliche hätten keine Werte mehr.

82 Picht (1969, S. 331) weist dem Verantwortungsbegriff den Status einer ethischen Basiskategorie zu: "Weil es Verantwortung gibt, gibt es Moral und Recht. Aber es ist falsch, wenn man glaubt, daß umgekehrt Moral und Recht von sich aus fähig wären, das Phänomen der Verantwortung zu begründen. Die Reichweite der Verantwortung ist prinzipiell weiter als die Reichweite jeder möglichen Moral und die Reichweite jedes möglichen Rechtes." (Zit. nach Danner 1985, S. 351). – Jonas (1979) hat den Versuch unternommen, eine zeitgemäße "Ethik für die technologische Zivilisation" konsequent auf das "Prinzip Verantwortung" zu gründen.

83 Erich Weniger bezeichnet Bildung als den "Zustand, in dem man Verantwortung übernehmen kann" (1953, S. 138). Klafki (1965, S. 46) stützt seine Überlegungen zu Verantwortung als Bildungskategorie mit einer eindrucksvollen Liste zeitgenössischer Pädagogen ab. – Aus der neueren Bildungsdiskussion verweise ich stellvertretend auf Wilhelm (1985), Danner (1985) und E. E. Geißler (1977, S. 58ff; 1984, S. 276).

84 Im Sinne der Unterscheidung von Max Weber: Vom Standpunkt einer "Gesinnungsethik" sind Handlungen ethisch danach zu beurteilen, wie sie vom Handelnden "gemeint" waren; "verantwortungsethisch" sind sie nach ihren tatsächlichen Folgen zu beurteilen.

85 Für die sittliche Verpflichtung gegenüber den Mitmenschen kann Kants kategorischer Imperativ als noch immer gültige Formulierung betrachtet werden.

86 Vgl. etwa Jonas (1979, insbes. S. 245ff) und Meyer-Abich (1984), dort die Kritik an der Kantischen Auffassung ("Metaphysik der Sitten"), daß der Mensch, nach der bloßen Vernunft zu urteilen, keine andere Pflicht habe als gegen den Menschen (a.a.O., S. 70ff).

87 Anregungen für die praktische Ausgestaltung einer Erziehung zur Verantwortung finden sich in vielen reformpädagogischen Konzepten, etwa bei Kurt Hahn (1958).

88 Eine gründliche Auseinandersetzung mit der gesellschaftlichen Verantwortung von Wissenschaftlern findet sich bei Handschuh (1982).

89 Dieser Einwand wird im Unterschied zu dem vorherigen weniger in der Fachliteratur als von Schulpraktikern vertreten; ich bin ihm öfter in Diskussionen zu meinen Vorträgen begegnet.

90 Dieser Doppelaspekt – Enttäuschungsvermeidung durch scheinbaren Verzicht auf moralische Ansprüche und ein heimliches Nachtrauern, daß man einstige erzieherische Ambitionen im Laufe der Berufspraxis aufgegeben hat – kommt drastisch in folgender Selbstcharakterisierung eines Mathematiklehrers zum Vorschein: "Ich kloppe Stoff in kleine Teufel!"

91 Deshalb ist es so schlimm, wenn Lehrer durch das politische System zu solcher Unwahrhaftigkeit gezwungen werden oder glauben, dazu gezwungen zu sein.

92 Für v. Hentig ist das bei seinem Versuch, die "Schule neu [zu] denken", eine zentrale Forderung, die er zu den "Minima Paedagogica" zählt (Hentig 1993, vor allem S. 216ff).

93 In den traditionellen Entwürfen einer "Erziehung zur Gemeinschaft" und "Erziehung zur Lebensgemeinschaft", wie sie die reformpädagogische Bewegung in Deutschland in großer Zahl und Nuanciertheit hervorgebracht hatte (vgl. etwa Scheibe 1969), schimmerte vielfach ein harmonistisches Gesellschaftsbild durch. Wie sich schmerzlich gezeigt hat, ließen sich derartige Konzepte durchaus vor den Karren einer völkischen Erziehungsideologie spannen.. – Umgekehrt hob man in den sechziger und siebziger Jahren, als man die Entwicklung "sozialer Kompetenz" durch "soziales Lernen" forderte, eher auf Interessendurchsetzung, auf Konfliktaustragung, auf Auseinandersetzung unter emanzipatorischem Anspruch ab. Über dem gesellschaftskritischen Gestus solcher Bemühungen vergaß man bisweilen, daß die gewünschte Demokratisierung auch im Bereich der Erziehungsinstitutionen auf Gegenpole wie Toleranz, Kompromißbereitschaft und Willen zum Konsens angewiesen ist. Das von Prior (1976) herausgegebene Standardwerk zum Sozialen Lernen offenbart die Vereinseitigungen, die sich aus der seinerzeit modischen Überstrapazierung einiger marxistischer Theoreme ergaben.

94 An dieser Stelle läßt sich noch einmal gut verdeutlichen, wie wichtig es ist, zwischen (gesellschaftlichen) Funktionen und (pädagogischen) Aufgaben der Schule zu unterscheiden, zwischen dem Ist und dem Soll schulischer Allgemeinbildung (vgl. allgemein dazu Abschnitt 2.4.6). Es kann vorkommen, daß sich eine gesellschaftlich notwendige *Funktion* in bildungstheoretisch akzentuierter Form als *Aufgabe* wiederfindet – so etwa die in fast allen Schultheorien herausgearbeitete Qualifizierungsfunktion in der hier postulierten Aufgabe der Lebensvorbereitung. Auf der anderen Seite gibt es Aufgaben – wie die Forderung, in Verständigung und Kooperation einzuüben –, die ausdrücklich als Gegengewicht zu einer gesellschaftlich unumgänglichen Funktion der Schule zu verstehen sind, die die entsprechende Funktion "abfedern", humanisieren, ihr pädagogisch gegensteuern.

95 Zu den Problemen und Möglichkeiten einer interkulturellen bzw. multikulturellen schulischen Erziehung vgl. weiterführend Auernheimer (1990), Nitzschke (1982).

96 Die Gründe dafür sind vielfältig. Sie reichen von den institutionellen und bürokratischen Begrenztheiten der gegenwärtigen staatlichen Schulen bis hin zu den zweifellos hohen Anforderungen an Kompetenz, Zeitaufwand und emotionales Engagement, die sie den Lehrern abfordern. Vgl. zu diesem Fragenkomplex Kalb/Petry/Sitte (1990).

97 Der Feststellung, die Weinert/Treiber (1982, S. 8) vor über einem Jahrzehnt trafen, ist auch heute noch nichts Wesentliches hinzuzufügen: "Eine moderne Transfertheorie als psychologisches Kernstück der Lehr-Lern-Forschung ist nicht einmal in Umrissen sichtbar".

98 Ulrich Beck (1986, S. 156) charakterisiert und karikiert moderne Fehlformen von "Selbstverwirklichung" und "Suche nach der eigenen Identität" prägnant: "Die Konsequenz ist, daß die Menschen immer nachdrücklicher in das Labyrinth der Selbstverunsicherung, Selbstbefragung

und Selbstvergewisserung hineingeraten. Der (unendliche) Regreß der Fragen: 'Bin ich wirklich glücklich?', 'Bin ich wirklich selbsterfüllt?', 'Wer ist das eigentlich, der hier `ich` sagt und fragt?', führt in immer neue Antwort-Moden, die in vielfältiger Weise in Märkte für Experten, Industrien und Religionsbewegungen umgemünzt werden. In der Suche nach Selbsterfüllung reisen die Menschen nach Tourismuskatalog in alle Winkel der Erde. Sie zerbrechen die besten Ehen und gehen in immer rascherer Folge neue Bindungen ein. Sie lassen sich umschulen. Sie fasten. Sie joggen. Sie wechseln von einer Therapiegruppe zur anderen. Besessen von dem Ziel der Selbstverwirklichung reißen sie sich selbst aus der Erde heraus, um nachzusehen, ob ihre Wurzeln auch wirklich gesund sind."

99 Eine Auswahl: Mead (1968 [1934]), Nipkow (1960), Erikson (1966), Krappmann (1971), Loevinger (1976), Döbert u.a. (1977), Schweitzer (1985), Kegan (1986), Riedel (1989), Geulen (1989). Eine Übersicht über die neuere Entwicklung im angloamerikanischen Raum, unter Berücksichtigung der "cognitive revolution", bieten Lapsley/Power (1988).

100 Allerdings ist die übliche Rousseau-Rezeption, die nur diese kulturkritische Seite seines Denkens berücksichtigt, einseitig. Rousseau hat neben der "natürlichen" Erziehung auch eine öffentliche Erziehung zum Citoyen konzipiert. Diese konkurrierenden, zum Teil widersprüchlichen Erziehungsideale stehen in seinem Werk einander gegenüber, ohne daß Rousseau selbst einem von ihnen eindeutig den Vorzug gegeben hätte (vgl. Blankertz 1982, S. 72).

101 Eine internationale empirische Untersuchung von Czerwenka u. a. (1990) gibt Hinweise darauf, daß Schulunlust und Schulmüdigkeit unter deutschen Schülern besonders ausgeprägt sind.

102 Vgl. Cohen/Taylor (1977), Rumpf (1976, S. 143ff). Diese Begriffsbildung signalisiert m.E. die Gefahr einer Vergegenständlichung der traditionellen Begriffe "Person" und "Individualität": Wenn etwas zum Gegenstand von "Arbeit" gemacht wird, wird versucht, darüber manipulierend zu verfügen (vgl. auch die Rede von zu leistender "Beziehungsarbeit"): Mit dem Wort "Arbeit" assoziiert man "Ärmel hochkrempeln und das Problem in Ordnung bringen". – Generell sind die interaktionistischen Identitätstheorien wegen ihres Hangs kritisiert worden, durch Überbewertung des Rollenhandelns das Selbst sozial aufzulösen, ihm "Phantomartigkeit" zu unterstellen, und bei Beurteilung lebensgeschichtlicher Ereignisse einem "Wertrelativismus" zu huldigen (vgl. Brumlik 1989, S. 775, und seine Auseinandersetzung mit Krappmann 1971).

103 Vgl. Rumpf (1981, 1983, 1987), Fauser/Fintelmann/Flitner (1990).

104 Genau dieses Problem war einer der Streitpunkte in der instruktiven Auseinandersetzung über eine zeitgemäße Allgemeinbildung zwischen Wilhelm (1985) und Hentig (1985b). Während Wilhelm mit großem Nachdruck die Notwendigkeit einer (und dann möglichst der von ihm selbst vorgeschlagenen) Kategorisierung der "Vorstellungswelt" verteidigt, widerspricht dem Hentig, und ich schlage mich auf seine Seite, wenn er betont: "Also nicht mit dem Kosmos der Wissenschaften anfangen (was ja auch die Inhaltsprobleme nicht löst) und ihnen dann einzeln ihre bildende Funktion zuweisen, sondern die 'Funktionsziele' ... angeben und dann sehen, woran sie am besten zu erfüllen sind" (Hentig 1985b, S. 163).

105 Selbst ein pädagogisch so engagierter Mathematik-Didaktiker wie Freudenthal tut sich schwer mit der notwendigen Distanz zum eigenen Fach, wenn er betont, "daß auch die anderen, die Mathematik niemals anwenden werden, Mathematik lernen sollen, weil sie sie nötig haben, um ganz Mensch zu sein" (Freudenthal 1973, S. 70).

106 Goethe (1977, S. 308).

107 Nach einer persönlichen Aufzeichnung des Autors.

108 Zitiert nach "Der Spiegel" 41, 1991, S. 352.

109 Zur Illustration sei noch einmal auf Anmerkung 4 verwiesen.

110 Diese Konvergenz läßt sich als wichtiges Argument gegen berechtigte Kritik an den anzuführenden Untersuchungen ins Feld führen: Jede dieser Untersuchungen weist für sich genommen methodische Mängel auf, die ins Gewicht fallen würden, stünde sie für sich allein. So sind z. B. Abnehmer- und Arbeitsplatzbefragungen problematisch, weil Aussagen über mathematische Qualifikationsanforderungen in bestimmten Berufen von eigenen Erfahrungen der Befragten mit dem tradititonellen Bildungssystem, von gesellschaftlichen Relevanzeinschätzungen sowie subjektiven Meinungen beeinflußt werden und diese Einflüsse nicht ohne weiteres kontrolliert werden können.

111 Unveröffentlicht. Als Berufe waren vertreten: selbständige Buchhändlerin, Rechtsanwalt, Facharzt, Sozialpädagogin, Bibliothekarin, selbständiger Unternehmer, angestellter Betriebswirt, Pfarrer, Vikarin, Ingenieur grad.

112 Bei dieser Auflistung lasse ich bewußt die Schulaufgabenhilfe bei den eigenen Kindern außer acht. Andernfalls würde man in einen argumentativen Zirkel geraten.

113 Das ist deshalb bemerkenswert, weil in weiten Bereichen der beruflichen Praxis der werkzeughafte Gebrauch von Mathematik nur selten eine Rolle spielt: In der Regel wird, sobald für berufliche Problemlösungen kompliziertere Mathematik erforderlich wäre, diese Mathematik arbeitsteilig auf andere Funktionsebenen (z. B. mathematisierende Maschinen) ausgelagert. – Für deren Kontrolle wird Mathematik wieder eher als *Medium* denn als *Werkzeug* gebraucht.

114 Von Bardy (1985, S. 45f) genannte Aspekte, die für mathematische Curricula an Berufsschulen zu berücksichtigen seien, gehen in eine ähnliche Richtung.

115 Dabei bleibe dahingestellt, wieweit das im herkömmlichen Musikunterricht tatsächlich gelingt. Einen vernünftigen "allgemeinbildenden" Unterricht zu konzipieren und zu realisieren, dürfte insgesamt gesehen im Fach Musik nicht leichter sein als im Fach Mathematik.

116 Diese Grundkurskonzeption deckt sich weitgehend mit dem niederländischen "Wiskunde A"-Programm. Während "Wiskunde B" den gymnasialen Leistungskursen in Deutschland entspricht, ist "Wiskunde A" konzipiert "for the pre-university students (16-18) in The Netherlands. This curriculum is meant for those students who are not heading for a study in exact science like math or physics but who need mathematics as a tool, for instance in social sciences, psychology, economics, biology , etc." (Kindt/Lange 1986, S. 14 u. Lange/Kindt 1984). Der Begriff "tool" umfaßt hier übrigens Mathematik als "Kommunikationsmedium".

117 Damerow (1980, S. 78) karikiert dieses Defizit, indem er möglichen Umsetzungen eines Lernziels aus den hessischen Rahmenrichtlinien nachgeht ("Die Begriffe einelementige Menge und leere Menge anwenden können"). Er fragt: "Gibt es denn eine sinnvolle Anwendung dieser Begriffe außerhalb eines strikt mengentheoretisch aufgebauten, mathematischen Systems? Ist etwa mit 'anwenden' hier das Anwenden in so spaßigen Aufgaben wie der folgenden gemeint, die ich einem Lehrbuch für die Hauptschule entnommen habe: 'Gib die Elemente an der Menge der Schüler deiner Klasse, die länger als 3 m sind!' Soll ich die Begriffe eine Tages anwenden, indem ich in einen Laden gehe und sage: 'Bitte geben Sie mir eine einelementige Menge Batterien, zu Hause habe ich nur eine leere Menge Batterien!' "

118 Die fachdidaktische Literatur bietet dazu eine Fülle von Konzepten und Beispielen, auf die ich hier nicht eingehe. Einen interessanten Ansatz zur Einbeziehung der Mathematikgeschichte verfolgt z. B. H. N. Jahnke (1995); ich denke allerdings, daß sich sein Ansatz aufgrund des hohen intellekuellen Anspruchs nur für einen Teil der Schüler fruchtbar machen läßt.

119 Der Artikel von Schweiger (1992) erschien, als ich die erste Fassung des vorliegenden Unterkapitels gerade abgeschlossen hatte. Weil Schweiger von einer nicht primär bildungstheoretischen Fragestellung ausgeht und keine Synthese der dargestellten Ansätze versucht, habe ich seinen Artikel nicht systematisch, sondern nur sporadisch berücksichtigt.

120 Diese Forderungen zeigen deutliche Berührungspunkte mit drei Kriterien, die Schreiber (1983, S. 69) als Ergebnis einer Auseinandersetzung mit dieser Thematik präsentiert: Die gesuchten Ideen – er nennt sie "universell" – sollen sich auszeichnen durch "(1) Weite (logische Allgemeinheit)"; "(2) Fülle (vielfältige Anwendbarkeit und Relevanz in mathematischen Einzelgebieten)"; "(3) Sinn (Verankerung im Alltagsdenken, lebensweltliche Bedeutung)".

121 Gay/Cole (1967) untersuchten Kinder des Kpelle-Stamms in Liberia, Lancy (1983) und Lean (1986) Papuas in Neu-Guinea, Harris (1980) australische Eingeborene, Closs (1986) und Pinxten (1983) amerikanische Indianerstämme.

122 Der Begriff ist, wie er hier gemeint ist, nur schwer durch einen einzelnen deutschen zu übersetzen; die konkrete Bedeutung von "locate" ist "Lage bestimmen" oder "Grenzen abstecken".

123 Auch "entwerfen" gibt das Bedeutungsspektrum von "design" nur unvollkommen wieder; im englischen Wort schwingt die Vorstellung des "Konstruierens" und "Gestaltens" mit.

124 "Begründen" ist im vorliegenden Kontext der Übersetzung "Erklären" vorzuziehen.

125 Natürlich können im Mathematikunterricht durchaus mathematische oder mathematikähnliche Errungenschaften nichtabendländischer Kulturen thematisiert werden – aber letztlich dient eine

solche Thematisierung wieder der kontrastierenden Verdeutlichung, der Illustration oder Erläuterung bestimmter Züge der abendländischen Mathematik.

126 Ich zitiere im folgenden aus der deutschen Übersetzung durch A. Wittenberg von 1962. Der Originalartikel "The Mathematical Curriculum" ist in einer 1929 erschienenen Aufsatzsammlung "The Aims Of Education And Other Essays" abgedruckt und geht auf eine Rede aus dem Jahre 1913 zurück (vgl. Vorbemerkung von Wittenberg in Whitehead 1962, S. 258).

127 Daß Whitehead diese Unterscheidung trifft, ist bemerkenswert: Die gemeinsam mit B. Russell verfaßten und 1913 publizierten "Principia Mathematica" stellen eines der tiefgründigsten und auch für Mathematiker nur schwer lesbaren Werke der mathematischen Weltliteratur dar.

128 Im Originaltext steht hier "liberal education" – die Übersetzung mit "allgemeiner Bildung" oder auch "Allgemeinbildung" scheint mir bei Berücksichtigung des Kontextes voll angemessen (im Unterschied zu den Skrupeln des Übersetzers Wittenberg, vgl. seine Fußnote a.a.O., S. 259f).

129 Inhaltlich sind hier deutliche Berührungspunkte mit dem Reformprogramm Felix Kleins auszumachen, der ja dem "funktionalen Denken" eine zentrale Stellung einräumte, sich für die Behandlung physikalischer Anwendungen aussprach und für die Verankerung der Infinitesimalrechnung in den gymnasialen Lehrplänen kämpfte. Es ist möglich, daß Whitehead die Vorstellungen Kleins kannte, die in die "Meraner Beschlüsse" (1905) eingeflossen waren.

130 Wie fortschrittlich Whitehead denkt, zeigt sich allerdings hier: "Ein sehr begrenztes Studium statistischer Methoden und ihrer Anwendung auf soziale Erscheinungen bietet tatsächlich eines der einfachsten Beispiele der Anwendung algebraischer Ideen" (a.a.O., S. 264).

131 Geistige Nähe und wechselseitige Wertschätzung kennzeichnen das Verhältnis von Wagenschein und Wittenberg. Gemeinsamkeiten sind zu sehen im Eintreten für einen exemplarischen und genetischen Unterrich, in der Ablehnung eines fachlichen Spezialismus und einer den Schülern "von außen" übergestülpten, vorwiegend fachlich begründeten Systematik, sowie in der pädagogischen Skepsis gegenüber der sich abzeichnenden strukturmathematisch akzentuierten Reform des Mathematikunterrichts ("Neue Mathematik"). Lenné (1969, S. 54ff) sah sich aufgrund dieser Affinitäten berechtigt, die "Didaktik Wittenbergs und Wagenscheins" als in sich hinreichend homogene Richtung der Mathematikdidaktik derjenigen der "Traditionellen Mathematik" und der "Neuen Mathematik" gegenüberzustellen. Die Unterschiede sollten jedoch auch nicht vernachlässigt werden: Wittenberg begründet systematischer als Wagenschein seine didaktischen Einsichten und Anregungen mit bildungstheoretischen Erwägungen.

132 "Wenn in diesem Buche vornehmlich von der Erfüllung dieser Pflicht an den Begabtesten die Rede war, so darf dies die übrigen Kinder nicht vergessen machen. Im Gegenteil; unserer Untersuchung kommt nicht zuletzt auch diese exemplarische Bedeutung zu: am Beispiel des Unterrichts für die Begabtesten die Sorgfalt aufzuzeigen, mit der jeglicher Unterricht in seinen Zielen und seiner Durchführung zu durchdenken ist." (Wittenberg 1963, S. 271)

133 Lörcher (1976) fand bei einer Auszählung der Spezialtermini in damals gängigen Mathematikbüchern für das 5. und 6. Schuljahr, daß die Zahl der für den Mathematikunterricht neu zu lernenden "Vokabeln" größenordnungsmäßig der für den Fremdsprachenanfangsunterricht ähnelt.

134 M. E. spricht vieles dafür, daß Bruner als Nicht-Mathematiker in diesem Punkt von strukturmathematisch ausgerichteten Mathematikern, die er als Experten befragt hat, auf eine falsche Fährte gelockt worden ist. Denn er kommt im "Prozeß der Erziehung" später noch einmal auf sein Algebra-Beispiel zurück: "Um behaupten zu können, daß die Elementarbegriffe der Algebra auf den Grundbegriffen der kommutativen, distributiven und assoziativen Gesetze beruhen, muß man ein Mathematiker sein, der imstande ist, die Grundlagen der Mathematik zu beurteilen und zu verstehen" (S. 32). Der (für heutige Leser) naheliegende Gedanke, daß der pädagogische Psychologe Bruner ("Struktur lernen, heißt lernen, wie die Dinge aufeinander bezogen sind", S. 22) und der befragte Strukturmathematiker unter "Struktur" etwas Unterschiedliches verstanden haben könnten, ist Bruner offenbar nicht gekommen – ein Mißverständnis, das in Varianten die gesamte Geschichte der "Neuen Mathematik" in der Schule begleitet.

135 Der Begriff "Archetyp" wird von Schweiger (1992, S. 207) zur Charakterisierung fundamentaler Ideen verwendet. Eines der von ihm vorgeschlagenen Kriterien lautet: "Eine fundamentale Idee ist ein Bündel von Handlungen, Strategien oder Techniken, die ... in Sprache und Denken des Alltags einen korrespondierenden sprachlichen oder handlungsmäßigen Archetyp besitzen".

136 Es handelt sich um eine Veröffentlichung des *National Research Council* des *Mathematical Sciences Education Board*, die die auf breite Einflußnahme hin konzipierten Bücher "Curriculum and Evaluation Standards" (National Council of Teachers of Mathematics 1989) und "Everybody counts" (Mathematical Sciences Education Board 1989) flankiert.

137 Den Modellbegriff verwende ich im Sinne von Stachowiak, der in seiner Explikation, für die er sowohl den alltäglichen wie auch den wissenschaftlichen Sprachgebrauch berücksichtigt, Modellen generell drei Merkmale zuschreibt (1973, S. 131ff): (1) "Modelle sind stets Modelle von etwas, nämlich Abbildungen, Repräsentationen natürlicher oder künstlicher Originale, die selbst wieder Modelle sein können" (Abbildungsmerkmal); (2) "Modelle erfassen im allgemeinen nicht alle Attribute des durch sie repräsentierten Originals, sondern nur solche, die den jeweiligen Modellerschaffern und/oder Modellbenutzern relevant erscheinen" (Verkürzungsmerkmal); (3) "Modelle sind ihren Originalen nicht per se eindeutig zugeordnet. Sie erfüllen ihre Ersetzungsfunktion a) für bestimmte – erkennende und/oder handelnde, modellbenutzende – Subjekte, b) innerhalb bestimmter Zeitintervalle und c) unter Einschränkung auf bestimmte gedankliche oder tatsächliche Operationen" (pragmatisches Merkmal).

138 Auch innerhalb der Mathematik kann der Modellbegriff mit Vorteil verwendet werden: So stellt die "Zahlengerade" ein geometrisches Modell der ganzen, rationalen oder reellen Zahlen dar, lassen sich in der Bruchrechnung "Tortenmodelle" einsetzen, läßt sich der Vektorraum der Ortsvektoren als Modell des euklidischen Raumes deuten, usw. Die Querverbindungen, die sich so innerhalb der Schulmathematik stiften lassen, repräsentieren in vielen Fällen auch Querverbindungen zwischen den zuvor betrachteten zentralen Ideen.

139 Etwa: Becker u.a. (1979, 1983), Weber (1980), Burscheid (1980), Blum (1985), Winter (1985), Kaiser-Meßmer (1986, 1989), Schupp (1988), Blum u.a. (1989), Blum/Niss/Huntley (1989), Austin (1991), Mason/Davis (1991), Niss u.a. (1991), Blum (1993), Volk (1995).

140 Zitiert nach Schupp (1988, S. 5). Schupp zufolge tritt noch 1922 der Deutsche Ausschuß für den mathematischen und naturwissenschaftlichen Unterricht für eine stärkere Berücksichtigung des "Wirklichkeitswertes" der Mathematik ein und fordert, daß "der Schüler den Gesamteindruck einer ... für viele andere Wissenszweige und die Verhältnisse des praktischen Lebens verwendbaren Wissenschaft erhält" (zitiert nach Schupp 1988, S. 6).

141 Die Richertschen Richtlinien für die Höheren Schulen Preussens von 1925 warnen, das eigentliche Rechnen dürfe nicht unter den Einlassungen in die Sache leiden (vgl. Schupp 1988, S. 6).

142 So z. B. das Nichtabbrechen der Primzahlfolge (Wagenschein 1965, S. 102ff), Satzgruppe des Pythagoras (Wittenberg 1963, S. 128ff).

143 Außer entsprechenden Beiträgen in Fachzeitschriften (Der Mathematikunterricht, mathematik lehren, mathematica didactica, Der Mathematisch-Naturwissenschaftliche Unterricht, Didaktik der Mathematik, Mathematik in der Schule) verdient die MUED (Mathematik-Unterrichts-Einheiten-Datei) Beachtung als Initiative engagierter Mathematiklehrer, die sich besonders für die Behandlung gesellschaftlich relevanter Anwendungen einsetzt (MUED 1994a/b; Kontakt- und Versandadresse: MUED e. V., Bahnhofstr. 72, 48301 Appelhülsen).

144 Immer mehr Autoren neigen einem integrativen Standpunkt zu. Schupp (1988, S. 13) z. B. erklärt Anwendungsorientierung zu einer notwendigen Komponente jeden Mathematikunterrichts, damit "sich der Schüler in den grundlegenden, ebenso wichtigen wie häufigen Bereichen des täglichen Lebens, wo einfache mathematische Modelle weiterhelfen, sicher bewegen kann (materiales Ziel); er eine Ausstattung erhält, die ihn späterhin befähigt, sich auch in komplexen Situationen sinnvoll zu verhalten (formales Ziel); er schließlich eine stimmige Auffassung von Wesen, Leistung und Grenzen mathematischer Methoden hat (wissenschaftstheoretisches Ziel)". Diese drei Ziele lassen sich den drei genannten Zielbündeln zuordnen.

145 Siehe vorletzte Anmerkung.

146 Schupp (1988, S. 14) zieht aus seinen Erfahrungen mit der praxisnahen Entwicklung eines Curriculums "Stochastik in der Hauptschule" den Schluß, daß man den "besonderen Schwierigkeiten dieser Schulform ... durch Reduktion des Komplexitätsgrades von Situationen und Modellen und nicht durch Verzicht auf Einsicht begegnen sollte".

147 Vermutlich hält sich der Glaube an dieses Lernmodell gerade unter Mathematiklehrern so hartnäckig, weil es scheinbar durch eigene Erfahrung bestätigt wird: Die Inhalte des mathemati-

schen Standard-Curriculums sind für die Lehrer zum festen, unverlierbaren "Besitz" geworden. Daß dieses aus subjektiver Sicht "sichere Verfügen" an die Voraussetzung gebunden ist, daß Lehrer über ihr ganzes Berufsleben hinweg diese Inhalte immer wieder neu auffrischen, wird dabei meist nicht bedacht: Das eigene mathematische Wissen wird fälschlicherweise statisch statt dynamisch interpretiert. Die Schwierigkeiten, die viele Mathematiklehrer haben, sich auf für sie *neue* Inhalte einzustellen, zeigt sich z. B. am zögerlichen Aufgreifen stochastischer Themen. Deshalb ist eine gewisse Fluktuation der Inhalte des mathematischen Schulcurriculums sogar pädagogisch wünschenswert: Lehrern wird so die Chance eröffnet, an sich selbst einmal wieder die Unsicherheit, die Zweifel, die Blockaden zu erleben und zu reflektieren (vielleicht angeleitet durch sensible Lehrerfortbildung?), die für viele Schüler gang und gäbe sind.

148 Vgl. die allgemeindidaktische Literatur zur Projektmethode, stellvertretend Frey (1982), Gudjons (1989), Emer (1991); zum Mathematikunterricht: Münzinger (1977), Volk (1995). Viele der interessanteren Unterrichtsvorschläge für den Mathematikunterricht, etwa durch die MUED oder die Laborschule Bielefeld, setzen einen projektartigen Unterricht voraus.

149 Eine 1994 erstmals erprobte Unterrichtseinheit zum Thema "Stadtpläne und Landkarten" wurde z. B. für den Mathematik- bzw. sozialwissenschaftlichen Unterricht (in den das Fach Erdkunde integriert ist) der Doppeljahrgangsstufe 5/6 entwickelt (Eulenstein 1994).

150 Im fünften Buch der "Gesetze" schreibt er: "Denn es gibt kein einziges Lehrfach für die Jugend, das ... so wichtig wäre wie die Übung im Rechnen. Der wesentliche Nutzen dabei ist aber der, daß es die schlummernde und unwissende Seele weckt und sie gelehrig, gedächtnisstark und scharfsinnig macht, dergestalt, daß sie auch trotz widerstrebender Naturanlage dank dieser vom Himmel stammenden Kunst vorwärts schreitet" (Platon 1916, S. 172).

151 Zwischen 1793 und 1796 notierte er: "Die Mathematik ist eine gar herrliche Wissenschaft, aber die Mathematiker taugen oft den Henker nicht. Es ist fast mit der Mathematik, wie mit der Theologie. So wie die der letztern Beflissenen, zumal wenn sie in Ämtern stehen, Anspruch auf einen besondern Kredit von Heiligkeit oder eine nähere Verwandtschaft mit Gott machen, so verlangt oft der so genannte Mathematiker für einen tiefen Denker gehalten zu werden, ob es gleich darunter die größten Plunderköpfe gibt, die man nur finden kann, untauglich zu irgendeinem Geschäft, das Nachdenken erfordert, wenn es nicht unmittelbar durch jene leichte Verbindung mit Zeichen geschehen kann, die mehr das Werk der Routine, als des Denkens sind." (Lichtenberg 1971, S. 433)

152 Vgl. etwa den Bericht von Jungwirth (1993, S. 214) über eine jüngere Umfrage zur Einstellung Erwachsener zur Mathematik: Von 413 Personen, die an mathematikhaltiger Weiterbildung teilnahmen, stimmten 76% dem Statement zu, daß Mathematik ein Denktraining darstelle, das logisches und exaktes Denken entwickele. Im Vergleich dazu hielten nur 55% der gleichen Personengruppe Mathematik für nützlich im Alltag.

153 Über Nachfolgeuntersuchungen, in denen die Ergebnisse der Ausgangsstudie in ihren wesentlichen Teilen stets repliziert werden konnten, berichten u.a. Lochhead (1980), Mestre/Lochhead (1983), Cooper (1986), Franke/Wynands (1991). Kommentare und theoretische Erörterungen des Phänomens finden sich bei Fischer/Malle (1985, S. 33ff), Philipp (1992), Gardner (1993, S. 202ff) und Malle (1993, S. 93ff).

154 So teilen Franke und Wynands (1991, S. 682) bei Neuntkläßlern, die eine vergleichbare Aufgabe lösen sollten, die folgenden Mittelwerte für den Prozentsatz richtiger Lösungen mit (nach Schultypen getrennt): Gymnasium: 26% (N = 224); Realschule: 17% (N = 210); Gesamtschule: 10% (N = 52); Hauptschule 8% (N = 99).

155 Malle (1993, S. 93ff) gibt einen informativen Überblick über unterschiedliche Deutungen des "Rosnick-Clement-Phänomens". Dort finden sich auch weitere Literaturhinweise (über die oben genannten Titel hinaus) und Belege für die gute Replizierbarkeit des Phänomens.

156 Andere Arten des Verstehens, z. B. das zwischenmenschliche "Verstehen" oder das allgemeine Sprachverstehen, sollen hier ausgeklammert bleiben.

157 Vgl. etwa Skemp (1976), Backhouse (1978), Haylock (1982), Herscovics/Bergeron (1983), Resnick u. a. (1987), Maier (1988, 1991, 1994), MacGregor (1991), Stern (1992), Hiebert/Carpenter (1992), Vollrath (1993), Sierpinska (1994).

158 B. Smith 1975, S. 10ff; Schoenfeld 1989, S. 100ff, u. 1992; Maier 1991; MacGregor 1991.

159 Beide theoretischen Sichtweisen bringen Probleme mit sich, die ich hier in äußerster Knappheit andeute. Die repräsentationstheoretische Sichtweise überspringt das Problem, daß die als extern postulierten Strukturen letztlich selbst wieder nur über interne Repräsentationen (etwa der Wissenschaftler) kommunizierbar gemacht werden können; in empirischen Forschungsarbeiten dieser Richtung wird dann quasi die Allwissenheit des Forschers unterstellt, der die rekonstruierten kognitiven Strukturen der Lernenden mit der ihm bekannten "Wirklichkeit" vergleicht (vgl. etwa Stern 1992). Darüber hinaus geht bei der Abbildung der Wissensstrukturen in Begriffsnetze der dynamische Charakter des Verstehens, das Sprunghafte und Fließende kognitiver Aktivitäten, allzu leicht verloren. – Unter der konstruktivistischen Sichtweise werden die genannten Probleme vermieden. Dafür handelt man sich m. E. ein anderes ein, wenn dem verstehenden Individuum "Sinnkonstruktion" zugeschrieben wird (z. B. Maier 1991, S. 55; Bauersfeld 1993, S. 245 – eventuell werden die Mißverständnisse nur durch eine verkürzende *Sprechweise* erzeugt): Das Erleben von Sinn (oder von Verstehen ) ist nicht direkt beeinflußbar. Die Rede vom sinnkonstruierenden Individuum verleitet zu der Vorstellung, das Individuum könne willkürlich Sinn für sich herstellen. Das jedoch widerspricht der Alltagserfahrung – z. B. der lernender Schüler, die sich vergeblich bemühen, den Sinn einer mathematischen Aussage zu ergründen. – In dem wohl interessantesten neueren deutschen Projekt zur Erforschung von Verstehensprozessen im Unterricht wird explizit versucht, die genannten Theoriestränge als komplementäre Sichtweisen aufeinander zu beziehen (Maier 1988, 1991, 1994).

160 Vgl. die der Einleitung dieses Buches vorangestellte Aussage einer Lehrerstudentin (S. 7).

161 All das impliziert natürlich nicht, daß ich im Aufstellen solcher formal hingeschriebenen Regeln einen Sinn sehe! Eine deprimierend-eindringliche Szene aus dem alltäglichen Unterricht, die zeigt, wie sich die formale Beherrschung von Rechengesetzen gegenüber sinnhaftem Zahlenrechnen verselbständigen kann, schildert M. Winter (1994).

162 In der Grundschuldidaktik ist das Erfinden von "Rechengeschichten" zu arithmetischen Ausdrücken durchaus gängig. Beispiele für "Umkehraufgaben" (und überhaupt für denkanregende "divergente" Aufgaben) bis in die Sekundarstufe II hinein finden sich bei Herget (1993).

163 Als ein Plädoyer für Kontinuitätsannahme läßt sich Wittenberg (1963, S. 68 u. passim) lesen.

164 Die Terminologie ist nicht einheitlich: Wagner (1959, S. 179) spricht beispielsweise im Anschluß an Kant von regulativen Prinzipien (nach Müller 1985, S. 205), Polya (z.B. 1962, 1963, 1980) von "Methoden (plausiblen und demonstrativen) Schließens", Bauer (1978) von "allgemeinen mathematischen Prozessen". Gemeinsam ist, daß es in allen Fällen um geistige Aktivitäten geht, die einerseits nicht unmittelbar an bestimmte Inhalte gebunden scheinen, andererseits "mehr" umfassen als lediglich logisches Schließen.

165 Auch "mathematisch begabtere" Personen können bei zunehmenden intellektuellen Anforderungen durch die anzueignende Mathematik in Situationen geraten, in denen sich Brücken zur vertrauten Erfahrungswelt (die ja die "verstandene" und mit Einsicht beherrschte Mathematik mit umfaßt) nicht mehr schlagen lassen. Da im üblichen Mathematikstudium auf den expliziten Brückenbau zu Vorerfahrungen in elementarer Mathematik (geschweige zu nicht-mathematischen Vorerfahrungen) noch viel radikaler verzichtet wird als im Schulunterricht, zweifeln dann auch junge Männer und Frauen, die sich bislang für mathematisch begabt gehalten haben, an ihren Fähigkeiten und darüber hinaus am Sinn des Studienfachs, das sie zunächst aus inhaltlichem Interesse gewählt hatten. Eindrucksvolle Belege für solche Zweifel finden sich in von Fischer/Malle (1985, S. 325ff) mitgeteilten Selbstzeugnissen von Mathematikstudenten.

166 Eine regelrechte Wagenschein-Renaissance zeigt sich in dem Projekt "Lehrkunstdidaktik" von Berg (1990). Vgl. auch Hentig 1989; Vollrath 1989; Ramseger 1991, S. 162ff; Redeker 1993.

167 Sinngemäß zieht sich diese Forderung durch das gesamte Werk Wagenscheins. Besonders prägnant kommt sie außer in den im Text genannten Veröffentlichungen bei Wagenschein (1965, S. 419 u. 1970, S. 175ff) zum Ausdruck.

168 Vgl. Zimmermann (1991). Vor allem in der US-amerikanischen Mathematikdidaktik wird "problem solving" häufig als Leitvorstellung für den Mathematikunterricht angeführt, vgl. etwa Polya (1980), Schoenfeld (1989, 1992) und, als besonders repräsentative und einflußreiche Publikation, die "Curriculum and Evaluation Standards" des National Council of Teachers of Mathematics (1989). Für Australien vgl Stacey (1991).

169 Vgl. dazu insbesondere Winter (1989), der sich seinerseits mehrfach auf Wagenschein bezieht und das sokratische (a. a. O., S. 12ff, S. 24f), in gewisser Hinsicht auch das genetische Lehren (S. 74) als Voraussetzungen des entdeckenden Lernens diskutiert.

170 Eine heute noch lesenswerte Zusammenstellung und Diskussion wichtiger Einwände gegen Wagenscheins (und Wittenbergs) Didaktik findet sich bei Lenné (1969, S. 62ff); ein Teil von Lennés Argumentation ist heute als zeitgebunden zu erkennen. Bemerkenswert sind der hohe Stellenwert, den Lenné, ein Mitarbeiter Robinsohns, der zweckrationalen Effektivierung des Unterrichts gibt (vgl. seine Zeitbudget-Einwände gegen Wagenscheins Beispiel zum "Nicht-Abbrechen der Primzahlreihe", S. 64f), und der große Optimismus, mit dem er auf empirische Untersuchungen als Mittel zur Klärung aller noch ungelösten didaktischen Probleme setzt.

171 Aus diesem Grunde hat es im vorliegenden Text seinen systematischen Ort bei der Behandlung des Enzyklopädismus-Problems gefunden. Wagenschein hat in späteren Veröffentlichungen das exemplarische Prinzip dem genetischen untergeordnet (vgl. 1975, S. 4 u. 55ff).

172 Diese Grundidee wird häufig vom Gestrüpp unterschiedlichster Ausdifferenzierungen des genetischen Prinzips so sehr überwuchert, daß ich es für wichtig halte, sie in dieser Einfachheit freizulegen. Ich abstrahiere von allen Überlegungen, ob und in welchem Ausmaß sich genetischer Unterricht an der historischen Entwicklung der betreffenden Wissenschaften zu orientieren habe, wieweit er "didaktisch vereinfachen" dürfe usw. Für all diese Fragen sei auf die Spezialliteratur verwiesen, die z. B. bei Schubring (1978) nachgewiesen und diskutiert wird.

173 Roth (1966, S. 116; [1949]) beschreibt hier nicht explizit das "genetische" Prinzip, sondern das Prinzip der "originalen Begegnung"; in dem Aspekt, den das Zitat beleuchtet, kann man die Unterschiede zwischen den beiden Prinzipien vernachlässigen.

174 Möglicherweise hat Wagenschein seine Erfolge als Lehrer u. a. der Tatsache zu verdanken, daß er seinen Unterricht intuitiv auch auf der informellen Ebene denkfördernd zu gestalten verstand. Das würde auch erklären, weshalb seine Unterrichtsvorschläge so "unwiederholbar" erscheinen: Das explizit von ihm Berichtete stellt nur einen Teil des Unterrichtsganzen dar!

175 Auf diesen Punkt weist bereits Lenné (1969, S. 66) hin.

176 Zur Unterscheidung von Orientierungs- und Verfügungswissen im Anschluß an Mittelstraß (1982, S. 7) vgl. Anmerkung 26.

177 Im neuen nordrhein-westfälischen Lehrplan für die Gesamtschule, der gegenwärtig erarbeitet wird, wird als organisierendes Prinzip nicht mehr die herkömmliche schulmathematische Systematik, sondern eine (relativ freie) Folge beziehungsreicher Themen zugrunde gelegt, die eine curricular-spiralige Auseinandersetzung mit wichtigen mathematischen Begriffen erlaubt.

178 Einige dieser Tendenzen werden zu Zeit im neuen nordrhein-westfälischen Gesamtschul-Lehrplan umgesetzt (vgl. vorangehende Anmerkung).

179 Anregende Beispiele finden sich bei Krämer (1991), Köhler (1992) und Dewdney (1994).

180 Diskussionen mit Schülern könnten sich in der Sek II z. B. auf Davis/Hersh (1986) stützen.

181 "Im Prinzip" ist selbstverständlich nicht als Empfehlung zu interpretieren, sich auf derartig einfache Beispiele zu beschränken. Aufwendige und auch mathematisch anspruchsvolle Projekte sind begrüßenswert, wenn Voraussetzungen für ihre Durchführung gegeben sind. Im Zweifelsfall dürfte es jedoch wichtiger sein, die kleinen Anlässe für kritischen Vernunftgebrauch aufzuspüren oder herbeizuführen und konsequent zu nutzen.

182 Zitiert nach "Der Spiegel" 41, 1991, S. 352. Das Beispiel findet sich inzwischen sogar im neuen nordrhein-westfälischen Lehrplan für das Gymnasium, als eines von vielen Beispielen für Klassenarbeitsaufgaben, in denen nicht nur das Beherrschen einer Technik abgeprüft wird, sondern ein denkender und kritischer Umgang mit der gelernten Mathematik im Vordergrund steht (Kultusministerium des Landes Nordrhein-Westfalen 1993, S. 75).

183 Neue Westfälische (Bielefeld), Ausgabe vom 5. 9. 1994, S. 1 bzw. 2.

184 Diese Spannung ist auch in den naturwissenschaftlichen Fächern zu spüren, die sich wie das Fach Mathematik primär einem "objektiven" Sachanspruch verpflichtet sehen. Da Mathematik mit relativ hoher Stundenzahl unterrichtet wird, sind hier die Folgen eventuell gravierender.

185 Dieser Begriff, der auf Herbart zurückgeht (1965 [1806], S. 22 [A2]), ist seit Beginn der 80er Jahre häufig als Leitformel in Richtlinien und Lehrpläne eingeflossen und dabei teilweise erheblichen Fehlinterpretationen ausgesetzt worden, wie Ramseger (1991) aufzeigt.

186 Maier (1991, S. 118; 1994, S. 7ff) spricht vom "gemeinsam erarbeitenden Mathematikunterrichts", wobei er den Akzent geringfügig anders setzt.

187 In vielen anderen Fächern ergibt sich ein ähnliches Bild: Hage u. a. (1985) ermittelten bei der Untersuchung von 181 Unterrichtsstunden bei 81 Lehrern im Deutsch-, im gesellschaftskundlichen und im naturwissenschaftlichen Unterricht der Sek I an Gymnasien einen Anteil des Frontalunterrichts von über 75 %, des Unterrichtsgesprächs von fast 50 % (nach Meyer 1987, S. 60f); Lukesch/Kischkel (1987) referieren eine Reihe empirischer Untersuchungen von 1965 bis 1985, in denen der beobachtete Anteil des Frontalunterrichts zwischen 60 % und knapp 90 % liegt. In einer eigenen Studie (Deutsch, Englisch, Mathematik und Physik am Gymnasium) kommen sie zu einer Abschätzung des Frontalunterricht-Zeitanteils von über 75 %.

188 Zudem vermute ich aufgrund meiner Erfahrungen mit Lehrern, daß diejenigen, die ihren fragend-entwickelnden Unterricht mit didaktischem Geschick und Gespür für ihre Schüler gestalten, häufig genau die sind, die öfter die Sozialform wechseln und auch nicht-lehrerzentrierte Unterrichtsphasen einplanen. Wenn das so ist, besteht wenig Hoffnung, daß das quantitative Übergewicht des Frontalunterrichts häufig durch hohe didaktische Qualität kompensiert wird.

189 Der Begriff "Unterrichtskultur" wurde seinerzeit noch nicht verwendet, trifft aber gut das Gemeinte, da er sowohl die Interaktionsstruktur als auch das durch den gemeinsamen Umgang mit der Mathematik indirekt und zum Teil unbeabsichtigt Mitgelernte thematisiert.

190 Gute Überblicke findet man bei Liebau/Huber (1985) und Huber (1990, 1991a, 1991b).

191 Auch Nolte-Fischer (1989), der auf die in vielem vergleichbare Hochschulsozialisation der Naturwissenschaftslehrer eingeht, greift auf die älteren Arbeiten von Bürmann, Reiss und Liebau/Huber zurück. Neuere Arbeiten, die aber eher auf eine Erhebung des Ist-Zustandes als auf sozialisationstheoretische Ursachen-Analysen zielen, gibt es zu Einstellungen, subjektiven Theorien und berufsbezogenen Kognitionen. Stellvertretend sei die Untersuchung von Tietze (1990) zu Gymnasiallehrern genannt, die manche der nachfolgend berichteten Trendaussagen stützt.

192 Es sei zumindest erwähnt, daß es innerhalb der Hochschulmathematik Ansätze gibt, das zu ändern. Rudolf Wille versucht mit seinem Konzept einer "Allgemeinen Mathematik" die gesellschaftliche Isolierung der Mathematik aufzubrechen und in der hochschulmathematischen Lehre neue Akzente zu setzen. Vgl. etwa Wille (1995).

193 Ich werde nie vergessen, wie der Betreuer meiner mathematischen Staatsexamensarbeit, mit dem ich über eine didaktische Frage diskutieren wollte, mir entgegenhielt: "Machen Sie sich nichts vor. Die Schüler wollen nicht Ihre pädagogische Liebe, die wollen Ihr Wissen!"

194 Die gegenwärtig vorliegende Forschung zum Thema "Frauen und Mathematik" berücksichtigt diese Fragestellung noch nicht in hinreichendem Ausmaß (vgl. Jungwirth 1994b).

195 Vgl. dazu auch Anmerkung 165.

196 Diese Feststellung gilt weitgehend unabhängig davon, wie Mathematik ansonsten charakterisiert wird: als "Mittel mit Gebrauchswert für den Einzelnen/die Einzelne", als "esoterische Lehre", als "Rechenkasten im Dienste der Allgemeinheit" oder als "logisch einwandfreies Denkgebäude" (Jungwirth 1994a, S. 77f, faktorenanalytisch interpretierte Umfrage unter Erwachsenen). – Eine Tendenzwende signalisieren möglicherweise Ergebnisse einer Umfrage zu den "mathematischen Weltbildern" bei Studienanfängern in den Fächern Mathematik und Chemie (Törner/Grigutsch (1994): Gegen die Erwartung der Forscher bekannten sich etwa 70 % der Studenten dazu, in Mathematik nicht nur ein System, sondern auch einen Prozeß zu sehen, der mit Ideen, Begriffen und Zusammenhängen zwischen Begriffen zu tun hat.

197 54 % der von Brückner u. a. befragten Gymnasiasten sehen in der Mathematik ein "denkbar ungeeignetes Fach für Schüler, die gern diskutieren" (Brückner u. a. 1983, S. 229).

198 Vgl. als Erfahrungsbericht eines Lehrers Meisner (1995). Allgemein: Nickson (1992, S. 109f).

199 Da diese Beispiele in Frankreich gesammelt wurden, läßt sich nicht alles auf deutsche Verhältnisse übertragen; der Mathematikunterricht in Frankreich weist vielfach noch stärker als hierzulande Züge eines traditionellen Paukunterrichts auf.

200 Ein ähnlicher Ansatz findet sich in den Arbeiten von Hartmut Köhler (z. B. 1993), ohne daß es meines Wissens bisher zu einem nennenswerten Austausch oder gar einer Zusammenarbeit zwischen ihm und Andelfinger gekommen wäre.

201 Minsky (1990 [1985], S. 193).

# Literaturverzeichnis


Adorno, Theodor W.: Kritik. Kleine Schriften zur Gesellschaft. Frankfurt/M. (Suhrkamp) 1971.

– Studien zum autoritären Charakter. Frankfurt/M. (Suhrkamp) 1973.

– Theorie der Halbbildung. In: Pleines, Jürgen-Eckhardt (Hrsg.): Bildungstheorien. Freiburg (Herder) 1978 [1962], S. 89–99.

Alexy, Robert: Theorie der juristischen Argumentation. Frankfurt/M. (Suhrkamp) 1978.

Alheit, Peter: Zivile Kultur. Frankfurt/M. (Campus) 1994.

Andelfinger, Bernhard: Sanfter Mathematikunterricht. In: Andelfinger, Bernhard/Schmitt, Hans (Hrsg.): Sanfter Mathematikunterricht – Bildung in der ökologischen Krise. Papenburg (Tagungsbericht, werkstatt: schule + mathe-gesprächskreis aurich) 1989, S. 23–43.

– Sanfter Mathematikunterricht. Bildung in der EINEN WELT. Ulm (werkstatt: schule) 1993.

Auernheimer, Georg: Zur Bedeutung der Perspektive für einen demokratischen Bildungsbegriff. In: Demokratische Erziehung 5 (1979), S. 190–200.

– Einführung in die interkulturelle Erziehung. Darmstadt (Wiss. Buchgesellschaft) 1990.

Austin, Joe Dan (Hrsg.): Applications of Secondary School Mathematics. Reston, VA. (National Council of Teachers of Mathematics) 1991.

Backhouse, John K.: Understanding School Mathematics – A Comment. In: Mathematics Teaching (1978), Heft 82, S. 39–41.

Baethge, Martin: Qualifikation – Qualifikationsstruktur. In: Wulf, Christoph (Hrsg.): Wörterbuch der Erziehung. München (Piper) 1974, S. 478–484.

Baireuther, Peter: Konkreter Mathematikunterricht. Bad Salzdetfurth (Franzbecker) 1990.

Ballauff, Theodor: Funktionen der Schule. Köln/Wien (Böhlau) [2]1984.

– Pädagogik als Bildungslehre. Frankfurt (Haag + Herchen) 1986.

Bardy, Peter: Mathematische Anforderungen in Ausbildungsberufen. In: Ders. u. a. (Hrsg.): Mathematik in der Berufsschule. Essen (Girardet) 1985, S. 37–48.

Baruk, Stella: Wie alt ist der Kapitän? Über den Irrtum in der Mathematik. Basel (Birkhäus.) 1989.

Bauer, Ludwig: Mathematische Fähigkeiten. Paderborn (Schöningh) 1978.

Bauersfeld, Heinrich: Kommunikationsmuster im Mathematikunterricht. In: Ders. (Hrsg.): Fallstudien und Analysen zum Mathematikunterricht. Hannover (Schroedel) 1978, S. 158–170.

– Hidden dimensions in the so-called reality of a mathematics classroom. In: Educational Studies in Mathematics 11 (1980), S. 23–41.

– Subjektive Erfahrungsbereiche als Grundlage einer Interaktionstheorie des Mathematiklernens und -lehrens. In: Ders. u. a.: Lernen und Lehren im Mathematikunterricht. (Untersuchungen zum Mathematikunterricht, Bd. 6) Köln (Aulis) 1983, S. 1–56.

– Warum Interaktionsanalysen in didaktischer Forschung und Lehrerfortbildung? In: Ders. u. a. (Hrsg.): "Habt ihr das immer noch nicht kapiert?" – Fachspezifische Interaktionsanalysen für Schule und Unterricht. Kassel (Hess. Instit. f. Lehrerfortbildung) 1986, S. 10–19.

– Mathematische Lehr-Lern-Prozesse bei Hochbegabten – Bemerkungen zu Theorie und möglicher Förderung. In: Journal für Mathematik-Didaktik 14 (1993), Heft 3/4, S. 243–267.

– /Krummheuer, Götz/Voigt, Jörg: Interactional Theory of Learning and Teaching Mathematics and related Microethnographical Studies. In: Steiner, Hans-Georg/Vermandel, A. (Hrsg.): Foundations and Methology of the Discipline Mathematics Education. Antwerpen (University of Antwerp) 1988, S. 174–188.

Beck, Klaus: Allgemeinbildung als Objekt empirischer Forschung. In: Heid, Helmut/Herrlitz, Hans-Georg (Hrsg.): Allgemeinbildung (21. Beiheft der Zeitschrift für Pädagogik). Weinheim/Basel (Beltz) 1987, S. 41–49.

Beck, Ulrich: Risikogesellschaft. Frankfurt/M. (Suhrkamp) 1986.
– Gegengifte. Frankfurt/M. (Suhrkamp) 1988.
Becker, Egon/Ruppert, Wolfgang (Hrsg.): Ökologische Pädagogik – pädagogische Ökologie. Frankfurt/M. (Verl. f. Interkulturelle Kommunikation) 1987.
Becker, Gerhard u. a.: Anwendungsorientierter Mathematikunterricht in der Sekundarstufe I. Heilbrunn (Klinkhardt) 1979.
– Neue Beispiele zum anwendungsorientierten Mathematikunterricht in der Sekundarstufe I. Heilbrunn (Klinkhardt) 1983.
Becker, Hellmut: Bildung für die Welt von morgen. In: Becker, Hellmut (Hrsg.): Auf dem Weg zur lernenden Gesellschaft. Stuttgart (Klett-Cotta) 1980, S. 313–332.
Belmont, John M. u. a.: To Secure Transfer of Training Instruct Self-Management Skills. In: Detterman, Douglas K./Sternberg, Robert J. (Hrsg.): How and How Much Can Intelligence Be Increased? Norwood, N.J. (Ablex) 1982, S. 147–154.
Benden, Magdalene (Hrsg.): Ziele der Erziehung und Bildung. Bad Heilbrunn (Klinkhardt) [2]1982.
Bender, Peter: Umwelterschließung im Mathematikunterricht durch operative Begriffsbildung. In: Der Mathematikunterricht 24 (1978), Heft 5, S. 25ff.
Berg, Hans Christoph (Hrsg.): Lehrkunst. In: Neue Sammlung 30 (1990), Heft 1.
Bernhard, Arnim/Sinhart-Pallin, Dieter (Hrsg.): Bildung für Emanzipation und Überleben. Weinheim (Deutscher Studien Verlag) 1989.
Biehler, Rolf u. a. (Hrsg.): Mathematik allgemeinbildend unterrichten: Impulse für Lehrerbildung und Schule. Köln (Aulis) 1995.
Bishop, Alan J.: Mathematical Enculturation. Dordrecht (Kluwer) 1988.
Blankertz, Herwig: Bildungsbegriff. In: Dahmer, Ilse/Klafki, Wolfgang (Hrsg.): Geisteswissenschaftliche Pädagogik am Ausgang ihrer Epoche – Erich Weniger. Weinheim (Beltz) 1968, S. 103–113.
– Theorien und Modelle der Didaktik. München (Juventa) [2]1969.
– Geschichte der Pädagogik. Von der Aufklärung bis zur Gegenwart. Wetzlar (Büchse der Pandora) 1982.
– /Born, Wolfgang: Auf dem Wege zu einem (Minimal-)Konsens in der Didaktik. In: Born, Wolfgang/Otto, Gunter (Hrsg.): Didaktische Trends. München (Urban & Schwarzenberg) 1978, S. 26–47.
Blum, Werner (Hrsg.): Anwendungen und Modellbildung im Mathematikunterricht. Beiträge aus dem ISTRON-Wettbewerb. Hildesheim (Franzbecker) 1993.
– u. a. (Hrsg.): Applications and Modelling in Learning and Teaching Mathematics. Chichester (Ellis Horwood) 1989a.
– u. a. (Hrsg.): Modelling, Applications and Applied Problem Solving. Teaching Mathematics in a Real Context. Chichester (Ellis Horwood) 1989b.
– /Sträßer, Rudolf: Mathematics Teaching in Technical and Vocational Colleges – Professional Training versus General Education. (Occasional Paper 132) Bielefeld (IDM) 1992.
Bodenheimer, Aron R.: Warum? Von der Obszönität des Fragens. Stuttgart (Reclam) 1984.
Borovcnik, Manfred u. a.: Mathematik in der beruflichen Praxis. (Schriftenreihe Didaktik der Mathematik, Bd. 5; Univ. Klagenfurt) Wien/Stuttgart (Hölder-Pichler-Tempsky/Teubner) 1981.
Bracht, Ulla/Zimmer, H.: Die neokonservative Allgemeinbildungsdiskussion und die Erziehungswissenschaft. In: König, Eckard/Zedler, Peter (Hrsg.): Rezeption und Verwendung erziehungswissenschaftlichen Wissens in pädagogischen Entscheidungsfeldern. Weinheim 1989, S. 229–250.
Brezinka, Wolfgang: Von der Pädagogik zur Erziehungswissenschaft. Weinheim/Basel (Beltz) 1971.
Brückner, P. u. a.: Motivation und Einstellung zum Beruf des Gymnasiallehrers im Fach Mathematik und in den naturwissenschaftlichen Fächern. In: Brämer, Rainer/Nolte, Georg (Hrsg.): Die heile Welt der Wissenschaft. Marburg (Redaktionsgemeinschaft Soznat) 1983, S. 209–236.
Brumlik, Micha: Interaktionismus, Symbolischer. In: Lenzen, Dieter (Hrsg.): Pädagogische Grundbegriffe, Bd. 1. Reinbek (Rowohlt) 1989, S. 764–781.
Bruner, Jerome S.: The Process of Education. New York (Vintage) 1960.

– Der Prozeß der Erziehung. Berlin (Berlin-Verlag) 1970 [1960].
– Entwurf einer Unterrichtstheorie. Berlin (Berlin-Verlag) 1974.
Buber, Martin: Reden über Erziehung. Heidelberg (Schneider) 1969 [1935].
Buddrus, Volker/Schnaitmann, Gerhard W. (Hrsg.): Friedenspädagogik im Paradigmenwechsel. Allgemeinbildung im Atomzeitalter. Weinheim (Deutscher Studien-Verlag) 1991.
Bundesminister für Bildung und Wissenschaft (Hrsg.): Schlüsselqualifikationen und Weiterbildung. Bad Honnef (Bock) 1986a.
– (Hrsg.): Bildung heute. Bedeutung und Anerkennung in der Gesellschaft. (Schriftenreihe Studien zur Bildung und Wissenschaft, Bd. 29) Bad Honnef (Bock) 1986c.
Bürmann, J.: Der "typische Naturwissenschaftler", ein intelligenter Versager? In: Brämer, R. (Hrsg.): Fachsozialisation im mathematisch-naturwissenschaftlichen Unterricht. Marburg 1977, S. 33–61.
Burscheid, Hans Joachim: Beiträge zur Anwendung der Mathematik im Unterricht. In: Zentralblatt für Didaktik der Mathematik 12 (1980), Heft 2, S. 63–69.
Bussmann, Hans/Heymann, Hans Werner: Bildung mit dem Computer – LOGO kritisch hinterfragt. In: Zeitschr. f. Sozialisationsforschung und Erziehungssoziologie 5 (1985), S. 239–254.
– /Heymann, H. W.: Computer und Allgemeinbildung. In: Neue Sammlung 27 (1987), S. 2–39.
Calchera, Franco/Weber, Johannes Chr.: Entwicklung und Förderung von Basiskompetenzen/ Schlüsselqualifikationen. (Berichte zur beruflichen Bildung, Heft 116) Berlin/Bonn (Bundesinstitut für Berufsbildung) 1990.
Closs, Michael P. (Hrsg.): Native American Mathematics. Austin (Univ. of Texas) 1986.
Cobb, Paul u. a.: A Constructivist Alternative to the Representational View of Mind in Mathematics Education. In: Journal for Research in Mathematics Education 23 (1992), Heft 23, S. 2–33.
Cockroft, W. H. u. a.: Mathematics counts ("Cockroft-Report"). Report of the Committee of Inquiry into Teaching of Mathematics in School under the Chairmanship of Dr W H Cockroft. London (Her Majesty's Stationery Office) 1982.
Cohen, St./Taylor, L.: Ausbruchsversuche. Identität und Widerstand in der modernen Lebenswelt. Frankfurt/M. 1977.
College de France: Vorschläge für das Bildungswesen der Zukunft. In: Müller-Rolli, Sebastian (Hrsg.): Das Bildungswesen der Zukunft. Stuttgart (Klett-Cotta) 1987.
Cooper, M.: The Dependance of Multiplicative Reversal on Equation Format. In: Journal of Mathematical Behavior 5 (1986), Heft 2, S. 115–120.
Cube, Felix v.: Kybernetische Grundlagen des Lernens und Lehrens. Stuttgart (Klett) 1968.
Czerwenka, Kurt u. a.: Schülerurteile über die Schule. Frankfurt/M. (Lang) 1990.
Dahmer, Ilse/Klafki, Wolfgang: Geisteswissenschaftliche Pädagogik am Ausgang ihrer Epoche – Erich Weniger. Weinheim (Beltz) 1968.
Damerow, Peter: Die Reform des Mathematikunterrichts in der Sekundarstufe I. Eine Fallstudie zum Einfluß gesellschaftlicher Rahmenbedingungen auf den Prozeß der Curriculum-Reform. Stuttgart (Klett-Cotta) 1977.
– Wieviel Mathematik braucht ein Hauptschüler? In: mathematica didactica 3 (1980), S. 69–86.
– Mathematics for all – ideas, problems, implications. In: Zentralblatt für Didaktik der Mathematik (1984), Heft 3, S. 81–85.
– u. a.: Lernen für die Praxis? Ein exemplarischer Versuch zur Bestimmung fachüberschreitender Curriculumziele. Stuttgart (Klett) 1974.
Danner, Helmut: Verantwortung und Pädagogik. Königstein (Hain) [2]1985.
Davidson, Neil (Hrsg.): Cooperative Learning in Mathematics. A Handbook for Teachers. Menlo Park u. a. (Addison-Wesley) 1990.
Davis, Philip J./Hersh, Reuben: Erfahrung Mathematik. Basel/Boston/Stuttgart (Birkhäuser) 1986.
Derbolav, Josef: Pädagogik und Politik. Stuttgart u. a. (Kohlhammer) 1975.
– (Hrsg.): Kritik und Metakritik der Praxeologie. Kastellaun (Henn) 1976.
Deutscher Bildungsrat: Empfehlungen der Bildungskommission. Strukturplan für das Bildungswesen. Stuttgart (Klett) [4]1972.
Dewdney, Alexander K.: 200 Prozent von nichts. Die geheimen Tricks der Statistik und andere Schwindeleien mit Zahlen. Basel u. a. (Birkhäuser) 1994.

Dichgans, Johannes: Die Plastizität des Nervensystems. Konsequenzen für die Pädagogik. In: Zeitschrift für Pädagogik 40 (1994), S. 229–246.

Dick, Lutz van (Hrsg.): Lernen in der Friedensbewegung. Weinheim (Beltz) ²1987.

– u. a. (Hrsg.): Ideen für Grüne Bildungspolitik. Weinheim (Beltz) 1986.

Döbert, Rainer u. a. (Hrsg.): Entwicklung des Ichs. Köln (Kiepenheuer & Witsch) 1977.

Duncker, Karl: On Problem-Solving. Washington (American Psych. Ass.) 1945.

Dweck, Carol S./Elliot, Elaine S.: Achievement Motivation. In: Hetherington, E. Mavis (Hrsg.): Socialization, Personality and Social Development (Handbook of Child Psychology, Vol. IV). New York u. a. (Wiley) ⁴1983, S. 643–691.

Emer, Wolfgang (Hrsg.): Wie im richtigen Leben ... . Projektunterricht für die Sekundarstufe II. Bielefeld (Oberstufenkolleg) 1991.

Erichson, Christa: Von Lichtjahren, Pyramiden und einem regen Wurm. Erstaunliche Geschichten, mit denen man rechnen muß. Hamburg (Verl. für päd. Medien) 1992.

– Sachtexte statt Textaufgaben – Ein fächerübergreifender Ansatz zur Erschließung der Verschrifteten Umwelt. In: Beiträge zum Mathematikunterricht 1993. Hildesheim (Franzbecker) 1993, S. 116–119.

Erikson, Erik H.: Identität und Lebenszyklus. Frankfurt/M. (Suhrkamp) 1966.

Eulenstein, Kerstin: Stadtpläne und Landkarten. Eine Unterrichtseinheit für den Mathematik- bzw. Sowiunterricht der Jahrgangsstufen 5/6. Bielefeld (Laborschule Bielefeld – Wissenschaftliche Einrichtung an der Universität Bielefeld) 1994.

Faller, Kurt: Verfassungsauftrag und demokratische Bildungsinhalte. In: Demokratische Erziehung 5 (1979), S. 181–188.

Fauser, Peter u. a. (Hrsg.): Lernen mit Kopf und Hand. Berichte und Anstöße zum praktischen Lernen in der Schule. Weinheim/Basel (Beltz) ²1990.

Fend, Helmut: Gesellschaftliche Bedingungen schulischer Sozialisation. Weinheim/Basel (Beltz) 1974.

– Theorie der Schule. München/Wien/Baltimore (Urban & Schwarzenberg) 1980.

Fetscher, Iring: Krise der Gesellschaft und Zukunft der Bildung. In: Schweitzer, Jochen (Hrsg.): Bildung für eine menschliche Zukunft. Weinheim und München (Juventa) 1986, S. 19–27.

Fischer, Roland: Fundamentale Ideen bei den rellen Funktionen. In: Zentralblatt für Didaktik der Mathematik 8 (1976), S. 185–192.

– /Malle, Günther: Mensch und Mathematik. Eine Einführung in didaktisches Denken und Handeln. Mannheim u. a. (BI & Wissenschaftsverlag) 1985.

Fischer, Wolfgang: Was kann Allgemeinbildung heute bedeuten? In: Universitas 41 (1986), S. 892–902.

Fitzgerald, A./Rich, K. M.: Mathematics in Employment (16 - 18). Bath (University-Report) 1981.

Flitner, Andreas: Mißratener Fortschritt. Pädagogische Anmerkungen zur Bildungspolitik. München (Piper) 1977.

Flitner, Wilhelm: Das Selbstverständnis der Erziehungswissenschaft in der Gegenwart. Heidelberg (Quelle & Meyer) ⁴1966.

Floer, Jürgen: Geometrie und Umwelterschließung im Mathematikunterricht. In: Die Grundschule 19 (1987), Heft 10, S. 52–55.

Fölsch, G.: Die Stellung des Mathematikunterrichtes an allgemeinbildenden Schulen. In: Zentralblatt für Didaktik der Mathematik 7 (1975), S. 155–159.

Frank, Helmar: Kybernetische Grundlagen der Pädagogik. Baden-Baden 1962.

Franke, Marianne/Wynands, Alexander: Zum Verständnis von Variablen – Testergebnisse in 9. Klassen Deutschlands. In: Mathematik in der Schule 29 (1991), S. 674–691.

Freudenthal, Hans: Mathematik als pädagogische Aufgabe. (2 Bände) Stuttgart (Klett) 1973.

Frey, Gerhard: Die Mathematisierung unserer Welt. Stuttgart u. a. (Kohlhammer) 1967.

Frey, Karl: Die Projektmethode. Weinheim/Basel (Beltz) 1982.

– /Isenegger, Urs: Bildung curricularer Sequenzen und Strukturen. In: Frey, Karl (Hrsg.): Curriculum-Handbuch, Bd. II. München/Zürich (Piper) 1975, S. 158–164.

Friedrich-Verlag (Hrsg.): Bildschirm – Faszination oder Information. (Friedrich Jahresheft III) Velber 1985.

Führer, Lutz: Ich denke, also irre ich. Anfänge und Grenzen der Fehlerkunde. In: mathematik lehren (1984), Heft 5, S. 2–9.
Gallin, Peter/Ruf, Urs: Sprache und Mathematik in der Schule. Auf eigenen Wegen zur Fachkompetenz. Zürich (Verlag Lehrerinnen und Lehrer Schweiz) 1990.
– Sprache und Mathematik in der Schule. Ein Bericht aus der Praxis. In: Journal für Mathematik-Didaktik 14 (1993a), S. 3–33.
– Lernen durch Schreiben – auch in Mathematik. In: Beiträge zum Mathematikunterricht 1993. Hildesheim (Franzbecker) 1993b, S. 14–21.
– Singuläre Schülertexte als Basis eines allgemeinbildenden Mathematikunterrichts. In: Biehler, Rolf u. a. (1995), S. 58–82.
Gamm, Hans-Jochen: Das Elend der spätbürgerlichen Pädagogik. München (List) 1972.
Gardner, Howard: Der ungeschulte Kopf. Wie Kinder denken. Stuttgart (Klett-Cotta) 1993.
Gay, J./Cole, M.: The New Mathematics in an Old Culture. New York (Holt u. a.) 1967.
Gehlen, Arnold: Anthropologische Forschung. Reinbek (Rowohlt) 1961.
Geissler, Georg: Die Situation der Schule in der Gegenwart. In: Röhrs, Hermann (Hrsg.): Theorie der Schule. Frankfurt/M. (Akademische Verlagsgesellschaft) 1968, S. 168–182.
Geißler, Erich E.: Allgemeinbildung in einer freien Gesellschaft. Düsseldorf 1977.
– Die Schule – Theorien, Modelle, Kritik. Stuttgart 1984.
Gerner, Berthold: Das exemplarische Prinzip. Darmstadt (Wiss. Buchgesellschaft) $^{4}$1970 [1963].
Geulen, Dieter: Das vergesellschaftete Subjekt. Frankfurt/M. $^{2}$1989.
Glasersfeld, Ernst v. : Learning as a Constructive Activity. In: Janvier, C. (Hrsg.): Problems of Representation in the Teaching and Learning of Mathematics. Hillsdale, NJ (Lawrence Erlbaum Ass.) 1987a, S. 3–18.
– Wissen, Sprache und Wirklichkeit. Arbeiten zum radikalen Konstruktivismus. Braunschweig (Vieweg) 1987b.
– Radical Constructivism in Mathematics Education. Dordrecht u. a. (Kluwer) 1991.
Goethe, Johann Wolfgang von: Wilhelm Meisters Wanderjahre. (Goethes Werke, Hamburger Ausgabe in 14 Bänden, Bd. 8) München (Beck) 1977 [ca. 1820].
Göppel, Rolf: Umwelterziehung. Katastrophenpädagogik? Moralerziehung? Ökosystemlehre? Oder ästhetische Bildung? In: Neue Sammlung 31 (1991), S. 25–38.
Göstemeyer, Karl Franz: Pädagogik nach der Moderne? Vom kritischen Umgang mit Pluralismus und Dogmatismus. In: Zeitschrift für Pädagogik 39 (1993), S. 857–870.
Gudjons, Herbert: Handlungsorientiert lehren und lernen. Projektunterricht und Schüleraktivität. Heilbronn (Klinkhardt) $^{2}$1989.
Haefner, Klaus: Die neue Bildungskrise. Basel (Birkhäuser) 1982.
Hahn, Kurt: Erziehung zur Verantwortung. Reden und Aufsätze. Stuttgart (Klett) 1958.
Handschuh, Gerhard: Die gesellschaftliche Verantwortung der Wissenschaftler. Frankfurt/M. (Haag + Herchen) 1982.
Hansmann, Otto: Kritik der sogenannten "theoretischen Äquivalente" von "Bildung". In: Hansmann, Otto/Marotzki, Winfried (1988), S. 21–54.
Hansmann, Otto/Marotzki, Winfried (Hrsg.): Diskurs Bildungstheorie I: Systematische Markierungen. Weinheim (Deutscher Studien Verlag) 1988.
– (Hrsg.): Diskurs Bildungstheorie II: Problemgeschichtliche Orientierungen. Weinheim (Deutscher Studien Verlag) 1989.
Hardörfer, Ludwig: Denkenlernen und Gesamtorientierung. München (Kösel) 1978.
Harris, Pam: Mathematics in a Cultural Context. Geelong, Vict. (Deakin University) 1980.
Harten, Gerd v./Steinbring, Heinz: Lesson transcripts and their role in the inservice training of mathematics teachers. In: Zentralblatt für Didaktik der Mathematik 23 (1991), S. 169–177.
Haylock, Derek W.: Understanding in Mathematics: Making Connections. In: Mathematics Teaching (1982), Heft 98, S. 54–56.
Heid, Helmut: Ökologie als Bildungsfrage? In: Zeitschrift für Pädagogik 38 (1992), S. 114–138.
Heimann, Paul: Didaktik als Theorie und Lehre. In: Die Deutsche Schule 54 (1962), S. 407–427.
Heitele, D.: An epistemological view on fundamental stochastic ideas. In: Educational Studies in Mathematics 6 (1975), S. 187–205.

Heitger, Marian: Pädagogik ohne Bildung – Jugend ohne Perspektive? Düsseldorf (Bildungswerk der Nordrhein-Westfälischen Wirtschaft e.V.) 1979.
Heitkämper, Peter/Huschke-Rhein, Rolf (Hrsg.): Allgemeinbildung im Atomzeitalter. Weinheim/Basel (Beltz) 1986.
Helling, F.: Weltverständnis statt Brockenwissen. In: Ders. (Hrsg.): Neue Allgemeinbildung. Schwelm 1963.
Hentig, Hartmut v.: Einführung zur 8., ergänzten Auflage von Wagenschein (1975). S. 7–22.
– Magier oder Magister? Über die Einheit der Wissenschaft im Verständigungsprozeß. Stuttgart (Klett) 1972.
– Das allmähliche Verschwinden der Wirklichkeit. München/Wien (Hanser) 1984.
– Die Menschen stärken, die Sachen klären. Ein Plädoyer für die Wiederherstellung der Aufklärung. Stuttgart (Reclam) 1985a.
– Eine Antwort an Theodor Wilhelm. In: Neue Sammlung 25 (1985b), S. 151–167.
– Das Denken bestimmt die Grenzen des Denkens. In: Neue Sammlung 29 (1989), S. 315–319.
– Die Schule neu denken. München/Wien (Hanser) $^{2}$1993.
Herbart, Johann Friedrich: Allgemeine Pädagogik, nach dem Zweck der Erziehung abgeleitet. In: Asmus, Walter (Hrsg.): Johann Friedrich Herbart: Pädagogische Schriften, Bd. II. Düsseldorf (Küpper) 1965 [1806], S. 9–155.
Herget, Wilfrid: Mathe-(Klausur-)Aufgaben – einmal anders?! In: Hischer, Horst (Hrsg.): Wieviel Termumformung braucht der Mensch? Hildesheim (Franzbecker) 1993, S. 58–69.
Hering, Hermann: Spuren der Differentation in der Sekundarstufe I. Genetische Aspekte einer fundamentalen Idee. In: Der Mathematikunterricht 31 (1985), Heft 4, S. 72–86.
Herscovics, Nicholas/Bergeron, Jaques C.: Models of Understanding. In: Zentralblatt für Didaktik der Mathematik 15 (1983), Heft 2 , S. 75–83.
Heydorn, Heinz-Joachim: Ziele und Inhalte demokratischer Erziehung und Bildung. In: Demokratische Erziehung 5 (1979), S. 176–181.
Heymann, Hans Werner: Didaktisches Handeln im Mathematikunterricht aus Lehrersicht. In: Bauersfeld, H. u. a.: Analysen zum Unterrichtshandeln. Köln (Aulis) 1982, S. 141–167.
– Mathematikunterricht als schulischer Alltag. In: Ders. (Hrsg.): Mathematikunterricht zwischen Tradition und neuen Impulsen. Köln (Aulis) 1984, S. 80–115.
– Innere Differenzierung im Mathematikunterricht. In: mathematik lehren (1991), H. 49, S. 63–66.
– /van Lück, Willi (Hrsg.): Allgemeinbildung und öffentliche Schule: Klärungsversuche (Materialien und Studien, Bd. 37). Bielefeld (IDM) 1990.
– u. a.: Allgemeinbildung als Aufgabe der öffentlichen Schule. In: Heymann, H. W./van Lück, W. (1990), S. 9–20.
Hiebert, James/Carpenter, Thomas P.: Learning and Teaching with Understanding. In: Grouws, Douglas A. (Hrsg.): Handbook of Research on Mathematics Teaching and Learning (NTCM). New York (Macmillan) 1992, S. 65–97.
Hirsch, E. D., Jr.: What Every American Needs to Know. Boston (Houghton Mifflin) 1987.
Horkheimer, Max/Adorno, Theodor W.: Dialektik der Aufklärung. Frankfurt a.M. (Fischer) 1969.
Howson, Geoffrey: Motivation and Attainment. In: Zentralblatt für Didaktik der Mathematik 16 (1984), Heft 3, S. 85–87.
– /Wilson, Bryan (Hrsg.): School Mathematics in the 1990s. (ICMI Study Series) Cambridge u. a. (University Press) 1986.
Huber, Ludwig: Fachkulturen. Über die Mühen der Verständigung zwischen den Disziplinen. In: Neue Sammlung 31 (1991a), S. 3–24.
– Sozialisation in der Hochschule. In: Hurrelmann, Klaus/Ulich, Dieter (Hrsg.): Neues Handbuch der Sozialisationsforschung. Weinheim/Basel (Beltz) 1991b, S. 417–441.
Humboldt, Wilhelm v.: Theorie der Bildung des Menschen. Bruchstück. In: Tenorth, Heinz-Elmar (Hrsg.): Allgemeine Bildung. Weinheim/München (Juventa) 1986 [1790], S. 32–38.
Hunger, Edgar: Mathematik und Bildung. Braunschweig 1949.
Hurrelmann, Klaus: Erziehungssystem und Gesellschaft. Reinbek (Rowohlt) 1975.
Jahnke, Hans Niels: Al-Khwarizmi und Cantor in der Lehrerbildung. In: Biehler, Rolf u. a. (1995), S. 114–136.

Jahnke, Thomas: Das Simpsonsche Paradoxon verstehen. Ein Beitrag des Mathematikunterrichts zur Allgemeinbildung. In: Journal für Mathematik-Didaktik 14 (1993), S. 221–242.

– Beispiele für Themen in einem allgemeinbildenden Mathematikunterricht an Schule und Hochschule. In: Biehler, Rolf u. a. (1995), S. 137–151.

Jonas, Hans: Das Prinzip Verantwortung. Frankfurt/M. (Suhrkamp) 1979.

Jung, Walter: Zum Begriff einer mathematischen Bildung.In: mathematica didactica 1 (1978), S. 161–176.

Jungwirth, Helga: Zwischen Ehrfurcht und Verdammung – wie Nicht-MathematikerInnen die Mathematik sehen. In: Beiträge zum Mathematikunterricht 1993. Hildesheim (Franzbecker) 1993, S. 213–216.

– Erwachsene und Mathematik – eine reife Beziehung? In: mathematica didactica 17 (1994a), Heft 1, S. 69–89.

– Die Forschung zu Frauen und Mathematik: Versuch einer Paradigmenklärung. In: Journal für Mathematik-Didaktik 15 (1994b), S. 253–276.

– /Steinbring, Heinz/Voigt, Jörg/Wollring, Bernd: Interpretative Unterrichtsforschung in der Lehrerbildung. In: Maier, Hermann/Voigt, Jörg (Hrsg.): Verstehen und Verständigung. Köln (Aulis) 1994, S. 12–42.

Kade, Jochen: Bildung oder Qualifikation? Zur Gesellschaftlichkeit beruflichen Lernens. In: Zeitschrift für Pädagogik 29 (1983), S. 859–876.

Kahlert, Joachim: Die mißverstandene Krise. Theoriedefizite in der umweltpädagogischen Diskussion. In: Zeitschrift für Pädagogik 37 (1991), S. 97–122.

Kaiser-Meßmer, Gabriele: Anwendungen im Mathematikunterricht (2 Bände). Bad Salzdetfurth (Franzbecker) 1986.

– Aktuelle Richtungen innerhalb der Diskussion um Anwendungen im Mathematikunterricht. In: Journal für Mathematik-Didaktik 10 (1989), S. 309–347.

Kalb, Peter E. u. a.: Unterrichten – und was sonst? Zum Berufsverständnis von Lehrerinnen und Lehrern. Weinheim/Basel (Beltz) 1990.

Kant, Immanuel: Kritik der reinen Vernunft. Hrsg. von Raymund Schmidt. (Philosophische Bibliothek Bd. 37 a) Hamburg (Meiner) 1956 [1781].

– Was ist Aufklärung? In: Werke. Bd. VIII. Hrsg.: Königl. Preuß. Akad. der Wissenschaften. Berlin (Nachdruck) 1968 [1784].

Kazis, Cornelia (Hrsg.): Buchstäblich sprachlos. Analphabetismus in der Informationsgesellschaft. Basel (Lenos) 1991.

Keck, Rudolf W u. a. (Hrsg.): Fachdidaktik zwischen Allgemeiner Didaktik und Fachwissenschaft. Bad Heilbrunn (Klinkhardt) 1990.

Kegan, Robert: Die Entwicklungsstufen des Selbst. München (Kindt) 1986.

Keitel, Christine: Mathematik für alle – ein Ziel. In: Zentralblatt für Didaktik der Mathematik (1985), Heft 6, S. 177–186.

Kemper, Herwart: Schule und bürgerliche Gesellschaft (Teil I und II). Weinheim (Deutscher Studien Verlag) 1990.

Kern, Peter/Wittig, Hans-Georg: Pädagogik im Atomzeitalter. Freiburg/Breisgau (Herder) 1982.

Kindt, Martin/Lange Jzn, Jan de: Realistic math for (almost) all. The Hewet Project. In: Lange Jzn, Jan de (Hrsg.): Mathematics for all ... in the computer age (Proceedings of the 37th CIEAEM meeting). Utrecht (University/Researchgroup OW & OC) 1986, S. 14–41.

Kirk, Gordon: The Core Curriculum. London u. a. (Hodder and Stoughton) 1986.

Klafki, Wolfgang: Das pädagogische Problem des Elementaren und die Theorie der kategorialen Bildung. Weinheim (Beltz) 3/4 1964.

– Engagement und Reflexion im Bildungsprozeß. Zum Problem der Erziehung zur Verantwortung. In: Ders.: Studien zur Bildungstheorie und Didaktik. Weinheim (Beltz) 5/7 1965a, S. 46–71.

– Kategoriale Bildung. In: Ders.: Studien zur Bildungstheorie und Didaktik. Weinheim (Beltz) 5/7 1965b, S. 25–45.

– Konturen eines neuen Allgemeinbildungskonzepts. In: Ders.: Neue Studien zur Bildungstheorie und Didaktik. Weinheim/Basel (Beltz) 1985a, S. 12–30 [inzwischen 4., erw. Aufl. 1994; im vorliegenden Buch wird aus der Publikation von 1985 zitiert].

– Thesen zur "Wissenschaftsorientierung" des Unterrichts. In: Ders.: Neue Studien zur Bildungstheorie und Didaktik. Weinheim/Basel (Beltz) 1985b, S. 108–118. [4., erw. Aufl. 1994]
– Exemplarisches Lehren und Lernen. In: Ders.: Neue Studien zur Bildungstheorie und Didaktik. Weinheim/Basel (Beltz) 1985c, S. 87–107. [4., erw. Aufl. 1994]
– Die Bedeutung der klassischen Bildungstheorien für ein zeitgemäßes Konzept allgemeiner Bildung. In: Zeitschrift für Pädagogik 32 (1986), S. 455–476.
Kleber, Eduard W. (Hrsg.): Grundzüge ökologischer Pädagogik. Eine Einführung in ökologisch-pädagogisches Denken. Weinheim (Juventa) 1993.
Klemm, Klaus u. a.: Bildung für das Jahr 2000. Bilanz der Reform, Zukunft der Schule. Reinbek (Rowohlt) 1985.
Knauer, Ulrich: Mathematische Modellierung. Laster, Busse und Schweine im Mathematikstudium. Braunschweig/Wiesbaden (Vieweg) 1992.
Knox, C.: Numeracy and school leavers. A survey of employer's needs. Sheffield 1977.
Koch, Jens-Jörg: Lehrer-Studium und Beruf. Einstellungswandel in den beiden Phasen der Ausbildung. Ulm (Süddeutsche Verlagsgesellsch.) 1972.
Kohlberg, Lawrence: The Philosophy of Moral Development. Moral Stages and the Idea of Justice. San Francisco (Harper & Row) 1981.
– The Psychology of Moral Development. Nature and Validity of Moral Stages. San Francisco (Harper & Row) 1984.
– Der "Just Community"-Ansatz der Moralerziehung in Theorie und Praxis. In: Oser, Fritz/Fatke, Reinhard/Höffe, Otfried (Hrsg.): Transformation und Entwicklung. Frankfurt/M. (Suhrkamp) 1986, S. 21–55.
Köhler, Hartmut: Über Relevanz und Grenzen von Mathematisierungen. Anregungen zur Ermöglichung von Bildung im Mathematikunterricht. Buxheim/Eichstätt (Polygon) 1992.
– Bildung und Mathematik in der gefährdeten Welt. Annäherungen an die Wirklichkeit. Buxheim/Eichstätt (Polygon) 1993.
Kolakowski, Leszek: Der Anspruch auf die selbstverschuldete Unmündigkeit. In: Reinisch, Leonhard (Hrsg.): Vom Sinn der Tradition. München (Beck) 1970, S. 1–15.
Koring, Bernhard: Bildungstheorie und soziologische Bildungskritik. In: Hansmann, Otto/ Marotzki, Winfried (1988), S. 268–290.
Krämer, Walter: So lügt man mit Statistik. Frankfurt/M. (Campus) 1991.
Krappmann, Lothar: Soziologische Dimensionen der Identität. Stuttgart (Klett) 1971.
Krippner, Wolfgang: Mathematik differenziert unterrichten. Hannover (Schroedel) 1992.
Krol, Gerd-Jan: Ökologie als Bildungsfrage? Zum sozialen Vakuum der Umweltbildung. In: Zeitschrift für Pädagogik 39 (1993), S. 651–672.
Krummheuer, Götz/Voigt, Jörg: Interaktionsanalysen im Mathematikunterricht. In: Maier, Hermann/Voigt, Jörg (Hrsg.): Interpretative Unterrichtsforschung. Köln (Aulis) 1991, S. 13–33.
Kultusminister des Landes Nordrhein-Westfalen (Hrsg.): Richtlinien für den Unterricht in der Höheren Schule. Mathematik. Ratingen (Henn) 1963.
– (Hrsg.): Richtlinien und Lehrpläne für das Gymnasium – Mathematik - Sekundarstufe I. Frechen (Ritterbach) 1993.
Künzli, Rudolf: Die pädagogische Rede vom Allgemeinen. In: Tenorth, Heinz-Elmar (Hrsg.): Allgemeine Bildung. Weinheim/München (Juventa) 1986, S. 56–75.
Kütting, Herbert: Stochastisches Denken in der Schule. Grundlegende Ideen und Methoden. In: Der Mathematikunterricht 31 (1985), Heft 4, S. 87–106.
Lancy, David F.: Cross-Cultural Studies in Cognition and Mathematics. New York u. a. (Academic Press) 1983.
Lange Jzn, Jan/Kindt, Martin: The Hewet Project. Report on an Experiment Leading to a New Curriculum for the Pre-University Students. In: Zentralblatt für Didaktik der Mathematik 16 (1984), Heft 2, S. 74–79.
Lapsley, Daniel K./Power, Clark F.: Self, Ego, and Identity. Integrative Approaches. New York u. a. (Springer) 1988.
Lean, G. A.: Counting Systems of Papua New Guinea. Lae, Papua New Guinea (Departm. of Math., Papua New Guinea University of Technolgy) 1986.

Lenhardt, Gero: Berufliche Weiterbildung und Arbeitsteilung in der Industrieproduktion. Frankfurt/M. (Suhrkamp) 1974.
Lenné, Helge: Analyse der Mathematikdidaktik in Deutschland. Stuttgart (Klett) 1969.
Leschinsky, Achim/Roeder, Peter-Martin: Schule im historischen Prozeß. Stuttgart (Klett) 1976.
– /Roeder, Peter-Martin: Gesellschaftliche Funktionen der Schule. In: Twellmann, Walter (Hrsg.): Handbuch Schule und Unterricht, Bd. 3. Düsseldorf (Schwann) 1981, S. 107–154.
Lichtenberg, Georg Christoph: Schriften und Briefe. Zweiter Band. Sudelbücher II. Darmstadt (Wiss. Buchges.) 1971.
Liebau, Eckart/Huber, Ludwig: Die Kulturen der Fächer. In: Neue Sammlung 25 (1985), S. 314–339.
Litt, Theodor: "Führen" oder "wachsenlassen"? Leipzig u. a. (Teubner) 1927.
Lochhead, Jack: Faculty interpretations of simple algebraic statements: The professor's side of the equation. In: Journal of Mathematical Behavior 3 (1980), Heft 1, S. 29–37.
Loevinger, Jane: Ego Development. San Francisco (Jossey-Bass) 1976.
Lohmann, Knut (Hrsg.): Der Beitrag der Unterrichtsfächer zur Allgemeinbildung. Rinteln (Merkur) 1990.
Lörcher, Gustav Adolf: Mathematik als Fremdsprache. In: Reflektierte Schulpraxis. 10. Lieferung. Villingen (Neckar-Verlag) 1976.
– Allgemeinbildender und berufsbildender Mathematikunterricht. Diskrepanzen und Koordinationsmöglichkeiten. In: Zentralblatt für Didaktik der Mathematik 12 (1980), S. 129–134.
Löwisch, Dieter-Jürgen: Kultur und Pädagogik. Darmstadt (Wiss. Buchges.) 1989.
Lukesch, Helmut/Kischkel, Karl-Heinz: Unterrichtsformen an Gymnasien. In: Zeitschrift für erziehungswissenschaftliche Forschung 21 (1987), S. 237–256.
MacGregor, Mollie E.: Making Sense of Algebra: Cognitive Processes Influencing Comprehension. Geelong, Victoria (Deakin Univ.) 1991.
Maier, Hans: Allgemeinbildung in der arbeitsteiligen Industriegesellschaft. In: Bundesmin. für Bildung und Wissenschaft (Hrsg.): Allgemeinbildung im Computerzeitalter. Bonn 1986, S. 17–33.
Maier, Hermann: "Verstehen" im Mathematikunterricht – Explikationsversuch zu einem vielverwendeten Begriff. In: Bender, Peter (Hrsg.): Mathematikdidaktik: Theorie und Praxis. Berlin (Cornelsen) 1988, S. 131–142.
– Verstehen als individueller Prozeß der Sinnkonstruktion. In: mathematik lehren (1991), Heft 49, S. 55–60.
– Bericht über das Forschungsprojekt "Verstehen von Lehrerinstruktionen und -erklärungen durch Schüler im Mathematikunterricht". Universität Regensburg (Vorläufiges Manuskript) 1994.
– /Voigt, Jörg (Hrsg.): Interpretative Unterrichtsforschung. Köln (Aulis) 1991.
– /Voigt, Jörg: Teaching styles in mathematics education. In: Zentralblatt für Didaktik der Mathematik 24 (1992), S. 249–253.
– /Voigt, Jörg (Hrsg.): Verstehen und Verständigung. Arbeiten zur interpretativen Unterrichtsforschung. Köln (Aulis) 1994.
Malle, Günther: Didaktische Probleme der elementaren Algebra. Braunschweig (Vieweg) 1993.
Mason, John/Davis, J.: Modelling with Mathematics in Primary and Secondary Schools. Geelong, Australia (Deakon University Press) 1991.
Mathematical Sciences Education Board u. a. (Hrsg.): Everybody Counts. A Report to the Nation on the Future of Mathematics Education. Washington, D.C. (Nation. Acad. Press) 1989.
Mead, George Herbert: Geist, Identität und Gesellschaft. Frankfurt/M. (Suhrkamp) 1968 [1934].
Mead, Margaret: Der Konflikt der Generationen. Jugend ohne Vorbild. Olten (Walter) $^{3}$1972.
Meisel, Klaus u. a.: Schlüsselqualifikationen in der Diskussion. Frankfurt/M. (Deutscher Volkshochschulverband) 1989.
Meisner, Andreas: Erfahrungen mit einer Unterrichtseinheit zum Goldenen Schnitt – Forderungen für ein Ausbildungskonzept. In: Biehler, Rolf u. a. (1995), S. 92–102.
Menze, Clemens: Wissenschaftsorientierung als Problem der Schule. In: Vierteljahresschrift für wissenschaftliche Pädagogik 56 (1980), S. 177–188.
Merten, Roland: Haben Kinder und Jugendliche keine Werte mehr? Zur moralischen Sozialisation. In: Neue Sammlung 34 (1994), S. 233–246.

Mertens, Dieter: Schlüsselqualifikationen. Thesen zur Schulung für eine moderne Gesellschaft. In: Mitteilungen aus Arbeitsmarkt und Berufsforschung (1974), S. 36–43.

Mestre, José P./Lochhead, Jack: The Variable-reversal Error among five Cultural Groups. In: Proceedings of PME-NA-5, Vol. I. (1983), S. 180–188.

Meyer, Hilbert: UnterrichtsMethoden II: Praxisband. Frankfurt/M. (Scriptor) 1987.

Meyer, Meinert A./Plöger, Wilfried (Hrsg.): Allgemeine Didaktik, Fachdidaktik und Fachunterricht. Weinheim/Basel (Beltz) 1994.

Meyer-Abich, Klaus Michael: Wege zum Frieden mit der Natur. München/Wien (Hanser) 1984.

Miller, Alice: Am Anfang war Erziehung. Frankfurt/M. (Suhrkamp) 1980.

Minsky, Marvin: Mentopolis ("The Society of Mind"). Stuttgart (Klett-Cotta) 1990 [1985].

Mitchelmore, Michael C.: Three-dimensional geometrical drawing in three cultures. In: Educational Studies in Mathematics 11 (1980), S. 205–216.

Mittelstraß, Jürgen: Wissenschaft als Lebensform. Frankfurt/M. (Suhrkamp) 1982.

MUED e. V. (Mathematik-Unterrichts-Einheiten-Datei) (Hrsg.): Unterrichtsmaterialien. Überblick für die Jahrgangsstufen 5 - 10. Appelhülsen (MUED) 1994a.

– Unterrichtsmaterialien. Überblick für die Jahrgangsstufen 11 - 13. Appelhülsen (MUED) 1994b.

Müller, Manfred: Mathematisches Denken. Frankfurt/M. (Lang) 1985.

Müller-Rolli, Sebastian: Einleitung. In: Ders. (Hrsg.): Das Bildungswesen der Zukunft. Stuttgart (Klett-Cotta) 1987, S. 7–29.

Münzinger, Wolfgang (Hrsg.): Projektorientierter Mathematikunterricht. München u. a. (Urban & Schwarzenberg) 1977.

National Council of Teachers of Mathematics - Commission on Standards for School Mathematics (Hrsg.): Curriculum and Evaluation Standards for School Mathematics. Reston/VA. (NCTM) 1989.

Nicklis, Werner S.: Allgemeinbildung heute. Allgemeine wissenschaftsorientierte Grundbildung für alle? Konsequenzen für die Schulstruktur. In: Babilon, Franz-Wilhelm/Ipfling, Heinz-Jürgen (Hrsg.): Allgemeinbildung und Schulstruktur. Bochum (Kamp) 1980, S. 45–57.

Nickson, Marilyn: The Culture of the Mathematics Classroom: An Unknown Quantity? In: Grouws, Douglas A. (Hrsg.): Handbook of Research on Mathematics Teaching and Learning (NCTM). New York (Macmillan) 1992, S. 101–114.

Nipkow, Karl Ernst: Die Individualität als pädagogisches Problem bei Pestalozzi, Humboldt und Schleiermacher. Weinheim (Beltz) 1960.

– Bildung und Entfremdung. Überlegungen zur Rekonstruktion der Bildungstheorie. In: Zeitschrift für Pädagogik (1977), 14. Beiheft, S. 205–229.

Niss, Mogens u. a. (Hrsg.): Teaching of Mathematical Modelling and Applications. New York (Ellis Horwood) 1991.

Nitzschke, Volker (Hrsg.): Multikulturelle Gesellschaft – multikulturelle Erziehung. Stuttgart (J.B. Metzler) 1982.

Nolte-Fischer, Georg: Bildung zum Laien. Weinheim (Deutscher Studien Verlag) 1989.

Nüse, Ralf u. a.: Über die Erfindungen des Radikalen Konstruktivismus. Kritische Gegenargumente aus psychologischer Sicht. Weinheim (Deutscher Studien Verlag) 1991.

Osthoff, Ralf: Grundlagen einer ökologischen Pädagogik. Frankfurt/M. (dipa) 1986.

Otto, Gunter/Schulz, Wolfgang: Der Beitrag der Curriculumforschung. Ziele und Inhalte der Erziehung und des Unterrichts. In: Haller, Hans-Dieter/Meyer, Hilbert (Hrsg.): Enzyklopädie Erziehungswissenschaft, Bd. 3. Stuttgart (Klett) 1986, S. 49–105.

Papert, Seymour: Mindstorms. Kinder, Computer und neues Lernen. Basel (Birkhäuser) 1982.

Parsons, Talcott: Die Schulklasse als soziales System: Einige ihrer Funktionen in der amerikanischen Gesellschaft. In: Parsons, Talcott (Hrsg.): Sozialstruktur und Persönlichkeit. Frankfurt/M. (Europ. Verlagsanstalt) 1968, S. 161–193.

Pascal, Blaise: Gedanken. Eine Auswahl. Stuttgart (Reclam) 1987 [ca. 1660].

Paulos, John Allen: Zahlenblind. Mathematisches Analphabetentum und seine Konsequenzen. (Mit einem Vorwort von Douglas R. Hofstadter.) München (Heyne) 1990.

Paulsen, Friedrich: Geschichte des gelehrten Unterrichts. Band 2: Der gelehrte Unterricht im Zeichen des Neuhumanismus. Leipzig 1885.

– Bildung. In: Rein, W. (Hrsg.): Encyclopädisches Handbuch der Pädagogik, Bd. 1. Langensalza (Beyer & Mann) [2]1903, S. 658–670.
– Die Aufgabe des Unterrichts überhaupt. In: Röhrs, Hermann (Hrsg.): Theorie der Schule. Frankfurt/M. (Akad. Verlagsges.) 1968 [1911], S. 43–59.
Peddiwell, J. Abner: Das Säbelzahn-Curriculum. Stuttgart (Klett) 1974 [1938].
Peschek, Werner: Mathematikunterricht und Qualifizierung. In: Journal für Mathematik-Didaktik 2 (1981), S. 249–279.
Philipp, Randolph A.: A Study of Algebraic Variables: Beyond the Student-Professor Problem. In: Journal of Mathematical Behavior 11 (1992), S. 161–176.
Picht, Georg: Die deutsche Bildungskatastrophe. Freiburg (Olten) 1964.
– Der Begriff der Verantwortung. In: Ders. (Hrsg.): Wahrheit, Vernunft Verantwortung. Stuttgart 1969.
Picker, Bernold: Mathematikunterricht als Vermittlung von grundlegenden Ideen. In: Der Mathematikunterricht 31 (1985a), Heft 4, S. 6–9.
– Intuitives Erfassen und Gebrauchen von grundlegenden Ideen der Analysis im mathematischen Anfangsunterricht. In: Der Mathematikunterricht 31 (1985b), Heft 4, S. 46–71.
Pinxten, Rik u. a.: Anthropology of Space. Philadelphia, Pa. (Univ. of Pennsylvania Press) 1983.
Platon: Sämtliche Dialoge, hrsg. von Otto Apelt. Band VII: Gesetze. Leipzig (Meiner) 1916.
Pleines, Jürgen-Eckardt: Das Problem des Allgemeinen in der Bildungstheorie. In: Zeitschrift für Pädagogik (1987), 21. Beiheft, S. 35–40.
Plöger, Ursula: Was kein Mann mehr sagen kann. Kritische Anmerkungen zu einer feministischen Okkupation von Sprache und Bewußtsein. In: Hengelbrock, Jürgen (Hrsg.): Philosophie. Beiträge zur Unterrichtspraxis (H. 28: Politik II). Berlin (Cornelsen) 1994, S. 79–88.
Plöger, Wilfried: Naturwissenschaftlich-technischer Unterricht unter dem Anspruch der Allgemeinbildung. Frankfurt/M. (Lang) 1989.
Polya, Georg: Mathematik und plausibles Schließen. Bd. 1: Induktion und Analogie in der Mathematik. Basel (Birkhäuser) 1962.
– Mathematik und plausibles Schließen. Bd. 2: Typen und Strukturen plausibler Folgerung. Basel (Birkhäuser) 1963.
– Schule des Denkens. Vom Lösen mathematischer Probleme. Bern/München (Francke) [3]1980.
Prior, Harm (Hrsg.): Soziales Lernen. Düsseldorf (Pädagogischer Verlag Schwann) 1976.
Projektgruppe Schlüsselqualifikationen in der beruflichen Bildung: Wege zur beruflichen Mündigkeit (Teil I). Weinheim (Deutscher Studien Verlag) 1992.
Raatz, U.: Mathematik am Arbeitsplatz – zwei empirische Untersuchungen (Materialien zu VHS-Zertifikaten Nr. 15). Frankfurt/M. 1974.
Rademacher, Hans/Toeplitz, Otto: Von Zahlen und Figuren. Proben mathematischen Denkens für Liebhaber der Mathematik. Berlin (Springer) 1968 [1933].
Ramseger, Jörg: Was heißt "durch Unterricht erziehen"? Erziehender Unterricht und Schulreform. Weinheim/Basel (Beltz) 1991.
Reble, Albert: Geschichte der Pädagogik. Stuttgart (Klett) [11]1971a.
– Geschichte der Pädagogik. Dokumentationsband II. Stuttgart (Klett) 1971b.
Redeker, Bruno: Martin Wagenschein – Feiertagsdidaktik oder Notwendigkeit einer Renaissance? In: Neue Sammlung 33 (1993), S. 15–30.
Redl, Fritz: Erziehung schwieriger Kinder. München (Piper & Co.) 1971.
– /Wineman, David: Kinder, die hassen. Auflösung und Zusammenbruch der Selbstkontrolle. München (Piper & Co.) 1979 [1951].
Reichel, Hans-Christian/Zöchling, J: Tausend Gleichungen, und was nun? Computertomographie als Einstieg in ein aktuelles Thema im Mathematikunterricht. In: Didaktik der Mathematik 18 (1990), S. 245–270.
Reiß, Veronika: Fachspezifische Sozialisation in der Ausbildung von Gymnasiallehrern. In: Neue Sammlung 15 (1975), S. 298–314.
– Zur theoretischen Einordnung von Sozialisationsphänomenen im Mathematikunterricht. In: Zeitschrift für Pädagogik 25 (1979), S. 275–289.
Rentz, Winrich: Die optimale Dosenform. In: Mathematik in der Schule 29 (1991), S. 841–844.

Resnick, Lauren B. u. a.: Understanding Algebra. In: Sloboda, John A./Rogers, Don (Hrsg.): Cognitive Processes in Mathematics. Oxford (Clarendon) 1987b, S. 169–203.
– /Klopfer, Leopold E.: Toward the Thinking Curriculum: An Overview. In: Dies. (Hrsg.): Toward the Thinking Curriculum: Current Cognitive Research. Washington D. C. (ASCD) 1989, S. 1–18.
– /Klopfer, Leopold E.: Toward the Thinking Curriculum: Concluding Remarks. In: Dies. (Hrsg.): Toward the Thinking Curriculum: Current Cognitive Research. Washington D.C. (ASCD) 1989, S. 206–211.
Rhyn, Heinz: Allgemeinbildung, Staat und Politik. Zur aktuellen Diskussion um die angelsächsische "liberal education". In: Zeitschrift für Pädagogik 40 (1994), S. 607–625.
Richter, Ingo: Entscheidungsstrukturen für Bildungsfragen in offenen Gesellschaften. In: Zeitschrift für Pädagogik 40 (1994), S. 181–191.
Riedel, Christoph: Subjekt und Individuum. Zur Geschichte des philosophischen Ich-Begriffes. Darmstadt (Wissenschaftliche Buchgesellschaft) 1989.
Robinsohn, Saul B.: Bildungsreform als Revision des Curriculum und Ein Strukturkonzept für Curriculumentwicklung. Neuwied/Berlin (Luchterhand) [4]1973 [1967 bzw. 1969].
Röhrs, Hermann: Frieden – eine pädagogische Aufgabe. Braunschweig (Pedersen) 1983.
Rolff, Hans-Günter/Zimmermann, Peter (Hrsg.): Neue Medien und Lernen.Weinheim/Basel (Beltz) 1985.
Rosnick, Peter/Clement, John: Learning without understanding: The effect of tutoring strategies on algebra misconceptions. In: Journal of Mathematical Behavior 3 (1980), Heft 1, S. 3–27.
Roth, H.-G.: 25 Jahre Bildungsreform in der Bundesrepublik. Bilanz und Perspektiven. Bad Heilbrunn 1975.
Roth, Heinrich: Die realistische Wendung in der pädagogischen Forschung. In: Neue Sammlung 2 (1962), S. 486ff.
– Pädagogische Psychologie des Lehrens und Lernens. Hannover (Schroedel) [9]1966.
Rousseau, Jean-Jacques: Emile oder Über die Erziehung. Paderborn (Schöningh) [4]1978 [1762].
Rülcker, Tobias: Bildung, Gesellschaft und Wissenschaft. Heidelberg (Quelle & Meyer) 1976.
Rumpf, Horst: Unterricht und Identität. München (Juventa) 1976.
– Die übergangene Sinnlichkeit. München (Juventa) 1981.
– Die Schule, der Körper und das handgreifliche Tun. In: Neue Sammlung 23 (1983), S. 333–346.
– Belebungsversuche. Ausgrabungen wider die Verödung der Lernkultur. Weinheim/München (Juventa) 1987.
Russell, Bertrand: Erziehung ohne Dogma. Pädagogische Schriften. München (Nymphenburger) 1974 [1961].
Savigny, Eike von: Grundkurs im wissenschaftlichen Definieren. München (dtv) [4]1976.
Scheibe, Wolfgang: Die Reformpädagogische Bewegung 1900-1932. Weinheim (Beltz) 1969.
Scheilke, Christoph (Hrsg.): Bildung durch Schlüsselqualifikationen? Zum Verhältnis von Bildung und Beruf. Münster (Comenius-Institut) 1991.
Schleiermacher, Friedrich: Pädagogische Schriften 1. Die Vorlesungen aus dem Jahre 1826 (hrsg. von E. Weniger u. Th. Schulze). Frankfurt a.M./Berlin/Wien (Klett-Cotta/Ullstein) 1983.
Schoenfeld, Alan H.: Teaching Mathematical Thinking and Problem Solving. In: Resnick, Lauren B./Klopfer, Leopold E. (Hrsg.): Towards the Thinking Curriculum: Current Cognitive Research. Washington D.C. (ASCD) 1989, S. 83–103.
– Learning to Think Mathematically: Problem Solving, Metacognition, and Sense Making in Mathematics. In: Grouws, Douglas A. (Hrsg.): Handbook of Research on Mathematics Teaching and Learning (NTCM). New York (Macmillan) 1992, S. 334–370.
Schreiber, Alfred: Universelle Ideen im mathematischen Denken – ein Forschungsgegenstand der Fachdidaktik. In: mathematica didactica 2 (1979), S. 165–171.
– Bemerkungen zur Rolle universeller Ideen im mathematischen Denken. In: mathematica didactica 6 (1983), S. 65–76.
Schubring, Gert: Das genetische Prinzip in der Mathematik-Didaktik. Stuttgart (Klett-Cotta) 1978.
Schulze, Theodor: Das Allgemeine der Bildung und das Spezielle der Fächer. In: Lohmann, Knut (1990), S. 16–38. (a)

– Thesen zur Allgemeinbildung. In: Heymann, Hans Werner/van Lück, Willi (Hrsg.): Allgemeinbildung und öffentliche Schule: Klärungsversuche. Bielefeld (Institut für Didaktik der Mathematik) 1990b, S. 93–109.

Schupp, Hans: Optimieren als Leitlinie im Mathematikunterricht. In: Mathematische Semesterberichte 31 (1984), S. 59–76.

– Anwendungsorientierter Mathematikunterricht in der Sekundarstufe I zwischen Tradition und neuen Impulsen. In: Der Mathematikunterricht 34 (1988), Heft 6, S. 5–16.

– Optimieren: Extremwertbestimmung im Mathematikunterricht. Mannheim u. a. (BI & Wissenschaftsverlag) 1992.

Schweiger, Fritz: Fundamentale Ideen. In: Journal für Mathematik-Didaktik 13 (1992), S. 199–214.

Schweitzer, Friedrich: Identität und Erziehung. Was kann der Identitätsbegriff für die Pädagogik leisten? Weinheim/Basel (Beltz) 1985.

Seibert, Herbert/Serve, Helmut J. (Hrsg.): Bildung und Erziehung an der Schwelle zum dritten Jahrtausend. München (PimS) 1994.

Sierpinska, Anna: Understanding in Mathematics. London/Washington D.C. (Falmer Press) 1994.

Skemp, Richard R.: Relational Understanding and Instrumental Understanding. In: Mathematics Teaching (1976), Heft 77, S. 20–26.

Smith, Frank: Comprehension and Learning. New York u. a. (Holt, Rinehart & Winston) 1975.

Spiegel, Hartmut: Ergebnisse einer Umfrage unter Studienanfängern. Unveröffentlichtes Manuskript. Paderborn 1988.

– Sokratische Gespräche über mathematische Themen mit Erwachsenen – Absichten und Erfahrungen. In: mathematik lehren (1989), Heft 33, S. 54–59.

Spies, Werner: Zerfallende Selbstverständlichkeit. Auflösung des Bildungskonzepts – Bemühen um neue Bezugspunkte. In: Die Deutsche Schule 68 (1976), S. 7–16.

Spranger, Eduard: Wilhelm von Humboldt und die Humanitätsidee. Berlin (Reuther & Reichardt) 1909.

Stacey, Kaye: Linking application and acquisition of mathematical ideas through problem solving. In: Zentralblatt für Didaktik der Mathematik 23 (1991), S. 8–14.

Stachowiak, Herbert: Allgemeine Modelltheorie. Wien/New York (Springer) 1973.

Steen, Lynn A. (Hrsg.): On the Shoulders of Giants. New Approaches to Numeracy. Washington, D.C. (National Academy Press) 1990.

Stegmaier, Werner: Allgemeinbildung und Weltorientierung. In: Universitas 39 (1984), S.619–628.

Stern, Elsbeth: Warum werden Kapitänsaufgaben gelöst? Das Verstehen von Textaufgaben aus psychologischer Sicht. In: Der Mathematikunterricht 38 (1992), Heft 5 , S. 7–29.

Sträßer, Rudolf: Mathematik als Element beruflicher Qualifikation. In: Heymann, H. W. (Hrsg.): Mathematikunterricht zwischen Tradition und neuen Impulsen. Köln (Aulis) 1984, S. 49–79.

– u. a.: Skills versus Understanding. In: Zentralblatt für Didaktik der Mathematik 21 (1989), S. 197–201.

Struve, Rolf/Voigt, Jörg: Die Unterrichtsszene im Menon-Dialog. In: Journal für Mathematik-Didaktik 9 (1988), S. 259–285.

Sühl-Strohmenger, Wilfried: Horizonte von Bildung und Allgemeinbildung. Frankfurt/M. (Lang) 1984.

Tenorth, Heinz-Elmar: Geschichte der Erziehung. Weinheim/München (Juventa) 1988.

– Neue Konzepte der Allgemeinbildung. In: Heymann, Hans Werner/van Lück, Willi (1990), S. 111–130.

– "Alle alles zu lehren". Möglichkeiten und Perspektiven allgemeiner Bildung. Darmstadt (Wiss. Buchges.) 1994.

Terhart, Ewald: Moralerziehung in der Schule. Positionen und Probleme eines schulpädagogischen Programms. In: Neue Sammlung 29 (1989), S. 376–394.

Thiersch, Hans: Die hermeneutisch-pragmatische Tradition der Erziehungswissenschaft. In: Ders. u. a. (Hrsg.): Die Entwicklung der Erziehungswissenschaft. München (Juventa) 1978.

Tietze, Uwe Peter: Der Mathematiklehrer an der gymnasialen Oberstufe. Zur Erfassung berufsbezogener Kognitionen. In: Journal für Mathematik-Didaktik 11 (1990), S. 177–243.

– u. a.:Didaktik des Mathematikunterrichts in der Sekundarstufe II. Braunschweig (Vieweg) 1982.
Tillmann, Klaus-Jürgen: Kooperationsbereitschaft – Flexibilität – Kundenorientierung. Ein neuer Reformdialog zwischen Wirtschaft und Schule? In: Neue Sammlung 34 (1994), S. 135–148.
Törner, Günter/Grigutsch, Stefan: "Mathematische Weltbilder" bei Studienanfängern – eine Erhebung. In: Journal für Mathematik-Didaktik 15 (1994), S. 211–251.
Tylor, Edward B.: Primitive Culture (dt.: Die Anfänge der Kultur, Leipzig 1873). London 1871.
Voigt, Jörg: Der kurztaktige, fragend-entwickelnde Mathematikunterricht. Szenen und Analysen. In: mathematica didactica 7 (1984a), S. 161–186.
– Interaktionsmuster und Routinen im Mathematikunterricht. Weinheim/Basel (Beltz) 1984b.
– Entwicklung mathematischer Themen und Normen im Unterricht. In: Maier, Hermann/Voigt, Jörg (Hrsg.): Verstehen und Verständigung. Köln (Aulis) 1994, S. 77–111.
Volk, Dieter: Handlungsorientierende Unterrichtslehre am Beispiel Mathematikunterricht. Bensheim (päd-extra-Buchverlag) 1979.
– Zur Wissenschaftstheorie der Mathematik. Orientierungen für emanzipatorischen Mathematikunterricht. Bensheim (päd-extra-Buchverlag) 1980.
– Mathematik für's tägliche Leben. Soest (LSW) 1994.
Vollrath, Hans-Joachim: Rettet die Ideen! In: Der mathematische und naturwissenschaftliche Unterricht 31 (1978), S. 449–455.
– Anstöße – Gedanken zu Martin Wagenschein. In: Journal für Mathematik-Didaktik 10 (1989), S. 349–363.
– Paradoxien des Verstehens von Mathematik. In: Journal für Mathematik-Didaktik 14 (1993), S. 35–58.
Wagenschein, Martin: Ursprüngliches Verstehen und exaktes Denken. Stuttgart (Klett) 1965.
– Ursprüngliches Verstehen und exaktes Denken II. Stuttgart (Klett) 1970.
– Der Vorrang des Verstehens. Pädagogische Anmerkungen zum mathematisierenden Unterricht. In: Neue Sammlung 14 (1974), S. 144–160.
– Verstehen lehren. Genetisch – Sokratisch – Exemplarisch. Weinheim/Basel (Beltz) [5]1975.
– Naturphänomene sehen und verstehen. Genetische Lehrgänge. Stuttgart (Klett) 1980.
Wagner, Hans: Philosophie und Reflexion. München u. a. (Reinhardt) 1959.
Weber, Hellmar: Grundlagen einer Didaktik des Mathematisierens. Frankfurt (Lang) 1980.
Weinert, Franz E./Treiber, Bernhard: Einleitung. In: Dies. (Hrsg.): Lehr-Lern-Forschung. München u. a. (Urban & Schwarzenberg) 1982, S. 7–11.
Weizsäcker, Carl Friedrich v.: Die Zeit drängt. Eine Weltversammlung der Christen für Gerechtigkeit, Frieden und die Bewahrung der Schöpfung. München/Wien (Hanser) 1986.
Welsch, Wolfgang: Unsere postmoderne Moderne. Weinheim (VCH) 1987.
Weniger, Erich: Die Eigenständigkeit der Erziehung in Theorie und Praxis. Weinheim (Beltz) 1953.
– Didaktik als Bildungslehre. Teil 1. Theorie der Bildungsinhalte und des Lehrplans. Weinheim (Beltz) [3]1960.
– Die Autonomie der Pädagogik. In: Schonig, Bruno (Hrsg.): Erich Weniger – Ausgewählte Schriften zur geisteswissenschaftlichen Pädagogik. Weinheim/Basel (Beltz) 1975 [1929], S. 11–27.
Werge, Christian: Anwendungsaufgaben im Mathematikunterricht. Diss. Universität Leipzig 1987.
Westbury, Ian/Purves, Alan C. (Hrsg.): Cultural Literacy and the Idea of General Education. Chicago (NSSE) 1988.
Westphalen, Klaus: Was heißt heute Allgemeinbildung? In: Anregung 28 (1982), Heft 2, S. 72–81.
Whitehead, Alfred N.: Die Gegenstände des mathematischen Unterrichts. In: Neue Sammlung 2 (1962 [1913]), S. 257–266.
Wilhelm, Theodor: Theorie der Schule. Stuttgart (Metzler) [2]1969 [1967].
– Pflegefall Staatsschule – Nachtrag zur "Theorie der Schule". Stuttgart (Metzler) 1982.
– Die Allgemeinbildung ist tot – Es lebe die Allgemeinbildung! In: Neue Sammlung 25 (1985), S. 120–150.
Wille, Rudolf: "Allgemeine Mathematik" als Bildungskonzept für die Schule. In: Biehler, Rolf u. a. (1995), S. 41–55.
Wilsdorf, Dieter: Schlüsselqualifikationen. München (Lexika) 1991.

Winter, Heinrich: Sachrechnen in der Grundschule. Bielefeld (CVK) 1985.
– Entdeckendes Lernen im Mathematikunterricht. Braunschweig/Wiesbaden (Vieweg) 1989.
– Bürger und Mathematik. In: Zentralblatt für Didaktik der Mathematik 22 (1990), S. 131–147.
Winter, Martin: Läßt sich allgemeinbildender Mathematikunterricht im Grundkurs realisieren? In: mathematik lehren (1989), Heft 33, S. 43–49.
– Unterrichtskultur bestimmt mathematische Bildung! In: Mathematik in der Schule 32 (1994), Heft 65, S. 65–70.
– Zuhören können – auch im Mathematikunterricht. In: Biehler, Rolf u. a. (1995), S. 103–111.
Wittenberg, Alexander Israel: Bildung und Mathematik. Stuttgart (Klett) 1963.
Wittmann, Erich: Grundfragen des Mathematikunterrichts. Braunschweig (Vieweg) 1974.
Zabeck, Jürgen: "Schlüsselqualifikationen" – Zur Kritik einer didaktischen Zielformel. In: Wirtschaft und Erziehung (1989), Heft 3, S. 77–86.
Zimmermann, Bernd (Hrsg.): Problemorientierter Mathematikunterricht. Bad Salzdetfurth (Franzbecker) 1991.

# Sach- und Personenregister